D1676594

KIELER GEOGRAPHISCHE SCHRIFTEN

Begründet von Oskar Schmieder

Herausgegeben vom Geographischen Institut der Universität Kiel
durch J. Bähr, H. Klug und R. Stewig

Schriftleitung: B. Higelke

Band 97

Beiträge zur Küsten- und Meeresgeographie

Heinz Klug
zum 65. Geburtstag

gewidmet von Schülern,
Freunden und Kollegen

herausgegeben von
BODO HIGELKE

KIEL 1998

IM SELBSTVERLAG DES GEOGRAPHISCHEN INSTITUTS
DER UNIVERSITÄT KIEL

ISSN 0723 - 9874

ISBN 3-923887-39-6

Die Deutsche Bibliothek – CIP - Einheitsaufnahme

Beiträge zur Küsten- und Meeresgeographie : Heinz Klug zum 65. Geburtstag gewidmet von Schülern, Freunden und Kollegen / Geographisches Institut der Universität Kiel. Hrsg. von Bodo Higelke
- Kiel : Geographisches Inst., 1998
(Kieler geographische Schriften ; Bd. 97)
ISBN 3-923887-39-6
NE: Higelke, Bodo [Hrsg.] : Geographisches Institut <Kiel>;GT

Heinz Klug zum 65. Geburtstag

In diesem Band der Kieler Geographischen Schriften, der HEINZ KLUG zu seinem 65. Geburtstag gewidmet ist, berichten Schüler, Freunde und Kollegen des Jubilars über eigene Arbeiten, die sich dem Küstenraum aus sehr unterschiedlichen Blickwinkeln nähern. Dies geschieht zum einen, um den ganz speziellen Forschungsbereich der Küsten- und Meeresgeographie hervorzuheben, der seit langem im Mittelpunkt der Lehr- und Forschungstätigkeit von H. Klug steht. Zum anderen soll auf diese Weise die herzliche Verbundenheit der Autoren gegenüber dem Jubilar betont werden.

Heinz Klugs frühe wissenschaftliche Beschäftigung mit Problemen des Küstenraumes mag auf den ersten Blick erstaunen: Was bringt einen jungen Geographen aus dem Binnenland dazu, sich auf die Erforschung von Küsten- und Meeresräumen zu konzentrieren? Geboren 1933 in Mainz, verbrachte H. Klug in dieser Stadt auch seine Schul- und Studienzeit. Das Studium der Fächer Geographie, Geologie und Völkerkunde an der Johannes-Gutenberg-Universität schloß er 1959 mit der Promotion ab. Seine Dissertation über das Zellertal war eine Gesamtdarstellung dieses Raumes in all seinen geographischen Wesenszügen. Auch in den darauffolgenden Jahren blieb Mainz die Wirkungsstätte von H. Klug. Als Assistent am neu gegründeten Institut für Geschichtliche Landeskunde der Universität Mainz widmete er sich u.a. dem Aufbau einer kartographischen Abteilung und der redaktionellen Betreuung der Institutsveröffentlichungen.

Auf Anregung seines Doktorvaters W. Panzer hatte Klug bereits 1958 - noch vor seiner Promotion - eine Forschungsreise nach Lanzarote, der östlichsten der Kanarischen Inseln unternommen und erste Eindrücke zu morphologischen Problemen des Archipels gesammelt. Wißbegierde, jenseits der bekannten Grenzen Neues zu entdecken, und vielleicht auch ein bißchen Abenteuerlust haben auf Klugs Interesse dabei sicherlich verstärkend gewirkt. Sein wissenschaftliches Interesse gilt von da an der Reliefentwicklung vulkanischer Inseln. Er entdeckt damit für sich ein ganz neues Forschungsfeld, dem er in Variationen bis heute verbunden geblieben ist.

Mehrere weitere Aufenthalte auf den Kanaren lieferten die für eine differenziertere Betrachtung der Genese dieses Archipels nötigen Resultate geomorphologischer Feldforschung. Der Veröffentlichung erster Ergebnisse folgte 1963 das Angebot, als Assistent in das Geographische Institut der Christian-Albrechts-Universität zu Kiel einzutreten. Damit verließ Klug die Heimat im Binnenland, um an einem an der Küste gelegenen Universitätsstandort zu wirken. In Kiel habilitierte er sich 1965 mit einer Arbeit über seine morphologischen Studien auf den Kanarischen Inseln. Sowohl die Talbildung wie auch die Küstenentwicklung auf Vulkaninseln blieben auch später

Ziele seiner Forschungsvorhaben. Nach Unterbrechungen der Kieler Zeit durch eine Gastprofessur 1966 am Colegio de México in Mexico-Stadt und einer Lehrstuhlvertretung 1967/68 in Hannover wurde H. Klug 1970 zum Wissenschaftlichen Rat und Professor ernannt und folgte im Herbst 1974 dem Ruf auf den Lehrstuhl für Physische Geographie, an der Universität Regensburg.

Neben der Geographie der Küsten, Inseln und Meere, der Mittelgebirgsgeomorphologie und der Länderkunde sowohl des romanischen und amerikanischen Mittelmeerraumes als auch des Orients setzte H. Klug in Regensburg auch Arbeiten zum Themenbereich der Geosynergetik fort, die er bereits während seiner letzten Kieler Jahre im Rahmen eines Forschungsprojektes an der Kieler Außenförde begonnen hatte. Ebenfalls fortgesetzt wurden Geländepraktika mit Studierenden auf den Kanarischen Inseln sowie auf Inseln vor der damaligen jugoslawischen und der griechischen Küste.

Im Oktober 1981 kehrte H. Klug an die Universität Kiel zurück, um den Lehrstuhl für Physische Geographie mit dem Schwerpunkt der Küsten- und Meresgeographie zu übernehmen. In der Folgezeit weitete er sein Betätigungsfeld auf die Kapverdischen Inseln, die Balearen und die Küstenregion der Dominikanischen Republik aus, wohin ihn mehrfach Forschungsaufenthalte führten. Auch außerhalb der Universität bleibt H. Klug aktiv. Eins der Beispiele dafür ist der Naturwissenschaftliche Verein für Schleswig-Holstein. Bereits vor seiner Zeit in Regensburg ist Klug Vorsitzender dieses Vereins gewesen. Nach seiner Rückkehr hat er seine Leitung aufs neue übernommen und auf diese Weise dazu beigetragen, die Verbindung zwischen der Hochschule und dem breiten Kreis Interessierter außerhalb zu pflegen.

Die Mitwirkung an Konzeption und Realisierung der Planungen zum Forschungs- und Technologiezentrum Westküste der Universität Kiel in Büsum eröffneten H. Klug darüber hinaus Möglichkeiten, Küstenbereiche in der Nähe des Universitätsstandortes eingehender zu untersuchen. In interdisziplinärer Zusammenarbeit mit anderen Fächern der Mathematisch-Naturwissenschaftlichen sowie der Agrarwissenschaftlichen Fakultät erkundet die Abteilung Küstengeographie unter Klugs Leitung seit 1988 an Beispielen aus dem Küstenraum der deutschen Nordsee die Wechselwirkungen zwischen natürlichen und anthropogen beeinflußten Entwicklungsprozessen und die daraus resultierenden Nutzungskonflikte und Belastungsphänomene.

Stand früher die speziellere morphologische Analyse im Mittelpunkt von Klugs Interessen, wie z. B. die Zusammenhänge von Talgenese und Küstengestaltung, so rückten in Büsum Fragen des Küstenmonitorings und des Küstenmanagements in den Vordergrund. Dies beinhaltet u. a., Daten aller signifikanten Naturstrukturen und Nutzungsformen im Küstengebiet zu gewinnen und sie mit Hilfe eines Geographischen

Informationssystems zu verarbeiten, um damit eine Basis sowohl zur Kennzeichnung und Bewertung bestehender Konfliktfelder als auch zur Beurteilung der Landschaftsbelastung im Küstenraum zu schaffen. In diese Forschungen war eine große Zahl von Diplomanden und Doktoranden eingebunden, die hier an wissenschaftliches Arbeiten herangeführt wurden.

Heinz Klug, der insgesamt 28 Jahre in Kiel lehrte, hat die Geographie stets als Schnittstelle zwischen raum- und kulturwissenschaftlichen Forschungsfeldern gesehen. Davon zeugen auch seine Schriften, in denen ein breites Spektrum von Fragestellungen aufgegriffen wird. Als Forscher und akademischer Lehrer hat er die große Schar seiner Schüler nachhaltig angeregt und beeinflußt. Er hat ihnen das nötige wissenschaftliche Handwerkszeug vermittelt und sie durch sein eigenes Beispiel dazu angehalten und ermutigt, Organisationstalent, Begeisterungsfähigkeit und Freude bei der Bewältigung ihrer Aufgaben einzusetzen.

Jürgen Bähr und Bodo Higelke

Inhalt

Heinz Klug: Veröffentlichungen und betreute wissenschaftliche Arbeiten

Veröffentlichungen

1960

KLUG, H.: Der Flurname "Horn" und die Morphologie Rheinhessens. - Mitt. bl. z. rheinhess. Landeskunde. 9/3: 257-258, Mainz.

KLUG, H.: Das Vorholz - Geschichte einer Landschaft. - Mitt. bl. z. rheinhess. Landeskunde. 9/4: 266-268, Mainz.

1961

KLUG, H.: Das Zellertal, eine geographische Monographie. - Phil. Diss. 1959, 215 S., 14 Abb., 23 Tab., 20 Bilder, 8 Karten, Mainz.

KLUG, H.: Das Klima Rheinhessens in seiner kleinräumigen Gliederung (mit 1 Farbkarte). Mitt. bl. z. rheinhess. Landeskunde. 10/3: 312-327, Mainz.

KLUG, H.: Zur Oberflächengestaltung des nördlichen Lanzarote (Kanarische Inseln). - Mainzer Geogr. Studien (= Festgabe zum 65. Geburtstag von Prof. Dr. W. PANZER): 163-176, Braunschweig.

1962

KLUG, H.: Mainz = Grundzüge der stadtgeographischen Entwicklung (mit 1 Farbkarte). - Mainzer Almanach:123-144, Mainz.

KLUG, H.: Wissenschaftliche Ergebnisse meiner Kanarenreise 1962. - Jb. d. Vereinigung "Freunde der Universität Mainz": 39-65, Mainz.

1964

KLUG, H.: "Reche" und "Rosseln" in Rheinhessen. Anthropogene Kleinformen in der morphologischen Hanggestaltung einer Agrarlandschaft. - Mitt. bl. z. rheinhess. Landeskunde. 13/1: 131-134, Mainz.

1965

KLUG, H.: Rheinland-Pfalz - Römische Straße und Orte. - Deutscher Planungsatlas, Bd. Rheinlandpfalz, hrsg. v. d. Akademie für Raumforschung und Landesplanung und der Staatskanzlei Rheinland-Pfalz 9/4, Frankfurt/Main.

KLUG, H.: Der 35. Dt. Geographentag in Bochum. - Die Erde 96/4: 303-306, Berlin.

1966

KLUG, H.: Gemeinsame Lehr- und Lernjahre. Wolfgang PANZER zum 70. Geburtstag. - Beitrag in einem unveröffentlichten Manuskriptband, Mainz.

1967

KLUG, H.: Wandlung der Kulturlandschaft in den letzten 100 Jahren. - Textband zum Pfalzatlas 6: 193-203, Speyer.

1968

KLUG, H.: Morphologische Studien auf den Kanarischen Inseln. Beiträge zur Küstenentwicklung und Talbildung auf einem vulkanischen Archipel. - Schriften des Geographischen Instituts der Universität Kiel 24, 3: 158 S., 8 Tab., 34 Abb. und Karten, Kiel.

1969

KLUG, H.: Die Talgenerationen der Kanarischen Inseln. - 36. Dt. Geographentag Bad Godesberg 1967, Tagungsber. und wiss. Abh.: 369-379, Wiesbaden.

KLUG, H.: Küstenlandschaften zwischen Kieler Förde und Fehmarn-Sund. - Schleswig-Holstein, ein geographisch-landeskundlicher Exkursionsführer. - Schriften des Geographischen Instituts der Universität Kiel 30: 147-159, Kiel.

1971

KLUG, H. & B. HIGELKE: Die Sandwanderung im Dithmarscher Küstenvorfeld und ihre Auswirkungen auf die Fahrwasserverhältnisse. - Schriften des Geographischen Instituts der Universität Kiel 37 (O. SCHMIEDER zum 80. Geburtstag): 279-295, Kiel.

1972

KLUG, H.: Geomorphologische Beobachtungen im südlichen Randgebiet der Wüste Somora (Mexico). - Schr. d. Naturwiss. Ver. Schl.-Holst. 42: 35-46, Kiel.

1973

KLUG, H.: Die Insel Djerba, Wachstumsprobleme und Wandlungsprozesse eines südtunesischen Kulturraumes. - Schriften des Geographischen Instituts der Univerität Kiel 38: 45-90, Kiel.

KLUG, H.: Neue Forschungen zur Küstenentwicklung des südwestlichen Ostseeraumes. - "Skandinavien und Ostseeraum". Kieler Universitätstage 1973, 10 Vorträge: 101-126, Kiel.

KLUG, H.: Die Landschaft als Geosystem. - Schr. d. Naturwiss. Ver. Schl.-Holst. 43: 29-43, Kiel.

KLUG, H. (Hrsg.): Beiträge zur Geographie der Mittelatlantischen Inseln. Schriften des Geographischen Instituts der Universität Kiel 29: 157-168, Kiel.

KLUG, H.: Mindelo auf Sao Vicente. Beiträge zur Geographie der Mittelatlantischen Inseln. - Schriften des Geographischen Instituts der Universität Kiel 39: 157-168, Kiel.

KLUG, H.: Die Inselgruppe der Kapverden. Beiträge zur Geographie der Mittelatlantischen Inseln. Schriften des Geographischen Instituts der Universität Kiel 39: 169-198, Kiel.

1974

KLUG, H.: Folgewirkungen des Ausbaus des Kugelbake-Leitdammes für das Watt- und Strandgebiet vor Cuxhaven. - 27 S., 11 Karten, Cuxhaven.

KLUG, H.: Untersuchungen über den Einfluß der geplanten Dammbauten und Flächenaufspülungen für den Tiefwasserhafen Neuwerk/Scharhörn auf die Watt- und Strandgebiete vor Cuxhaven. - 61 S., 16 Abb., Kiel/Cuxhaven.

KLUG, H., H. ERLENKEUSER, TH. ERNST & H. WILLKOMM: Sedimentationsabfolge und Transgressionsverlauf im Küstenraum der östlichen

Kieler Außenförde während der letzten 5000 Jahre. Offa 31: 5-18, Neumünster.

1976

KLUG, H.: Über die Auswirkungen des projektierten Hamburger Vorhafenbaus im Watt südlich des Elbe-Ästuars. Ein Beitrag zur angewandten Küstenmorphologie. - In: Erdkunde 30, 3: 217-222, Bonn.

KLUG, H: Hundert Jahre Naturwissenschaftlicher Verein für Schleswig-Holstein. - Schr. d. Naturwiss. Ver. Schl.-Holst. 42: 15-20, Kiel.

KLUG, H.: Bericht über die wissenschaftlichen Ergebnisse des Forschungsprojektes "Probsteier Küstenlandschaft" (als Manuskript vervielfältigt), 82 S., Regensburg.

1977

KLUG, H.: Vergleichende Untersuchungen zur Tal- und Hangentwicklung auf den Kanarischen und Kapverdischen Inseln. - Z. Geomorph. N. F. Suppl. Bd. 28: 101-123, Berlin/Stuttgart.

KLUG, H.: Kanaren und Kapverden. Entwicklungsdivergenz und Gegenwartsprobleme wesensverwandter Inselgruppen im geographischen Vergleich. - Frankfurter Wirtschafts- und Sozialgeogr. Schr. (MATZNETTER-Festschrift) 26: 183-221, Frankfurt/M.

1979

KLUG, H. & B. HIGELKE: Ergebnisse geomorphologischer Seekartenanlysen zur Erfassung der Reliefentwicklung und des Materialumsatzes im Küstenvorfeld zwischen Hever und Elbe 1936-1969. Deutsche Forschungsgemeinschaft: Sandbewegung im Küstenraum/ Rückschau, Ergebnisse und Ausblick; ein Abschlußbericht: 125-145, Boppard.

1980

KLUG, H.: Zur Klimageographie der kapverdischen Inseln. - Tübinger Geographische Studien (BLUME-Festschrift) 80: 51-72, Tübingen.

KLUG, H.: Netzwerk Landschaft. Belastung und Belastbarkeit geographischer Systeme. - Schriftenr. d. Univ. Regensburg 2: Der Mensch und seine Umwelt, hrsg. v. W: TANNER: 87-106, Regensburg.

KLUG, H.: Art und Ursachen des Meeresanstiegs im Küstenraum der südwestlichen Ostsee während des jüngeren Holozäns. - Berliner Geogr. Studien (VALENTIN-Gedenkschrift) 7: 27-37, Berlin.

KLUG, H.: Der Anstieg des Ostseespiegels im deutschen Küstenraum seit dem Mittelatlantikum. - Eiszeitalter und Gegenwart 30: 237-252, Hannover.

KLUG, H. & R. LANG: Physisch-geographische Forschungsprojekte im Regensburger Raum. Aus dem Arbeitsprogramm des Lehrstuhls für Physische Geographie an der Universität Regensburg. - Acta Albertina Ratisbonensia 39: 81-115, Regensburg.

1982

KLUG, H.: Fossile Küstenlinien im unteren Talabschnitt des Barrancos von Agaete auf Gran Canaria (Kanarische Inseln). - Schr. d. Naturwiss. Ver. Schl.-Holst. 52: 99-108, Kiel.

1983

KLUG, H. & R. LANG: Einführung in die Geosystemlehre. - Wiss. Buchges., 187 S., Darmstadt.

1984

KLUG, H.: K. H. Paffen: Weg und Werk. - Erdkunde 38, 1: 1-5, Bonn.

KLUG, H.: In memoriam Karlheinz Pfaffen (18. Juli 1914 - 16. Oktober 1983). - Christiana Albertina 19 (Neue Folge): 241-243, Kiel.

KLUG, H.: Die Geomorphologie der Küsten und des Meeresbodens zwischen Tradition, Innovation und Determination. - Z. Geomorph. N. F., Suppl. Bd. 50: 91-105, Berlin/Stuttgart.

KLUG, H.: Küsten- und Meeresgeographie. - 44. Deutscher Geographentag Münster, Tagungsbericht und wissenschaftliche Abhandlungen: S. 459, Stuttgart.

KLUG, H. & R. LANG: Inseln der Südsee. - 56 Einzelartikel, Bertelsmann-Lexikothek, Gütersloh.

1985

KLUG, H.: Küstenformen der Ostsee. In: NEWIG, J. und H. THEEDE (Hrsg.): Die Ostsee. Natur- und Kulturraum: 70-80, Husum.

KLUG, H.: Eine geographische Klassifikation der Inseltypen des Weltmeeres. In: HOFMEISTER,, B. und F. VOSS (Hrsg.): Geographie der Küsten und Meere. Beiträge zum Küstensymposium in Mainz, 14. - 18. Oktober 1984. - Berliner Geographische Studien 16: 191-218, Berlin.

KLUG, H. (Hrsg.): Küste und Meeresboden. Neue Ergebnisse geomorphologischer Feldforschungen. - Kieler Geogr. Schriften 62: 214 S., Kiel.

KLUG, H.: Das Zellertal, eine geographische Monographie. 2. Aufl., hrsg. v. d. Verbandsgemeinde Göllheim, 226 S., Offenbach.

KLUG, H. & R. LANG: Geomorphologische Detailkartierung, Beispiel Südöstliche Frankenalb. - Regensburger Geogr. Schriften 19/20: 163-181, Regensburg.

KLUG, H.: Küsten und Meeresboden, Periglazial, Angewandte Geomorphologie. - Jahrestagung 1985 des Deutschen Arbeitskreises für Geomorphologie und des Arbeitskreises für Küsten- und Meeresgeographie. Tagungsbroschüre, 75 S., Kiel.

KLUG, H., K. D. KACHHOLZ, H. STERR, F. THEILEN & F. WERNER: Schiffexkurson Kieler Bucht. - Jahrestagung 1985 des Deutschen Arbeitskreises für Geomorphologie und des Arbeitskreises für Küsten- und Meeresgeographie. Exkursionsführer, 15 S., Kiel.

KLUG, H., K. PRIESMEIER, H. STERR & H.-G. WENK: Exkursion nach Sylt. - Jahrestagung 1985 des Deutschen Arbeitskreises für Geomorphologie und des Arbeitskreises für Küsten- und Meeresgeographie. Exkursionsführer, 32 S., Kiel.

1986

KLUG, H.: Flutwellen und Risiken der Küste. - Wiss. Paperbacks Geographie. Steiner Verlag Wiesbaden, 122 S., Stuttgart.

KLUG, H. (Hrsg.): Geomorphologie der Periglazialgebiete. - Z. Geomorph. N. F., Suppl.-Bd. 61: 108 S., Berlin/Stuttgart.

KLUG, H.: Neue Ergebnisse zur Periglazialmorphologie auf der 12. Jahrestagung des Deutschen Arbeitskreises für Geomorphologie. - Z. Geomorph. N. F., Suppl.-Bd. 61: 1-2, Berlin/Stuttgart.

KLUG, H.: Meeres- und Küstenverschmutzung. Ursachen, Ausmaß, Konsequenzen. - Geogr. Rdsch. 38/12: 646-652, Braunschweig.

KLUG, H. & R. ZAKRZEWSKI: Die Moeraki-Boulders - Riesenkonkretionen am Strand auf Neuseelands Südinsel. - Schr. d. Naturwiss. Ver. Schl.-Holst. 56: 47-52, Kiel.

1987

KLUG, H.: Natürliche Risiken für die Nutzung der Meere. In: Lebensräume Land und Meer. Beitr. z. Geogr. u. ihrer Didaktik. (Festschrift f. H. KELLERSOHN zu seinem 65. Geburtstag): 103-114, Vilseck.

STERR, H. & KLUG, H.: Die Ostseeküste zwischen Kieler Förde und Lübecker Bucht. Überformung der Küstenlandschaft durch den Fremdenverkehr. - In: BÄHR, J. & G. KORTUM (Hrsg.): Geographischer Führer Schleswig-Holstein: 221-242, Stuttgart.

KLUG, H. & S. GIER: New investigations on the morphology of the Cape Verde Islands. - 4. Symposium Fauna und Flora der Kapverdischen Inseln; 8. - 10. Oktober 1987. - Arbeitsblätter des zoolog. Mus. Kiel, 16:7, Kiel.

1988

KLUG, H., H. STERR & D. BOEDEKER: Die Ostseeküste zwischen Kiel und Flensburg. Morphologischer Charakter und rezente Entwicklung. - Geogr. Rdsch. 40/5: 6-14, Braunschweig.

KLUG, H.: Gran Canaria. Subtropische Insel mit landschaftlicher Vielfalt. - In: Europa - Das neue Bild der alten Welt. Satellitenbild-Atlas:126-127, Stuttgart.

KLUG, H.: Eine Inselgeographie als Lebenswerk und Vermächnis. (Erik u. Herta Arnberger: Die tropischen Inseln des Indischen und Pazifischen Ozeans.) - Mittlgn. d. österr. Georgr. Ges. 130:229-232, Wien.

Nachdruck in: Österreich in Geschichte und Literatur (Mit Geographie), 35, 6: 409-411, Wien.

KLUG, H.: Geomorphologie, Morphodynamik und Landschaftsentwicklung. - In: Forschungs- und Technologie-Zentrum "Westküste" FTZ, 81-84, Kiel.

1989

KLUG, H., R. KÖSTER, K. SCHWARZER, H. STERR: Coastal Environments of the German North Sea and Baltic Sea. - In: Geoöko-Forum 1: 223-238, Darmstadt.

KLUG, H. & A.-Chr. RAETH: Geomorphologische Untersuchungen zur Reliefgestalt des Schelfs und seiner Beziehung zum Formencharakter der Küsten Gran Canarias (Kanarische Inseln). - Essener Geogr. Arbeiten 17: 177-202, Essen.

KLUG, H.: Die Reliefformen der Schelfe des Weltmeeres als Ausdruck zonenspezifischer geomorphologischer Entwicklungsprozesse. - Schr. d. Naturwiss. Ver. Schl.- Holst. 59: 63-71, Kiel.

1990

KLUG, H. & S. GIER: Untersuchungen zur Reliefentwicklung der Kapverdischen Inseln am Beispiel der Inseln Sal, Santiago und Santo Antao. - Courier Forsch.-Inst. Senkenberg 129: 43-46, Frankfurt a. M.

KLUG, H.: Die Ostsee und ihre Küstenlandschaften. - In: HASSENPFLUG, W. & J. NEWIG (Hrsg.): Schleswig-Holstein und der Ostseeraum: 85-87, Kiel.

1991

KLUG, H., BOEDEKER, D., MATUSEK, S., SCHAUSER, U.-H.: Computergestützte Analyse von Nutzungskonflikten und Belastungsphänomenen im Westküstenraum Schleswig-Holsteins als Basis für Planung und Küstenmanagement. - Kieler Geographische Schriften 80: 203-222, Kiel.

KLUG, H: Die Küstenlandschaften der Ostsee als Ausdruck eines raumspezifischen geographischen Wirkungsgefüges.- Kieler Arbeitspapiere zur Landeskunde und Raumordnung 24: 68-87, Kiel.

1992

KLUG, H.: Die Förde als Naturraum: Erdgeschichte der Meeresbucht und Küstenlandschaft.- In: PARAVICINI, W. (Hrsg.): Begegnungen mit Kiel: 15-19, Neumünster.

KLUG, H. & A.- CHR. KLUG: Der Hafen: Kiels maritime Berufung.- In: PARAVICINI, W. (Hrsg.): Begegnungen mit Kiel: 184-189, Neumünster.

SCHAUSER, U.-H., D. BOEDEKER, S.MATUSEK & KLUG, H: The Use of a Geographic Information System for Wadden Sea Conservation in Schleswig-Holstein; Netherlands Institute for Sea Research; Publ. Series No. 20.

KLUG, H. & A.-CHR. KLUG: Bewertung des Naturraumpotentials schleswig-holsteinischer Küsten für die Erholung.- Schriften des Naturwissenschaftlichen Vereins Schleswig-Holstein 62: 7 - 24, Kiel.

1993

KLUG, H.: Reliefgefüge, Küstenentwicklung und Morphodynamik im Süden Gran Canarias (Kanarische Inseln). - Münchener Geogr. Abh., Reihe B 13: 111-123, München.

1994

KLUG, H. & A.-CHR. KLUG: Der Fremdenverkehr als Belastungsfaktor an der schleswig-holsteinischen Nordseeküste - Raumbeispiele aus Sylt und Eiderstedt. - In: Greifswalder Geographische Arbeiten 10: 157-171, Greifswald.

KLUG, A.-CHR. & KLUG, H.: Küstentourismus in Schleswig-Holstein - ein Verfahren zur Ausgliederung von natürlichen Eignungsräumen für die Erholung. - In: Greifswalder Geographische Arbeiten 10: 172- 183, Greifswald.

KLUG, H.: & A.-CHR. KLUG: Tourismus als Belastungsfaktor an der Küste.- In: J. L. LOZÁN et al.: Warnsignale aus dem Wattenmeer - Wissenschaftliche Fakten: 66-74, Hamburg.

KLUG, H.: Sie entstehen im Nordatlantik: Die Nordseesturmfluten. - In: H. JESSEL (Hrsg.): Das große Sylt-Buch: 224-233, Hamburg.

KLUG, H: & A.-CHR. KLUG: Das Geographische Informationssystem "GIS-West" und seine Anwendung zur Ermittlung flächenwirksamer Naturraumbelastungen durch den Fremdenverkehr. In: Schriften des Naturwissenschaftlichen Vereins für Schleswig-Holstein, Bd. 64: 135-150, Kiel.

KLUG, A.-CHR. & KLUG, H. (Hrsg.): Meere und Küsten im Spiegel neuer geographischer Forschungsergebnisse. Beiträge zur 12. Jahrestagung in Büsum 5.-7. Mai 1994. - Berichte aus dem Forschungs- und Technologiezentrum Westküste der Universität Kiel, Nr. 6, 175 S., Büsum.

KLUG, A. & H. KLUG: Die Küstengeographie im Forschungs- und Technologiezentrum Westküste - Aufgaben und Forschungsprofil. - Berichte aus dem Forschungs- und Technologiezentrum Westküste der Universität Kiel, Nr. 6: 1-5, Büsum.

KLUG, H. KLUG, A. & LOHMANN, M.: Natur, Umwelt und Tourismus. - In: Der Minister für Wirtschaft, Technik u. Verkehr des Landes Schleswig-Holstein (Hrsg.): Strukturanalyse, Urlaub in Schleswig-Holstein: 15-42.

1995

KLUG, H. KLUG, A. & LOHMANN, M.: Natur, Umwelt und Tourismus. - In: Der Minister für Wirtschaft, Technik u. Verkehr des Landes Schleswig-Holstein (Hrsg.): Strukturanalyse, Urlaub in Schleswig-Holstein (2. Auflage): 15-42.

1996

KLUG, H.: Tourismus als Belastungsfaktor. - In: J. L. LOZÁN et al.: Warnsignale aus der Ostsee. Wissenschaftliche Fakten: 118-124, Berlin.

KLUG, H. & S. LORRA: Das Georadarverfahren und seine Einsetzbarkeit zur landschaftsgenetischen Kartierung im Küstengebiet. - Hannoversche Geographische Arbeiten 48: 34-44, Hamburg/Münster.

1997

KLUG, H.: Yachthäfen und Sportbootverkehr der Ostsee unter dem Aspekt der Umweltbelastung. In: Schriften des Naturwissenschaftlichen Vereins für Schleswig-Holstein, Kiel.

KLUG, A. & H. KLUG: Flächenhafte Naturraumbelastung durch den Fremdenverkehr im Nordteil der Insel Sylt. - In: LANDESAMT FÜR DEN NATIONALPARK SCHLESWIG-HOLSTEINISCHES WATTENMEER (Hrsg.): Umweltatlas Wattenmeer, Husum.

HAMANN, M. & H. KLUG: Wertermittlung für die potentiell sturmflutgefährdeten Gebiete an den Küsten Schleswig-Holsteins - Schriften des Naturwissenschaftlichen Vereins für Schleswig-Holstein, Kiel.

1998

SPIEGEL, F. & H. KLUG: Tidal basin morphology in the Schleswig-Holstein Wadden Sea area related to tidal conditions. In: KELLETAT, D. (Hrsg.): German Geographical Coastal Research: The Last Decade.

KLUG, H. & A. KLUG: The impact of tourism development on natural ecosystems of the German coasts. In: KELLETAT, D. (Hrsg.): German Geographical Coastal Research: The Last Decade.

HAMANN, M. & H. KLUG: Sturmflutgefährdete Gebiete und potentielle Wertverluste an den Küsten Schleswig-Holsteins, Planungsgrundlagen für künftige Küstenschutzstrategien. - Vechtaer Studien zur Angewandten Geographie und Regionalwissenschaft, Vechta.

Betreute Dissertationen

Riedel, Uwe (1970): Der Fremdenverkehr auf den Kanarischen Inseln. Eine geographische Untersuchung. Kiel 1970.

Ernst, Thomas (1974): Die Hohwachter Bucht. Morphologische Entwicklung einer Küstenlandschaft Ostholsteins. Kiel. (Schr. d. Naturw. Ver. Schl.-Holst. 44; 47 - 96)

Boeckmann, Barbara (1976): Beiträge zur geographischen Erforschung des Kur-, Fremden- und Freizeitverkehrs auf Eiderstedt unter besonderer Berücksichtigung St. Peter-Ordings. RGS 7, 228 S. Regensburg.

Higelke, Bodo (1978): Morphodynamik und Materialbilanz im Küstenvorfeld zwischen Hever und Elbe. Ergebnisse quantitativer Kartenanalysen für die Zeit von 1936 bis 1969. RGS 11, 167 S. Regensburg.

Rosenkranz, Gerhard (1981): Untersuchungen im Küstenraum der östlichen Kieler Außenförde über den Jahresgang der Bodenfeuchte und ihre geoökologische Bedeutung. RGS 17, 145 S. Regensburg.

Dittmann, Christiane (1982): Regensburg - Stadtklima und Luftverunreinigung. Klimaökologische und lufthygienische Untersuchungen zur Belastung und Belastbarkeit eines städtischen Lebensraumes. Acta Albertina Ratisbonensia 41, 336 S. Regensburg.

Lang, Robert (1982): Quantitative Untersuchungen zum Landschaftshaushalt in der südöstlichen Frankenalb (= beiderseits der unteren Schwarzen Laaber). RGS 18, 277 S. Regensburg.

Heindl, Josef (1983): Zur geomorphologischen Entwicklung des Oberpfälzer Bruchschollenlandes, dargestellt am Beispiel des Blattes Kemnath (Nr. 6137 der Topographischen Karte von Bayern 1:25.000). 213 S. Bayreuth.

Schwarz, Annegret (1984): Sinzing und Pentling. Untersuchungen zum Struktur- und Funktionswandel im Randbereich der Stadt Regensburg. 334 S. Regensburg.

Gröbner, Hans (1985): Der Fremdenverkehr im Bayerischen Wald. Geographische Grundlagen, ökonomische Bedeutung und Auswirkungen auf den Landschaftswandel. 273 S. Regensburg.

Schauser, Ulf-Henning (1993): Das Wattenmeer und sein Umfeld als Objekt einer übergreifenden Raumplanung in Schleswig-Holstein - eine anwendungsorientierte Studie unter Einsatz eines Geographischen Informationssystems. 225 S. Berichte, Forsch.-u. Technologiezentrum Westküste d. Univ. Kiel, Büsum.

Spiegel, Frank (1997): Die Tidebecken des schleswig-holsteinischen Wattenmeeres: Morphologische Strukturen und Anpassungsbedarf bei weiter steigendem Meeresspiegel. Berichte, Forsch.-u. Technologiezentrum Westküste d. Univ. Kiel, Büsum.

Habilitationen

Ehrig, Friedrich Reiner (1980): Der Wald im Département Seealpen/Südfrankreich. Waldbelastung, Konsequenzen und Waldfunktionsgliederung. RGS 16, 244 S. Regensburg.

Sterr, Horst (1989): Das Ostseelitoral von Flensburg bis Fehmarnsund: Formungs- und Entwicklungsdynamik einer Küstenlandschaft.

1998	Higelke, B. (Hg.): Beiträge zur Küsten- und Meeresgeographie	Kieler Geographische Schriften, Bd. 97	S. 1-16

Die Insel Gotland als Sonderfall schwedischer Naturlandschaftsentwicklung

Hermann Achenbach

Wie ein Schiff auf Reede liegt die Insel Gotland im Zentralbereich der Ostsee der schwedischen Festlandsküste vorgelagert. Sie fügt sich zwischen deutscher Küste und Baltikum als bedeutender Bestandteil in die sog. insulare Transversale (Fig. 1) ein, wie im europäischen Norden die diagonal angeordnete Abfolge der Ostseeinseln Rügen, Bornholm, Öland, Gotland, Ösel (Saaremaa) und Dagö (Hiiumaa) genannt wird. Vor dem Übergang an Schweden im Vertrag von Brömsebro 1645 war Gotland einer der wichtigsten Stützpunkte der dänischen Hegemonialkette in der Ostsee (W. DUFNER 1967, S. 128), die betont auf die Beherrschung des Transits nach Osten ausgerichtet war.

Mit 3.140 km² bildet Gotland nach Blekinge den zweitkleinsten der 24 schwedischen Verwaltungsbezirke (län), deren Grenzziehung sich schon auf das Jahr 1634 zurückleitet. Sie vollzog sich auf dem Festland zwei Jahre nach dem Tod Gustav Adolfs II. als ein Werk des Reichskanzlers Axel Oxenstierna.

Im Gegensatz zu Öland, das seit 1972 durch eine Hochbrücke mit dem Festland verbunden ist und mit seinen zwei Provinzen dem Kalmar Län zugehört, ist Gotland seit jeher ein eigenständiger Verwaltungsdistrikt und historischer Landschaftsraum ohne Untergliederung in nachgeordnete Provinzen geblieben (NAS, Maps and Mapping 1990, S. 14). Mit 58.237 Einwohnern (1993) ist Gotland nach süd- und mittelschwedischen Maßstäben ausgesprochen gering besiedelt. Nur 18 Personen errechnen sich je km², so daß der statistische Dichtewert noch unter die Beträge der waldreichen Distrikte SmΔlands absinkt [1]. Entscheidend zu dieser Sonderstellung trägt die Tatsache bei, daß Gotland mit der 21.580 Einwohner (1993) zählenden Stadt Visby nur eine urbane Munizipalität aufweist. Diese Singularität und der gewaltige Abstand zu den folgenden 'tätorten' (Hemse 1.971 Einwohner, Slite 1.792 Einwohner) wiederholt sich in keiner Provinz des schwedischen Reichsgebiets. Die diametrale Polarisierung der Interessen zwischen Stadt und übrigem Inselgebiet zieht sich wie ein roter Faden durch die geschichtlichen

[1] Alle statistischen Einzelangaben nach 'Gotland i siffror, tabeller och diagram', Gotlands Kommun 1995.

Entwicklungsabschnitte Gotlands seit dem Mittelalter.

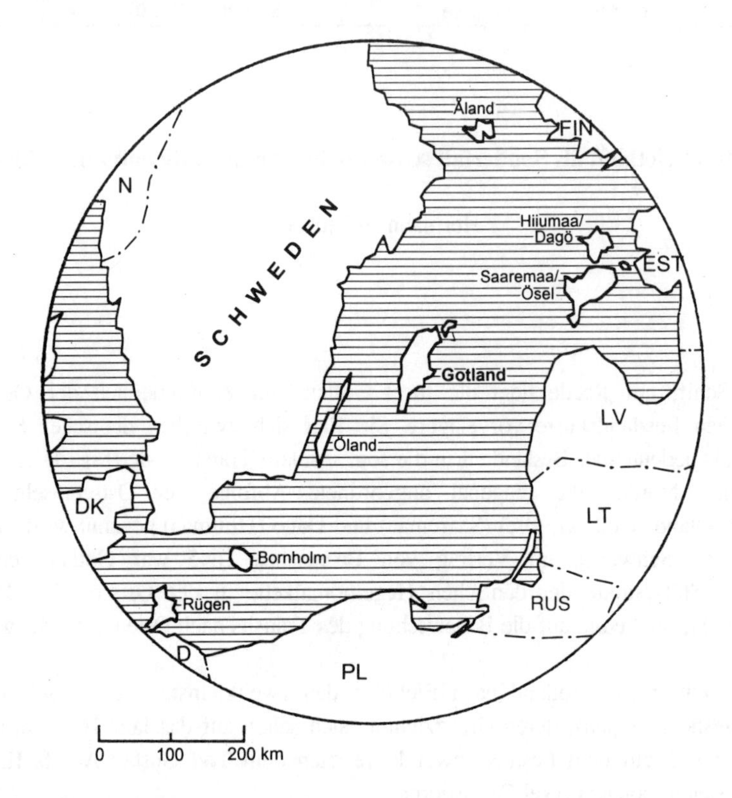

Abb.1: Gotland als Bestandteil der insularen Transversale in der Ostsee
Quelle: GOTLANDS KOMMUN 1995

Schon diese wenigen äußeren Merkmale verweisen auf die Individualität und Besonderheit der Insel Gotland. Nimmt man noch die abseitige Lage vom Festland sowie den Mehraufwand an Zeit und Kosten bei An- und Abreise (vgl. Fig. 2) hinzu, so treten die ökonomisch besonders wirksamen Faktoren der Lageferne und der distanzbestimmten Zusatzkosten hinzu. Die verkehrswirtschaftlichen Leitachsen des Tertiär- und Industriestaats Schweden liegen auf den Achsen Stockholm - Malmö und Stockholm - Göteborg.

Rechnet man diesen distanziellen Kriterien noch die geologischen, hydrologischen und klimatischen Sonderbedingungen hinzu und bezieht das breite Feld kulturhistorischer sowie
ökonomisch-struktureller Eigenentwicklungen ein, so ergibt sich ein weites Spektrum höchst individueller Raumstrukturen und Prozeßabläufe, deren Genese, Eigenarten und Konsequenzen in einigen repräsentativen physischen Sachgebieten nachfolgend

nachgezeichnet werden sollen.

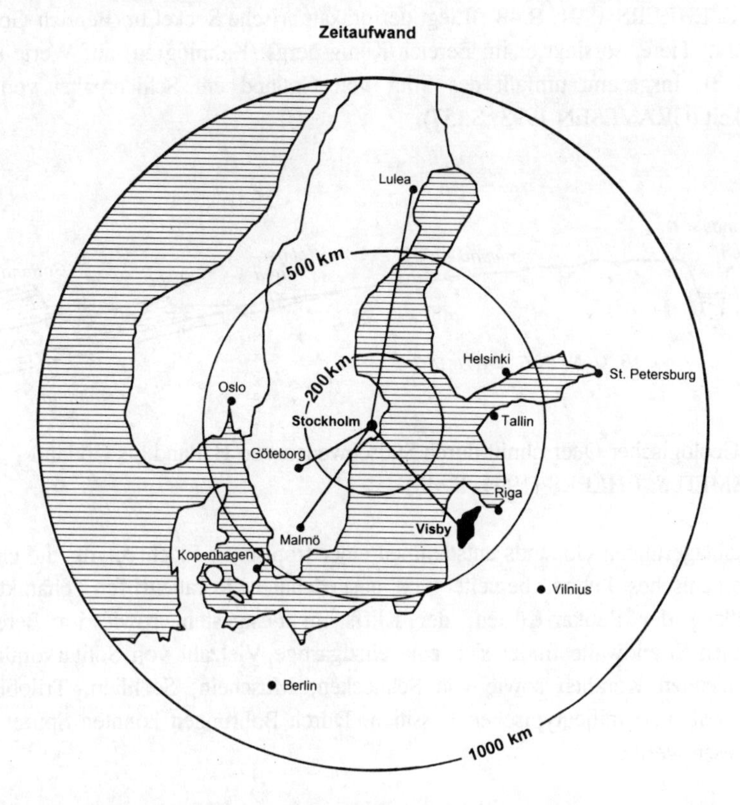

Abb. 2: Reisezeitaufwand bei Benutzung preiswerter öffentlicher Verkehrsmittel
Quelle: GOTLANDS KOMMUN 1995

Gotland - ein geologischer Sonderfall

Art und Eigenschaft des Ausgangsgesteins oder des 'berggrunds' stellen für die Insel eine einzigartige Sonderbedingung im natürlichen Landschaftsgefüge dar. Relief, Hydrologie, Bodenbildung, Küstenformen und Pflanzenwuchs sind eng an die Standortbedingungen des Festgesteinsockels gebunden. Die agrare Nutzbarkeit des Bodens, die Gewinnung von Bau- und Rohstoffen, die Anlage von Häfen und die touristische Attraktivität der Strände unterliegen in hohem Maß den physischen Eigenschaften des Ausgangssubstrats.

Zusammen mit Öland und einem schmalen Küstensaum um Kalmar nimmt Gotland unter geologischem Aspekt innerhalb Schwedens eine absolute Sonderstellung ein. Reliefarmut und Homogenität der Oberflächenformen werden durch flachlagernde Kalkschichten des Silur bestimmt, welche dem älteren Grundgebirgssockel und baltischen Schild aufliegen und leicht nach Osten einfallen. Im allgemeinen ist ein Winkel von 2 Grad kennzeichnend (SMED & EHLERS 1994, S.48). Liegt der präkambrische Sockel im Bereich Gotlands in 800-1000 m Tiefe, so sinkt er im Bereich Königsbergs (Kaliningrad) auf Werte um 3000 m (Fig. 3). Insgesamt umfaßt das Silur von Gotland ein Schichtpaket von 500 m Mächtigkeit (GRAVESEN 1993, S. 57).

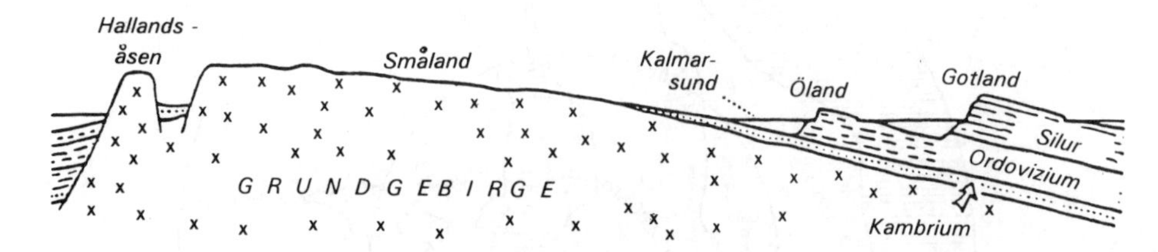

Abb. 3: Geologischer Querschnitt durch Südschweden von Halland bis Gotland
Quelle: SMED & EHLERS (1994, S. 48)

Die Kalkablagerungen Gotlands entstammen einer tropischen Flachsee, für die ein höchst aktives organisches Leben, begleitet von ausgedehnten Korallenriffen, charakteristisch war. Entlang der Raukar-Küsten, der Kliffs im Festgestein sowie im Bereich der postglazialen Strandwälle findet sich eine einzigartige Vielzahl von Solitärkorallen, von koloniebildenden Korallen sowie von Schnecken, Muscheln, Seelilien, Trilobiten und sonstigen zeit- und milieutypischen Fossilien. Durch Bohrungen konnten Spuren von Öl nachgewiesen werden.

Neben den typischen Riffkalken aus Korallen, Kalkalgen, Stromatoporen und Crinoiden ist vor allem eine reiche Begleitfauna kennzeichnend für die Sedimente auf Gotland. P. GRAVESEN (1993, S.57) führt aus, daß die schwedischen Fossilverzeichnisse für Gotland mehr als 2000 verschiedene Arten umfassen. Einige der Sedimente und organischen Fossilien finden sich als umgelagerter Detritus am Rande und an den Flanken der Riffkomplexe, andere sind in situ innerhalb der Sedimentfolgen erhalten.

Den festen und kompakten Riffkalken liegen an der Basis die grauen Visby-Mergel zugrunde, die maßgeblich an der Bildung der westseitigen Steilküste beteiligt sind. Im allgemeinen läßt sich sagen, daß die harten Riffkalke die Insel von Südwesten nach Nordosten durchziehen und langgestreckte Rücken mit mageren Böden bilden (vgl. Fig. 4). Parallel zu den Kalkformationen ziehen sich die Mergelbänder als tiefer liegende Areale durch die Insel. Deren innere Teile waren früher teilweise vermoort. Die Trennung zwischen Kulturland und Waldland folgt über weite Strecken den genannten Gesteinsgrenzen von Kalk und Mergel.

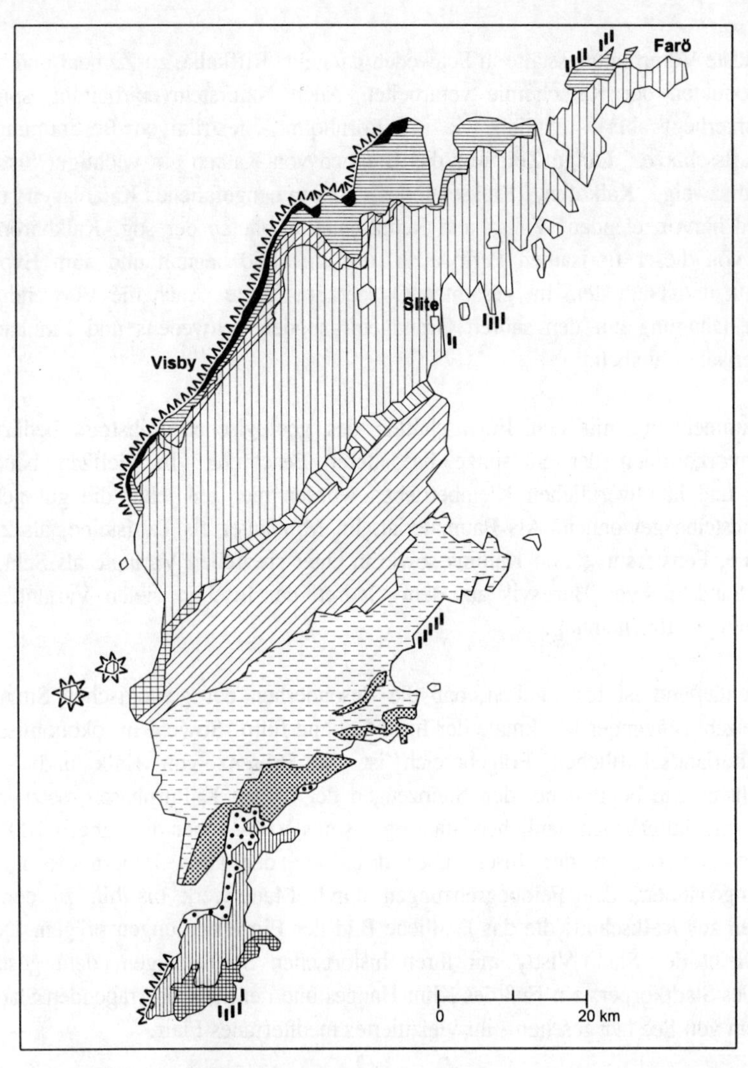

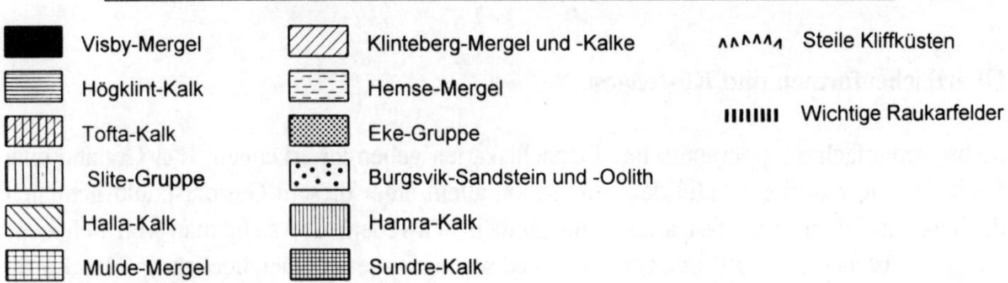

Abb. 4: Geologische Übersichtskarte von Gotland mit ausgewählten Fundorten (nach BROOD 1982)

Quelle: GRAVESEN 1993

Im Bereich von Slite werden noch heute in einer großen und modernen Anlage, die die bedeutendste Verarbeitungsstätte in Schweden darstellt, Riffkalke zu Zement und weiteren Grundprodukten der Kalkchemie verarbeitet. Auch Natursteinverarbeitung spielt eine Rolle, unterliegt aber - ähnlich wie auf Bornholm - restriktiven Bestimmungen des Landschaftsschutzes. Lange Zeit war das Brennen von Kalken ein wichtiger historischer Wirtschaftszweig. Kalköfen, Kalkschuppen, zusammengefallene Kaianlagen und die auffallend hervortretenden Wohn- und Repräsentationsbauten der sog. Kalkbarone legen Zeugnis von dieser florisanten Periode ab, die um 1650 begann und zum Export von Branntkalk und Naturstein im gesamten Ostseeraum führte. Auch die Verwendung von Kalk zur Düngung auf den sauren Grundgebirgsböden Schwedens und Finnlands darf nicht unerwähnt bleiben.

Im Zusammenhang mit den Eigenschaften des geologischen Substrats bedürfen die Sandsteinvorkommen der Südspitze besonderer Beachtung. In vielfach bäuerlichen Abbauen und handwerklichen Kleinbetrieben wurden hier seit jeher die gut gebankten Silur-Sandsteine gewonnen. Als Baumaterial, im Mittelalter als Taufsteine, als Zierstein für Portale, Fenstersimse und Kamine sowie in einer speziellen Variante als Schleifstein, tritt der Sandstein von Burgsvik aus dem 'Sudret' der Insel in vielen Varianten seiner Verwendung in Erscheinung.

Zusammenfassend ist festzuhalten, daß die Besonderheit der geologischen Situation zu einer Vielzahl prägender Merkmale der Insel Gotland führt. Sowohl im ökonomischen als auch kulturlandschaftlichen Folgebereich ist die Präsenz von Kalk und Sandstein unübersehbar. Sie beginnt bei den Steinzeugen der frühen Kulturphasen, setzt sich fort über den mittelalterlichen baulichen Stadtorganismus Visby, über die nahezu 100 weithin sichtbaren Landkirchen der Insel, über das Netz der alten Bauernhöfe mit ihren Natursteingebäuden, den Feldbegrenzungen durch Mauerwerk bis hin zu den hellen Kieswegen aus Kalkschutt, die das ländliche Bild der Einzelsiedlungen prägen. Der helle Kalk verleiht der Stadt Visby mit ihren historischen Straßenzügen, dem gestaffelten Anstieg des Stadtkörpers am Fuß des Klint-Hanges und der alles überragenden Stadtmauer - vor allem von See her gesehen - ihr vielzitiertes mediterranes Flair.

Oberflächenformen und Küstengestalt

Selbst vereinfachte topographische Übersichtskarten geben zu erkennen, daß Gotland eine flache, wenig reliefierte Tafel darstellt. Schon allein unter diesem Gesichtspunkt hebt sich die Insel auffallend von fast allen Naturräumen Schwedens ab, sieht man von Schonen, einigen Küstenebenen und der zentralschwedischen Senke ab. Der höchste Punkt, Lojsta hed, mißt lediglich 82 m Höhe. Obgleich von relativ kompakter Grundrißgestalt, errechnet sich die gesamte Küstenlänge angesichts der Feingliedrigkeit der Küsten - vor allem im Süd-, Nord- und Ostteil der Insel - auf immerhin etwa 800 km. In diesem Wert sind Farö, Gotska Sandön, Furilden sowie die westseitig gelegenen, imposanten beiden Karlsinseln inbegriffen.

In welchem Ausmaß präquartäre Formungsstadien die flache Gestalt Gotlands geprägt und unter glazialen Bedingungen konservierend nachgewirkt haben, ist schwer zu beurteilen. Bestimmend sind vielmehr Erscheinungen und Sequenzen, die der Wirkung des Eises sowie dem Auftauchen Gotlands im Rahmen der Frühphasen der Ostsee zuzuschreiben sind.

Ob die westseitige Kliffküste sowie die beiden vorgelagerten Karlsinseln als Altformen einer früheren Schichtstufenlandschaft aufzufassen sind, wie dies bei P. SMED/J. EHLERS (1994, S. 47) der Fall ist, sei dahingestellt. Geht man von einer solchen Theorie aus, so würden der Steilabfall der Hauptinsel als Trauf zu interpretieren sein und die beiden Karlsinseln als vor der heutigen Küste liegende Zeugenberge. Da die weichen Visby-Mergel aber durchlaufend den gesamten nordwestlichen Küstenabschnitt unterlagern, dürften aufgrund der jüngeren glazigenen wie marin-postglazialen Abtragung Altformen sehr schwer identifizierbar sein. Auch die zahlreichen Grotten, die im Bereich der Karlsinseln typisch sind, sprechen für eine äußerst aktive Gestaltung durch Brandung und quartären Hebungsprozeß.

Sieht man von einigen Drumlin-Vorkommen, so z.B. bei Slite und Ljugarn ab, sind unmittelbare Zeugen der Eisaktivität selten. Nur die Richtung der Sunde und Buchten im Nordabschnitt weist auf die Fließ- und Schürfrichtung des Eiskörpers hin. Exarations- und Schliffspuren finden sich kaum im Kalk oder sind verwittert. Binnendeltas, wie sie in Festland-Schweden für die Grenzsäume von Gebirge und Küstenebene typisch sind, fehlen im isolierten Außensaum Gotlands. Auch klar datierbare Endmoränenzüge oder chronologisch absolut einzuordnende de Geer-Sedimente fehlen. Sandvorkommen, wie auf Gotska Sandön oder im Nordabschnitt um Farö, werden von den schwedischen Quartärgeologen (NAS, Geology 1994, S. 134) als Ablagerungsprodukte interpretiert, die dem nördlich angrenzenden heutigen Meeresboden entstammen.

Im Vergleich zu anderen Teilen Schwedens, wo die glazigene Grundmoränendecke mehr als 40 m mächtig sein kann, mißt diese im isolierten Gotland höchstens 5 m und wird nicht von mächtigen Seesedimenten überlagert.

Die Oberflächenstruktur Gotlands ist eng mit der Geschichte der Ostsee und ihren Entwicklungsphasen verbunden. Zur Zeit des Höchststandes des Baltischen Eisstausees, dessen Existenz heute auf die Zeit 13.000-10.300 B. P. datiert wird, sind Öland und Gotland ganz von Wasser bedeckt. Betrachtet man die entsprechenden und vergleichbaren höchsten Küstenlinien am Ostabfall der smaländischen Hochscholle, so wird dieser Tatbestand evident: östlich Kalmar bei Nybro wird der Wert von 120 m gemessen und bei Mariannelund in der Nähe von Vimmerby - also 100 km in Nord-Süd-Richtung voneinander entfernt - etwa 140 m. Auch die Höhenlage des gleichaltrigen Binnendeltas bei Vimmerby bestätigt diesen Tatbestand (LANDISENS AVSMÄLTNING I SVERIGE, Südblatt 1961).

Da Gotland einer Nord-Süd gerichteten Hochscholle aufsitzt, während östlich und westlich über 150 m tiefe Seebecken angrenzen, dürfte die Eisdecke dort mächtiger als im Bereich der späteren Insel Gotland gewesen sein. Ohne konkrete Zeitmarken wie C_{14}-Datierungen anhand von Mollusken (Westküste) oder Warvenabfolgen am Ostrand des festländischen Schweden zu haben, wird vermutet, daß Gotland früh und rasch vom Eis befreit worden ist. So nimmt der heutige nationale geologische Dienst an, daß dieser Prozeß nur 100 Jahre umfaßt hat und sich von 12.700-12.600 B. P. vollzog (C. FREDIN, in NAS Geology 1994, S. 130).

Das Wechselspiel von Landaufstieg und variablem Meeresstand in der Ostsee, entsprechend den spezifischen Entwicklungsständen des Spätglazials, hat auf Gotland ein breit gefächertes Feld sedimentärer Meeresablagerungen und litoraler Strandbildungen hinterlassen. Diese treten in drei Grundformen auf:

- als flächenhafte Ablagerungen von marinen Tonen und Sanden;

- als fossile Kliffs im Inneren der Insel, durch Hebung und Regression im Zuge der marinen Entwicklungsphasen entstanden;

- als weite Säume von Strandwällen, die die noch heute vorhandenen Buchten umgeben.

Beispiele karger, eindrucksvoller Strandwälle in meist girlandenförmiger Anordnung auf leicht abfallendem Gelände finden sich in vielfachen Vorkommen und Variationen. Häufig sind sie mit der für die Trockenstandorte typischen Alvar-Vegetation bedeckt. Der Erhaltungsgrad ist vielfach eine Frage des Alters. Strandwallsysteme an den sturmreichen Küsten des Nordens zeigen eine prägnantere Gliederung und Außenform. Auf ihnen sind in vorindustrieller Zeit offensichtlich gerne Fischersiedlungen, wie z. B. Helgumannen auf Farö, angelegt worden. Die Siedlungen standen dabei auf älteren und höheren, sturmsicheren Strandwällen, und die Boote konnten auf dem kiesigen Untergrund - im Gegensatz zu den gefürchteten Klippen und Unterwasserfelsen im Kalkbereich - an Land gezogen werden.

Beispiele eindrucksvoller Strandwallbildungen sind Ryssudden mit seinen Geröllhalden am Südende des FΔrösunds, Diggerhuvud am Nordende von Farö oder Närsholmen bei Gammelgarn mit noch sehr frischen, unbewachsenen Abfolgen. Bei flachem Licht lassen sich auf den wenig bewachsenen Alvar-Flächen häufig ganze Abfolgen quartärer Strandwälle erkennen. Deren Anordnung wird besonders deutlich, wenn die für Gotland typischen Kieswege ein solches System senkrecht schneiden, ohne daß verändernde Planierungsarbeiten erfolgt sind.

In diesem Zusammenhang bedarf auch der historische Hafen des mittelalterlichen Visby der Erwähnung. Almedalen mit der angrenzenden Strandmauer (T. GANNHOLM 1996, S. 200 und S. 224) war ehedem eine wohlgeplante Hafenanlage mit flankierenden Türmen, einem Wellenbrecher sowie einer südlich gelegenen Einfahrt am sog. Flußturm und einer nördlichen Ausfahrt am Lambets-Turm, heute Pulvertum (Kruttornet). Sowohl Versandung als auch Landhebung haben zur Unbenutzbarkeit als Hafen geführt. Almedalen wurde später in eine Grünanlage umgewandelt und ein neuer Handels- und Fährhafen südlich angelegt. - Auch Slite besitzt als Fremdkörper zu den angrenzenden modernen Einrichtungen der Zementgewinnung einen lindengesäumten, ellipsenförmigen Platz am Hafen, der schon in der wikingerzeitlichen Phase laut M. JONSSON und S.-O. LINDQUIST (1993, S. 74) genutzt worden ist. Noch ausgeprägter ist auf der Westseite von Gotland die ehemalige Bucht von Paviken bei Västergarn, die ebenfalls verlandete und zu einer Neuanlage mit Schutzwall unmittelbar bei Västergarn führte. Gotland ist folglich ein instruktives Beispiel für das Schicksal früher Hafengründungen unter dem Einfluß fortwirkender Landhebung.

Ein besonderes Charakteristikum von Gotland, das kein Reiseführer unerwähnt läßt, sind die bizarren Kalkfelsen im rezenten Brandungsbereich des Meeres, schwedisch Raukar (sing. Rauk) genannt. Der Ursprung des Wortes ist nicht bekannt, es dürfte aber eine originär gutnische Bezeichnung sein, da diese bizarren Felsbildungen eine Einzigartigkeit Gotlands darstellen.

Das Besondere an den Raukarvorkommen im Bereich der gotländischen Silurkalke ist die Tatsache, daß sie sich nicht allein im aktuellen Formungsbereich als Türme, Pfeiler, Bastionen und steinerne Fabelwesen präsentieren, sondern sich in meist gut verfolgbarer reihenförmiger Anordnung parallel zur Küste auch ins Landesinnere hineinziehen (W. HALFAR 1981, S. 8). Sie legen in einem solchen Fall Zeugnis von früheren Meeresständen ab, die unter dem Einfluß der Landhebung zu diesen Bildungen im Riffkalk geführt haben. Zu berücksichtigen ist allerdings auch, daß die diversen Entwicklungsstadien der Ostsee zu raschen Niveauänderungen des Meeres geführt haben. So hat allein die Öffnung des Baltischen Eissees an der Pforte von Billingen zu einem Absinken des marinen Bezugsniveaus um 25 Meter innerhalb weniger Jahre geführt (C. FREDIN 1994, S. 139). Der Erhaltungsgrad der fossilen oder subrezenten Raukarfelder, beispielsweise im Hinterland von Slite, ist erstaunlich gut.

Höhendifferenzierte Niveaubereiche sind im Kalk auf der Westseite Gotlands kaum anzutreffen. Als Folge des Schichteinfallens herrschen steile Kliffabbrüche mit rezenter Schuttumlagerung am Fuß vor. Die etwa 30 Grotten im Umkreis der Karlsinseln besitzen beträchtliche Tiefen. Archäologische Funde belegen, daß sie schon steinzeitlich besiedelt oder jedenfalls periodisch - vielleicht zum Vogelfang - genutzt wurden. Die weichen Mergel als unterlagerndes Sedimentband bilden auch heute noch die Ursache des

Steilabbruchs. Högklint südlich Visby ist ein imponierendes Beispiel für die aktive Gestaltung der gotländischen Kliffküsten.

Zusammenfassend ist festzuhalten, daß die unterschiedlichen Küstenformen Gotlands ein differenziertes Dokument der quartären Ostseeentwicklung darstellen, in deren Nutzung auch der Mensch von seinen frühesten Tagen an unter wechselnden Bedingungen im Grenzraum von Wasser und Land eingebunden ist. Übersehen werden darf nicht, daß zahlreiche Küstenabschnitte durch den Abbau von Kalk und Sandstein erheblich umgestaltet worden ist. Dies ist vor allem im Südteil der Insel der Fall.

Die Besonderheiten des Inselklimas

Die klimatische Situation weist angesichts der isolierten Lage eine Reihe von Merkmalen auf, die sich von den typologischen und jahreszeitlichen Verlaufsprozessen auf dem Festland deutlich abheben.

Zu diesen Effekten trägt in hohem Maß die Lage Gotlands in offener See zwischen den großen Landmassen Schwedens und des baltisch-russischen Raumes bei. Angesichts der Größe und Flachheit der Insel spielt auch die klimatische Eigendynamik eine wichtige Rolle. Divergenzerscheinungen im Lee der smaländischen Hochscholle können bei Weströmungen gleichermaßen auf Gotland wie auf Öland bzw. im Küstensaum um Kalmar beobachtet werden. Auch Bornholm kann von diesen Divergenzeffekten bei entsprechender Strömungssituation erheblich beeinflußt sein. Graduell feststellbare Varianten lassen sich vor allem im Bereich thermischer, hygrischer und strahlungsabhängiger Effekte konstatieren.

Zu den thermisch auffallenden Konsequenzen zählen die zögernd einsetzende Erwärmung des Frühjahrs und Frühsommers, die konträr dazu verlaufende Abkühlung im Herbst sowie die aus dem Gegensatz von Wasser- und Landtemperaturen erwachsende Nebelhäufigkeit. Auch phänologische Erscheinungen reihen sich in die Kette thermischer Effekte ein. Sie unterliegen aber von Jahr zu Jahr beachtlichen Unterschieden.

Die gesamte Länge der Vegetationszeit, d. h. die Phase der Mitteltemperaturen mit Werten über +5 °C (1961-90), wird mit 190-200 Tagen angegeben. Schonen und die Küste Hallands sind milder und weisen Werte über 210 Tage auf. Ein ähnliches Ausmaß der Differenzierung ergibt sich aus den Jahressummen der Heiztage und des entsprechenden Wärmebedarfs bei 20 Grad Raumtemperatur: Auf Gotland errechnen sich an der Küste 3.400, im Inneren 3.600 Heizgradtage. An der äußersten Westküste und im maritimen Schonen sinkt der Betrag auf 3.200 Einheiten. Hingegen hat der Raum Stockholm und das Innere Smalands schon Summen von 4.000 aufzuweisen. In den Gebirgen Norrlands steigen die Wärmeansprüche bis auf Spitzenwerte von 7.000 an

(NAS, CLIMATE, LAKES AND RIVERS 1995, S. 57).

Die zögernde Erwärmung im Frühjahr hat zur Folge, daß Spätfröste im Inneren (1961-90) bis zum 15. Mai möglich sind. Im engeren Küstenraum gilt der 1. Mai als allgemein letztes Datum der Frostgefährdung. Obstkulturen sind daher aus Gründen der Kälterückfälle in der Blütezeit sowie wegen des Windes kaum anzutreffen. Das weniger empfindliche Strauchobst ist hingegen in den bäuerlichen Gärten - meist geschützt durch Hecken oder Steinmauern - häufig vertreten. Die für Bornholm typischen Feigenbäume in geschützten Lagen sind hingegen auf Gotland nicht mehr anzutreffen.

Eine bezeichnende Erscheinung des Frühjahrs sind Seenebel bei noch kaltem Meer und bei Vorstößen wärmerer Luft von Süden oder Osten. Ganz im Gegensatz zu kontinentalem Nebel mit seinem Bildungsmaximum im Herbst sind die maritim verursachten Nebel eine Konsequenz der unterschiedlichen Temperaturen von Wasser und Luft sowie der noch geringen Strahlungswirkung der Sonne. Mit 51 Nebeltagen zählt Visby zu den Spitzenstationen des schwedischen Ostseeraums. 6 Nebeltage fallen je auf März und April, 5 auf Februar und Mai. Auch der Oktober verzeichnet ein Sekundärmaximum mit 5 Tagen. Der Nebel hat - ähnlich wie auf Bornholm - die Orientierung und Sicherheit der Schiffahrt früher stark behindert. Es ist bekannt, daß die mittelalterliche Schiffahrt der Gutländer nur in den Sommermonaten stattfinden konnte (Th. GANNHOLM, 1996 S. 203).

Wenn Reiseführer darauf verweisen, daß letzte Rosen auf Gotland noch um Weihnachten angetroffen werden können, so ist dies ein Hinweis auf die thermischen Besonderheiten des Herbstes. Durch die Wärme des Seewassers können Vorstöße kontinentaler Kaltluft längs der Küsten gebremst werden, so daß die thermische Begünstigung der unmittelbaren Litoralzone zugute kommt. Von 1905-1994 (90 Jahre) wurde in Visby in 37 Jahren kein Schnee verzeichnet. Es scheint, daß dieses Phänomen zunimmt, denn allein in den 10 Jahren von 1985 bis 1994 waren 5 Winter in Visby schneelos (NAS, Climate, S. 97).

Unter hygrischen Gesichtspunkten reiht sich Gotland in ein Areal deutlich reduzierter Jahresniederschläge ein, das sich von der Ostküste um Kalmar über Öland bis Gotland erstreckt. Mit 517 mm (1961-90) gehört die Station Visby zu den trockensten Beobachtungsorten des maritimen Schweden. Allerdings ist dieser Wert nicht der niedrigste Betrag im Leebereich der Festlandsmasse. Die windreiche Südspitze von Öland (Södra udde) verzeichnet nur 472 mm und Svenska Högarna, eine Außenschäre auf der Höhe von Stockholm, lediglich 447 mm. Hier tragen Exposition und Strömung zu Sonderbedingungen bei. Generell läßt sich festhalten, daß der Außensaum Gotlands Jahressummen um 500 mm verzeichnet, während das Binnenland Beträge um 600 mm aufweist.

Bezeichnend ist ein ausgeprägtes Spätwinter- und Frühjahrsminimum, das von Februar bis einschließlich Juni währt. Wie manchenorts in Schweden gelten für diese Zeit und erst recht für die Feuer der Mittsommernacht strenge Auflagen, um Haus- und Scheunenbrände zu verhüten. Die Monatssummen überschreiten während dieser 5 Monate nur selten 30 mm. Bis März ist der Schnee, häufig stark verweht, zu mehr als 2/3 am Niederschlag beteiligt. Mit der Erwärmung des Meeres steigen die Niederschläge sprungartig ab Juli an. Aus eigenen Beobachtungen ist bekannt, daß bei vorherrschenden südwestlichen Winden im Spätsommer wolkenreiche Ostseeluft aus den wärmeren südlichen Teilen nach Norden geführt wird und unter dem Einfluß der Tageserwärmung am Frühnachmittag zu Niederschlägen führt. Das gleiche Phänomen kann noch ausgeprägter im Küstensaum Finnlands beobachtet werden. Eine verregnete Ernte im August ist dort bei den Landwirten gefürchtet.

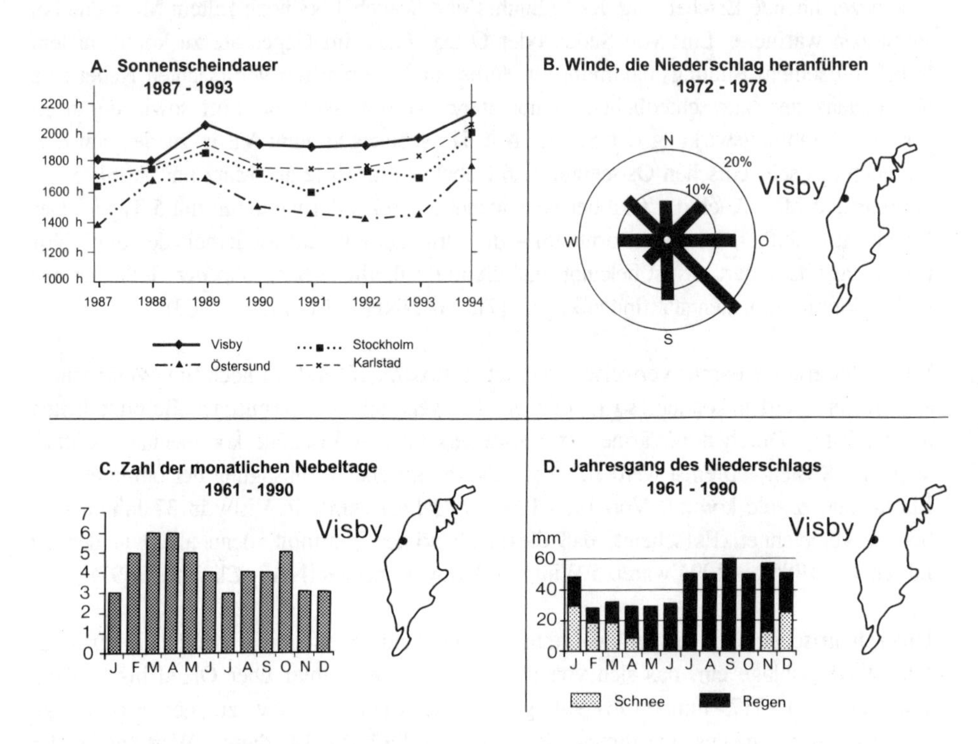

Abb. 5: Klimatische Merkmale Gotlands, dargestellt am Beispiel der Station Visby
Quelle: A - GOTLANDS KOMMUN 1995
B - RAAB & VEDIN (1995, S. 78, 75, 83)

Generell ist festzustellen, daß sich das Klima Gotlands hinsichtlich Strahlung, Wind sowie thermischer und hygrischer Situation erheblich von den Gegebenheiten und Verlaufsformen des schwedischen Festlandes abhebt. Zu berücksichtigen ist aber, daß die individuellen insularen Effekte wiederum durch die Größe und Ausdehnung der Insel sowohl im Nord-Süd-Verlauf wie in der West-Ost-Wirkung abgewandelt werden. Die meist vorliegenden Angaben über Visby dürfen keinesfalls auf den gesamten Inselbereich übertragen werden.

In der Abb. 5 sind eine Reihe von Merkmalen verzeichnet, die die Sonderstellung Gotlands betonen. Das am stärksten hervortretende Phänomen ist die beachtlich höhere Sonnenscheindauer, die im Zeitraum 1987 - 1994 im Rahmen der Jahressummen registriert worden ist.

Die Sonderstellung Gotlands im nordeuropäischen Vegetationsgefüge

Das Zusammenwirken von klimatischen Steuerungsfaktoren, von standortgebundenen Substrat- und Bodenbedingungen sowie des Bodenwasserhaushalts erzeugt auf Gotland ein höchst individuelles Verteilungs-, Arten- und Strukturbild der Vegetation.

Zu betonen ist, daß der Mensch seit seinem Auftreten auf der Insel - mit frühesten Spuren schon vor 7000 Jahren - tiefgreifend in das Vegetationsbild eingegriffen hat. Jahrhundertelange Schafwirtschaft, die Entwässerung abflußgehemmter Binnenbecken, die Entwaldung zur Kulturflächengewinnung und die Waldvernichtung zwecks Kalkbrennens haben tiefgreifend auf das Vegetationsbild eingewirkt. Auch die uralte skandinavische Schwendwirtschaft dürfte stark zur Entstehung von Sekundärvegetation beigetragen haben.

Das vermutlich auffallendste Merkmal auf den gotländischen Kalken bildet der Alvar als eine Vegetationsform, die an Kalktriften oder Garrigueflächen mediterranen Typs erinnert. So hat sich umgangssprachlich zur Charakterisierung der Name Gotlandsteppe eingebürgert (G. BOHN 1985, S. 131), der diese Sonderform treffend bezeichnet. Zu unterscheiden sind allerdings Alvar und Hällmark, wobei Hällmark diejenigen Areale beschreibt, auf denen der nackte Kalk in Erscheinung tritt und Vegetation nur in Spalten, Klüften oder Lösungsvertiefungen angetroffen wird. Insgesamt handelt es sich um wenig anspruchsvolle Florenvertreter, die an die besondere edaphische Trockenheit angepaßt sind. Der Wacholder ist als typisches Gewächs in die meist topographisch höher liegenden Hällmarkflächen eingestreut.

Die Alvarmark, die in größerer Ausdehnung auf Öland angetroffen wird, ist hingegen eine typische Gras-Kräutersteppe, die auf Gotland hauptsächlich im Südabschnitt sowie im Norden verbreitet ist. Die Halbinsel Faludden und der Bereich um Öja sind kennzeichnende Standorte.

Auf den lichtreichen Kalkstandorten wird eine reiche Fauna und Flora, angepaßt an die edaphische Trockenheit, angetroffen (NAS, Geography of Plants and Animals 1996, S.62). Die Artendifferenzierung weist drei unterschiedliche Zugehörigkeits- und Abstammungsfelder auf. An geeigneten Standorten - vor allem im Stora Alvaret auf Öland - werden Florenelemente angetroffen, die wärmeren Perioden entstammen, aber auf den

Inseln überdauert haben. Daneben treten Glazialrelikte auf, da auf Gotland und Öland eine klimatische Ähnlichkeit mit den alpinen Winterheiden existiert. Schließlich sind als dritte Gruppe einige endemische Arten vertreten. Die höchste Artendifferenzierung wird im Bereich flachgründiger Bodenbedeckung bzw. im Verlauf von Spaltensystemen mit Feinerdefüllung angetroffen, wo vermehrte Feuchtigkeit, Windschutz und lokale Erwärmung Sonderbedingungen gegenüber dem Freilandklima erzeugen.

In welchem Ausmaß der anthropogene Eingriff durch Siedlung, Jagd, Weidegang mit Schafen und kleinparzellierten Ackerbau sowie Feuerholzentnahme gewirkt hat, läßt sich sehr schwer abschätzen. Jedenfalls hat er sehr früh begonnen, da die Alvar-Gebiete zahlreiche Spuren eisenzeitlicher Niederlassungen aufweisen. Im Stora Alvaret von Öland hat man 48 Siedlungsplätze eisenzeitlicher Provenienz identifizieren können. Generell gilt, daß dann, wenn die regelmäßige Beweidung aussetzt, die Gefahr der Verbuschung beginnt und eine Überrepräsentanz des Wacholders eintritt. Auf Gotland ist zu beobachten, daß der Artenreichtum des Alvar nach Süden zunimmt.

Der Tatbestand der Nichtrekonstruierbarkeit gilt auf Gotland auch für den Wald . Im Gegensatz zu Festlandschweden hat über lange Zeit bis ins 19. Jh. eine völlige Dezimierung vorgeherrscht. Eine überschaubare Waldgeschichte kann erst seit Beginn der großen Aufforstungen im 19. Jh., mit der auch weitflächige Entwässerungen von staunassen Binnenniederungen (schwed. myr) einhergingen, nachgezeichnet werden. Zwar sind heute 44% der Inselfläche mit Wald bedeckt, jedoch muß der jährliche Zuwachs nach schwedischen Maßstäben als gering eingestuft werden. Mit durchschnittlich 2-3 m^3/ha werden angesichts der mageren Böden und der Trockenheit der Standorte Raten erreicht, die für die Gebirge sowie die nördlichen Provinzen typisch sind. In den begünstigten Lagen Schonens und Hallands werden Werte über 7 m^3/ha erreicht (NAS, Forests 1990, S.65). Unter den ökologischen Rahmenbedingungen nimmt die Kiefer mehr als 60% des Waldbestandes ein.

Da Gotland südlich des Limes Norrlandicus gelegen ist und das Seeklima thermische Sonderbedingungen schafft, ist die gesamte Palette der laubwerfenden Gehölze wie Eiche, Ahorn, Linde, Esche und Ulme dort vertreten. Lediglich die Buche wird trotz des kalkreichen Untergrundes nicht mehr angetroffen.

Zusammenfassung

Abweichend von Bornholm, das sich gerne als verkleinertes Abbild Skandinaviens bezeichnet, sind für die Insel Gotland im Zentralbereich der Ostsee individuelle Strukturmerkmale und Entwicklungen kennzeichnend. Diese treffen in hohem Maß auf natürliche Standortfaktoren, auf den kulturgeschichtlichen Gang von Besiedlung und Nutzung sowie auf die heutigen Wirtschaftsstrukturen zu.

Der Aufbau der Insel aus sedimentären Kalken und Mergeln erzeugt ein spezifisches Ensemble aus Oberflächen- und Küstenformen, die als Folge des Schichteneinfallens regional ausgebildet sind. Der Hebungsprozeß hat eine Serie älterer Zeitmarken und fossiler Strandbildungen hinterlassen.

Höchst individuell sind auch klimatische und vegetationskundliche Phänomene ausgeprägt. Der insulare Effekt des thermischen Ausgleichs und der hygrischen Reduktion sind deutlich ausgebildet. Im Standortgefüge und Artenspektrum ruft der Kalk Sondererscheinungen im Vegetationsbild hervor. Allerdings ist die anthropogene Einflußnahme auf die natürliche Pflanzenwelt außergewöhnlich stark.

Literatur

BOHN, R., 1985: Gotland Handbuch, Kiel.

BOHN, R. (Hrsg.), 1988: Gotland. Tausend Jahre Kultur- und Wirtschaftsgeschichte im Ostseeraum, Kieler Historische Studien 31, Sigmaringen.

DUFNER, W., 1967: Geschichte Schwedens. Ein Überblick, Neumünster.

FREDIN, C., 1994: Quaternary deposits, in: National Atlas of Sweden, Geology, Stockholm, S. 104-120.

FREDIN, C., (Hrsg.) 1994: NAS (National Atlas of Sweden). Geology, Stockholm.

GADOLIN, A. von, 1977: Schweden. Geschichte und Landschaftstypen, München.

GANNHOLM, T., 1994: Gotland und die deutsche Hanse. Der Europamarkt des 14. Jh., Visby.

GANNHOLM, T., 1995: Visby, Regina Maris 1100 Δr, Visby.

GANNHOLM, T., 1996: 2000 Jahre Handel und Kultur im Ostseegebiet - Gotland, Perle der Ostsee -, Visby.

GOTLANDS FORNSAL, 1991: Gotlands natur, en reseguide, Visby.

GOTLANDS KOMMUN, 1995: Gotland i siffror tabeller och diagram 1995, Visby.

GRAVESEN, P., 1993: Fossiliensammeln in Südskandinavien, Weinstadt.

GUSTAFSSON, L. (Hrsg.), 1996: NAS (National Atlas of Sweden). Geography of Plants and Animals, Stockholm.

HALFAR, W., 1981: Gotland. Glück und Unglück einer Insel, Husum.

JONSSON, M./LINDQUIST, S.-O. 1993: Kulturführer Gotland, Visby.

NILSSON, N.-E. (Hrsg.), 1990: NAS (National Atlas of Sweden). The Forests, Stockholm.

NYLÉN, E. o.J.: Gotländische Bodendenkmäler, Visby.

RAAB, B. & VEDIN, H. (Hrsg.), 1995: NAS (National Atlas of Sweden). Climate, Lakes and Rivers, Stockholm.

SJÖBERG, B. (Hrsg.), 1992: NAS (National Atlas of Sweden). Sea and Coast, Stockholm.

SMED, P. & EHLERS, J. 1994: Steine aus dem Norden. Geschiebe als Zeugen der Eiszeit in Norddeutschland, Berlin/Stuttgart.

SVERIGES GEOLOGISKA UNDERSÖKNING 1961: Karta över Landisens Avsmältning i Sverige i tre blad, Stockholm.

1998	Higelke, B. (Hg.): Beiträge zur Küsten- und Meeresgeographie	Kieler Geographische Schriften, Bd. 97	S. 17-40

Strategien der Waterfront Revitalisation in Bremerhaven - am Beispiel des Geländes um den Alten und Neuen Hafen

Jürgen Bähr, Sandra Böschen & Rainer Wehrhahn

1. Problemstellung

Die Revitalisierung von alten Hafenflächen ist heute eine weltweit verbreitete Herausforderung für die Stadtplanung. Aufgrund technologischer Veränderungen im Seetransport, insbesondere der fortschreitenden Containerisierung, kam es in neuerer Zeit zu einer Auflösung der einst engen Verbindungen zwischen Hafen und Stadt. In Bremerhaven wie in anderen Hafenstädten ist der Hafen geographisch wie auch funktional weitgehend unabhängig von der Stadt geworden. Parallel dazu haben die alten und citynah gelegenen Hafenbecken und Kaianlagen, speziell des Alten und Neuen Hafens, ihre ursprüngliche Funktion verloren, industriewirtschaftlich genutzte Flächen und Gebäude fielen größtenteils brach, und die Gleisanlagen der einstigen Bahnanschlüsse wurden entbehrlich. Hafenwasser- wie Hafenlandflächen standen und stehen zur Disposition und geben Anlaß, sich mit ihrer Revitalisierung zu beschäftigen (Abb. 1).

Der Stadtplanung eröffnet sich dadurch die einmalige Chance, ein relativ großes und zentralgelegenes Gebiet völlig neu zu entwickeln, das durch die unmittelbare Nachbarschaft zum Stadtzentrum und die Lage am Wasser zwei wertvolle Standortvorteile besitzt. Hier ist nach langjähriger Abschottung die dringend notwendige Rückorientierung Bremerhavens auf das Wasser möglich. Das Gelände bietet sich sowohl für Erholungsflächen und andere touristische Nutzungen als auch als Standort von neuen Arbeitsplätzen im Dienstleistungssektor (in Ergänzung und Erweiterung der traditionellen City) oder von Wohnraum in bevorzugter Lage an.

Mit den aktuellen Planungen zur Waterfront Revitalisation, insbesondere mit dem Ocean Park-Projekt, einem Umwelt- und Zukunftsthemen-Park, steht in Bremerhaven gegenwärtig ein neuer Ansatz mit neuen Leitideen der Stadtentwicklung zur Diskussion. Dieses Konzept stellt den vorläufigen Höhepunkt eines schon seit den 30er Jahren andauernden Prozesses der Veränderungen an der Waterfront dar. Die Analyse und Bewertung der verschiedenen Revitalisierungskonzepte vermag einerseits, die

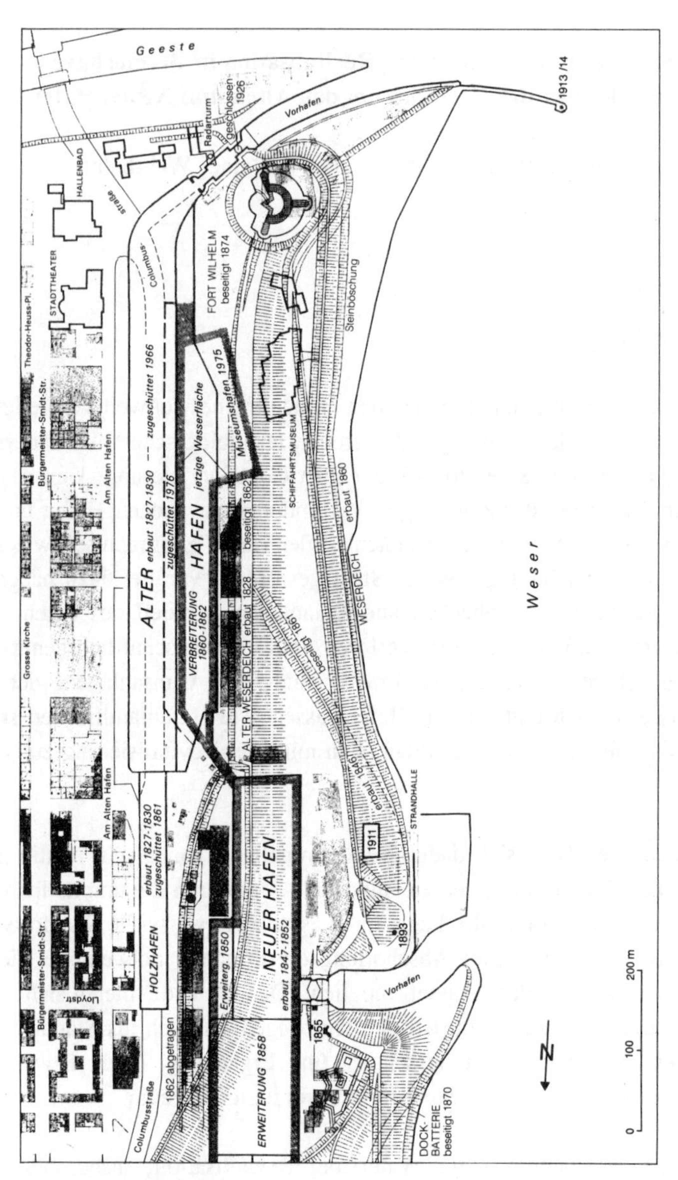

Abb. 1: Entstehung der Hafenanlagen zu Bremerhaven
Quelle: Stadtplanungsamt Bremerhaven 1979

Entwicklungspotentiale des betrachteten Geländes zu verdeutlichen und andererseits die Schwierigkeiten bei ihrer Realisierung aufzuzeigen, die immer wieder zu neuen Konzepten mit anderen Schwerpunkten führten. Aus den dabei gewonnenen Erkenntnissen lassen sich praktikable Lösungsvorschläge ableiten.

Bremerhaven bietet sich aus mehreren Gründen für eine detailliertere Untersuchung der Entwicklungen an der Waterfront an. Zum einen ist die Stadt Eigentümerin des Geländes und Initiatorin der Revitalisierung, so daß der Entwicklung eines geschlossenen Gesamtkonzeptes nur wenig entgegensteht. Zum anderen bietet Bremerhaven die Gelegenheit, die Entstehung einer Kooperation zwischen öffentlichem und privatem Sektor, die bei der Verwirklichung von Revitalisierungsprojekten in den Vereinigten Staaten, Großbritannien und auch Schweden in Form des Public-Private-Partnership schon weit verbreitet ist (LAW 1988, BREEN & RIGBY 1994, MATUSCHEWSKI 1996), auch in Deutschland zu verfolgen. Erst kürzlich wurden in Bremerhaven mit der Gründung der Ocean Park Entwicklungsgesellschaft (OPEG) die organisatorischen Rahmenbedingungen für eine solche Zusammenarbeit geschaffen. Drittens ist schließlich mit den Überlegungen zum Ocean Park in den letzten Jahren ein Projekt auf den Weg gebracht worden, das sowohl in seiner Gestaltung und Thematik als auch in seiner Größenordnung einmalig in ganz Europa sein dürfte.

2. Die historische Entwicklung des Gebietes um den Alten und Neuen Hafen

2.1. Geschichte und Funktionswandel des Alten Hafens

Der Alte Hafen von Bremerhaven, in dem heute die Museumsschiffe des Deutschen Schiffahrtsmuseums (DSM) liegen, ist die eigentliche Keimzelle der modernen Hafenstadt Bremerhaven, die diesen Namen aber erst seit 1947 trägt. Die Hafenbauarbeiten, die am 01. Juli 1827 begannen, wurden von dem Holländer van Ronzelen (1800 - 1865) geleitet. Er entwarf einen Binnenhafen mit Vorhafen, der nach englischem Vorbild mit einer modernen Schleusenanlage ausgestattet war. In dreijähriger Bauzeit errichtete man parallel zur Weser ein großes Hafenbecken, an das sich ein kleinerer Holzhafen anschloß. Nach Beendigung der Bauarbeiten konnte das große Hafenbecken ca. 80 - 100 Seeschiffe aufnehmen (Abb. 1; KELLNER-STOLL 1982, S. 51).

Zwischen 1830 und 1870 diente der Alte Hafen hauptsächlich dem Nordamerika-Geschäft und als Auswandererhafen, von wo sich die Ausreisewilligen nach Amerika einschifften. In den 1830er Jahren entstanden an seiner Ostseite Packhäuser, und in der Nähe des Holzhafens ließen sich mehrere kleine Schiffszimmereien nieder. Dagegen blieb der westliche Teil, abgesehen von den Befestigungsanlagen, bis in die

1860er Jahre im wesentlichen ungenutzt. In der Zeit zwischen 1860 und 1875 gab es dann jedoch einige entscheidende Veränderungen. Der Holzhafen hatte sich als zu klein und damit unbrauchbar erwiesen und ist 1861 zugeschüttet worden. Diese Fläche stand nun zusätzlich für die gewerbliche Nutzung zur Verfügung. Gleichzeitig wurde der Alte Hafen nach Westen auf das Doppelte verbreitert, was wiederum eine Verlegung des Weserdeiches zum Strom hin erforderlich und den bisherigen Deich entbehrlich machte, so daß dieser 1861/62 beseitigt werden konnte (Abb. 1).

Nach Schleifung der Befestigungsanlagen und Fertigstellung des Gleisanschlusses an die Geestebahn nach Bremen setzte die kommerzielle Nutzung des Gebietes zwischen Altem Hafen und Weser ein. Fischanlandung und Fischverarbeitung blieben bis in die 30er Jahre die Hauptfunktion des Alten Hafens (vgl. SCHOLL 1980); der Überseeverkehr hatte sich seit 1851 mehr und mehr auf den Neuen Hafen verlagert (s. u.).

Ein erneuter Funktionswandel zeichnete sich Ende des 19. Jahrhunderts ab (vgl. KELLNER-STOLL 1982). Das Ufer der Weser zwischen den Einfahrten zum Alten und Neuen Hafen wurde zu einem beliebten Badeplatz zunächst nur der männlichen, nach dem Ersten Weltkrieg aber auch der weiblichen Bevölkerung Bremerhavens. Im Laufe der Zeit erfuhr das heute noch bestehende sog. Weserbad mehrfache Veränderungen (u. a. 1912 Bau der Strandhalle mit Aquarium, 1928 Zoo am Meer[1], 1933 Strandcafé, 1933 Entschlickung und Ausbaggerung, nach 1945 teilweiser Wiederaufbau der Kriegszerstörungen). 1962 wurde das Weserbad bei einer Sturmflut zerstört und danach nur noch als Licht- und Luftbad wiedereröffnet. Das Baden in der Weser mußte aus gesundheitlichen Gründen untersagt werden.

Der Alte Hafen selbst hatte seit dem preußisch-bremischen Staatsvertrag von 1930, in dem die Konzentration der Fischereiaktivitäten auf den (preußischen) Standort Geestemünde (heute Teil von Bremerhaven) geregelt worden war, seine Funktion als Fischereihafen verloren (vgl. SCHEPER 1977, S. 85 f.). Die Teilnutzung durch den 1906 gegründeten Weser-Yacht-Club war auch nur von kurzer Dauer. Aufgrund der 1926/27 geschlossenen Schleuse des Alten Hafens und des Durchstichs zum Neuen Hafen war der Weg der Segelboote zur Weser zu weit geworden. So blieb das Bild des Geländes im Umkreis des Alten Hafens bis nach dem Zweiten Weltkrieg durch ein Nebeneinander von Gewerbe- und Erholungsflächen bestimmt.

---

[1] Wegen der Gestaltung des Außengeländes mit künstlichen Felsen auch als "Tiergrotten" bezeichnet.

2.2. Geschichte und Funktionswandel des Neuen Hafens

Der Bau des Neuen Hafens war notwendig geworden, weil das erste Hafenbecken für die große Zahl der Segler und Dampfer, die die "Auswanderungsroute" Bremerhaven -New York befuhren, nicht mehr groß genug und die Schleuse zu schmal war. Der Neue Hafen entstand seit 1847 nördlich des Alten Hafens (Abb. 1) und wurde schon 1858 - 62 unter Verlegung des Weserdeichs erstmals erweitert (KELLNER-STOLL 1982, S. 117). Das Aufblühen des 1857 gegründeten Norddeutschen Lloyds bedingte 1870 - 72 eine erneute Erweiterung, und in Verlängerung des Neuen Hafens entstanden seit 1872 in rascher Folge weitere Hafenbecken in nördlicher Richtung (1872 - 76: Kaiserhafen I, 1906 - 08: Kaiserhafen II, 1909: Kaiserhafen III). Diese dienten jeweils vorübergehend auch dem Passagierverkehr nach Nordamerika, bis schließlich zwischen 1923 und 1926 am offenen Strom die Columbuskaje erbaut wurde, die sich zum "Bahnhof am Meer" entwickelte (JOLMES 1980). Parallel dazu wandelte sich der Neue Hafen zum Hafen für Binnenschiffe (vgl. SCHOLL 1980). Umgeschlagen wurde vor allem Kohle, später Mineralöl, und entsprechende Lager- und Umschlagflächen, einzelne Werften und andere Industriebetriebe bestimmten lange Zeit das Bild der an die Hafenbecken grenzenden Flächen. Bis heute ist davon nur wenig erhalten geblieben.

3. Aktuelle Flächennutzung

Das Untersuchungsgebiet kann grob in zwei unterschiedlich strukturierte Bereiche untergliedert werden: den zentralen Bereich um den Alten Hafen und die Flächen um den Neuen Hafen (Abb. 2).

Der zentrale Bereich umfaßt die Flächen zwischen Columbus-Center und Weserufer mit dem Hafenbecken des Alten Hafens bis zur Geestemündung und die südwestlichen Teile des Neuen Hafens. In diesem Bereich befinden sich im Norden mit der Strandhalle (Gastronomie) und dem Zoo am Meer und im Süden mit dem DSM überregional attraktive touristische und freizeitorientierte Nutzungen. Zusätzlich besteht im nördlichen Umfeld des DSM eine "Erlebnisbrauerei", die 1993 in einem umgebauten Lagerhaus eröffnet wurde. Der Bereich zwischen DSM und Zoo am Meer wird heute dominiert von freigeräumten, ehemals gewerblich genutzten Flächen. Sie bieten zur Zeit citynah gelegene gebührenpflichtige Parkmöglichkeiten für ca. 800 Pkws, die von Arbeitsplatzpendlern, Einkaufsbesuchern und Besuchern des DSM genutzt werden. Im nordwestlichen Randbereich des alten Hafenbeckens liegen einige wenige Betriebe des Dienstleistungssektors, die jedoch keine unmittelbare Wasserbezogenheit aufweisen. Eine kleinteilige Mischung aus

Dienstleistungsbetrieben (hauptsächlich Gastronomie) mit einigen Freizeit- und Kulturangeboten, wie Weserfreiluftbad und Künstleratelier, sind im Bereich der Geestemündung und am alten Vorhafen zu finden.

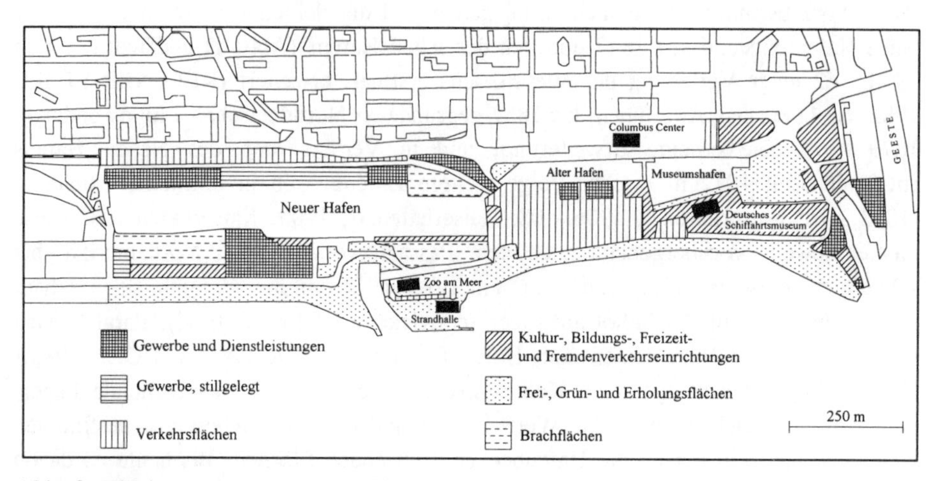

Abb. 2: Flächennutzung August 1996
Quelle: BÖSCHEN 1997

Die nördlich angrenzenden Flächen beiderseits des Neuen Hafens weisen eine Mischung aus industriell-gewerblichen und Dienstleistungsunternehmen auf. Dazu gehört vor allem der große Industriebetrieb der Firma Rogge[2] auf den ehemaligen Flächen des Norddeutschen Lloyd am Südwestende und der Umschlagplatz für Sand und Kies der Spedition Grube am Nordostende des Hafenbeckens. Die Schuppen an der Ostseite sind nur kurzzeitig vermietet und werden gewerblich, größtenteils als Lager genutzt (vgl. Abb. 2).

Die beiden Hafenbecken erfüllen nur noch im nördlichsten Bereich mit dem Umschlagplatz für Sand und Kies ihre Güterumschlagsfunktion und sind somit ihrer eigentlichen Nutzung enthoben. Der Alte Hafen dient mit dem Museumshafen und weiteren Liegeplätzen für historische Schiffe hauptsächlich touristischen Zwecken. Am Südende befindet sich der Abfahrtsort für die Schiffe der Hafenrundfahrten.

Das Gebiet steht also im Spannungsfeld eines Umstrukturierungsprozesses zwischen

[2] Die Firmentätigkeit umfaßt die drei Säulen Bauunternehmung, Stahl- und Maschinenbau sowie Ingenieurberatung. Das Unternehmen beschäftigt zwischen 500 und 700 Mitarbeiter (SCHOLL 1980, S. 120).

gewerblicher Bestandsstruktur einerseits und traditionellen wie hinzugekommenen freizeitorientierten Angeboten andererseits. Es handelt sich um ein extensiv genutztes Gelände mit einem auffallend hohen Anteil an Brachflächen. In den letzten Jahren sind die Bemühungen um eine Räumung des Geländes weit fortgeschritten. Viele der ehemals gewerblich genutzten Flächen rund um den Neuen Hafen liegen heute brach und warten darauf, einer neuen Nutzung zugeführt zu werden (vgl. Abb. 2 und 3).

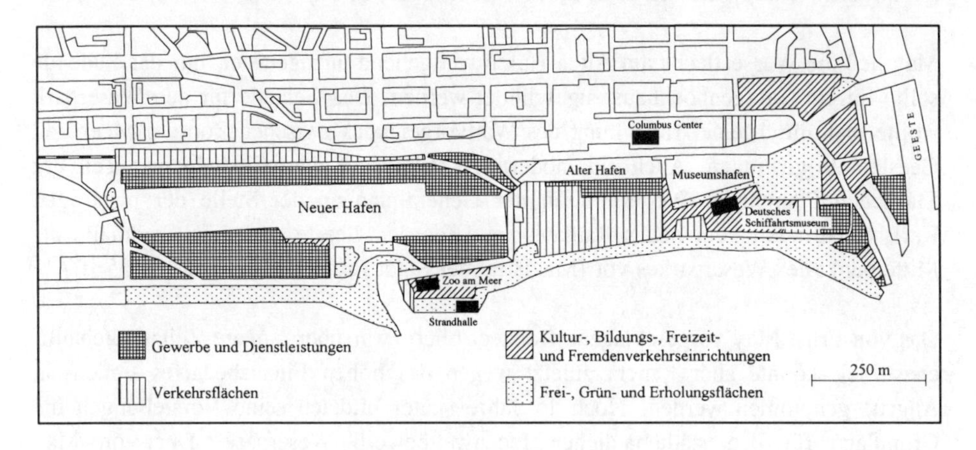

Abb. 3: Flächennutzung November 1990
Quelle: BÖSCHEN 1997

4. Revitalisierungsansätze im Wandel

Erste Pläne zur Umnutzung des Geländes um den Alten und Neuen Hafen gehen bereits auf die 1940er Jahre zurück. Alle Projekte, die seitdem diskutiert wurden, sind jedoch in der Regel über das Planungsstadium nicht hinausgelangt. Allenfalls wurden - wie sich aus dem heutigen Nutzungsbild schließen läßt - Teilmaßnahmen verwirklicht. Dabei sind die nachhaltigsten Wirkungen vom sog. May-Plan aus den 1960er Jahren ausgegangen.

4.1. Die Stadtplanung der 1960er Jahre

Am Ende der Wiederaufbauphase und zu Beginn eines neuen Entwicklungsabschnittes gewann die städtische Planung einen hohen Stellenwert. Im April 1960 wurde der weltbekannte Städtebauer Prof. Ernst May (1886 - 1970) vom Magistrat der Stadt Bremerhaven mit einem Generalbebauungsplan beauftragt. Der 1963 veröffentlichte Generalplan sah eine großflächige Parkanlage zwischen Zoo am Meer und Geestemünde vor (sog. Weserpark) und wollte den Alten Hafen von seiner "unschönen" Bebauung in Gestalt von Gewerbebetrieben befreien. Geplant waren weiterhin fünf Geschäftshochhäuser am Ostufer - das spätere Columbus-Center (vgl. 4.2) -, die durch zweigeschossige Querverbindungen zu einer Baugruppe vereinigt werden sollten. Dabei hatte May die Vision, daß sich die Hochhäuser "im Wasser des Alten Hafens spiegeln und so einen reizvollen Abschluß dieses Stadtteils ... nach der Weser hin bildeten" (Magistrat der Stadt Bremerhaven o. J., S. 38).

May ließ die Wasserfläche am Alten Hafen weitgehend unangetastet, nur das Südende sollte für ein Garagenhochhaus zugeschüttet werden. Das Gelände für den Weserpark wollte man durch eine Aufspülung des Wattvorgeländes zwischen Zoo am Meer und Geestemole gewinnen. Auch ein modernes Freibad auf dem Gelände war Teil der Mayschen Planungen. Weiterhin sah der Generalplan an der Stelle der bisherigen Karlsburg-Brauerei ein neues Rathaus am Ufer der Geeste und eine Stadthalle als Mittelpunkt des Weserparkes vor (Magistrat der Stadt Bremerhaven o. J., S. 35 ff.).

Das von Ernst May vorgeschlagene Konzept blieb zwar über längere Zeit städtebauliches Ziel, konnte aber - nicht zuletzt wegen des hohen Finanzbedarfes - nicht in Angriff genommen werden. Noch 15 Jahre später bildeten seine Vorstellungen die Grundlage für den städtebaulichen Ideenwettbewerb Weserpark. Der von May geprägte Begriff Weserpark hat sich sogar fast 30 Jahre lang für die Bezeichnung der zu gestaltenden Freiflächen westlich des Alten Hafens behauptet, obwohl schon in den 80er Jahren die städtebaulichen Vorstellungen kaum noch Ähnlichkeiten mit der May-Planung aufwiesen.

4.2. Die Entstehung des Columbus-Centers und des Deutschen Schiffahrtsmuseums

Der entscheidende Impuls für den Beginn einer Veränderung in dem betrachteten Gebiet ging vom Bau des Deutschen Schiffahrtsmuseums (DSM) in den Jahren 1970 - 75 aus, das der berühmte Architekt Hans Sharoun entworfen hatte. Die Gewerbebetriebe wurden stufenweise umgesiedelt, nur am Alten Hafen und am Wasserstandsanzeiger blieben einige Schuppen stehen, deren Eigentümer über langfristige Erbbauverträge verfügten. Einer großflächigen Aufspülung, wie sie der Generalplan von Ernst May vorgesehen hatte, war damit der Boden entzogen worden: Das DSM sollte den unmittelbaren Bezug zum Wasser behalten, die Stadthalle wurde an einem anderen Standort errichtet, und der vorhandene Sandstrand sowie die Deichpromenade sollten nach dem Willen der Bürger erhalten bleiben. Zu den Außenanlagen des Schiffahrtsmuseums gehören heute neben den im Alten Hafen ankernden historischen Schiffen weitere Ausstellungsstücke, die dem Areal seine maritime Atmosphäre geben. Unter ihnen befinden sich verschiedene ausgediente Kräne, Schiffe, Schiffspropeller, Anker sowie einige Seezeichen.

Mit der Eröffnung des Museums ist ein entscheidender Wandel in der Leitlinie der Stadtentwicklungspolitik vollzogen worden. Wurde bis zu diesem Zeitpunkt dem Wirtschaftsfaktor Tourismus kaum Bedeutung zugemessen, bemüht man sich seitdem um ein touristisches Profil (vgl. OHLROGGE 1996). Das Museum ist die erste und bis heute einzige kulturelle Einrichtung, die auch überregionale Besucher in das Gebiet um den Alten Hafen zieht. Das DSM mit ca. 240.000 Besuchern (1995) und der dazu gehörende Museumshafen stellen damit die wichtigsten Einrichtungen auf dem Gelände um den Alten und Neuen Hafen dar. 1996 wurde mit einem Erweiterungsbau begonnen, durch den die Ausstellungsfläche verdoppelt wird.

Das Museum war nur ein Teilstück der Planung für das Gelände zwischen Hafenbecken und Weserdeich. Es wurde immer deutlicher, daß die Stadt einer einheitlichen urbanen Mitte bedurfte. So entstand das Projekt Columbus-Center, das - von den Ideen Mays ausgehend - bald eigene Gestalt gewann und als multifunktionale Ergänzung des bisherigen Citybereiches gedacht war. Die Erweiterung der Innenstadt durch das Columbus-Center ist Hauptteil einer städtebaulichen Neukonzeption der Bremerhavener Stadtmitte, die sich zusätzlich erstreckt auf:

- die Gestaltung des Bereichs am Alten Hafen mit dem DSM als Freizeit- und Naherholungsraum,
- die Umwandlung der bestehenden Haupteinkaufsstraße (Bürgermeister-Smidt-Straße) in eine Fußgängerzone,
- die Anbindung der Innenstadt an das Bundesfernstraßennetz durch den Autobahnzubringer Stadtmitte zur Verbesserung der Erreichbarkeit aus dem niedersächsischen Umland (BASSE & STROHMEYER 1980, S. 241).

Die Unternehmensgruppe Neue Heimat unterbreitete im Oktober 1969 der Stadt Bremerhaven das Angebot, das Columbus-Center am Alten Hafen in eigener Regie zu finanzieren und zu errichten. Sie erklärte sich auch bereit, für 200.000 DM einen Architektenwettbewerb auszuschreiben. Der Magistrat billigte am 30. Oktober 1969 die Pläne der Neuen Heimat.

Wesentliche Instrumente der damaligen Stadtentwicklungspolitik zur Wiederbelebung der Innenstädte waren Verdichtung und Funktionsmischung. Durch die Verknüpfung der Funktionen Wohnen, Arbeiten, Bildung und Erholung wollte man der Verödung und Entleerung der Innenstädte nach Geschäftsschluß entgegenwirken. Entsprechend dieser Zielsetzung ist das Projekt Columbus-Center zu betrachten (GEWOS 1970, S. 6), das zugleich den Stadtmittelpunkt optisch signalisieren sollte (BASSE &

STROHMEYER 1980, S. 241).

Jedoch war es gerade die Realisierung dieser Signalwirkung durch die beiden 22- und 25geschossigen Hochhäuser, die ab 1975 errichtet worden sind, die letztlich zu der viel beklagten physischen und visuellen Abriegelung der restlichen City von der Weser führte. Diese wurde durch den sechsspurigen Ausbau der Columbusstraße (bei fast vollständiger Zuschüttung des 1827-30 erbauten alten Hafenbeckens) noch verstärkt. Damit haben Verdichtung und Funktionsmischung (immerhin 600 Wohnungen, 14.400 m^2 für Handel und Gewerbe, 8.500 m^2 für soziale und Freizeiteinrichtungen; nach Neue Heimat 1971, S. 16) eine höhere Priorität erhalten als die in der Ausschreibung zusätzlich geforderte Einbeziehung des Alten Hafens und die Öffnung der Stadt zur Weser hin.

Die städtebauliche Zielsetzung der Verflechtung von Columbus-Center, Innenstadt und Weser wurde durch die unmittelbar an den Fußgängerbereich angrenzenden Eingänge des Zentrums, eine Brückenverbindung über den Alten Hafen zum DSM und zum Weserufer mit Tiergrotten, Strandhalle und Strandbad verwirklicht. Die mit diesem innerstädtischen Fußwegenetz in Verbindung stehende witterungsgeschützte und klimatisierte Fußgängerpassage des Columbus-Center erschließt die Wohnanlage und verbindet das Einkaufszentrum mit den Sozial- und Freizeit- und Sporteinrichtungen zu einem modernen Citybereich (BASSE & STROHMEYER 1980, S. 242).

4.3. Ausweisung als Sanierungsgebiet

Auch Ende der 70er Jahre bestanden noch keine klaren Vorstellungen, wie das Gebiet zwischen Columbus-Center und Weser zu nutzen sei. Gegen die Vorschläge des May-Planes (vgl. 4.1) hatte das DSM Bedenken erhoben, und es mehrten sich Stimmen, die den Deich in seiner jetzigen Form erhalten wollten. An der Grundkonzeption von May, das Deichvorgelände als Freizeitzone zu nutzen, hielt man zunächst noch fest. Es wurden verschiedene städtebauliche Ideenwettbewerbe ausgelobt und Gutachten eingeholt, ohne daß es aber zu einer Grundsatzentscheidung gekommen wäre. Die Stadtgemeinden Bremen und Bremerhaven einigten sich 1989 lediglich darauf, das Gelände um den Alten und Neuen Hafen mit einer Gesamtfläche von 59 ha (davon 14,4 ha Wasserflächen) als förmliches Sanierungsgebiet auszuweisen.

Die Festlegung des Areals als Sanierungsgebiet ermöglichte eine ganzheitliche Planung. Die Rahmenplanung, die während der vorbereitenden Untersuchungen für die Sanierung ausgearbeitet worden war, hatte die Aufgabe, die städtebaulichen Grundsätze für die Durchführung der Sanierung aufzustellen. Die wichtigsten

Forderungen waren:

- öffentliche Zugänglichkeit des Uferbereiches (Deich und Hafenkanten),
- Unterstützung des Seehafenbezuges durch neue Freizeitnutzungen,
- vorhandene Freizeiteinrichtungen attraktiver gestalten und mit neuen Angeboten erweitern,
- Rückbesinnung auf die Geschichte der Stadt durch Erhaltung der funktionalen historischen Bezüge (GEWOBA 1991, S. 38).

Im Nutzungskonzept der vorbereitenden Untersuchung (Abb. 4) wurden die Weichen hin zu einer künftigen freizeitorientierten Nutzung der Flächen gestellt. Der Süden mit der Erweiterung des Schiffahrtsmuseums ist für Kultur- und Freizeiteinrichtungen vorgesehen. Das zentrale Gebiet, heute als Parkplatz genutzt, soll kleinteilige touristische Angebote und tourismusbezogene Dienstleistungen der Gastronomie aufnehmen. Auf der Ostseite des Neuen Hafens sollen Kerngebietsnutzungen in citytypischer Mischung angesiedelt werden.

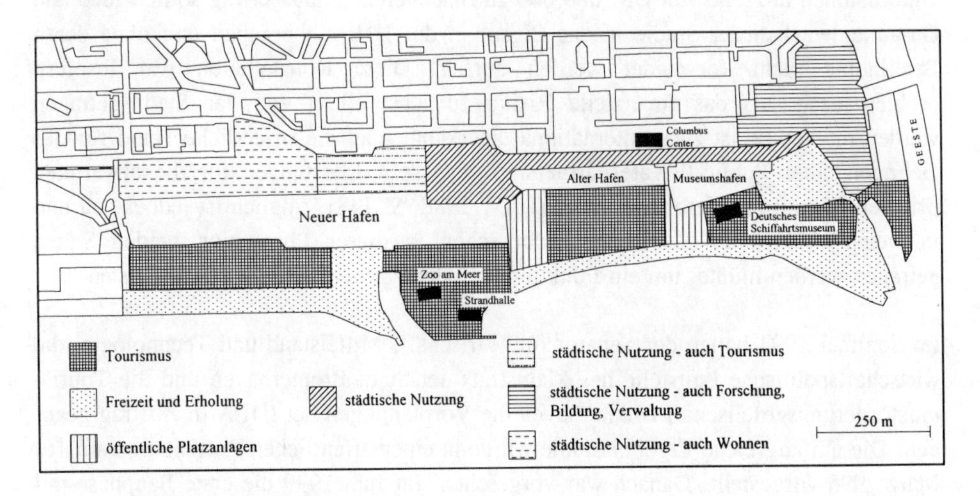

Abb. 4: Nutzungskonzept November 1990
Quelle: BÖSCHEN 1997

5. Das Projekt Ocean Park

5.1. Die erste Version

Nachdem Anfang der 90er Jahre durch die Festlegung des Sanierungsgebietes Alter/-Neuer Hafen und durch die Ausführung verschiedener Infrastrukturmaßnahmen auf dem Gelände der Weg für weitergehende Verhandlungen mit potentiellen Investoren geebnet worden war, rief die Stadt 1993 ein Revitalisierungsprojekt ins Leben, dessen Größenordnung und Thematik - im Vergleich zu den bisherigen Konzepten - eine neue Dimension der Waterfront-Planung in Bremerhaven eröffnete. Mit Hilfe von Großanzeigen in der "Financial Times" und im "Economist" versuchte die Stadt, einen Investor für einen Umwelt- und Zukunftsthemen-Park mit Wasserwelten und Aquarium zu finden. Dieser ungewöhnliche Schritt schien zunächst Erfolg zu haben. Als Interessent meldete sich die Firmengruppe "International Design for the Environment Association (IDEA)" mit dem Planer und Architekten Peter Chermayeff an ihrer Spitze. IDEA hatte wegen ihrer erfolgreichen Großaquarien in Baltimore, Boston, Chattanooga, Genua und Osaka internationale Berühmtheit erlangt und galt als Experte für die populärwissenschaftliche Darstellung von Umweltbelangen und den Bau von Großaquarien. IDEA wollte bei der Realisierung des Konzeptes nicht nur als Planer, Architekt und Designer, sondern zugleich als Entwickler und Betreiber fungieren. Voraussetzung für einen Durchbruch bei den Verhandlungen mit IDEA war allerdings, daß das Land Bremen zusagte, zunächst eine Machbarkeitsstudie durch das Unternehmen in Höhe von DM 680.000 zu finanzieren. Laut Vertrag sollten Idee und Gesamtentwurf dieser Studie in das Eigentum der IDEA übergehen und ohne deren Beteiligung nicht verwendet werden dürfen. Diese Konstellation war insofern problematisch, als das finanzielle Risiko zunächst allein von der Stadt getragen werden mußte. Es ist zwar international anerkannt, daß die öffentliche Hand für das Gelingen einer Public-Private-Partnership gewisse Vorleistungen für die erwarteten privaten Investitionen erbringen muß (LAW 1988, S. 148), fraglich ist jedoch, ob und in welchem Ausmaß das Risiko nicht schon in dieser Phase von beiden Seiten getragen werden müßte, um ein Funktionieren der Partnerschaft zu gewährleisten.

Im Sommer 1994 hatten der Senator für Wirtschaft, Mittelstand und Technologie, die wirtschaftspolitische Leitstelle des Magistrats der Stadt Bremerhaven und die Tourismusförderungsgesellschaft Bremerhaven die Vorplanungen bei IDEA in Auftrag gegeben. Die umfangreiche Ergebnisstudie wurde in einer öffentlichen Präsentation am 16. März 1995 vorgestellt. Danach war vorgesehen, im Juni 1999 die erste Bauphase mit einer Mischnutzung von Großaquarium, Hotel, Apartmenthäusern, kleinteiligem Einzelhandel und Gastronomie abzuschließen. Bei einem Kostenrahmen von insgesamt rund 500 Mio. DM ist von einer Mischfinanzierung aus privatem Investment und Mitteln der öffentlichen Hand ausgegangen worden.

Das Grundprinzip des Ocean Park-Projektes lautet Edutainment (Education plus Entertainment). Dieses Konzept ist von dem amerikanischen Planer direkt aus den USA importiert worden, denn dort spielen sog. Erlebniswelten nicht nur bei Waterfront-Revitalisierungsprojekten schon lange eine große Rolle. Zentraler Publikumsmagnet sollte ein Großaquarium an der Südostspitze des Neuen Hafens werden. Auf 36.000 qm Geschloßfläche würden sich laut Planung komplexe Wasserlandschaften über mehrere Ebenen erstrecken. In dieser Größenordnung wäre das Aquarium eine in Deutschland einmalige Großattraktion. Dies ist den Planern sehr wichtig, denn nur die Einmaligkeit des Projektes garantiert hohe Besucherzahlen aus einem großen Einzugsgebiet.

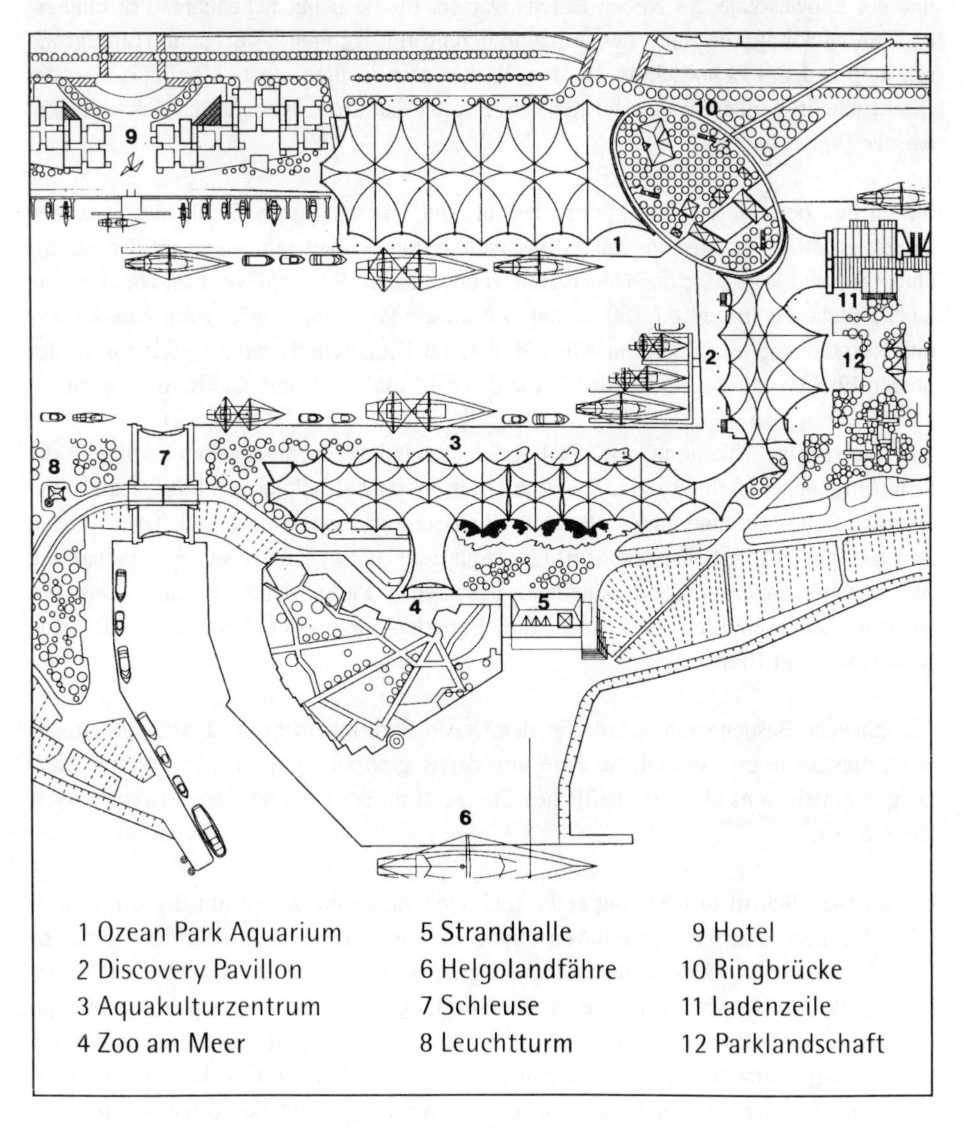

Abb. 5: Ausschnitt aus der Ocean Park-Planung (südlicher Teil des Neuen Hafens)
Quelle: Seestadt Bremerhaven o.J.

Im zweiten Bauabschnitt sah die Planung anschließend an das Aquarium am Südende des Hafens die Errichtung eines Discovery Pavillons, der Entdeckerwelt, vor. Besucher sollten hier die moderne Technik zur Umweltforschung und zum Umweltschutz vorgestellt bekommen. Wissenschaftlicher Ernst und spielerisches Vergnügen sollen dabei wiederum Hand in Hand gehen. Zwischen dem Zoo am Meer und der Südwestkaje des Neuen Hafens war ein für Besucher begehbares Forschungs- und Entwicklungszentrum, das Aquakulturzentrum, geplant. Vor dem Hintergrund schrumpfender Fischbestände in den Weltmeeren sollten dort Möglichkeiten der Fischzucht in großen Wasserfarmen, sog. Aqua-Kulturen, wissenschaftlich erforscht werden (vgl. Abb. 5).

Neben den besonderen Attraktionen beruhte der wirtschaftliche Erfolg des gesamten Projektes auf einer Mischnutzung: Bestandteil sind Apartmentanlagen an der nördlichen Ost- und Westseite des Neuen Hafens mit eigenen Bootsanlegern im Hafen sowie zwei Hotels mit insgesamt 180 Betten. Zu dieser Mischung gehört auch eine Laden- und Restaurantzeile südlich am Alten Hafen. Im Erdgeschoß waren Geschäfte, in der oberen Ebene - mit Blick über den Weserdeich - Restaurants und Cafés vorgesehen.

Das vorrangige ökonomische Ziel aller Revitalisierungsmaßnahmen bildet die Schaffung neuer Arbeitsplätze. Die mit der Wirtschaftlichkeitsprüfung beauftragte amerikanische "Economics Research Association" errechnete für den ersten Bauabschnitt 90 Arbeitsplätze im Großaquarium und rund 1.000 neugeschaffene Arbeitsplätze innerhalb und außerhalb des Ocean Parks. Nach Fertigstellung des zweiten Bauabschnittes erwarteten die Experten insgesamt bis zu 1.700 neue Arbeitsplätze in Bremerhaven.

Die jährliche Besucherzahl wurde für den Ocean Park mit mehr als 1 Mio. prognostiziert; dies sollte eine erhebliche Belebung der Region zur Folge haben und zur Stärkung Bremerhavens als wirtschaftliches Oberzentrum beitragen (Seestadt Bremerhaven 1995, S. 6).

Einen ersten Schritt in Richtung einer konkreten Zusammenarbeit mit den amerikanischen Partnern machte Bremerhaven durch die Übergabe eines offiziellen "Letter of Intent" am 24. Mai 1995, in dem zwar die grundsätzliche Absicht der Stadt zur Realisierung des präsentierten Konzepts bekräftigt, gleichzeitig aber noch notwendige Prüfungen und konkrete Verhandlungen als Voraussetzung einer gemeinsamen Realisierung genannt wurden. Unabhängige Wirtschaftsprüfer kamen zu dem Ergebnis, daß nur bei einem sehr hohen Finanzierungsanteil der öffentlichen Hand überhaupt Chancen bestehen würden, private Investoren zu gewinnen, da auch auf längere Sicht mit hohen Verlusten des Projektes zu rechnen sei (BS vom 21.01.1996). Diese würden sich sogar noch vergrößern, je mehr die teilweise recht optimistischen

Annahmen der Planer korrigiert werden müßten. So kommt z. B. das Institut für Tourismus in Hannover nur auf eine jährliche Besucherzahl von 500.000 (TZ vom 15.05. und 02.08.1995) anstelle der ursprünglich erwarteten mehr als 1 Mio.

Damit geriet ein Eckpfeiler des gesamten Projektes ins Wanken, nämlich die private Beteiligung "in erheblichen Teilen" sicherzustellen (BS vom 21.01.1996). Noch Anfang 1994 hatte man geglaubt, mit der Gruppe um Chermayeff den Investor und zukünftigen Betreiber gefunden zu haben. Dieser hatte allerdings seine Beteiligung von einem positiven Ergebnis der Machbarkeitstudie abhängig gemacht. Die wenig vielversprechenden finanziellen Chancen des Projektes bewirkten dann einen Rückzug der Gruppe. Die Stadt hatte das finanzielle Nachsehen: Investitionen von knapp 1 Mio. DM blieben einmal mehr ohne den gewünschten Erfolg.

5.2. Die zweite Version

Nachdem das Scheitern des Projektes an dem hohen öffentlichen Zuschußbedarf und dem Fehlen kapitalkräftiger Investoren besiegelt zu sein schien, wurde im Februar 1996 eine neue Machbarkeitsstudie in Auftrag gegeben mit dem Ziel, ein Konzept zu entwickeln, das wirtschaftlich tragbar wäre und sich enger an den Interessen möglicher Investoren orientieren sollte. Realisiert werden soll das Vorhaben von der im Mai 1996 gegründeten "Ocean Park Entwicklungsgesellschaft Bremerhaven mbH (OPEG)". Gesellschafter sind zu gleichen Teilen die Seestadt Bremerhaven sowie die Wiesbadener Köllmann-Gruppe, Spezialist für Projektentwicklung und Facility Management. Problematisch erscheint, daß bei der Bildung der Entwicklungsgesellschaft ein wesentlicher Fehler der ersten Ocean Park Planung wiederholt wurde, denn bei Nichtverwirklichung des Projektes bekäme Köllmann neben der vollen Erstattung seiner Anteile auch noch ein "Schmerzensgeld" von 250.000 DM ausgezahlt (NZ vom 24.05.1996). Wiederum liegt das finanzielle Risiko allein bei der öffentlichen Hand.

Bis zur Veröffentlichung des Konzeptes am 10. Dez. 1996 blieben alle Informationen über das Projekt streng unter Verschluß. Weder ist der Konsens mit den Bremerhavener Bürgern gesucht worden, noch fand offensichtlich eine Abstimmung mit dem Stadtplanungsamt statt. Während der Planungsphase war in den Medien lediglich von einer "marktgerechten maritimen Erlebniswelt" die Rede, ohne daß Genaueres darüber zu erfahren war (WK vom 19.05.1996). Das Projekt läuft damit Gefahr, sich unter Ausschaltung von Öffentlichkeit und Stadtplanung ausschließlich an politischen Interessen zu orientieren, die möglicherweise nicht immer mit den Interessen der Stadtentwicklung vereinbar sind[3].

Tab. 1: Ocean Park Bremerhaven in Zahlen (Stand 28.01.1998)

Projektentwicklung	Ocean Park Development GmbH, Wiesbaden
Management:	ELC Ocean & Space Park Management AG, Bremen
Architektur:	Architectura, Vancouver (Kanada) Architekten RKWRohde Kellermann Wawrowsky + Partner, Düsseldorf
Aktionsdesign	
Entwicklungsfläche:	ca. 60 Hektar
Bruttogeschoßfläche: davon für:	97.600 m²
Freizeiteinrichtungen	38.200 m²
Einzelhandel	5.200 m²
Gastronomie	4.000 m²
Hotel	6.400 m²
Appartementhaus/Jugendhotel	15.400 m²
Wohnen/Gewerbe	27.400 m²
Bürogebäude	1.000 m²
Stellplätze insgesamt	2.350 Plätze
Erwartete Besucher insgesamt:	ca. 2,6 Mio. p.a.
Gesamtinvestition: davon für:	959 Mio.DM
Hochbau	ca. 585 Mio. DM
Infrastruktur (öffentl. Hand)	ca. 330 Mio.DM
Mieterbedingter Innenausbau	ca. 44 Mio. DM
Arbeitsplätze	ca. 1.000

Quelle: Windrose 1/98, http://www.ocean-park.net

[3] Die folgenden Ausführungen über das Ocean Park-Konzept der Köllmann-Gruppe stammen größtenteils aus Aufzeichnungen, die während der öffentlichen Präsentation des Projektes am 10. Dezember 1996 und anschließenden Expertengesprächen angefertigt wurden. Ergänzende Informationen sind dem Mitteilungsblatt der Seestadt Bremerhaven „Windrose" 1/98 sowie den Internet-Angaben unter „http://www.ocean-park.net" entnommen.

Mit der neuartigen Großattraktion sollen pünktlich zur Internationalen Weltausstellung EXPO 2000 in Hannover, die unter dem Motto "Mensch, Natur und Technik" stehen wird, jährlich mehr als 3 Mio. Besucher (später auf 2,6 Mio. reduziert; vgl. Tab. 1) in die Stadt gezogen werden. Durch ein gemeinsames Marketing mit dem dann gleichzeitig realisierten Space-Park[4] in Bremen versprechen sich die Planer und Investoren zusätzlich Synergien in Besucherzahl und Wirtschaftlichkeit. Der Ocean Park Bremerhaven mit einem Investitionsvolumen von nun knapp 1 Mrd. DM setzt dabei erneut Maßstäbe für die städtebauliche Innenstadtentwicklung, aber auch für die Tourismus- und Freizeitbranche in Bremerhaven. Laut Köllmann sind die übergeordneten Ziele des Vorhabens, die Lebensqualität der Bürger Bremerhavens signifikant zu verbessern, mittels Attraktivitätssteigerung den Tourismus nachhaltig zu fördern und die Wirtschaftskraft der Stadt deutlich zu steigern. Dabei sind die beiden städtebaulichen Ziele des Ocean Parks die Revitalisierung des alten Hafengebietes und die direkte fußläufige Anbindung der City an die Weser.

Im Gesamtkonzept sollen verschiedene Attraktionen miteinander verbunden werden. Das Grundkonzept ist eine Freizeit- und Erlebniswelt mit maritimem Charakter, deren Thematik von der ersten Version des Ocean Parks übernommen wurde. Mittelpunkt der Anlage bildet der sog. Blaue Planet, eine naturgetreu nachgebildete Meeres- und Tropenwelt mit Großaquarium, durch die man auf verschiedenen themenbezogenen Rundwegen geleitet wird. Man ist dabei stets Teil der Wasserwelten (Wege durch Glasröhren) und kann diese aktiv (z. B. mit Hilfe von Computern und kleinen Experimenten) erkunden. Fünf verschiedene Lebens- und Klimazonen werden dem Besucher nahe gebracht: das Wattenmeer, die Tiefsee, das Great Barrier Reef, die Antarktis sowie der tropische Orinoco-Regenwald. Ein komfortables Hotel mit Konferenz- und Tagungsräumen sowie einem Spielkasino schließt sich unmittelbar an.

Als weiterer bedeutender Bestandteil des Konzeptes gilt das östlich des Neuen Hafens an die Innenstadt angrenzende Harbour Village, ein völlig neues Wohngebiet mit Gebäuden für Apartments, Handel, Handwerk und Gastronomie, die um eine Marina gruppiert sind. Durch die kleinteilige Gebäudestruktur erhofft man sich eine enge Verbindung zwischen Stadt und Wasser. Ferner soll der Harbour Walk im Neuen Hafen ein breites Spektrum von Freizeit- und Unterhaltungsprogrammen vor allem für die Abendstunden bieten. Herausragende Attraktion wird hier ein Multiplex-Großkino mit neuester Bild-, und Tontechnologie sein. Auf der der Stadt abgewandten Hafenseite am Weserdeich soll schließlich ein weiteres Hotel mit 250 komfortablen

---

[4] Ein Themenpark, der sich auf die populärwissenschaftliche Aufbereitung von Themen rund um die Raumfahrttechnik spezialisiert (vgl. OHLROGGE 1996, S. 101 f.).

Zimmern (Ocean Resort), verbunden mit Veranstaltungsräumen für bis zu 5000 Personen (Ocean Pallace) und einem Erlebnisbad mit karibischer Atmosphäre (Tropicum) entstehen.

Gegenwärtig steht die Entscheidung über weitere Maßnahmen (u. a. Erweiterung des Zoos am Meer) und die Realisierung des Ocean Parks in der Bremerhavener Stadtverordnetenversammlung noch aus. Bis Ende 1997 erfolgte eine erneute Prüfung des Finanzierungskonzeptes durch einen neutralen Gutachter. Dieses basiert auf einer Beteiligung des Landes Bremen von ca. 40 % an den Gesamtinvestitionen in Höhe von 1 Mrd. DM. Der spätere Betrieb soll vollständig von privaten Unternehmen ohne weitere staatliche Beteiligung durchgeführt werden. Es besteht jedoch weiterhin Unsicherheit über die zu erwartenden Besucherzahlen, und selbst der Vorstandsvorsitzende der Köllmann AG, Hr. Köllmann, rechnete im Februar 1998 nicht mehr mit den ursprünglich anvisierten 3 Mio., sondern nur noch mit 2 Mio. Besuchern pro Jahr (NDR-Interview am 11. 2. 98). Außerdem wurden bis jetzt noch keine Investoren gefunden - die Köllmann-Gruppe fungiert nur als Präinvestor -, so daß der Zeitplan nochmals um ein halbes Jahr verschoben werden mußte (NDR-Interview mit dem Bremer Wirtschaftssenator Hattig, 11. 2. 98).

Die Information der Öffentlichkeit über das Großprojekt ist mittlerweile nachgeholt worden. Drei Wochen konnten sich die Bewohner Bremerhavens und andere Interessierte ab Mitte Dezember 1997 eine Ausstellung über die Pläne ansehen (vgl. Tab.). In einer repräsentativen Bürgerbefragung sprachen sich im Januar 1998 41,4 % für die unveränderte Umsetzung des Konzeptes aus, 43,4 % hatten geringe Änderungswünsche und lediglich etwas mehr als 15 % waren gegen die Planungen. Die Gegner, wozu auch eine Bürgerinitiative gegen den Ocean Park in seiner derzeit geplanten Form und Größe gehört, verlangen ein Nachdenken über Alternativen zu dem Großprojekt, die zwar ebenfalls auf der Entwicklung des Tourismus basieren, aber von dem ausgehen sollten, was die Stadt Bremerhaven an Naturerlebnis, Hafen und Stadtgeschichte zu bieten hat. Kritische Stimmen gibt es auch im Bund Deutscher Architekten, die die Stadt davor warnen, um jeden Preis zu bauen und jeglichen Einfluß auf eine derart große und zentrale städtische Fläche zu verlieren.

Sicher ist bislang somit nur, daß die Dimension des Projektes im Vergleich zu den Planungen von IDEA noch gewachsen ist. Ob aber gleichzeitig die Chancen auf einen wirtschaftlichen Erfolg größer geworden sind, bleibt abzuwarten.

5.3. Bewertung des Projektes

Das Konzept einer touristisch orientierten Nutzung des Untersuchungsgebietes ist keine völlig neue Idee. Neu hingegen ist die Dimension und die einseitige Nutzungsstrategie des Ocean Parks. Spätestens seit der Eröffnung des DSM 1975 gelangte der Wirtschaftsfaktor Tourismus in das Bewußtsein der Städteplaner. Innerhalb eines relativ begrenzten Radius sind bereits vielfältige Freizeit- und Tourismusangebote vorhanden (z. B. DSM, Museumshafen, Columbus- und Seebäderkaje, attraktive Deichlandschaft, Ausflugsfahrten auf Weser und Nordsee). Diese könnten in das Sanierungskonzept eingebunden und weiter ausgebaut werden. Solchen positiven Auswirkungen des Ocean Park-Projektes stehen jedoch eine Reihe negativer Folgewirkungen gegenüber, die gegeneinander abgewogen werden müssen.

Erwartete positive Auswirkungen:

- steigende Zahl von Besuchern in der Stadt, die das Kaufkraftpotential vergrößern und so wiederum Arbeitsplätze sichern und Investitionen erzeugen,
- Verbesserung der Infrastruktur durch neu gestaltete Anbindung des Geländes an die Innenstadt und Aufhebung der Trennwirkung der Columbus-Straße,
- Bereicherung des städtischen "Erlebens" durch neue kulturelle Einrichtungen,
- Stärkung der (touristischen) Position des Standortes Bremerhaven innerhalb nationaler und internationaler Konkurrenz.

Gefahren und mögliche negative Auswirkungen:

- Überschätzung der Nachfrage und - damit verbunden - großes Risiko für private und öffentliche Investoren,
- Überschätzung der positiven Effekte hinsichtlich Einkommen, Investitionen, Ausgaben und Beschäftigungsmöglichkeiten,
- stark steigendes Verkehrsaufkommen und damit Umweltbelastungen und Verkehrsprobleme, die weitere Investitionen der öffentlichen Hand erforderlich machen könnten,
- Überformung des traditionellen Küstenbereichs durch nicht angepaßte Baumaßnahmen.

Die notwendige Abwägung dieser Faktoren und insbesondere die Prüfung der Wirtschaftlichkeit des Projektes sollte dabei von unabhängiger Seite vorgenommen werden und nicht von den beteiligten Planern und möglichen Investoren allein. Die Erfahrungen aus der ersten Version des Ocean Parks lehren, daß ansonsten die Gefahr besteht, daß die Ergebnisse zu stark von den Interessen der Investoren beeinflußt werden.

Vergleicht man die Ocean Park-Strategie mit den Revitalisierungskonzepten anderer Hafenstädte, findet man überraschende Ähnlichkeiten (vgl. z. B. BREEN & RIGBY

1994). So weisen z. B. die Waterfronten von Baltimore, Sydney und sogar Kapstadt mit ihren Aquarien, Museen, Hotelkomplexen, Marinas, Shopping-Malls und anderen Einrichtungen viele Parallelen zum geplanten Ocean Park auf. Hier drängt sich der Eindruck auf, daß die Ausformung der Projekte eher von den herrschenden Organisations-, Finanz- und Managementstrukturen beeinflußt wird als von den Bedingungen und Voraussetzungen des jeweiligen Standortes.

Mit dem Ocean Park setzt man, wie in anderen Hafenstädten auch, auf die Anziehungskraft der historischen Komponente der Waterfront in Verbindung mit neugeschaffenen Attraktionen. Es ist allerdings fraglich, ob mit einem solchen Großprojekt der Stadt nicht vielmehr eine gänzlich neue Identität aufgezwungen wird, anstatt die Potentiale, die sich aus der historischen Identität des Ortes ergeben, zu nutzen und zu verstärken. Ein behutsamer Umgang mit der vorhandenen Bausubstanz ist bei der noch ausstehenden Detailplanung unbedingt geboten, denn schon jetzt zeichnet sich ein Konflikt zwischen gewinnorientierter Entwicklung und der Bewahrung der historischen Identität des Geländes ab.

Die architektonische Ausgestaltung des Projektes spiegelt diesen Konflikt wider. Die kühn geschwungenen Dachkonstruktionen der Gebäude nehmen wenig Rücksicht auf die vorhandenen Gebäude und knüpfen auch nicht an die ehemalige Nutzung der Flächen an. Sie wirken daher eher als Fremdkörper in der Stadtlandschaft (OHLROGGE 1996, S. 119 f.).

Attraktionen, wie der geplante Ocean Park, sind stark trendabhängig. Es besteht die Gefahr, daß schon nach wenigen Jahren ein Nachfragemaximum erreicht wird und die eingetretene Bedürfnissättigung dann zu abnehmenden Besucherzahlen führt. Dem will man dadurch entgegenwirken, daß man sowohl technisch interessierte Besucher anspricht als auch auf das gestiegene Umweltbewußtsein in der Bevölkerung setzt. Mit Hilfe des Aquariums und der Entdeckerwelten sollen dem Besucher umweltbezogene Fragestellungen auf spielerische Weise nähergebracht werden; das Prinzip Edutainment verknüpft Unterhaltung mit Umweltbildung. Dabei ist allerdings zu bedenken, daß das zunehmende Umweltbewußtsein mit einem wachsenden Bedürfnis einhergeht, intakte und insbesondere unbeplante Natur zu erleben. Ob eher konventionelle Konzepte, wie das Ocean Park-Projekt, dem ausreichend Rechnung tragen, ist kritisch zu hinterfragen.

Was die Realisierung der großzügigen Uferfrontplanung betrifft, so zeigt das Beispiel Bremerhaven einmal mehr die Abhängigkeit der Stadtplanung von der wirtschaftlichen Konjunktur und leistungsfähigen Developern. Im Falle einer Rezession oder dem Fehlen von kapitalkräftigen Investoren sind solche ehrgeizigen Projekte schnell zum Scheitern verurteilt, und die Stadtplanung verfügt dann kaum über Möglichkeiten, ins

Stocken geratene Projekte mit eigener Kraft voranzutreiben (PRIEBS 1994, S. 317). Um so gefährlicher ist die Überschätzung der realisierbaren Größe des Ocean Park-Projektes.

Abschließend bleibt festzustellen, daß der Tourismus im Gebiet Alter/Neuer Hafen für Bremerhaven sicherlich ein beachtliches endogenes Potential darstellt, das - in vollem Umfang zu erschließen und zielgerecht zu entwickeln - positiv bewertet werden muß. Allerdings ist es fraglich, ob die sehr einseitige Orientierung des Konzeptes Ocean Park auf den Tourismus langfristig zum erhofften Ziel führen kann, Bremerhavens Wirtschaft aus ihrer Monostruktur zu befreien. Die Risiken der Wandlung einer wirtschaftlichen Monostruktur zur Tourismuslandschaft sollten nicht unterschätzt und die Möglichkeiten nicht überschätzt werden.

6. Entwicklungspotentiale und Handlungsempfehlungen

Bremerhaven bietet sehr günstige Voraussetzungen für die Verwirklichung eines großen Revitalisierungsprojektes an seiner Waterfront. Ein nicht zu unterschätzender Vorteil liegt in der Übersichtlichkeit der Eigentumsverhältnisse. Da Bremerhaven seit 1995 die Planungshoheit über das gesamte Gebiet besitzt und sich das Gelände außerdem bis auf eine Ausnahme in öffentlichem Eigentum befindet, ist das Areal praktisch frei disponibel. Nutzungskonflikte zwischen Stadt- und Hafenverwaltung, wie sie in vielen anderen Hafenstädten bestehen, wo erst durch intensive Verhandlungen ein Konsens zwischen Stadtplanungsamt und Hafenverwaltung über die Fragen der künftigen Nutzung der zentralen Hafenbereiche erarbeitet werden muß (PRIEBS 1994, S. 305), sind in Bremerhaven nicht anzutreffen. Die Hafennutzung des Geländes um den Alten und Neuen Hafen ist beendet und stellt somit kein Konfliktpotential mehr da. Dies bedeutet eine erhebliche Vereinfachung des Planungsprozesses, da die öffentliche Hand einen relativ großen Handlungsspielraum hat.

Die Tatsache, daß die Stadt Eigentümerin des Geländes ist, bedeutet weiterhin einen erheblichen Verhandlungsvorteil im Gespräch mit möglichen Investoren. Daß verschiedene Szenarien, wie z. B. Verkauf, Verpachtung oder Management durch eine Entwicklungsgesellschaft, denkbar sind, gibt der Planung ein hohes Maß an Flexibilität.

Ein weiterer Vorteil entsteht daraus, daß das Gebiet umfassend beplant werden kann und so ein Konzept entstehen kann, das das gesamte Gelände einbezieht und die einzelnen Teilprojekte optimal aufeinander ausrichtet. In vielen anderen Hafenstädten dagegen zieht sich die Hafenfunktion erst allmählich aus den innenstadtnahen Arealen zurück; daher sind die für eine Revitalisierung bzw. für eine nicht direkt hafenorientierte Nutzung zur Verfügung stehenden Flächen häufig nicht zusammenhängend.

Obwohl die Stadt als Eigentümerin des Geländes erheblichen Einfluß auf seine Entwicklung hat, ist sie bei der Verwirklichung großer Revitalisierungsprojekte auf Investitionen aus dem privaten Sektor angewiesen. Internationale Erfahrungen haben gezeigt, daß im Anfangsstadium der Umnutzung eines brachliegenden Hafengeländes das Marktinteresse häufig eher gering ist, daß aber nach Ausführung der Basisarbeiten und dem Überschreiten einer gewissen Entwicklungsschwelle das Interesse potentieller Investoren schnell zunimmt (LAW 1988, S. 165). Die Abhängigkeit von privaten Investoren sollte allerdings nicht dazu führen, darauf zu verzichten, städtebauliche Ziele und Leitbilder für das Gebiet zu erarbeiten. Dieses ist in Bremerhaven, abgesehen von einigen Ideenwettbewerben, kaum geschehen. Das Fehlen konkreter Planungsvorgaben bietet zwar eher die Möglichkeit, auf die Bedürfnisse möglicher Investoren und Betreiber einzugehen, um die dringend benötigten Investitionszusagen zu erhalten, jedoch besteht dabei die Gefahr, daß sich Planungen verselbständigen und zu Fehlentwicklungen führen, wie die Geschichte der London-Docklands zeigt. Ein übergeordneter Entwicklungsplan böte darüber hinaus die Möglichkeit, Freiräume für unterschiedliche Nutzungen zu lassen und nicht "alles auf eine Karte zu setzen", damit beim Scheitern eines Projektes alternative Möglichkeiten vorhanden sind. Eine solche Strategie wird z. B. in Oslo und Göteborg verfolgt (PRIEBS 1992 und 1994). In diesem Zusammenhang wäre auch über ein "Recyceln" von Flächen für neue Hafennutzungen nachzudenken.

Die erste Version des Ocean Park-Projektes hat nachdrücklich unter Beweis gestellt, wohin einseitig an den Interessen potentieller Investoren orientierte Planungen führen können. Dies gilt es in Zukunft zu verhindern. Wünschenswert wäre außerdem, die Ocean Park-Planung nicht länger als ein (räumlich) isoliertes Projekt zu betrachten, sondern das Konzept in die gesamte Stadtentwicklungsplanung zu integrieren. Denn ein solches Großprojekt hat mit Sicherheit größere Erfolgschancen, wenn gleichzeitig die Innenstadt attraktiver gestaltet wird. Vorschläge in diese Richtung gibt es bereits: So wird schon länger über die Möglichkeit einer Aufwertung der Ost-West-Verbindungen in der Innenstadt und damit einer Entwicklung der Innenstadt in die Breite nachgedacht. Auch der Erschließung des Geesteraumes wird seit einigen Jahren größere Aufmerksamkeit geschenkt; u. a. soll bis 1998 auf einer Industriebrache am Geesteufer eine Marina für Bootstouristen und die dort ansässigen Wassersportvereine entstehen (NZ vom 31.10.1996, 01.11.1996 und 08.11.1996). Diese Ideen wären zu einem geschlossenen Innenstadtkonzept zusammenzufassen und mit der Ocean Park-Planung zu verbinden. In die notwendigen Diskussionen sollten die Bremerhavener Bürger von Anfang an einbezogen werden, weil sich nur so die spätere Akzeptanz der Projekte sicherstellen läßt.

7. Literatur

BASSE, L. & STROHMEYER, D. (1980): Bremerhaven: Eine Stadt findet ihre Mitte. In: Geogr. Rundschau, 32, S. 235- 245.

BENSCHEIDT, A. & KUBE, A. (1993): Bremerhaven und Umgebung 1827-1927. Geschichte im Morgenstern-Museum, Bd. 1. Bremerhaven.

BÖSCHEN, S. (1997): Revitalisierungstrategien für die Waterfront in Bremerhaven am Beispiel des Geländes um den Alten und Neuen Hafen. Dipl. Arbeit. Kiel.

BREEN, A. & RIGBY, D. (1994): Waterfronts: Cities Reclaim their Edge. New York u. a.

GEWOS (Gesellschaft für Wohnungs- und Siedlungswesen) (Hrsg.) (1970): Columbus-Center Bremerhaven. Gutachten zur Ausbildungsmöglichkeit gewerblicher Flächen. Bremerhaven.

GEWOBA (Gesellschaft für Wohnen und Bauen mbH Bremen) (Hrsg.) (1991): Bremerhaven, Sanierung "Alter Hafen", "Neuer Hafen". Vorbereitende Untersuchung. Bremerhaven.

JOLMES, L. V. (1980): Handbuch der europäischen Seehäfen. Bd. 3: Die Seehäfen an der deutschen Nordseeküste. Hamburg.

KELLNER-STOLL, R. (1982): Bremerhaven 1827-1888. Bremerhaven.

LAW, C. L. (1988): Urban Revitalisation, Public and the Redevelopment of Redundant Port Zones: Lessons from Baltimore and Manchester. In: HOYLE, B. S., PINDER, D. A. & HUSAIN, M. S. (Hrsg.) (1988): Revitalising the Waterfront. London. S. 146-166.

Magistrat der Stadt Bremerhaven (Hrsg.) (o. J.): Bremerhaven Morgen. Generalplanung, Wirtschaft, Verkehr. Bremerhaven.

MATUSCHEWSKI, A. (1996): Stadtentwicklung durch Public-Private-Partnership in Schweden. Kieler Geogr. Schriften 92. Kiel.

Neue Heimat (1971): Ideenwettbewerb Columbus-Center - das Ergebnis. In: Neue Heimat, 7, S. 12-22.

OHLROGGE, C. (1996): Touristische Potentiale in der Unterweserregion unter besonderer Betrachtung maritim-touristischer Angebote und Projekte. Dipl. Arbeit. Kiel.

PRIEBS, A. (1992): Hafenbereiche im Umbruch. Revitalisierungsstrategien in Kopenhagen, Göteborg und Oslo. In: Geogr. Rundschau, 44, S. 647-652.

PRIEBS, A. (1994): Nutzungswandel in innenstadtnahen Hafenbereichen. Das Beispiel Oslo. In: Die alte Stadt, 21, S. 300-317.

SCHEPER, B. (1977): Die jüngere Geschichte der Stadt Bremerhaven. Bremerhaven.

SCHOLL, L. U. (1984): Bremerhaven. Ein hafengeschichtlicher Führer. 2. Aufl. Bremerhaven.

Seestadt Bremerhaven (Hrsg.) (Aug. 1995): Bremerhaven Extra. Informationen aus der Seestadt Bremerhaven. Bremerhaven.

Seestadt Bremerhaven (Hrsg.)(o.J.): Bremerhaven. Sanierung Alter Hafen/Neuer Hafen - Ocean Park. Bremerhaven.

Stadtplanungsamt Bremerhaven (1979): Seestadt Bremerhaven. Städtebaulicher Ideenwettbewerb Weserpark Bremerhaven. Ausschreibung. Bremerhaven.

Tageszeitungen und Zeitschriften:

Bremerhavener Sonntagsjournal (BS)
Nordsee-Zeitung (NZ)
Weser Kurier (WK)
Die Tageszeitung (TZ)

1998	Higelke, B. (Hg.): Beiträge zur Küsten- und Meeresgeographie	Kieler Geographische Schriften, Bd. 97	S. 41-65

Böden als Zeugen der Landschaftsentwicklung in der atlantischen Küstenregion Marokkos

Arnt Bronger und Sergej Sedov

1. Einführung und Zielsetzung

Ausgehend vom Begriff der *Ökologie*, verstanden als Haushaltslehre, stellt die *Landschaftsökologie* die Untersuchung des Landschaftshaushaltes in den Mittelpunkt; Eingriffe des Menschen sind dabei besonders zu berücksichtigen. Der Landschaftshaushalt wird dabei als funktionales Zusammenspiel der physisch-geographischen Faktoren Klima, Fauna und besonders Flora, Relief, Boden mit Ausgangssubstrat sowie der Zeit u n d der anthropogenen Faktoren verstanden. Dieses Wirkungsgefüge wird auch als Ökosystem bezeichnet. - Veränderungen des Landschaftshaushaltes nehmen wir als (landschafts)ökologische Probleme oder Umweltprobleme wahr, wie z.B. Entwaldung und daraus folgend verstärkter Bodenerosion. Daraus ergibt sich die Notwendigkeit der Erforschung der Landschaftsgenese oder Landschaftsgeschichte.

Hierfür eignen sich autochthone, an Ort und Stelle entstandene Böden besonders gut, weil ihre Eigenschaften oder Merkmale das Ergebnis von bodenbildenden Prozessen sind, die von der gleichen Faktorenkombination gesteuert werden. Das wird seit JENNY (1941) in Form einer Gleichung ausgedrückt:

$$\text{Boden}_{\text{Eigenschaften}} = f\,(\text{Klima, Vegetation und Fauna, Relief, Ausgangssubstrat, Zeit})$$

wobei dieser kausale Zusammenhang weitgehend schon seit DOCUCHAEV (1883, vgl. EHWALD 1984) bekannt ist.

In der atlantischen Küstenregion Marokkos ist die Bodendecke größtenteils sehr lückenhaft ausgebildet. Besonders in der näheren und weiteren Umgebung von Rabat ist in zahlreichen Aufschlüssen die sog. "Formation rouge" zu beobachten, deren

Genese unterschiedlich gesehen wird (ANDRÉ & BEAUDET 1967, BEAUDET 1969, COMBE 1975, SAAIDI 1983). Nach unseren Beobachtungen handelt es sich bei diesen rotgefärbten Verwitterungsdecken auf Strandwall- und Dünenkomplexen des Pliozäns ("Maghrebien") und Quartärs (s.u.), die durch Bicarbonatmetabolik zu Kalkareniten verfestigt sind, gelegentlich um antochthone und paraautochthone, weitestgehend an Ort und Stelle entstandene Terrae rossae, meistens jedoch um deren Umlagerungsprodukte oder Bodensedimente.

Zur Erklärung der quartären Landschaftsentwicklung insbesondere der Genese der Terrae rossae sind bisher vor allem zwei Thesen herangezogen worden. Nach einer weitverbreiteten These war der quartäre Klimaablauf insbesondere im mediterranen Raum durch den Wechsel von feuchteren Pluvialzeiten und trockeneren Interpluvialzeiten entsprechend den Glazial- und Interglazialzeiten in den Mittelbreiten geprägt. Nach der Pluvialhypothese soll die Bildung der Terra rossa vor allem in den Feuchtzeiten stattgefunden haben (u.a. SEUFFERT 1964, BEAUDET et al. 1967, GELLERT 1974), möglicherweise gleichzeitig aber auch Abtragung und Sedimentation infolge höherer Niederschläge in der gleichen Region. Für RUELLAN (1969, 1972) waren die klimatischen Oszillationen während des Quartärs im semihumiden bis ariden Marokko für die Bodenentwicklung weniger wichtig. Die Bildung seiner "sols rouges méditerranéens" fand jedoch insbesondere in den Pluvialzeiten statt (1969, Fig. S. 137), die den Glazialzeiten der mittleren Breiten gleichgesetzt wurden.

Der Pluvial-Interpluvial-Hypothese setzte ROHDENBURG (1970, ROHDENBURG und SABELBERG 1973, SABELBERG 1977, 1978) seine Antithese von den (klima)"morphodynamischen Aktivitäts- und Stabilitätszeiten" entgegen. Nach diesen Autoren ist die morphodynamische Entwicklung in weiten Teilen des westlichen Mittelmeergebietes seit dem letzten Interglazial "bei weitem komplexer verlaufen, als aufgrund der Pluvialhypothese angenommen wurde" (1977, S. 209). Nach ihren Untersuchungen ist die würmzeitliche Abfolge von Sedimenten bzw. Abtragungsphasen bei "lückiger bzw. offener Vegetation" (1973, S. 146) - ihren "morphodynamischen Aktivitätszeiten" - und zwischengeschalteten Böden bei dichter Vegetation ("morphodynamischen Stabilitätszeiten") ähnlich differenziert wie in Mitteleuropa (z.B. RHODENBURG und MEYER 1966). Daraus wird gefolgert, daß "mit großer Wahrscheinlichkeit"..."die jungquartäre Klimaentwicklung von Südmarokko bis Mitteleuropa weitgehend parallel verlaufen ist" (1977, S. 209).

Unsere Untersuchungen zur Genese, insbesondere zu Art und Ausmaß der Verwitterung an antochthonen Terrae rossae soll hier besonders eine Antwort auf die Frage finden, ob zur Erklärung der Landschaftsentwicklung dieses Raumes klimamorphologische Aktivitäts- und Stabilitätszeiten die einzige Alternative zu

Pluvial- und Interpluvialzeiten sind, oder ob ein anderer Erklärungsansatz nicht viel wichtiger ist.

2. Untersuchungsgegenstand und -methoden

2.1 Ausgangssubstrat, Klima und Vegetation

Für Antworten auf die oben gestellten landschaftsökologischen Fragen wurden an Ort und Stelle entstandene (antochthone) Terrae rossae in der atlantischen Küstenregion zwischen Kénitra und Tamanar (zwischen Essaouira und Agadir) ausgesucht. Der geologische Bau dieses Raumes ("Meseta Cotiere") besteht aus gefalteten und erosiv gekappten paläozoischen Schiefern und Quarziten. Diese sind größtenteils von mächtigen marinen Sedimenten ("Messinien") vor allem Kalken und Mergeln als Ergebnis einer miozänen marinen Transgression überdeckt. Seit dem Pliozän ("Maghrebien") ist die Küste diskontinuierlich aufgetaucht, unterbrochen von glazialeustatischen Überflutungen seit etwa 3,1 Mio. Jahren (TIEDEMANN 1991). Dadurch kam es vor allem im Quartär zur Ablagerung von seewärts immer jünger werdenden Sedimentationszyklen, die aus küstenparallelen Strandwallsystemen mit aufgesetzten Küstendünen bestehen. Sie wurden insbesondere geomorphologisch von ANDRÉ et BEAUDET (1967, 1980), BEAUDET (1969), STEARNS (1978), WEISROCK (1980), LEVEVRE et al. (1985) und ABERKAN (1987) untersucht. Die Strandwallsysteme und vor allem die pleistozänen Küstendünen sind durch starke Bicarbonatmetabolik infolge eines winterfeucht-sommertrockenen Klimas (s.u., Abb. 1) zu Kalkareniten verfestigt und bilden das Ausgangssubstrat für die Terrae rossae.

Eine Karte der Umgebung von Rabat von STEARNS (1978, Fig. 4) zeigt acht NE-SW-streichende Dünenrücken zwischen etwa 35-40 m nahe der Küste und 160-190 m 12,5 km landeinwärts. Das erlaubt eine relative Alterszuordnung bzw. das Studium einer Chronosequenz von Böden; erste Ergebnisse wurden kürzlich mitgeteilt (BRONGER & BRUHN-LOBIN 1997). Die lokalen Gegebenheiten nordöstlich von Rabat (Bou Twil-Kliff) und südwestlich, z.B. an der Mündung des Oued Ykem zeigen freilich kompliziertere Verhältnisse (s. Kap. 3).

Die Summe der Jahresniederschläge nimmt in der subtropisch-winterfeuchten atlantischen Küstenregion von Nordosten (Tanger:887 mm) nach Südwesten (Agadir: 232 mm) stark ab. Der pflanzenverfügbare Bodenwasserhaushalt, berechnet - mit einigen Verbesserungen - nach dem Newhall-Modell (1972, van WAMBEKE 1985), wonach sich auch die Soil Taxonomy richtet (Soil Survey Staff 1975), zeigt nur noch für Rabat einen pedogenetisch bedeutsamen Wasserüberschuß von Mitte Januar bis April (vgl. Abb. 1). Im nur 85 km südwestlich gelegenen Casablanca reichen die

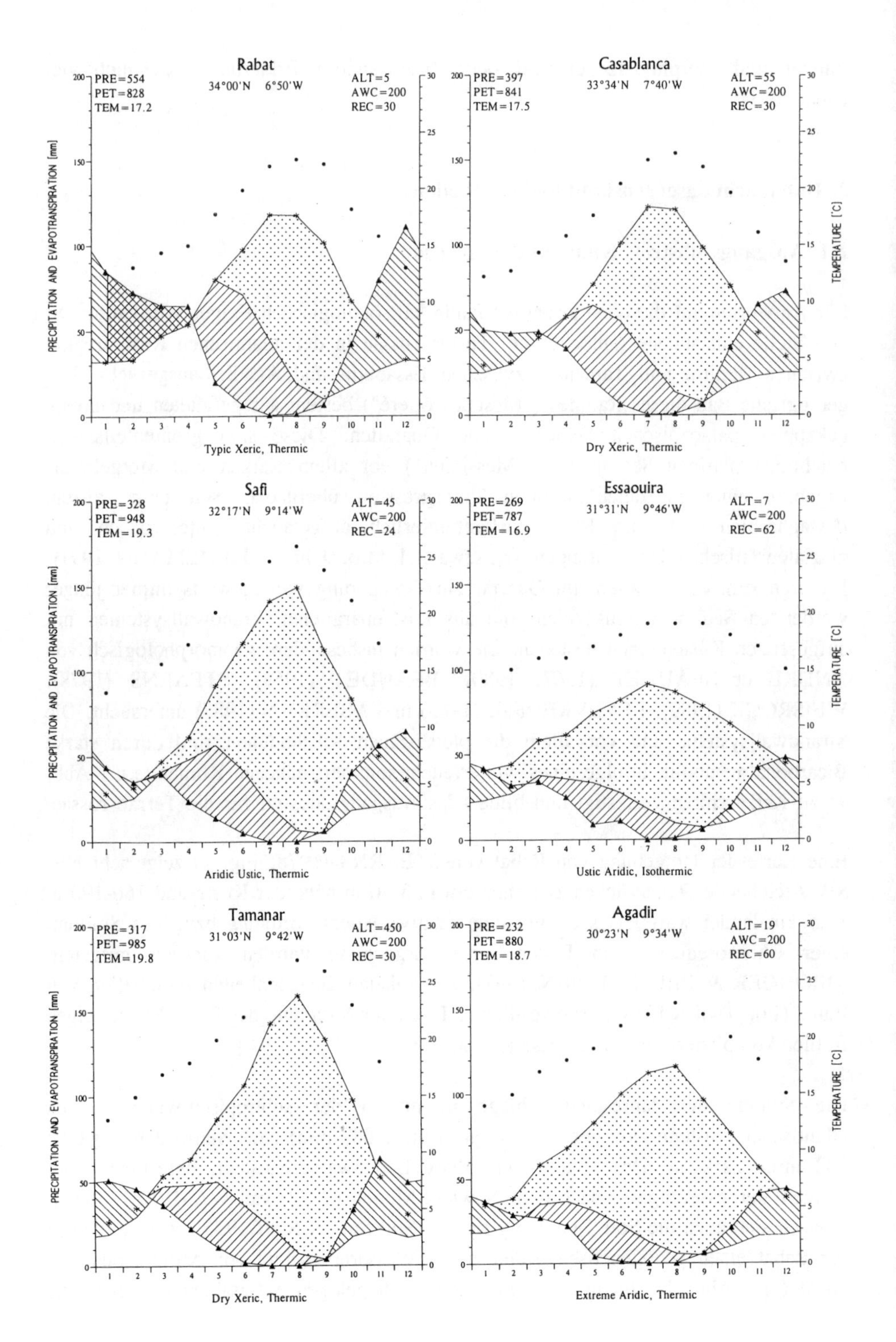
Rabat
PRE=554
PET=828
TEM=17.2
34°00'N 6°50'W
ALT=5
AWC=200
REC=30
Typic Xeric, Thermic
Casablanca
PRE=397
PET=841
TEM=17.5
33°34'N 7°40'W
ALT=55
AWC=200
REC=30
Dry Xeric, Thermic
Safi
PRE=328
PET=948
TEM=19.3
32°17'N 9°14'W
ALT=45
AWC=200
REC=24
Aridic Ustic, Thermic
Essaouira
PRE=269
PET=787
TEM=16.9
31°31'N 9°46'W
ALT=7
AWC=200
REC=62
Ustic Aridic, Isothermic
Tamanar
PRE=317
PET=985
TEM=19.8
31°03'N 9°42'W
ALT=450
AWC=200
REC=30
Dry Xeric, Thermic
Agadir
PRE=232
PET=880
TEM=18.7
30°23'N 9°34'W
ALT=19
AWC=200
REC=60
Extreme Aridic, Thermic
PRECIPITATION AND EVAPOTRANSPIRATION [mm]
TEMPERATURE [°C]

PRE = Annual precipitation [*mm*]
PET = Ann. pot. evapotranspiration [*mm*]
TEM = Annual mean temperature [°*C*]
ALT = Altitude [*m*]
AWC = Available water capacity [*mm*]
REC = Recorded years

● ● Temperature
— Potential evapotranspiration
▲—▲ Precipitation
—— Actual evapotranspiration
Water deficit
Water surplus
Water utilization
Water recharge

Fig.1. Climatic data and soil-water balance for stations along the Atlantic coast of Morocco.
Draft: A.Bronger and A.Kittler

Niederschläge im Langzeitmittel nur noch für eine teilweise Wiederauffüllung des pflanzenverfügbaren Wassers in Solum in den Wintermonaten.

Als potentiell natürliche Vegetation werden für den nördlichen Teil des Untersuchungsgebietes zwischen Kénitra und Mohammedia immergrüne Wälder, vor allem Korkeichen-Wälder *(Quercus suber)* angenommen (EMBERGER 1938, 1939, MÜLLER-HOHENSTEIN 1990, BAGNOULS et GANSSEN 1968, KNAPP 1973). Nach diesen Autoren wird dagegen sowohl nördlich bis in den Raum Tanger wie auch südwestlich im wesentlich trockenerem Bereich zwischen Casablanca und Safi als potentiell natürliche Vegetation "Ölbaum-Pistaziengehölze" (bes. mit *Pistacia lentiscus*, *Chamaerops humilis* neben *Olea europaea),* im nördlichen Teil auch mit *Quercus suber* angenommen. Diese "lockeren Gebüschformationen" (MÜLLER-HOHENSTEIN 1990, S. 40) sind vielleicht doch schon ein Degradationsstadium; in einem Gebiet, wo vor etwa 5000 Jahren die Ausbreitung von Ackerbau und von Haustierhaltung begann (KNAPP 1973, S. 460) ist eine Rekonstruktion der potentiell natürlichen Vegetation sicher schwierig (MÜLLER-HOHENSTEIN 1990, S. 40). Südlich von Safi und südlich von Essaouira in der Küstenregion werden "lichte Wälder" mit *Argania spinosa* (Eisenholzbaum), in der Umgebung von Essaouira und südöstlich "lichte Wälder" mit *Calletris articulata* (Berberthuja) als potentiell natürliche Vegetation angegeben (MÜLLER-HOHENSTEIN 1990, Abb. 9).

2.2 Terrae rossae als Klimazeugen?

Alter, Genese und besonders die klimatischen Bildungsbedingungen der Terra rossa werden seit langem intensiv und kontrovers diskutiert, was für Mitteleuropa von

BRONGER (1976, 1984) für das Mittelmeergebiet von SKOWRONEK (1978) und JAHN (1997) zusammengefaßt wurde. Einerseits wurde der Terra rossa aufgrund der roten Farbe und höherer Ton*gehalte* eine höhere Verwitterungsintensität zugeschrieben als Böden der gemäßigten Breiten; demzufolge wurden sie als Zeugen subtropischer oder tropischer Klimate angesehen. Andererseits vertreten viele Autoren seit ZIPPE (1953) die "Lösungs- oder Rückstandstheorie", die besagt, daß die Terra rossa aus dem Rückstand der Kalkgesteine nach Auflösung der Carbonate entsteht. In diesem Falle ist die Rolle des Klimas bei der Bildung der Terra rossa von untergeordneter Bedeutung: die Genese dieser Böden wird vor allem vom Ausgangsmaterial her bestimmt. So konnten BRONGER et al. (1983, 1984) zeigen, daß in sechs von sieben untersuchten Terrae rossae in der Slowakei nur eine geringe bis fehlende Mineralverwitterung und Tonmineralbildung stattgefunden hat: die meisten Minerale einschließlich Kaolinite und Gibbsite sind auch quantitativ vom Kalksteinlösungsrückstand (KLR) der pliozänen Travertine her *vererbt*, d.h. das Ausgangssubstrat war sehr stark vorverwittert. Lediglich Hämatite sind in unterschiedlichen Mengen pedogen gebildet worden - belegt durch mößbauerspektroskopische Untersuchungen bei 5 K -, was zur Rubefizierung führte. Diese Böden sind deshalb *lithomorphe* Böden im Sinne der o.g. Rückstandstheorie: ihre Bildung war unabhängig vom damaligen Klima. Dagegen war in einem der sieben Terrae rossae das Ausgangssubstrat (KLR) weit weniger vorverwittert. Die Verwitterung des größten Teiles der Feldspäte und Phyllosilikate führte zu einer beträchtlichen pedogenen Bildung von Illiten und besonders Kaoliniten.

MEYER und KRUSE (1970) fanden in zwei begrabenen entkalkten Terrae rossae aus carbonathaltigen Küsten-Dünen nahe Kénitra (nördlich Rabat) als pedogenen Prozess nur eine Rubefizierung, gedeutet - wie ähnlich schon BOULAINE (1966) - als "Erstkalkungsrötung", keine Mineralverwitterung. Daraus wurde gefolgert, daß die Rubefizierung "offensichtlich wenig oder gar nicht als klimatypisch zu betrachten ist, sondern allein oder überwiegend von der Art des Ausgangs-Gesteins her bestimmt wird" (a.a.O., S. 82, 136). Jedoch wird nicht ausgeschlossen, daß an anderen Stellen auf die Entkalkungsrötung "weitere Verwitterungs- und Verlagerungsvorgänge ... folgen können", die "weitere zusätzliche Maßstäbe für das Ausmaß der Verwitterung und Pedogenese" (a.a.O., S. 137) liefern würden.

Wiederum andere Autoren betonen bei der Genese der Terra rossa im Mittelmeerraum die Zufuhr von allochthonem, besonders äolischem Material. LEININGEN (1915) erwähnte bereits Staubeintrag aus der Sahara in Böden der Alpen und sogar bis nach Dänemark. Für die Gebiete rund um die Sahara wird die Zufuhr äolischer Sedimente von YAALON and GANOR (1973), YAALON (1987), STAHR et al. (1989) und JAHN et al. 1991 betont. Kürzlich ist das Ausmaß äolischer Einträge in Böden rund um die Sahara von JAHN (1995) zusammenfassend dargestellt worden.

Für das hier kurz skizzierte Problem, ob die Terrae rossae "nur" *lithomorphe* oder oft *klimaphytomorphe* Böden sind, muß jedenfalls das Ausgangssubstrat, der "Residuallehm" in die Untersuchungen mit einbezogen werden, was bisher leider nur bei wenigen pedogenetischen Untersuchungen erfolgte. Erst dann sind Aussagen bzw. Schlußfolgerungen über Art und Ausmaß bodenbildender Prozesse möglich. Neben bodenphysikalischen und -chemischen Untersuchungen (s.u.) wurden hier vor allem die Minerale der Sand- und Schluff-Fraktionen sowie der Tonteilfraktionen der Böden sowie der "Lösungsrückstände" (s.o.) der Kalkarenite nach Entfernung des $CaCO_3$ (s.u.) analysiert, um zu Aussagen über Art und Ausmaß der Verwitterung primärer Minerale und der pedogenen Bildung von Tonmineralen zu kommen.

Nur bei einigen der ausgewählten Terrae rossae ist das ungefähre *Alter* bekannt. Erste paläomagnetische Messungen[1] ergaben eine reverse Polarität in den Sedimenten im Liegenden (Ckm-Horizont) der polygenetischen Terra rossa von Qued Akrach (Fig. 2, s.u.) in 140 m ü. NN. Der basale Teil des Bodens selbst zeigt normale Polarität, was den Schluß zuläßt, daß dieser Bodenkomplex (s. Kap. 3) in der Brunhes-Epoche gebildet wurde. Die Terra rossa in Tal át Ach Chwar (Fig. 3) in 130 m ü. NN, ca. 30 km ssw Rabat und ihr Ck-Horizont - ein Kalkarenit einer fossilen Düne - sind normal magnetisiert, während die liegende Düne, ebenfalls zum Kalkarenit verfestigt, revers magnetisiert ist. Deshalb ist diese Terra rossa oder Typic Rhodoxeralf in der Soil Taxonomy (Soil Survey Staff 1996) vielleicht etwas jünger aber ebenfalls mittelpleistozänen Alters. Wenn man das Mittelpleistozän als die Zeit zwischen der Brunhes/Matuyama-Grenze und dem letzten Interglazial (Eem oder Stadium 5e in der $^{18}0$-Tiefseekurve) definiert, gehören aller Wahrscheinlichkeit nach auch die viel küstennäheren deshalb jüngeren Terra rossae von Chiahna (Fig. 4) und Oued Ykem (Fig. 5) ca. 25 km sw Rabat noch im Mittelpleistozän (vgl. Kap. 4). Denn die schwächer durch Bicarbonatmetabolik verfestigte Düne als C-Horizont einer Rendzina zeigt bereits ein TL-Alter $>$ 100.000 Jahren (BRÜCKNER et al., im Druck). Weitere TL-Untersuchungen an schwächer ausgebildeten, deshalb jüngeren Terrae rossae bzw. Rendzinen sind in Arbeit.

2.3 Untersuchungsmethoden (Kurzfassung)

- Korngrößenanalyse nach kombinierter Sieb- und Pipettmethode nach KÖHN nach Dispergierung mit H_2O_2, ohne und mit Carbonatzerstörung mit HCl (pH 4), sowie ohne (s.u.) und mit Extraktion der sekundären Eisenoxide nach MEKRA und

[1] Erste Daten von R.W. BARENDREGT, Dept. of Geography and Geology, University of Lethbridge, Alberta, Canada.

JACKSON (1960), dazu vollquantitative Abschlämmung (BRONGER 1976: 23-24)

- Gasvolumetrische Bestimmung nach SCHEIBLER (vgl. SCHLICHTING und BLUME 1966)
- Potentielle KAK nach CHAPMAN 1965 durch Austausch mit Na-acetat bei pH 7, Austausch mit NH_4-acetat bei pH 8,2
- Für die Analyse der Minerale >2µm wurden die Fraktionen 630-200 µm, 200-63 µm und 63-20 µm polarisationstypisch an mindestens 300 Körnern pro Präparat (≥ 2 Parallelen), die Fraktionen 20-6,3 µm und 6,3-2 µm an 700-1000 Körnern pro Präparat phasenkontrastmikroskopisch bestimmt. Die Prozentanteile der Minerale in jeder Fraktion (bzw. Mineralgruppen) (Kornzahlprozente) wurden dann mit den Korngrößenanteilen multipliziert, um zu Gewichtsprozenten jedes Minerals bzw. jeder Mineralgruppe zu kommen. Diese sind in den Fig. 2-6 auf der jeweils linken Seite dargestellt, wobei die Schluff-Fraktionen wegen ihrer meist geringen Anteile zusammengefaßt wurden; die Grobsand-Fraktion wurde wegen ihres stets sehr geringen Anteils nicht bestimmt.
- Für die Analyse der silicatischen Tonminerale wurden die Fraktionen 2-0,2 µm sowie die pedogenetisch besonders wichtige Feintonfraktion < 0,2 µm quantitativ nach Entfernen der Carbonate und sekundären Fe-Oxide (s.o.) gewonnen. Die Proben wurden Aufweitungs- (Mg-Glykol), Kontaktions- und Hitzetests (K^+ bei 25° C, 125° C, 400° C und 550° C) unterzogen. Zusätzlich wurden sie mit Dimethylsulfoxid (DMSO) behandelt (JACKSON und ABDEL-KADER 1978, FELIX-HENNINGSEN 1990). Diese Behandlung erlaubt die Unterscheidung gutkristallisierter von schlecht kristallisierten Kaoliniten, vor allem vom Fireclay-Typ. Die Zusammensetzung der Tonteilfraktionen wurde relativ-quantitativ auf der Basis der Summe der Peak-Flächen ausgewählter Peaks abgeschätzt. Dabei wurden Gewichts-Faktoren nach LAVES und JÄHN (1972) verwendet: Illite, Vermikulite und Quarz erhielten den Faktor 1, Kaolinite und Smectite den Faktor 0,25, Wechsellagerungsminerale den Faktor 0,5 (näheres S. BRONGER u. HEINKELE 1990, BRUHN 1990). Die Ergebnisse wurden mit den KAK-Werten ausgewählter Tonteilfraktion verglichen, um größere Abweichungen zu korrigieren. Die so gewonnenen Kornzahlprozente der spezifischen Minerale bzw. Mineralgruppen wurden dann mit dem Gewichtsanteil der jeweiligen Tonteilfraktionen multipliziert. Die so gewonnenen Gewichtsprozente, dargestellt auf der jeweils rechten Seite der Fig. 2-6 sind folglich nur relativ quantitative Abschätzungen im Unterschied zu den Gewichtsprozenten der Fraktionen > 2 µm. Die Fig. 2-6 enthalten folglich auch die Ergebnisse der Korngrößenanalysen der Bodenhorizonte sowie der liegenden Ck- bzw. Ckm-Horizonte.

- Von orientierten Proben der Bodenhorizonte aller Terrae rossae sowie der Ausgangssubstrate bzw. der liegenden Kalkarenite wurde die Mikromorphologie anhand von Dünnschliffen studiert.

3. Ergebnisse und ihre Interpretation

Die Ergebnisse der Untersuchungen an den Primärmineralen (>2 µm) und den tonmineralogischen Untersuchungen sind in den Abb. 2-6 dargestellt. Bezüglich unserer Fragestellung können einige Resultate folgendermaßen zusammengefaßt werden:

1. Verwendet man den weitestgehend verwitterungsstabilen Quarz als Indexmineral, so zeigen einerseits Schwankungen in den Gewichtsprozenten (s. Kap. 2.3) dieses Minerals sedimentäre Inhomogenitäten des bodenbildenden Substrats, die in den einzelnen Bodenprofilen mehr oder weniger deutlich ausgeprägt sind. Dazu kann äolische Zufuhr kommen, die zeitlich und lokal sehr unterschiedlich stark war (s.u., Punkt 4 und Abb. 2). Schließlich können die Resourcen der verwitterbaren Minerale bzw. Mineralgruppen in den C-Horizonten - neben Feldspäten und Phyllosilikaten (besonders Boititen) Amphibole, Pyroxene und Epidote, dazu einige der opaken Minerale - das Ausmaß der pedogenen Tonmineralbildung in den Bt-Horizonten nicht ausreichend erklären. Eine Erklärung der Tongehaltsunterschiede insbesondere durch Tonverlagerung trifft auf einige Schwierigkeiten: einmal ist in den Bt-Horizonten der allermeisten Terrae rossae mikromorphologisch das Feintonplasma oder *illuviation argillans* in frischer oder gealteter Form kaum (noch) sichtbar, gut dagegen in mehreren BCk-Horizonten. Mit der Tieferlegung der Entkalkungs- bzw. Verwitterungsfront können die illuviation argillans durch Argillipedoturbation und Bioturbation zerstört worden sein: nur die jeweils jüngste Generation von Feintonplasma ist noch sichtbar. Das ist an anderer Stelle näher ausgeführt (BRONGER and SEDOV 1997). Zum anderen ist ein Eluvialhorizont nicht (mehr) vorhanden; dieser könnte allerdings abgetragen worden sein (s.u. Punkt 4 und Kap. 4). Insgesamt erlaubt eine Kombination von Mineralverwitterung, -um- und -neubildung zusammen mit "maskierter" Tonverlagerung über eine längere Zeit der Bodenbildung (s.u., Kap. 4) größtenteils eine Erklärung der beträchtlichen pedogenen Tonmineralbildung in diesem "typic xeric" Bodenwasserhaushalt mit einem Wasserüberschuß in der weiteren Umgebung von Rabat (s. Abb. 1). - Deshalb sollen die in den Abb. 2-6 aggretierten Daten nicht den Eindruck von Mineralverwitterungsbilanzen vermitteln, sondern im Sinne von *pedogenen Mineralverwitterungstendenzen* interpretiert werden.

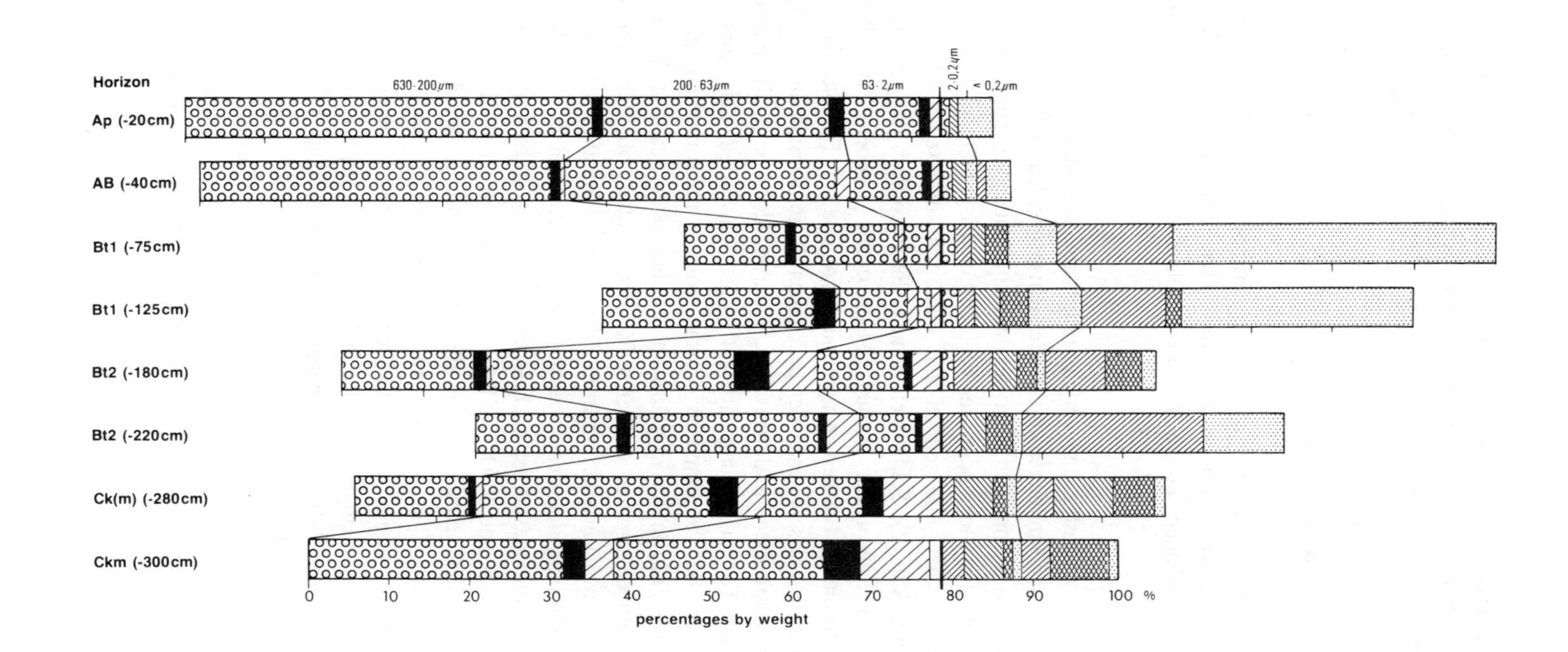

Fig. 2: Mineralogical and clay mineralogical composition of the profile of Oued Akrach (Typic Rhodoxeralf)
Legend see Fig.3

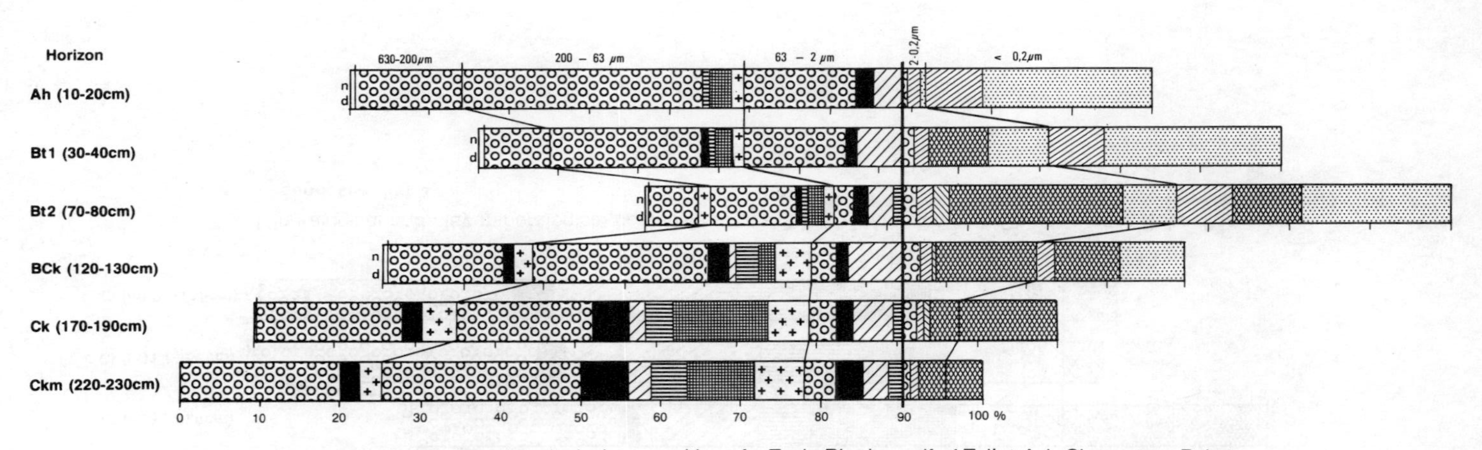

Fig. 3: Mineralogical and clay mineralogical composition of a Typic Rhodoxeralf of Tal'at Ach Chwar near Rabat

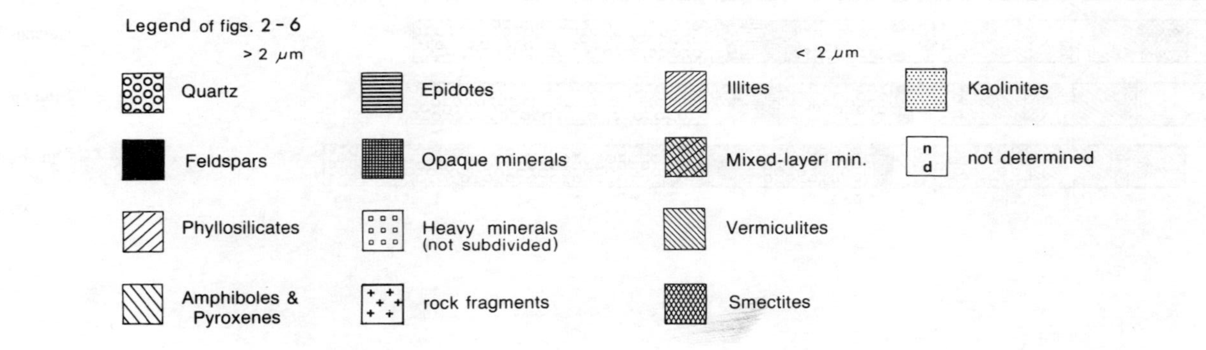

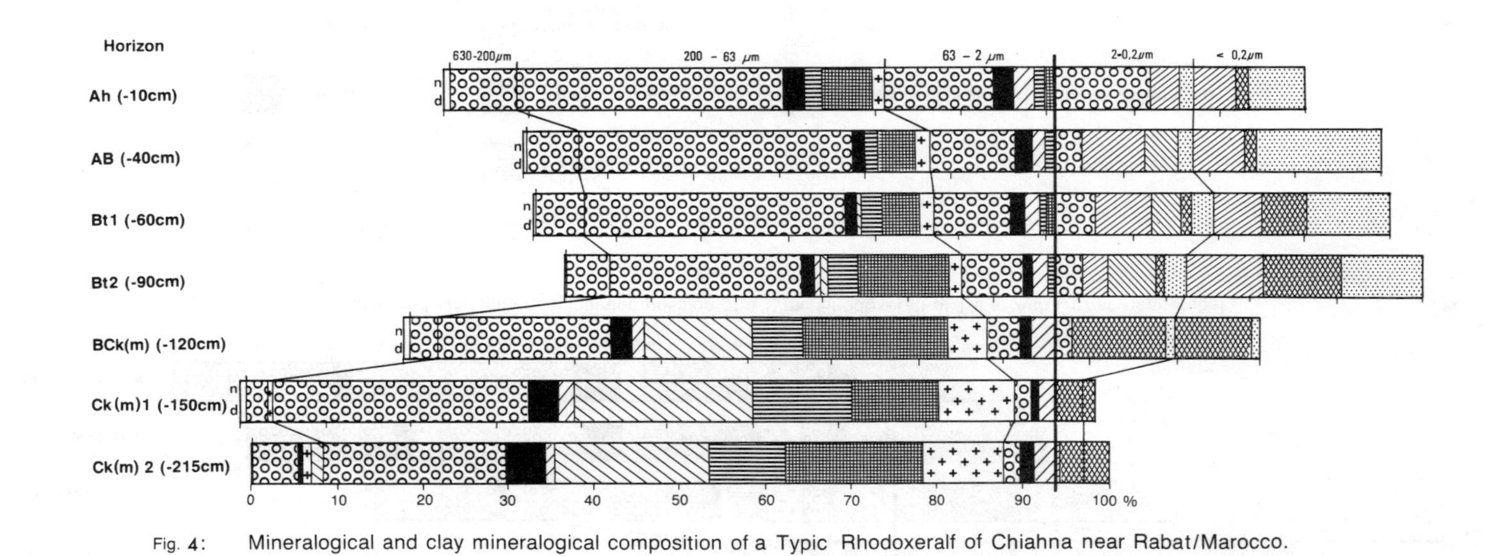

Fig. 4: Mineralogical and clay mineralogical composition of a Typic Rhodoxeralf of Chiahna near Rabat/Marocco. Legend see Fig. 3

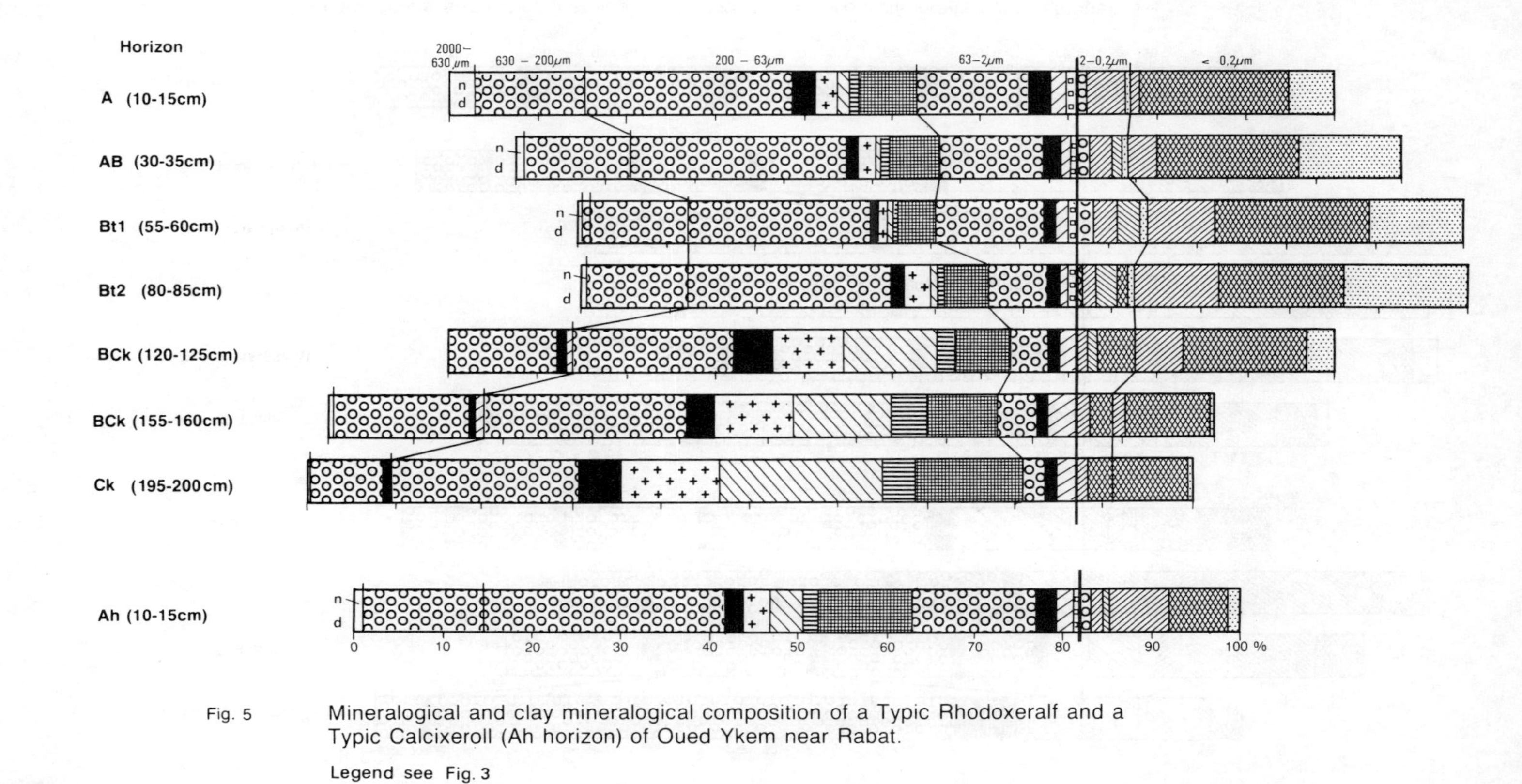

Fig. 5 Mineralogical and clay mineralogical composition of a Typic Rhodoxeralf and a Typic Calcixeroll (Ah horizon) of Oued Ykem near Rabat.

Legend see Fig. 3

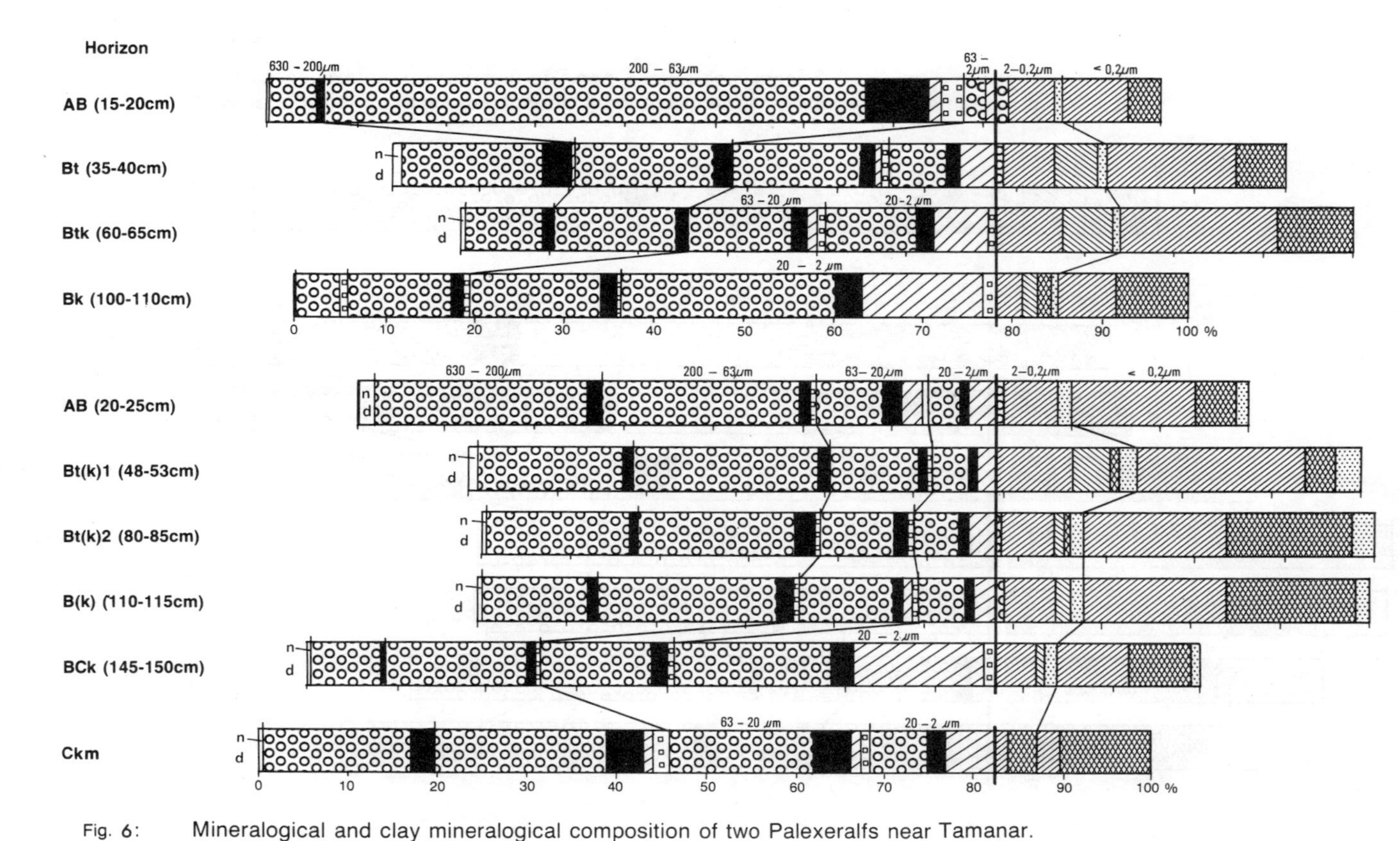

Fig. 6: Mineralogical and clay mineralogical composition of two Palexeralfs near Tamanar. Legend see Fig. 3

2. Die hier ausgewählten Oberflächen-Terrae rossae oder Typic Rhodoxeralfs aus mittelquartären Kalkareniten im feuchteren Raum Rabat (Abb. 2-5) zeigen eine beträchtliche pedogene Bildung von Tonmineralen, insbesondere auch von Kaoliniten in der Fraktion <0,2 µm. Die pedogenen Kaolinite haben großenteils eine schlechte Kristalinität vom Typ der Fireclay-Kaolinite (DMSO-Test, s. Kap. 2.3). Hauptquellen der pedogenen Kaolinite sind vor allem Feldspäte, wahrscheinlich auch Amphibole und Pyroxene in den Fraktionen >2 µm und besonders auch Smectite in der Grob- (2-0,2 um) und Feintonfraktion (<0,2 um) aus dem Kalkarenit-Residuallehm (s. Abb. 2-5). Die letztere Schlußfolgerung wird unterstützt durch das Vorkommen von Kaolinit-Smectit Wechsellagerungen (DIXON 1989, pp. 496 ff.) insbesondere in der Feintonfraktion der jüngeren Terrae rossae von Chiahna (BRUHN-LOBIN und BRONGER 1991, Fig. 2) und Oued Ykem.

3. Ein Vergleich der pedogenen Tonbildungsrate, speziell von Kaoliniten der vier ausgewählten Terrae rossae deutet auf eine *Chronosequenz* dieser Böden in Übereinstimmung mit ihrer geomorphologischen Geländeposition (s. Kap. 2.2): der Terra rossa-Bodenkomplex von Oued Akrach (s.u. Punkt 4) und die Terra rossa von Tal'at Ach Chwar (Fig. 23) zeigen eine wesentlich höhere pedogene Tonmineralbildung insbesondere von Kaoliniten als die Terrae rossae von Chiahna (Fig. 4) und von Oued Ykem (Fig. 5). Aber Art und Ausmaß der pedogenen Tonmineralbildung einschließlich von Kaoliniten auch des zuletzt genannten Bodens - an der Mündung des gleichnamigen Flusses in den Atlantik - mit immer noch beträchtlichen ca. 30 % deuten auf ein schon mittelpleistozänes Alter dieser Terra rossa hin: eine Rendzina (Typic Calcixeroll, s. Fig. 5) im gleichen Aufschluß zeigt eine nur geringe pedogene Tonmineralbildung. Ihr TL-Alter wird z.Zt. untersucht; der C-Horizont einer Rendzina in dem wenige km entfernten Aufschluß der Zementfabrik in Temara (Fig. 1 in BRONGER, BRUHN-LOBIN 1997; s. Kap. 2.2) hat bereits ein Alter von > 100.000 Jahren.

4. Die mineralogische insbesondere die tonmineralogische Zusammensetzung der Terra rossa in Oued Akrach (Fig.2) deutet auf eine polyzyklische Entwicklung dieses Bodens. So ist der Tongehalt des oberen Bt2-Horizontes (bis 180 cm u.O.) nicht nur wesentlich geringer als im unteren Bt2-Horizont (-220 cm), sondern enthält einerseits viel weniger Kaolinite in der Feintonfraktion (<0,2 µm). Andererseits hat der obere Bt2-Horizont im Unterschied zum unteren Bt2-Horizont höhere Anteile von Smectiten in beiden Tonteilfraktionen, was charakteristisch für den Kalksteinlösungsrückstand oder Residuallehm als Ausgangssubstrat der Bodenbildung (Ckm-Horizont) dieses und der übrigen Terrae rossae ist. Deshalb darf gefolgert werden, daß frisches, wahrscheinlich *äolisches Sediment* zum oberen Bt2-Horizont zugeführt wurde, das dann das Ausgangssubstrat für den oberen Teil

des Bodenprofils, den beiden Bt1-Horozonten bildete. - Der abrupte Tongehaltssprung vom oberen Bt1-Horizont von gut 65 % auf 8-5 % im AB- und Ap-Horizont belegt ebenfalls eine äolische Zufuhr von sandigem Material im obersten Teil. Außerdem enthalten die Bt1-Horizonte nur sehr wenige illuviation argillans als mikromorphologischen Nachweis einer Tonverlagerung; sie sind dazu stark gealtert und in das Gefüge vereinnahmt. Deshalb kann der abrupte Texturwechsel vom Ap- bzw. AB-Horizont zum Bt1-Horizont höchstens zu einem sehr geringen Teil durch den Prozess der Tonverlagerung erklärt werden. - Insgesamt handelt es sich bei der Terra rossa von Oued Akrach nicht um einen monogenetischen Boden, sondern um einen polyzyklischen *Pedokomplex*, wobei die bodenbildenden Prozesse zweimal durch dominante äolische Zufuhr unterbrochen wurden. In den anderen Bodenprofilen wird damit eine zwischenzeitliche äolische Zufuhr während der Pedogenese keineswegs ausgeschlossen, jedoch war sie nur untergeordnet. Die äolische Komponente war zeitlich und besonders auch kleinräumlich offenbar sehr unterschiedlich stark (s.o., Punkt 1).

5. Im südwestlichen Küstenraum zwischen El-Jadida bis nach Agadir mit einem "dry xeric" (an der Grenze zum "aridic") Bodenwasserhaushalt (s. Abb. 1) sind die Terrae rossae größtenteils abgetragen. Sie sind höchstens noch in Erosionsnischen z.B. flachen Depressionen erhalten; selbst auf alten Dünenrücken (Kalkareniten) finden sich fast nur noch Rendzinen (Calcixerolls). Aber selbst in der Umgebung von Tamanar zeigen zwei ausgewählte Terrae rossae beträchtliche pedogene Mineralverwitterungs- und Tonbildungsraten freilich kaum noch von Kaoliniten (Fig. 6). Die frühere Entkalkung als eine Voraussetzung für die immer noch stärkere Silikatverwitterung und Tonmineralbildung fand aller Wahrscheinlichkeit nach in Zeiten mit erheblich feuchterem Klima *in diesem Raum* statt (vgl. Kap. 4). Denn das beträchtliche Ausmaß der pedogenen Prozesse und daraus folgernd der Merkmale steht im Kontrast zu mikromorphologischen Merkmalen einer Wiederaufkalkung und daraus folgend Bicarbonatmetabolik in dieses Terrae rossae, wahrscheinlich durch äolische Zufuhr als Folge einer hier sehr viel lichteren Vegetation, die *anthropogen* noch stärker ausgedünnt sein dürfte. Diese Böden sind daher als *nicht begrabene Paläoböden* oder *Reliktböden* anzusprechen (vgl. CATT 1997).

4. Weitere Schlußfolgerungen und Diskussion

Die quartäre Klimageschichte des nördlichen Teils unseres Untersuchungsgebietes ist im Einzelnen noch unzureichend bekannt. In einer Rekonstruktion des Paläoklimas zwischen 35 ka und 25 ka B.P.. auf der Basis von Daten der geologischen, geomorphologischen und paläokologischen Literatur schließt FRENZEL (1992) für den südwestlichen Mediterranraum auf Temperaturen des wärmsten und kältesten Monats von etwa 3° C unter den heutigen, der Jahresmitteltlemperatur von nur etwa 2° unter der heutigen. Das würde bedeuten, daß auch z.Zt. des Hochglazials im nördlichen und mittleren Europa der südwestliche mediterrane Raum im südlichen Teil des warmgemäßigten Klimagürtels oder "mesic" (nahe dem "thermic") Bodentemperaturregime (Begriffe nach Soil Survey Staff 1975) lag. Mindestens so wichtig für Art und Ausmaß der bodenbildenden Prozesse ist die Veränderung des Bodenwasserhaushaltes während der kühlen Stadien. Neuere Arbeiten für den nördlichen Teil unseres Untersuchungsgebietes, die auf Geländearbeiten und Modellen zur Rekonstruktion des jungquartären Klimas basieren (ROGNON 1987, LITTMANN 1989) deuten auf ein feuchteres Klima während der letzten "Kaltzeit" ("Soltanien"), sogar während des Maximums zwischen 20 ka und 17 ka B.P. (LITTMANN 1989, Fig. 5c). Wahrscheinlich waren die Änderungen des Bodenwasserhaushaltes während der Kaltzeit/Warmzeit-Zyklen des Mittel- (und Alt-)Pleistozäns ähnlich. Insgesamt entsprechen diese Befunde weitgehend der Pluvial-/Interpluvialhypothese (s. Kap. 1).- Es bleibt die Frage, ob in den kühleren Stadien - den Äquivalenten zu den Glazialzeiten in den Mittelbreiten - der Klimaablauf ebenfalls jahreszeitlich - mit feuchten Wintern und trockenen Sommern - war oder ob die Verteilung der Niederschläge gleichmäßig über das Jahr verlief, verursacht durch eine Südwärtsverlagerung der Zyklonenbahnen im Winter und im Sommer. Die letztere Möglichkeit scheint schon ROGNON (1987) zu favorisieren; sie würde ein wesentlich feuchteres Klima im südlichen Teil unseres Untersuchungsgebietes befriedigend erklären (s. Kap. 3.5).

Unsere Untersuchungsergebnisse vor allem der Befund einer sehr beträchtlichen pedogenen Tonbildung besonders auch von Kaoliniten im nördlichen Teil des Untersuchungsgebietes zusammen mit den skizzierten paläoklimatischen Rekonstruktionen legen den Schluß sehr nahe, daß die Bildung der Terrae rossae jedenfalls dieses Raumes während eines großen Teils der Brunhes-Epoche im küstennahen Bereich (Beispiele in Abb. 4 und 5) stattfand. Im küstenferneren Bereich nahm sie wahrscheinlich den größten Teil der Brunhes-Epoche in Anspruch (Abb. 3), einschließlich der etwas kühleren, wahrscheinlich auch feuchteren Perioden ("Pluviale"). Aber auch das Holozän wie die früheren, den Interglazialen entsprechenden Perioden sind und waren Zeiten der Bodenbildung (Stabilitätszeiten); vielleicht verliefen die bodenbildenden Prozesse in diesen Perioden etwas langsamer. Aller Wahrscheinlichkeit nach aber war die *Richtung* der *Bodenentwicklung* die gleiche. Auch infolge der im ganzen geringen klimatischen Schwankungen der beiden sich zyklisch wiederholenden Perioden (s.o.) sollen daher die untersuchten Terrae rossae des nördlichen Teiles des Untersuchungsgebietes nicht als polygenetische Reliktböden (BRONGER & BRUHN-LOBIN 1997) sondern als *Vetusole* in

Anlehnung bzw. Erweiterung der Konzeption von M. CREMASCHI (1987) bezeichnet werden. Als Vetusole (*vetus* lat. alt) werden dabei Oberflächenböden bezeichnet, die sich über lange Zeiträume einschließlich größerer Abschnitte des Pleistozäns (a.a.O. S. 234) unter einer sehr ähnlichen Konstellation bodenbildender Faktoren besonders des Klimas gebildet haben.

Kommen wir zu unserer Ausgangsfrage (Kap. 1): (klima) "morphodynamische Aktivitäts- und Stabilitätszeiten statt Pluvial- und Interpluvialzeiten" zur Erklärung der Boden- und Landschaftsentwicklung der atlantischen Küstenregion Marokkos zurück. Unsere Untersuchungsergebnisse und Schlußfolgerungen, zusammengefaßt im *Vetusol*-Konzept sollen zum Ausdruck bringen, daß jedenfalls im nördlichen Teil des Untersuchungsgebietes die Entwicklung der Terrae rossae im wesentlichen kontinuierlich, monogenetisch über im Ganzen nur kleinere Klimaschwankungen hinweg über Jahrhunderttausende von Jahren erfolgt ist. Lokal konnte dabei die Bodenentwicklung unterbrochen werden durch Zufuhr von äolischem Material (s. Kap. 3.4, auch in Sidi Chaffi, 15 km östl. Rabat, s. BRONGER und BRUHN-LOBIN 1997). In den meisten Bodenprofilen bedeutete die äolische Sedimentzufuhr keine Richtungsänderung der Bodenentwicklung.

Diese im wesentlichen kontinuierliche Bodenentwicklung unter noch in historischer Zeit dichtem Wald (WALTER 1968, S. 55 ff.; WALTER u. BRECKLE 1991, S. 33 ff.; vgl. Kap. 2.1) bedeutet aber gerade, daß die beiden Alternativen der o.g. Ausgangsfrage für die Boden- und Landschaftsentwicklung n i c h t den Kern des Problems treffen. Denn die Waldbedeckung war in den etwas kühleren und etwas feuchteren (s.o.) "Pluvialen" sicherlich nicht weniger dicht als im Holozän; damit herrschte "morphodynamische Stabilität" in den allermeisten Abschnitten des Mittel- und Jungpleistozäns. Der größte Teil der "morphodynamischen Aktivität", nämlich die Bodenerosion i.w.S., verursacht durch die Vernichtung der Wälder mit dem Ergebnis einer heute nur recht lückenhaft ausgebildeten Bodendecke und lokal akkumulierten Bodenkolluvien (s.o. "Formation rouge") ist *von Menschen verursacht.* Diese anthropogene Degradation der Landschaft, die besonders seit der Bevölkerungsexplosion in diesem Jahrhundert beschleunigt abläuft, führt in vielen Teilen des Untersuchungsgebietes zu irreversiblen Schäden, weil die geringe Nutzwasserkapazität der Bodenreste den ursprünglichen dichten Wald in den meisten Fällen nicht wieder entstehen läßt.

5. Danksagung

Diese Untersuchungen wurden zunächst im Rahmen eines gemeinsamen Forschungsprojektes der Universitäten Kiel, Berlin (FU), Düsseldorf und Rabat durchgeführt. Sie wurden dankenswerterweise finanziell unterstützt sowohl durch die DFG (Projekt Br 303/22-1) als auch duch die GTZ und das C.N.R. de Maroc, ab 1995 durch Ausdehnung der bodengeographischen Untersuchungen auf den Küstenraum zwischen Casablanca und Tamanar durch die DFG (Br 303/22-2). Wir danken A. Laouina, N. Bensaad, M. Chaker, M. Tailassane und A. Watfeh, Université Mohammed V, Rabat; H. Brückner, Marburg und F. Hendriks, Berlin, im zweiten Projektabschnitt vor allem M. Badraoui, I.A.V. Hassan II, Rabat für Führungen im Gelände und anregende Diskussion.

6. Literatur

ABERKAN, M. (1987): Etude des formations quaternaires des marges du Bassin du Rharb (Maroc Nord-Occidental). Thèse, Université de Bordeaux.

ANDRÉ, A., and BEAUDET, G. (1967): Observations nouvelles sur les dépôts quaternaires des environs de Rabat. Revue de Géographie du Maroc, 11: 77-98.

ANDRÉ, A. and BEAUDET, G. (1980): Formations marines et tectonique plio-quaternaires du NW-Atlantique (Colloque: Niveaux marins et tectonique quaternaires dans l'aire méditerranéenne, Paris). pp. 449-477.

BAGNOULS, F. and GAUSSEN, H. (1968): Vegetation Map of the Mediterranian Region. Western Sheet. Paris.

BEAUDET, G. (1969): Le Plateau Central Marocain et ses bordures. Rabat. 478 pp.

BEAUDET, G., MAURER G. and RUELLAN A. (1967): Le Quaternaire marocain. Observations et hypothèses nouvelles. Rev. Géogr. Phys. et Géol. Dyn., v.9.

BOULAINE, J. (1966): Sur les Facteurs Climatiques de la Genese des Sols Rouges. In: Sociedad Espanola de Ciencia del Suelo: Transactions of the Conference on Mediterranean Soils, Madrid: Consejo Superior de Investigaciones Cientificas, pp. 281-284.

BRONGER, A. (1976): Kalksteinverwitterungslehme als Klimazeugen? Z. Geomorph. N.F. Suppl., Berlin, Stuttgart, Bd. 24: 138-148.

BRONGER, A. and BRUHN-LOBIN, N. (1997): Paleopedology of Terrae rossae - Rhodoxeralfs from Quaternary calcarenites in NW Morocco. Catena 28: 279-295.

BRONGER, A., ENSLING, J., GÜTLICH, P. and SPIERING, H. (1983): Mössbauer Studies on the Rubefication of Terrae Rossae in Slovakia. Clays and Clay Minerals, 31: 269-276.

BRONGER, A., ENSLING, J. and KALK, E. (1984): Mineralverwitterung, Tonmineralbildung und Rubefizierung in Terrae calcis der Slowakei. Ein Beitrag zum paläoklimatologischen Aussagewert von Kalkstein-Rotlehmen in Mitteleuropa. Catena, 11: 115-132.

BRONGER, A. and HEINKELE, T. (1990): Mineralogical and Clay Mineralogical Aspects of Loess Research. Quaternary International 7/8 : 37-51.

BRONGER, A. and SEDOV S.N. (1997): Origin and redistribution of pedogenic clay in Terrae rossae from Quaternary calcarenites in Coastal Morocco. In: Shoba S., Gerasimova M. and Miedema R. (Editors.), Soil Micromorphology: Studies on Soil Diversity, Diagnostics, Dynamics. Moscow-Wageningen, pp. 59-66.

BRÜCKNER, H., HALFAR, R.A., HAMBACH, U., LAOUINA, A., BENSAAD, N., TAILASSANE, M. and WATFEH, A (1994): Dating marine and eolian sequences in the Rabat region, Morocco. In: BRÜCKNER, H. and HARRISON, B. (Editors), Time, Frequency and Dating in Geomorphology, Catena Suppl. (in press).

BRUHN, N. (1990): Substratgenese - Rumpfflächendynamik. Bodenbildung und Tiefenverwitterung in saprolitisch zersetzten granitischen Gneisen aus Südindien. Kieler Geographische Schriften 74, 189 pp.

BRUHN-LOBIN, N. and BRONGER, A. (1991): Mineralverwitterung und Tonmineralbildung in rezenten und reliktischen Terrae calcis im Raum Rabat/Marocco. Mitteilgn. Dtsch. Bodenkundl. Ges., 66/ II: 1069-1072.

CATT, J. A. (1997): Report from Working Group on Definitions used in Paleopedology. Quaternary International (in press).

CHAPMAN, H.D. (1965): Cation Exchange Capacity. In: C.A. BLACK (Ed.), Methods of Soil Analysis (Part II), Madison/Wisc.: American Society of Agronomy, pp. 891-901.

COMBE, M. (1975): Le bassin Rharb - Mamora. In: Ressources en Eau du Maroc, Tome 2. Notes et Memoires du Service Geologique, No 231, Rabat, pp. 93-128.

CREMASCHI, M. (1987): Paleosols and Vetusols in the Central Po Plain (Northern Italy) - A Study in Quaternary Geology and Soil Development. Milano:Edizioni Unicopli. 306 pp.

DIXON, J.B. (1989): Kaolin and Serpentine Group Minerals. In: DIXON, J.B. and WEED, S.B. (Eds.), Minerals in Soil Environment, Madison/Wisc.: Soil Science Society of America Book Series 1, pp. 467-525.

EHWALD, E. (1984): V.V. Dokucaevs "Russkij Cernozem" und seine Bedeutung für die Entwicklung der Bodenkunde und Geoökologie. Peterm. Geogr. Mitt. 128: 1-11.

EMBERGER, L. (1938): Les arbres du Maroc. Paris.

EMBERGER, L. (1939): Apercu Général sur la Végétation du Maroc. Commentaire de la Carte Phytogéographique du Maroc 1:1.500.000. In: Veröffentl. des Geobot. Inst. Rüdel, Heft 14, Zürich, pp. 40-157.

FELIX-HENNINGSEN, P. (1990): Bildung und Kristallinität von Kaolinit in der mesozoisch-tertiären Verwitterungsdecke des Rheinischen Schiefergebirges. Mitteilgn. Dtsch. Bodenkundl. Ges. 62: 109-112.

FRENZEL, B. (1992): Das Klima der Nordhalbkugel zur Zeit des Inlandeisaufbaus zwischen etwa 35 000 und 25 000 vor heute. Erdkunde, 46: 165-187.

GELLERT, J.F. (1974): Pluviale und Interpluviale in Afrika. Geologisch-paläoklimatologische und paläogeographische Fakten und Probleme. In: Peterm. Geogr. Mitteilungen, 2: 104-116.

JACKSON, M.L. and ABDEL-KADER, F.H. (1978): Kaolinite intercalation procedure for all sizes and types with x-ray diffraction spacing distinctive from other phyllosilicates. Clays and Clay Minerals, 26: 81-87.

JAHN, R. (1995): Ausmaß äolische Einträge in circum-saharischen Böden und ihre Auswirkungen auf Bodenentwicklung und Standarteigenschaften. Hohenheimer Bodenkundliche Hefte, Stuttgart, 23: 1-213.

JAHN, R. (1997): Bodenlandschaften subtropischer mediterraner Zonen. In: Handbuch der Bodenkunde, 2.Erg.Lfg. 3/87, Kap.3.4.5.4. Landsberg, pp. 1-27.

JAHN, R., ZAREI, M. and STAHR, K. (1991): Genetic Implications of Quartz in "Terra Rossa"-Soils in Portugal. Greifswald: Proc. 7th Euroclay Conf. Dresden '91, pp. 541-546.

JENNY, H. (1941): Factors of soils formation. New York: McGraw-Hill 281 pp.

KNAPP, R. (1973): Die Vegetation von Afrika. Vegetationsmonographien der einzelnen Großräume, Bd.III, XLII u. Stuttgart (G.Tischer), 626 pp.

KUBIENA, W.L. (1970): Micromorphological Features of Soil Geography. New Brunswick: Rutgers Univ. Press. 254 pp.

LAVES, D. and JÄHN, G. (1972): Zur quantitativen röntgenographischen Bodenton-Mineralanalyse. Arch. Acker- und Pflanzenbau und Bodenkd. 16: 735-739.

LEFEVRE, D., RAYNAL, J.P. and TEXIER, J.P. (1985): De la fin du Villafranchien au dédut du Soltanien (Colloque: Héritages géomorphologiques et paléoenvironments du Quaternaire moyen méditerranéen, Paris).

LEININGEN, W., Graf zu (1915): Über die Einflüsse äolischer Zufuhr auf die Bodenbildung. Mitt.Geol. Ges. Wien 7: 139-177.

LITTMANN, T. (1989): Spatial patterns and frequency distribution of Late Quaternary water budget tendencies in Africa. Catena 16: 163-188.

MEHRA, O.P. and JACKSON, M. L. (1960): Iron oxide removal from soils and clays by a dithionite-citrate-bicarbonate system buffered with sodium-bicarbonate. Clays and Clay Minerals 7: 317-327.

MEYER, B. and KRUSE, W. (1970): Untersuchungen zum Prozess der Rubefizierung (Entkalkungsrötung) mediterraner Böden am Beispiel kalkhaltiger marokkanischer Küsten-Dünen. Göttinger Bodenkundl. Ber. 13: 77-140.

MÜLLER-HOHENSTEIN, K. und POPP, H. (1990): Marokko. Klett/Länderprofile, Stuttgart

NEWHALL, F. (1972): Calculation of Soil Moisture Regimes from the Climatic Record (Rev.4.), D.C.: Soil Conservation Service, USDA. Washington, 17 pp.

ROGNON, P. (1987): Late Quaternary climatic reconstruction for the Maghreb (North Africa). Paleogeogr., Paleoclimatol., Paleoecol. 58: 11-34.

ROHDENBURG, H. (1970): Morphodynamische Aktivitäts- und Stabilitätszeiten statt Pluvial- und Interpluvialzeiten. Eiszeitalter und Gegenwart 21: 81-96.

ROHDENBURG, H. and MEYER, B. (1966): Zur Feinstratigraphie und Paläopedologie des Jungpleistozäns nach Untersuchungen an südniedersächsischen und nordhessischen Lößprofilen. Mitt. Dtsch. Bodenkundl. Ges. 5: 1-137.

ROHDENBURG, H. and SABELBERG, U. (1973): Quartäre Klimazyklen im westlichen Mediterrangebiet und ihre Auswirkungen auf die Relief- und Bodenentwicklung. Catena, 1: 71-179.

RUELLAN, A. (1969): Quelques réflexions sur le rôle des sols dans l'interpretation des variations bioclimatiques du Pleistocène marocain. Revue de Géographie du Maroc 15: 129-140.

RUELLAN, A. (1972): Le development, au cours du Quaternaire, des sols à profil calcaire differencié dans la plaine de Zebra (Maroc oriental). Interpretation paléoclimatique. In: M. Ters (Editor.), Etudes sur le quaternaire dans le monde. VII. Congr. INQUA, Paris 1969, pp. 395-404.

SAAIDI, E.K. (1983): Histoire Géologique du Maroc. Fès, 213 pp.

SABELBERG, U. (1977): The Stratigraphic Record of Late Quaternary Accumulation Series in South West Morocco and its Consequences concerning the Pluvial Hypothesis. Catena 4: 209-214.

SABELBERG, U. (1978): Jungquartäre Relief- und Bodenentwicklung im Küstenbereich Südwestmarokkos. Landschaftsgenese und Landschaftsökologie 1: 1-171.

SCHLICHTING, E. and BLUME, H.-P. (1966): Bodenkundliches Praktikum. P. Parey, Hamburg/Berlin.

SCHULZE, D.G. (1981): Identification of Soil Iron Oxide Minerals by Differential X-Ray diffraction. Soil Sci.Soc.Am.Journ., 45: 437- 440.

SKOWRONEK, A. (1978): Untersuchungen zur Terra rossa in E- und S-Spanien - ein regionalpedologischer Vergleich. Würzburger Geographische Arbeiten 47: 1-272.

SOIL SURVEY STAFF (1975): Soil Taxonomy. A Basic System of Soil Classification for Making and Interpreting Soil Surveys. Agriculture Handbook No. 436, Washington, D.C.

STAHR, K., JAHN, R., HUTH, A. and GANER, J. (1989): Influence of eolian sedimentation on soil formation in Egypt and Canary Island Deserts. Catena Suppl. 14: 127-144.

STEARNS, C.E. (1978): Pliocene-Pleistocene emergence of the Moroccan Meseta. Geological Society of America Bulletin 89: 1630-1644.

SEUFFERT, O. (1964): Der Einfluß von Klimagenese und Morphodynamik auf Entstehung und Verbreitung der Terra Rossa im westlichen Mittelmeergebiet. Würzb. Geogr. Arb. 12: 161-173.

TIEDEMANN, R. (1991): Acht Millionen Jahre Klimageschichte von Nordwest-Afrika und Paläo-Ozeanographie des angrenzenden Atlantiks: Hochauflösende Zeitreihen von ODP-Sites 658-661. Berichte-Reports d. Geol.-Paläont. Inst. d. Univ. Kiel 46: 1- 190.

VAN WAMBEKE, A. (1982): Calculated Soil Moisture and Temperature Regimes of Africa. Soil Management Support Services (SMSS) Tech. Monograph No.3, Ithaca/N.Y.

WALTER, H. (1968): Die Vegetation der Erde in öko-physiologischer Betrachtung. Bd. II: Die gemäßigten und arktischen Zonen. G.Fischer, Jena. 1001 pp.

WALTER, H. and BRECKLE, S.-W. (1991): Spezielle Ökologie der Gemäßigten und Arktischen Zonen außerhalb Euro-Nordasien. Stuttgart (UTB), 586 pp.

WEISROCK, A. (1980): Géomorphologie et paléoenvironnements de l'Atlas atlantique, Maroc. Thèse, Paris, 981 pp.

YAALON, D.H. (1987): Sahara dust and desert loess: Effect on surrounding soils. Journal of African Earth Sciences 6/4: 569- 571.

YAALON, D.H. and GANOR, E. (1973): The influence of dust on soils during the Quaternary. Soil Sci.116: 146-155.

ZIPPE, W. (1854): Einige geognostische und mineralogische Bemerkungen über den Höhlenkalkstein des Karst. In: Schmidl, A. Die Grotten und Höhlen von Adelsberg, Lueg, Planina und Laas. Wien, pp. 209-217

1998	Higelke, B. (Hg.): Beiträge zur Küsten- und Meeresgeographie	Kieler Geographische Schriften, Bd. 97	S. 67-115

Die Hauptvegetationseinheiten der Kanarischen Inseln im bioklimatischen Kontext

F. Reiner Ehrig

Zusammenfassung

Erstmals wird der Versuch einer pflanzengeographischen Charakterisierung der hauptsächlichen Vegetationstypen auf den Kanarischen Inseln, nach bioklimatischen Höhenstufen gegliedert, unternommen. Außer den landschaftsbestimmenden zonalen Vegetationseinheiten wird hierbei auch auf die azonale Vegetation eingegangen mit jeweiligen Standortsangaben und einer Zusammenstellung der geographisch bedeutsamen Pflanzenarten.

Einführung

Bereits die Römer bezeichneten die Kanaren als die „Insulae Fortunatae", was wohl auf die Kombination des besonderen Lichtklimas und einer einmaligen Vegetation zurückzuführen ist: inmitten des Wüstengürtels der Erde gelegen, finden sich echte Wälder. Das Landschaftsspektrum reicht von trockenheißen Halbwüsten bis zu den feuchtkühlen Lorbeerwaldgebieten, wobei sich die sieben Inseln erheblich unterscheiden, nicht zuletzt aufgrund der hohen Zahl endemischer Arten (584 bzw. 47 %). Die Vegetationseinheiten ähneln sich in vielen Fällen oft nur physiognomisch.

Die Vegetation der Kanaren wird im wesentlichen von folgenden Umweltfaktoren bestimmt: der ozeanischen Lage, der hohen Einstrahlung, dem Nordostpassat bzw. dem winterlichen Zyklonalwetter, der relativen Höhe der Inseln und vor allem dem Menschen. In erster Linie durch das *Klima* definiert ist sie ein guter Indikator der lokalen Klimaverhältnisse. Dies hat um so mehr Bedeutung, da die meteorologischen Meßreihen vergleichsweise jung und zu kurzfristig sind, um das Klima zu repräsentieren. Dieses läßt sich als subtropisch, d.h. mit sommerlichem Passat,

Winterregen, wintermild und maritim kennzeichnen, also keineswegs als ein Klima, das seiner geographischen Breitenlage entspricht. Neben der Lage am 28. Breitengrad, den Winden und den Meeresströmungen, führt besonders das vorherrschende gebirgige Relief zu verschiedensten sog. „reliefbedingten Klimatypen“ (MATZNETTER 1958). Es existieren große klimatische Kontraste, die von den heißen Küstenhalbwüsten über das feuchtkühle Lorbeerwaldklima bis zu dem kalttrockenen Strahlungsklima des Hochgebirges reichen.

Seit ALEXANDER VON HUMBOLDT gelten die Kanaren mit 1. einer ‘Zone der Reben’ (bis 300-600m), 2. ‘Zone der Lorbeeren’ (600 - 1800m), 3. ‘Zone der Kiefer’ (1800 - 2400m), 4. ‘Zone der Retama’ und 5. ‘Zone der Gräser’ (HUMBOLDT & BONPLAND 1815:271ff.) als klassisches Lehrbuchbeispiel einer klimatisch-pflanzengeographischen Höhenstufung. Leider gibt es bis heute keine einheitliche Bezeichnung der Höhenstufen (s. KUNKEL 1980:59). Die beliebte Gliederung von H. CHRIST (1885:223) in eine „Region unter den Wolken oder Strandregion“, „Wolkenregion, 700-1600m“ und „Region über den Wolken oder Gipfelregion“, gründet in ihrer Dreigliederung auf jener von BERTHELOT (1835-42), die auch von CEBALLOS & ORTUNO (1951 [1976]) übernommen wurde. Gebräuchliche Begriffe, wie 'subalpine Stufe' oder 'trocken-gemäßigte Stufe' sind wegen der extremen Strahlung auf den Kanaren wenig sinnvoll. Die neuen kanarischen Bezeichnungen „Piso termocanario árido et seco“, „Piso termocanario subhúmedo, P. mesocanario“ und „Piso supracanario seco“ (Atlas interinsular de Canarias 1990:50) könnten einfacher durch die alten spanischen Begriffe *Terra caliente, Tierra templada* und *Tierra fria* ersetzt werden, da deren Kriterien ohne Schwierigkeiten auch für die Kanaren gelten. Am besten lassen sich die Höhenstufen, in alter Humboldt'scher Tradition, zum Teil durch die Hauptvegetationseinheiten kennzeichnen:

- Sukkulentenstufe bis 400 m mit semiaridem Trockenbusch und Sukkulentenbusch.
- Waldstufe bis 2.000 m:
  - Lichte Kiefernwaldregion auf trockenen Leestandorten.
  - Lorbeerwaldregion und Buschwaldregion bzw. feuchter Kiefernwald.
- Kanarische Hochgebirgsstufe oberhalb der Baumgrenze (s. auch SANTOS 1983:106).

Die vollständige Höhenstufenfolge findet sich nur auf La Palma und Teneriffa, Lanzarote und Fuerteventura liegen hauptsächlich in der Sukkulentenstufe. Während die Temperatur über den Passat die bioklimatischen Höhenstufen festlegt, variiert die Feuchtigkeit, vermittels der unterschiedlichen Exposition, das Gesellschaftsmosaik innerhalb der Höhenstufen, wie es in der Waldstufe am deutlichsten wird.

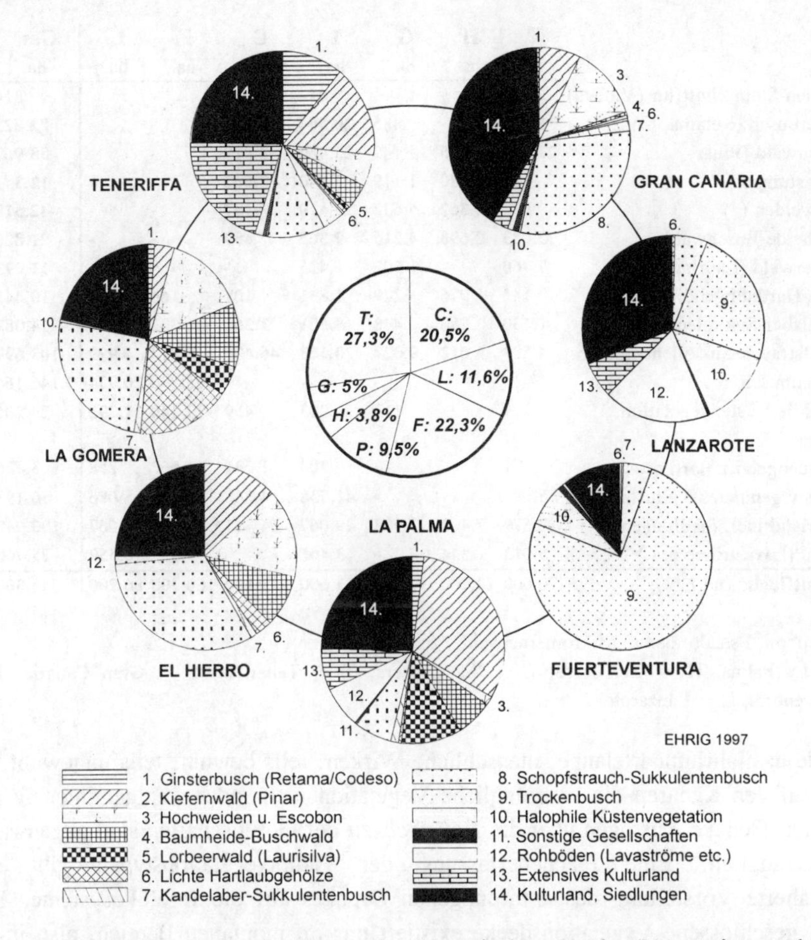

Abb. 1: Die realen Vegetationstypen der Kanarischen Inseln (Vegetationsspektren). (Innenkreis: jeweilige Inselgröße in % der Gesamtkanaren).

Neben der zonalen Vegetation hat ferner die azonale oder *edaphische Vegetation* sehr große Bedeutung. Sie wird weniger vom Klima, als von den Boden- bzw. Substratverhältnissen bestimmt, wie z.B. salzige oder feuchte Böden, Felswände etc. und läßt sich in der Regel scharf begrenzen. Sie findet sich quer durch die Stockwerke, ebenso wie die Kultur- und Ruderalvegetation. Vor allem handelt es sich um die Pflanzengesellschaften der Küste, der Barrancos und Feuchtbiotope, streng genommen auch um die Hochgebirgsvegetation, wobei es aber auf den Kanaren sinnvoll erscheint, letztere der zonalen Vegetation zuzurechnen.

	P ha	H ha	G ha	T ha	C ha	F ha	L ha	Ges. ha	%
Veilchen-Steinschuttflur (Violeta)	-	-	-	814	-	-	-	814	0,1
Ginsterbusch (Retama, Codeso)	1.623	-	485	20.564	153	-	-	22.825	3,1
Kiefernwald (Pinar)	21.533	3.415	149	25.450	8.420	-	-	58.967	7,9
Aufforstungen	-	230	1.119	7.940	3.062	-	-	12.351	1,7
Hochweiden (*)	988	4.362	5.632	12.419	19137	-	-	42.510	5,7
Baumheide-Buschwald	5.083	2.698	4.215	9.365	459	-	-	21.820	2,9
Lorbeerwald (Laurisilva)	7.766	-	1.902	1.425	-	-	-	11.093	1,5
Lichte Hartlaubgehölze	141	976	6229	1.831	107	166	172	10.441	1,4
Kandelaber-Sukkulentenbusch	1.130	258	448	8.551	3.368	332	-	14.087	1,9
Schopfstrauch-Sukkulentenbusch	4.589	9.012	9.027	20.563	46.695	8.814	4.999	103.699	13,9
Trockenbusch	-	-	-	-	-	125.390	20.774	146.164	19,6
Halophile Küstenvegetation	-	-	112	203	459	12.140	11.292	24.206	3,2
Sonstige (Weidengehölz,Barrancos)	71	-	-	203	1.531	1.663	258	3.726	0,5
Extensiv genutztes Kulturland	5.083	-	-	41.738	4.286	-	5.086	56.193	7,5
Kulturland incl. Siedlungen	17.579	7.405	7.908	49.067	64.455	17.461	27.067	190.942	25,6
Ödland (Lavaströme u.a.)	5.013	344	-	3.461	-	332	16.550	25.700	3,5
Gesamtfläche (ha / %)	70.600	28.700	37.300	203.600	153.100	166.300	86.200	745.800	100

(*) Escobon, Pseudoretama, Mikromerienweide.
(P = La Palma, H = El Hierro, G = La Gomera, T = Teneriffa, C = Gran Canaria, F = Fuerteventura, L = Lanzarote)

Gerade das jahrhundertelange, menschliche Wirken, teils bewußt, teils unbewußt, hat auch auf den Kanaren die ursprüngliche Vegetation mehr oder weniger intensiv umgestaltet. Genaue Aussagen über die *Natürlichkeit* der Gesellschaften sind gegenwärtig nicht möglich. Eine Flächenerfassung der Hauptvegetationstypen gibt eine angenäherte Vorstellung des anthropogenen Druckes auf die Inselökosysteme. Eine echte, geschlossene Vegetationsdecke existiert nur im montanen Bereich, also in der Waldstufe. Die übrigen Höhenstufen zeigen dagegen eine „*offene* Vegetation", in welcher der Boden mehr oder weniger unbedeckt ist. Eine Auswertung der verfügbaren Vegetationskarten (ATLAS BASICO DE CANARIAS (1980), CEBALLOS & ORTUNO (1976), SANTOS (1983), SUNDING (1972) u.a.), ergänzt durch eigene Kartierungen 1977-1992, ermöglicht erstmals eine Übersicht der angenäherten Flächenverteilung der kanarischen Vegetationstypen. Etwa 26% der Kanaren sind intensiv bewirtschaftet oder überbaut und weitere 7,5% werden extensiv genutzt, daraus ergibt sich, daß die Vegetation auf mindestens zwei Drittel ihres ursprünglichen Areals zurückgedrängt wurde. Baumwuchs findet sich auf rund 15 % der Gesamtfläche, wobei die echten Kiefernhochwälder nur 9,6%, die Lorbeerwälder 1,5% und die Buschwälder 2,9% ausmachen. In nachfolgender Tabelle sind die einzelnen Vegetationstypen nach ungefährer Flächengröße und Inselverteilung aufgeführt.

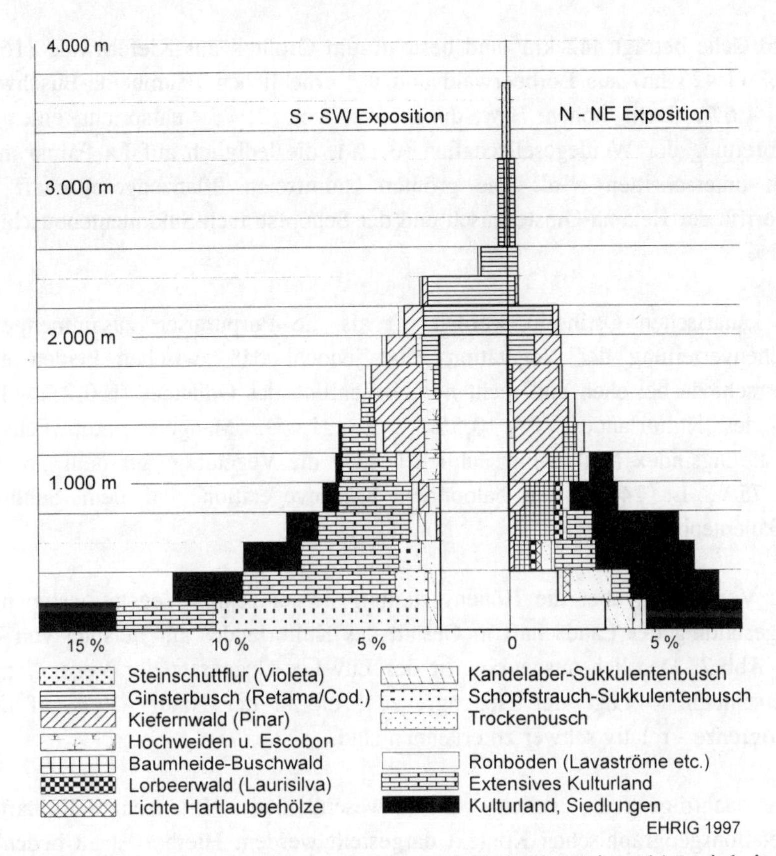

Abb. 2: Die Verteilung von Vegetationstypen und Kulturland in Abhängigkeit von Meereshöhe und Exposition auf Teneriffa. (Flächenangaben in % der Gesamtfläche)

Die am stärksten umgestaltete Insel ist Gran Canaria: die Bewaldungsdichte beträgt hier gerade 7,8%. 42% der Insel sind intensiv bewirtschaftet und weitere 15,3% extensiv genutzt und überweidet. Es verwundert nicht, daß die Degradationsgesellschaften der Zistrosen- und Mikromerienweiden, die sog. Hochweiden mindestens 19.137 ha bedecken. Die Inseln mit der am wenigsten gestörten Vegetation sind La Gomera und La Palma. Hier bestehen typischerweise auch noch größere Lorbeerwälder: 1.902 ha (5%) auf La Gomera und 7.729 ha (11%) auf La Palma.

Eine Zwischenstellung hinsichtlich der Umweltbelastung nimmt Teneriffa ein. Obwohl sie fast ebenso viel Kulturland aufweist wie Gran Canaria (24% intensiv und 21% extensiv genutzt), existieren auf dieser Insel noch alle Vegetationstypen. Die

Waldfläche beträgt 442 km^2 und besteht zum Großteil aus Kiefernwald (16,4%), zu 0,7% (1.425 ha) aus Lorbeerwald und der erheblichen Baumheide-Buschwaldfläche von 4,6%. Dem hohen Bewaldungsindex von 21,7% entspricht eine geringere Verbreitung der Weidegesellschaften (6,1%), die lediglich auf La Palma mit 1,4 % noch unterschritten wird. Die größten baumfreien Pflanzengesellschaft sind auf Teneriffa der Retama-Ginsterbusch und der Schopfstrauch-Sukkulentenbusch, jede mit 10,1%.

Die kanarischen Ostinseln werden oft als die Purpurarien zusammengefaßt; die Flächenverteilung der Vegetation zeigt jedoch, daß zwischen beiden erhebliche Unterschiede bestehen und nicht nur hinsichtlich des Ödlandes (F:0,2% - L:19,2%) und des Kulturlandes: F: 10,5% - L: 31,4%. Mangels Baumwuchs ist der Bewaldungsindex Null, hauptsächlich besteht die Vegetation aus dem Trockenbusch (F: 75%, L: 24%), der halophilen Küstenvegetation und dem Schopfstrauch-Sukkulentenbusch.

Eine Vorstellung über die Höhenverteilung der einzelnen Vegetationstypen und die Umgestaltung der Landschaft in Gestalt des Kulturlandes am Beispiel von Teneriffa gibt Abb.2. Deutlich ausgeprägt ist der Luv-Lee-Gegensatz der Vegetation und die unterschiedliche Lage der Höhengrenzen, die in der Natur - bis auf die obere Waldgrenze - relativ schwer zu erkennen sind.

Im nachfolgenden sollen die wesentlichen Pflanzengesellschaften im vegetationsgeographischen Kontext dargestellt werden. Hierbei ist zu bedenken, daß die Erfassung der kanarischen Vegetation, gegenüber dem Studium der Flora, noch relativ jung ist; Ansätze sind bei LEMS 1958 (T,F), RIVAS u. ESTEVE 1965 (T,C), OBERDORFER 1965 (T,G), SUNDING 1972 (C) und vor allem bei SANTOS 1980,1983 zu finden, wohl auch begründet in der gegenwärtig stattfindenden Ablösung der ausländischen „Kanarenforscher“ durch die Einheimischen. Insgesamt werden 36 Vegetationstypen, nach Höhenstufen geordnet, dargestellt. Hierzu wurden die Angaben verschiedener Quellen ausgewertet, insbes. von BRAMWELL 1971, CEBALLOS & ORTUNO 1976, ESTEVE CHUECA 1969,1973, KUNKEL 1973,1977, OBERDORFER 1965, SANTOS GUERRA 1983, SUNDING 1972, VOGGENREITER 1974 u.a.

Da für pflanzengeographische Zwecke nur die landschaftsbestimmenden Pflanzen von Bedeutung sind, wurden in den Artenübersichten nur solche Arten mit einer Stetigkeit größer als "I" aufgenommen. Soweit möglich, wurde die Stetigkeit angegeben, d.h. die Häufigkeit einer Art in allen verfügbaren Aufnahmen (1. Zahl: I = in 1-20%, II = in 21-40%, III = in 41-60%, IV = in 61-80% und V = in 81-100% der verfügbaren Aufnahmen), ergänzt durch Angaben zur Flächendeckung bzw. der

Artmächtigkeit (2. Zahl: - = kein Vorkommen, r = äußerst selten, mit sehr geringem Deckunsgwert, + = wenig bodendeckend, 1 = 1-5%, 2 = 5-25%, 3 = 25-50%, 4 = 50-75% und 5 = + 75% der Aufnahmefläche deckend). Dominante Charakterarten stehen am Kopf der Liste mit Angabe der kleinsten und größten beobachteten Dominanz, für alle übrigen Arten wird nur die größte Dominanz angegeben. Zur Ergänzung wurde immer die Assoziationsbezeichnung und die neueste pflanzensoziologische Klassifikation nach HOHENESTER (1993) in Klammer beigefügt. Die einzelnen Inseln werden in der geographischen Reihung mit folgenden Abkürzungen aufgeführt: P = La Palma, H = El Hierro, G = La Gomera, T = Teneriffa, C = Gran Canaria, F = Fuerteventura, L = Lanzarote.

1. Die zonale Vegetation der Sukkulentenstufe

Bei dem Klima der Sukkulentenstufe handelt es sich nach der effektiven Klassifikation von W. KÖPPEN (1931) um ein heißes sommertrockenes Wüstenklima (BWhs) (LOPEZ GOMEZ 1972). Diese Klimastufe (span.: „Piso termocanario") hat von allen Klimastufen bzw. -zonen die größte Verbreitung auf den Kanaren und umfaßt die Ostinseln Lanzarote und Fuerteventura wegen der geringeren Höhenerstreckung vollständig. Auf N-NE-Expositionen reicht diese Stufe bis 500 m, auf S-SE-Expositionen bis 1.000 m.

Die *Sonnenscheindauer* beträgt 2 730 h/a, die Lichtstärke im August 100-110 000 Lux bzw. im Dezember-Januar ca. 70 000 Lux. Das Strahlungsminimum beläuft sich im Januar auf 10 340 KJ/qm/Tag, das Maximum im Juli auf 25 700 KJ/qm/Tag. Durch den umgebenden kühlen Kanarenstrom erfährt der *Temperatur*gang der küstennahe Stufe eine Abschwächung und Verzögerung der Extreme: die Mitteltemperatur liegt bei 16-24 °C. Die Sukkulentenstufe ist frostfrei, da das absolute Minimum 5,4 °C beträgt; das absolute Maximum beläuft sich auf 44 °C. Bezeichnend ist vor allem eine ausgeprägte Nord-Süd-Strahlungsexposition: Süd- und Südostexposition zeigen eine raschere Bodenerwärmung am Vormittag und häufige Temperatursprünge bis zu 6,5 °C infolge wechselnder Passatbewölkung (HEMPEL 1980:36). Die Nordlagen sind bis zu 2°C kühler als die trockeneren Südlagen, wo nachts die Luftfeuchte allerdings bis zu 95% ansteigen kann.

Der mittlere Jahres*niederschlag* ist mit 100 - 245 mm sehr gering. Die maximalen Schwankungen der Niederschlagssummen von Jahr zu Jahr sind erheblich: für Maspalomas (C) betragen sie 9,5 : 316,7 mm. Bei Abweichungen vom Jahresmittel zwischen 30 % und 300 % (Fuerteventura 900 %) liegt eine echte wüstentypischen Variabilität vor. Niederschläge fallen episodisch an 51 - 75 Regentagen, wobei Starkregen der Regelfall sind. November bis Januar sind die Hauptregenmonate mit über 50 % der Gesamtniederschläge; praktisch niederschlagsfrei sind Juli und August (MARZOL 1988:99). Die *Verdunstung* ist besonders im Südsektor jeder Insel mit 2 900 mm extrem hoch, so daß hier aride Verhältnisse herrschen können. Trotz der Lage der Kanaren innerhalb der subtropischen Hochdruckzone ist die *Luftfeuchtigkeit* mit 65 - 70 % hoch. Einerseits ist dies auf die Lage im Atlantik zurückzuführen, zum anderen auf den Stau auflandiger feuchter Winde.

Der Nordost*passat* weht an 220 bis 270 Tagen im Jahr, und zwar meist mit 5 Beaufort (25-30 km/h), d.h. er verfrachtet mit dem Sprühwasser der starken Dünung Meersalze und marine Kalkkristalle weit ins Innere der Inseln, wo sie einerseits die Bodenverwitterung aktivieren, andererseits zur verbreiteten Kalkkrustenbildung beitragen (Hempel, 1980:37).

Edaphische Aridität ist ein weiteres Kennzeichen der Sukkulentenstufe, bedingt durch hohe Versickerungsraten und raschen Austrocknung der oberen Bodenschichten. HEMPEL wies für Fuerteventura nach, daß wenige Tage nach Niederschlägen der Boden bereits bis 25 cm Tiefe trocken ist und führt die geringe Bodenfeuchte neben der Sonneneinstrahlung vor allem auf die austrocknenden Wirkung des Passates zurück (HEMPEL 1978:63).

Die Pflanzen reagieren auf den bestimmenden Wassermangelfaktor mit Sukkulenz, Verholzung, reduzierter Blattfläche, Blattwurf, ferner mit der sog. „offenen Vegetationsdecke“ und einer Vegetationsruhe von April bis Oktober; reservespeichernde Organe sind dagegen selten.

Die Vegetation gliedert sich in die vom Untergrund, insbesondere salzbeeinflußte *Küstenvegetation* und die klimabestimmte *zonale Vegetation.* Auf den heißesten Standorten finden sich der offene Trockenbusch, eine echte Halbwüstenvegetation, die typischerweise keine Sukkulenten aufweist und die Ostinseln fast dominiert. Auf etwas feuchteren Standorten wird er von dem Tabaibal bzw. Schopfstrauch-Sukkulentenbusch abgelöst, während der Cardonal oder Kandelaber-Sukkulentenbusch bereits größere Ansprüche an Boden und Feuchte stellt und in dem etwas kühleren oberen Bereich der Sukkulentenstufe vorkommt. Neben diesen zonalen Hauptgesellschaften findet sich eine Reihe weiterer kleinräumiger Pflanzengesellschaften, so daß, je nach Insel, ein groß- oder kleinflächiges Gesellschaftsmosaik aus naturnahen Gesellschaften und anthropozoogenen Ersatzgesellschaften besteht, deren pflanzensoziologische Hierarchie noch offen ist. Nach SCHENCK (1907:255) wäre die ursprüngliche Vegetationsform vor Anfang der Kultur nicht mehr abzuleiten. Demgegenüber ist SCHMID (1953:38,39) der Ansicht, daß ehemals auch die gesamte Sukkulentenstufe vom Wald bedeckt war und zwar vom Wacholder-Hartlaubgehölz. Für die auch auf den Kanaren nachgewiesene Feuchtphase des holozänen Klimaoptimums um 5500 BP (HEMPEL 1980:39) mag dies tatsächlich der Fall gewesen sein, aber heute dürfte es sich bei dem Großteil der Gesellschaften nicht um Dauergesellschaften, sondern um echte Schlußgesellschaften der natürlichen Vegetation unter heutigen Klimaverhältnissen handeln. Dafür spricht die Tatsache, daß diese Vegetation, trotz langer extensiver Nutzung, als auch Nachlassen derselben in den letzten 30 Jahren, einen stabilen Eindruck macht, d.h. keine Sukzessionen auftreten.

1.1 Trockenbusch

Bei dieser Pflanzengesellschaft der heißen Sukkulentenstufe, benannt nach der Charakterart des zickzackwüchsigen, dornig-sparrigen Strauch-Dornlattich (*Launaea arborescens* (Batt.)Murb.), handelt es sich um einen sehr lichten und artenarmen Trockenbusch von halbwüstenartigem Charakter in relativer Küstennähe bis ca. 250m Seehöhe. Es ist eine Übergangsgesellschaft zwischen der Küstenvegetation bzw. Meerstrandvegetation und dem Schopfstrauch-Sukkulentenbusch. Pflanzensoziologisch handelt es sich um das *Launaeetum arborescentis* Sund.72 (KLE I,1b). Das Hauptverbreitungsgebiet liegt auf Lanzarote (208 qkm) und besonders auf Fuerteventura (1.253 qkm), wo diese Gesellschaft 75% der Sukkulentenstufe ausmacht. Auf Gran Canaria und Teneriffa tritt sie ebenfalls auf, ist aber hier statistisch ohne Bedeutung. Mit einer relativ großen ökologischen Amplitude besiedelt der Trockenbusch vor allem die heißesten und extrem semiariden Inselgebiete, wobei flache oder schwach geneigte Standorte deutlich bevorzugt werden. Die Standortungunst wird durch die hohe Einstrahlung und die minimalen und unregelmäßigen Niederschläge verschärft. Mit einem durchschnittlichen Mittel von weniger als 150mm Jahresniederschlag sind hier tatsächlich halbwüstenhafte Klimaverhältnisse vorhanden. Dementsprechend zeigt auch die Vegetation einen sehr offenen und typisch halbwüstenartigen Charakter: mit einer Bodendeckung von weniger als 25%, ausnahmsweise auch 30 %, sind die Kriterien einer Halbwüste erreicht (WALTER 1973:124).

Launaea arborescens	IV.2/3				
Aizoon canariense	III.2	*Frankenia laevis*	II.1	*Mesembryanthemum crystall.*	II.1
Cenchrus ciliaris	II.2	*Helianthemum canar*	II.2	*Mesembryanthemum nodiflorum*	I.2
Cynodon dactylon	II.1	*Heliotropium erosum*	II.1	*Polycarpaea nivea*	I.2
Euphorbia aphylla	II.2	*Hyparrhenia hirta*	II.1	*Salvia aegyptiaca*	II.1
Fagonia cretica	II.2	*Launaea nudicaulis*	II.1	*Schizogyne sericea*	II.1
Forsskaolea angustifolia	II.1	*Lycium intricatum*	III.2	*Volutaria lippii*	I.2

Das Artspektrum ist sehr variabel, die Sukkulenten treten erstaunlicherweise zurück und statt dessen bestimmen Chamaephyten und Therophyten die Gesellschaft. Daraus ergibt sich der Aspekt, daß die komplette Artenzusammensetzung des Trockenbusches nur nach feuchten Wintern beobachtet werden kann, was relativ selten der Fall ist. Je nach Standort können zwischen 5 und 27 Arten vorkommen.

1.2 Sukkulentenbusch

Der Sukkulentenbusch findet sich auf allen Inseln bis 200 m auf Nord- und ca. 800 m auf Südexposition. Charakteristisch sind Anpassungen an die hohe Aridität der Standorte, insbesondere an den Minumfaktor Wasser, durch Sukkulenz, d.h. Wasserspeicherung in Stengeln oder Blättern, saisonalem Blattwurf oder flachstreichendem, oberflächennahem Wurzelsystem. Ein besonders auffallendes Merkmal neben der Stammsukkulenz (z.B. Kanarenwolfsmilch) ist die sog. *Schopfblättrigkeit*, wobei die Pflanzen lediglich am Ende der Zweige beblättert sind und zwar in Form einer dichtgedrängten Blattrosette. SCHIMPER bezeichnete diese Pflanzen deshalb als „*Federbuschpflanzen*" (SCHENCK, 1907:271), ein Terminus aus dem 19. Jahrhundert, der in der Folgezeit von botanischer Seite nicht mehr gebräuchlich war (s. BURCHARD, 1929:22; SCHÖNFELDER 1997:22) - wohl aber in jüngster Zeit als „Sukkulenten-Federbusch" von HÖLLERMANN (1974:333) aufgegriffen wurde. Da jedoch ein erheblicher Teil des Sukkulentenbusches von der kaktusartig-kandelaberwüchsigen Kanarenwolfsmilch dominiert wird, erscheint eine Unterscheidung in Schopfstrauch- und Kandelaber-Sukkulentenbusch zweckmäßig.

1.2.1 Schopfstrauch-Sukkulentenbusch (Tabaibal)

Namensgebend ist die Leitpflanze dieses Sukkulentenbusches, die kugelbüschige Balsamwolfsmilch (*Euphorbia balsamifera* Ait., *span.:* Tabaiba dulce) mit ihren graugrünen und schopfig an den Zweigenden stehenden Blättern; pflanzensoziologisch handelt es sich um das *Euphorbietum balsamiferae* Sund.72 (KLE I,1c). Der Schopfstrauch-Sukkulentenbusch bzw. der Tabaibal ist, nach dem Trockenbusch, mit 14% die zweithäufigste Gesellschaft der Sukkulentenstufe, wo er weite Flächen auf älteren, verwitterten Lavaströmen mit geringer Bodenmächtigkeit bedeckt. Das Inselspektrum lautet in Inselprozent: **P:6,5; H:31,4; G:24,4; T:10,1; C:30,5; F:5,3; L:5,8 %**, es bestehen demnach erhebliche Unterschiede zwischen den einzelnen Inseln. Die Obergrenze liegt jeweils im Inselnorden erheblich tiefer als im Inselsüden, auf Gran Canaria z. B. im Norden bei 400m, im Süden bei 800m. Dieser Sukkulentenbusch hat ein recht gleichförmiges Aussehen und eine offene Vegetation, die mit 35% Bedeckung etwas dichter als der angrenzende Trockenbusch ist. Auf trockeneren Standorten dominiert die Balsamwolfsmilch, auf tiefgründigeren und feuchteren Böden, insbesondere in Schluchten und in Nordlagen, dominiert dagegen die ähnliche Stumpfblättrige Wolfsmilch (*Euphorbia obtusifolia* Poir. [*E. broussonetii* Willd.ex Link]; *span.:* Tabaiba amarga) zusammen mit der Plocama (*Plocama pendula* Ait., *span.:* Balo), einem kleinen, auffallend frischgrünen Strauch mit lang überhängenden Ästen. Während SUNDING 1972 diesen Plocama-Typus als eine eigene Untergesellschaft des Tabaibal ansah, wird er neuerdings als Ersatzgesellschaft sowohl der Tabaibales als auch der Cardonales angesehen (SANTOS GUERRA 1983:46). Nachfolgend eine Übersicht der Hauptarten des Tabaibal auf Gran Canaria (nach SUNDING 1972, T. 11; vgl. auch SANTOS 1983: T2).

Euphorbia balsamifera	V.2/4	*Euphorbia regis-jubae*	II.1	*Plocama pendula*	I.+
Aizoon canariensis	II.1	*Helianthemum canariense*	III.2	*Polycarpaea divaricata*	I.+
Artemisia reptans	II.2	*Hyparrhenia hirta*	III.2	*Opuntia dillenii*	III.1
Cenchrus ciliaris	II.2	*Kleinia neriifolia*	III.2	*Reichardia tingitana*	I.1
Chenoleoides tomentosa	II.2	*Launaea arborescens*	V.2	*Rubia fruticosa*	I.+
Cynodon dactylon	II.1	*Lavandula multifida*	I.+	*Salvia aegyptiaca*	I.+
Eragrostis barrelieri	II.1	*Lycium intricatum*	II.1	*Schizogyne sericea*	II.2
Fagonia cretica	II.1	*Patellifolia patellaris*	II.+	*Stipa capensis*	I.2
Frankenia laevis	I.2	*Plantago lagopus*	I.2	*Tetrapogon villosus*	II.1

Die Bodenbedeckung des Schopfstrauch-Sukkulentenbusches liegt im Mittel unter 35 %, kann örtlich jedoch 70 % erreichen. Die Wuchshöhe schwankt zwischen 0,7m und 3 m. Die Artenzahl liegt auf Teneriffa und Gran Canaria zwischen 8 und 24 Spezies, die übrigen Inseln weisen dagegen höchstens 17 Arten auf. Auf La Gomera ist der Schopfstrauch-Sukkulentenbusch durch die Berthelotwolfsmilch vertreten.

1.2.2 Kandelaber-Sukkulentenbusch (Cardonal)

Kennzeichen des Kandelaber-Sukkulentenbusches (Cardonal) ist die kaktusähnliche und kandelaberwüchsige Kanaren-Wolfsmilch (*Euphorbia canariensis* L., span.: Cardón). Pflanzensoziologisch handelt es sich um das *Aeonio percarnei-Euphorbietum canariensis* Riv.God. et Esteve 65 em. Sund.72 (KLE I, 2a). In ihrem Schutz treten weitere Sträucher auf, so daß diese Gesellschaft bunter erscheint als der gleichförmige und graue Schopfblatt-Sukkulentenbusch. Die Artenzusammensetzung ist von Insel zu Insel ebenfalls so unterschiedlich, daß es wahrscheinlich verschiedene Untergesellschaften gibt.

Der typische Kandelaber-Sukkulentenbusch tritt, mit Ausnahme von Lanzarote, überall in der Sukkulentenstufe von 50 - 500 m auf, wobei das Optimum bei 300m liegt. Bevorzugt werden die feuchteren N- bis NE-Expositionen auf felsigem Untergrund, besonders auf rezenten Lavaströmen. Insgesamt bedeckt der Kandelaber-

Sukkulentenbusch ca. 141 km^2 (2%) der Kanaren, sein Inselspektrum lautet in Inselprozent: **P:1,6; H:0,9; G:1,2; T:4,2; C:2,2; F:0,2; L:0 %.**

Dieser Sukkulentenbusch ist vergleichsweise dichtwüchsig: die Bedeckung reicht von 40% bis 90%. Eine Ausnahme macht allerdings La Palma mit einer Bedeckung von nur 20%. Die Artenzahl ist erheblich größer als jene im Schopfstrauch-Sukkulentenbusch und kann je nach Standort zwischen 15 und 43 Arten betragen. Die gesamte Artenliste dieser Gesellschaft weist 125 Spezies aus (vgl. auch SANTOS 1983: T 3, SUNDING 1972: T19).

	P	C		P	C
Euphorbia canariensis	V.3	V.3	*Foeniculum vulgare*	I.+	II.1
Aeonium percarneum	-	IV.3	*Hyparrhenia hirta*	IV.4	V.3
Anagallis arvensis	-	II.+	*Kleinia neriifolia*	V.3	V.2
Asparagus arborescens	-	II.2	*Lavandula multifida*	II.3	III.2
Asparagus pastorianus	-	III.2	*Opuntia tomentosa*	-	II.2
Asparagus scoparius	I.+	II.2	*Periploca laevigata*	IV.4	III.2
Asparagus umbellatus	II	II.1	*Plantago lagopus*	I.+	II.2
Asphodelus aestivus	I.1	I.1	*Psoralea bituminosa*	I.+	II.1
Cenchrus ciliaris	II.2	II.1	*Rubia fruticosa*	V.2	III.1
Convolvulus floridus	I.+	II.2	*Rumex lunaria*	V.1	I.1
Euphorbia regis-jubae	IV.3	V.2	*Taeckholmia pinnata*	-	II.1

1.3 Pseudoretama

Retama monosperma	*ssp.*	*rhodorhiza*	V.2/4	*Euphorbia regis-jubae*	V.1/3
Aristida adscensionis	II.4	*Kleinia neriifolia*	V.2	*Psoralea bituminosa*	I.2
Ceropegia hians	II.2	*Lavandula multifida*	IV.3	*Ranunculus cortusifolius*	I.2
Cistus monspeliensis	I.3	*Micromeria herpyllomorpha*	IV.3	*Rubia fruticosa*	III.3
Echium brevirame	II.3	*Phagnalon saxatile*	II.3	*Rumex lunaria*	IV.2
Hyparrhenia hirta	IV.3	*P. umbelliforme*	III.2	*Tolpis laciniata*	III.2

(Komplette Artenliste s. SANTOS 1983:54)

Im oberen Bereich der heißen Sukkulentenstufe findet sich örtlich auf La Palma, La Gomera, Teneriffa und Gran Canaria diese ca. 2-3m hohe Strauchgesellschaft, das *Retametum rhodorrhizoidis* Santos 83 (KLE I,2i), in welcher der Einsamige Retamastrauch (*Retama monosperma* (L.)Boiss.) vorherrscht. Wegen ihrer Ähnlichkeit mit der Retama des Hochgebirges wird sie von den Einheimischen als „Pseudoretama" bezeichnet. Nur auf La Gomera (4,3 qkm) und auf Teneriffa (7,9 qkm) bedeckt diese Gesellschaft größere Flächen. Während der Blütezeit von März -

April fällt die Pseudoretama durch ihre weiße und stark duftende Blütenpracht besonders auf.

Die sehr lokale Gesellschaft tritt besonders auf SE- bis SW-Expositionen auf, zusammen mit dem Schopfstrauch-Sukkulentenbusch. Eine weitere auf allen Inseln häufige Art ist die König-Juba-Wolfsmilch (*Euphorbia regis-jubae* Webb et Berth. [*E.obtusifolia ssp. regis-jubae* (Webb et Berth.)Maire], span.: Tabaiba amarga); auf Teneriffa herrscht jedoch die Dunkelrote Wolfsmilch (*Euphorbia atropurpurea* (Brouss.) Webb et Berth.), insbesondere im Gebiet um Santiago del Teide bis Masca. Besiedelt werden steinige Hänge wobei die Bodenbedeckung zwischen 55 und 90 % liegen kann. Die Artenzahl schwankt von 8 bis 25 Spezies. Das Vorkommen auf Gran Canaria ist reich an typischen Weidezeigern: Montpellier-Zistrose *(Cistus monspeliensis* L.*)*, Mondraute *(Rumex lunaria* L.*)*, Kleinfrüchtiger Affodill *(Asphodelus aestivus Brot.* [*A. microcarpus* Salzm. et Viv.]) und Behaartes Bartgras (*Hyparrhenia hirta* (L.)Stapf).

1.4 Hauhechel-Weidegesellschaft

Im heißen Südosten von Gran Canaria findet sich im oberen Bereich der Sukkulentenstufe von 400 - 900 m (Sta. Lucia) diese ausgedehnte zwergstrauchreiche Pflanzengesellschaft des *Odontospermo-Ononidetum ulicinae* Sund. 72 (KLE I,2b). Sie wird von dem Schmalblättrigen Hauhechel (*Ononis angustissima* Lam.) und dem Schmal-blättrigen Goldstern *(Asteriscus stenophyllus* (Link in Buch) O.Ktze [*Odontospermum stenophyllum* (Link) Sch.Bip. ex Webb et Berth.]) bestimmt. Die Bodendeckung liegt zwischen 40% und 65% und die Artenzahl kann bis zu 23 Spezies betragen. Der hohe Anteil an Therophyten dürfte auf die intensive Überweidung durch Ziegen und die eindeutige Stickstoffanreicherung im Boden zurückzuführen sein. Das Arteninventar deutet darauf hin, daß es sich um eine Ersatzgesellschaft des Kandelaber-Sukkulentenbusches handelt (komplette Artenliste s. SUNDING 1972:77).

Ononis angustissima	V. ¼	*Asteriscus stenophyllus*		[*Odontospermum st.*]	III.2
Aeonium percarneum	.2	*Euphorbia regis-jubae*	V.3	*Hyparrhenia hirta*	III.2
Avena barbata	III.2	*Forsskaolea angustifolia*	II.1	*Kleinia neriifolia*	IV.2
Calendula arvensis	III.1	*Hedypnois cretica*	II.1	*Launaea nudicaulis*	II.1
Carduus tenuiflorus	III.1	*Hirschfeldia incana*	V.2	*Stipa capensis*	II.2

1.5 Wärmeliebende Hartlaubgehölze

Die obere Region der heißen Sukkulentenstufe bis 500m Höhe ist das natürliche Gebiet des wärmeliebenden Hartlaubgehölzes, des *Junipero-Rhamnetum crenulatae* Santos 83 (OLR I,1a), welches SCHÖNFELDER (1997:18) auch als 'Thermophilen Buschwald' bezeichnet. Ehemals dürfte es sich um lichte Wälder des Phönizischen Wacholders (*Juni-perus phoenicea* L., *span.:* Sabina) und dem Kanaren-Ölbaum (*Olea europaea* L. *ssp. cerasiformis* (Webb et Berth.) Kunk. et Sund.; *span.:* Acebuche) gehandelt haben, außerdem zählen die Palmenhaine mit der Kanarischen Dattelpalme (*Phoenix cana-riensis* hort.ex Chab.; *span.:* Palmera canaria) und die Bestände des Drachenbaumes (*Dracaena draco* L., *span.:* Drago) hierzu.

Nach SCHMID (1953:38,39) hat der Phönizische Wacholder einst große Wälder gebildet, auch auf den Ostinseln, ein Faktum, das heute übersehen wird (vgl. u.a. KUNKEL 1977:11, 1982:11, SANTOS 1983:59, HENRÍQUEZ et al. 1986:283). Heute finden sich Überreste nur noch auf schwer zugänglichen Felsstandorten. Insgesamt kann man die gesamte Hartlaubgehölzfläche aller Inseln auf ca. 104 km^2 veranschlagen mit folgendem Inselspektrum (in % der betr. Inselfläche): **P:0,2; H:3,4; G:17; T:0,9; C:0,7; F:0,1; L:0,2 %.** Die Flächenangaben sagen aber nichts über die Natürlichkeit dieser Vegetation aus; tatsächlich ist sie ausnahmslos stark überformt, z.T. aufgelöst. *Drachenbäume* findet man wildwachsend nur noch verstreut und auf exponierten Schluchtwänden von La Palma, Teneriffa und Gran Canaria. Echte zusammenhängende, winzige Bestände des *Wacholdergebüsches* (sabinar) finden sich nur noch auf La Gomera (17,3 km^2) und El Hierro (7 km^2). Es ist eine lichtwüchsige, lockere Strauchgesellschaft in welcher der Phönizische Wacholder strauch- oder baumwüchsig auftritt. Auf Gran Canaria wird der Phönizische Wacholder durch den Kanaren-Ölbaum (*Olea europaea* L. ssp. *cerasiformis* (W.&B.) Kunk.&Sund., span. Acebuche) ersetzt und bedeckt zusammen mit der Lentiske (*Pistacia lentiscus*; span: Lentisco) etwa 820 ha. Am auffallendsten sind die *Palmenhaine* (Palmerales), die aber kaum 0,1% der Kanarenfläche ausmachen. Häufige Vertreter der Hartlaubgehölze sind: *Aeonium holochrysum* III.3, *Carlina falcata* III.2, *Cistus monspeliensis* II.4, *Hypericum canariense* III.3, *Jasminum odoratissim.* III.3, *Lavandula multifida* III.1, *Maytenus canariensis* III.3, *Micromeria herpyllomorpha* IV.2, *Rubia fruticosa* IV.3, *Psoralea bituminosa* IV.2, *Rhamnus crenulata* V.1/3 (weitere Arten s. auch SANTOS 1983:T.5).

2. Die edaphische Vegetation der Sukkulentenstufe

Neben der klimabestimmten zonalen Vegetation der heißen Sukkulentenstufe findet sich auf den Standorten, die primär vom Boden nicht vom Klima bestimmt sind, die azonale bzw. edaphische Vegetation. Zu dieser muß auch die meersalzbestimmte Küstenvegetation gerechnet werden, obwohl sie auf allen Inseln einen fast geschlossenen Gürtel bildet, und zudem stark klimabetont ist.

2.1 Küstenvegetation

Die Küsten der Kanarischen Inseln lassen zwei Küstentypen erkennen: die Kliff- und die Flachküsten. Am häufigsten ist die nicht selten bis zu 300m hohe und felsige Steilküste (Kliffküste), insbesondere auf den Westinseln und auf Gran Canaria. Die Flachküsten der SE-Flanken von Teneriffa, Gran Canaria und auf den Ostinseln zeigen, je nach steinigem oder sandigem Untergrund, ein kleinräumiges Vegetationsmosaik der verschiedensten Küstengesellschaften. Von Insel zu Insel variiert die Küstenvegetation erheblich, da manche Gesellschaften nur inselspezifisch auftreten. Flächenmäßig ist sie auf Lanzarote (13%) und Fuerteventura (7%) von großer Bedeutung, auf allen anderen Inseln, liegt der jeweilige Flächenanteil, bedingt durch die vorherrschenden Steilküsten, unter 0,3%.

2.1.1 Die Strandfelsvegetation

Dieser Vegetationstyp tritt vor allem auf den Nordexpositionen der Inseln auf. Es handelt sich um Gesellschaften der mehr oder weniger steilen Felsküsten im unmittelbaren Brandungsbereich, d.h. die zwar eine hohe Luftfeuchte am jeweiligen Standort aufweisen, dafür dem Streßfaktor Meersalz ausgesetzt sind, das ständig aus der Meeresgischt durch den Passat eingeweht wird.

a) Meerfenchel-Strandfelsgesellschaft
Die am stärksten brandungsorientierte Strandfelsengesellschaft im Spritzwasserbereich, die *Crithmum maritimum*-Ges. Sund.72 (CRI I,1a), reicht bis 40m Seehöhe. Sie beschränkt sich auf ausgesprochene Luvlagen der NW-Exposition von Teneriffa und Gran Canaria und ist sehr örtlich. Aufgrund der Meerexposition finden sich hier ausgesprochen salzverträgliche Pflanzen, insbesondere der bis 25 cm große und weißrosa blühende Kamm-Strandflieder (*Limonium pectinatum* (Ait.) O.Kuntze) und der blaugrüne, fleischige Meerfenchel (*Crithmum maritimum* L.). Die Gesamtartenzahl schwankt je nach Standort zwischen 9 und 13 Arten. Aufgrund der meist steilen Felsenhänge ist die Bodendeckung mit 10-20% gering. Flechtenwuchs ist nicht vorhanden. Ortsbeispiel: Cuesta de Silva (T).

Crithmum maritimum	V.2	*Astydamia latifolia*	V.2		
Frankenia pulverulenta	V.1	*Lycium intricatum*	III.2	*Reichardia ligulata*	V.1
Launaea nudicaulis	III.1	*Mesembryanthemum nodiflorum*	V.1	*Schizogyne sericea*	IV.1
Limonium pectinatum	V.2	*Plantago coronopus*	III.1	*Senecio webbii*	I.1
Lotus glaucus	V.2	*Polycarpaea nivea*	III.1	*Zygophyllum fontanesii*	III.2

b) Nymphendolde-Strandfelsgesellschaft

Die Gesellschaft (*Frankenio - Astydamietum* Lohm. et Tr. 70 (CRI I,1b)) findet sich auf allen Expositionen von La Palma, El Hierro und La Gomera, vorzugsweise jedoch auf NE-Lagen bis 50 (100)m Meereshöhe. Die Bedeckung kann mit 10% äußerst spärlich sein, erreicht örtlich jedoch bis zu 70%. Vorherrschende Pflanzen sind die auffallend gelbgrüne und saftige Nymphendolde (*Astydamia latifolia* (L.fil.)Baill.), ferner der rosettige Kammstrandflieder (*Limonium pectinatum* (Ait.) O. Kuntze), der gerne Salzaus-scheidungen an seinen grauen Blättern hat und schließlich die niedrige, zwergstrauch-wüchsige Erikablättrige Frankenie (*Frankenia ericifolia* Chr.Sm. ex DC.) mit ihren auffallenden rosa Blütchen. Die Artenzahl ist sehr schwankend: 4 - 13 (P), häufig sind: *Argyranthemum frutescens ssp. succ.*, *Echium brevirame*, *Euphorbia canariensis*, *Kleinia neriifolia*, *Micromeria herpyllomorpha*, *Plantago coronopus*, *Reichardia ligulata*, *Schizogyne sericea*, *Trifolium scabrum*. Weitere Arten siehe u.a. SANTOS 1983: T 1, S.39.

c) Meerfenchel-Blattlose Wolfsmilch-Gesellschaft

Bei dem *Astydamio-Euphorbietum aphyllae* Riv. God. Et Esteve 65 (KLE I,1a) handelt sich um eine niederwüchsige, offene und ephemerenreiche Buschvegetation auf den NW- und NE-Küsten von La Gomera, Teneriffa und Gran Canaria, hier auch vereinzelt an der Ostküste. Als aerohaline Gesellschaft gedeiht sie auf steilen Felshängen (bis 35°) und zwischen (20) 30m und 150 (200)m Meereshöhe. Sie ist eine Übergangsgesellschaft zur Strandfelsvegetation und grenzt sich zu den benachbarten Gesellschaften scharf ab. Die Bodenbedeckung ist im Durchschnitt 40%, kann maximal 50% betragen. Bestimmender ökologischer Faktor ist das Sprühsalz, neben der starken Windwirkung. Ortsbeispiel: Bajamar, Bco. de las Cuevas, Pta. Roja/Medano (T); N-Küste: Banaderos, Pagador (C). Die Gesamtartenzahl beträgt auf Teneriffa 3-13, auf Gran Canaria können standortsabhängig zwischen 9-28 Arten vorkommen. In der Artenliste bedeuten: x = Vorkommen beobachtet, aber nicht quantifiziert; T bzw. C = Vorkommen auf diesen Inseln möglich, aber noch nicht kartiert (Quelle s. Literatur).

	T	C		T	C
Euphorbia aphylla	.3	V.2/3	Astydamia latifolia	.4	V.2/3
Anagallis arvensis	T	III.1	*Launaea arborescens*	.3	III.2
Aizoon canariensis	x	I.1	*Lavandula multifida*	T	II.1
Asteriscus aquaticus	.4	C	*Lycium intricatum*	T	III.2
Cenchrus ciliaris	T	II.2	*Micromeria linkii*	-	I.2
Cuscuta planiflora	T	II.2	*Ononis dentata*	x	C
Euphorbia balsamifera	x	V.2	*Opuntia dillenii*	T	II.1
Fagonia cretica	.3	IV.1	*Patellifolia patellaria*	T	II.2
Frankenia laevis	.2	I.1	*Polycarpaea divaricata*	x	C
Helianthemum canariensis	T	III.2	*Salsola longifolia*	x	I.1
Hyparrhenia hirta	T	II.2	*Schizogyne sericea*	T	III.2

2.1.2 Stranddünenvegetation

Bei der Stranddünenvegetation (Kl. *Ammophiletea* Br.-Bl. et Tx. 43) handelt es sich um eine Vegetation auf mehr oder weniger beweglichem Sand in Gestalt von flachem jungen Sandstrand, wandernden Sanddünen oder bereits festgelegten älteren Graudünen. Allen diesen Standorten ist das geringe Wasserhaltevermögen und die Nährstoffarmut dieser Sandböden gemeinsam, beschränkende Wuchsfaktoren sind aber vor allem das extreme Lichtklima durch die hohe Albedo des hellen Sandbodens mit großen täglichen Temperaturschwankungen. Hinzu kommt eine ständige Austrocknungsgefahr durch die ständigen Winde. Außer den beiden nachfolgend aufgeführten Gesellschaften, findet man auf Badestränden der Ostinseln die *Ononido-Cyperetum capitati*-Gesellschaft.

a) Traganum-Stranddünengesellschaft

Diese artenarme und bis 2m hohe Stranddünengesellschaft (*Traganetum moquini* Sund.72 (AMM I,1b)) ist eine hochspezialisierte Pioniergesellschaft auf ungünstigsten Standortverhältnissen: Sie wächst auf den Kämmen junger Sanddünen oder Flugsand bis 6m Meereshöhe und zwar in unmittelbarer Meeresnähe auf Gran Canaria und den Purpurarien. Der schnellen Dünenwanderung und der Beschattung durch die dichten Zweige und sukkulenten Beblätterung des Traganumstrauches begegnet die Vegetation durch ein besonders schnelles Wachstum. Andererseits schafft sich die Gesellschaft Mikrostandorte wo der Dünensand im Schutz des dichten Traganumgebüsches etwas nährstoffreicher ist. Die Bodenbedeckung ist mit 5-30% sehr licht, nicht selten geringer als 5%, da der Bestand durch Badegäste erheblich geschädigt wird. Die Gesellschaft ist mit maximal 4 Arten ausgesprochen artenarm, wobei Traganum dominant und *Launaea* codominant sind. *Traganum moquini* V.4/5, *Astydamia latifolia* I.+, *Launaea arbores-cens* I.1, *Zygophyllum fontanesii* I.+. Im Randbereich finden sich zusätzlich: *Artemisia reptans*, *Citrullus colocynthis*, *Heliotropium erosum*, *Salsola kali*, *Schizogyne glaber-rima*. Ortsbeispiele sind:

Maspalomas, Bahia del Ingles, Jinamar (C); Playa de la Arena (L): Playa de Jandia (F).

b) Zypergras-Stranddünengesellschaft

Auf Gran Canaria, Lanzarote und Fuerteventura findet sich die Zypergras-Strandünengesellschaft (*Euphorbio-Cyperetum kalli* Sund. 72 (AMM I, 1a)) auf den Ost- und Südküsten, insbesondere in Meernähe und bis ca. 6m Seehöhe. Es handelt sich um eine offene Gesellschaft auf ebenen oder nur schwach geneigten Sandflächen, wobei Wanderdünen gemieden werden. Die Bodenbedeckung liegt zwischen weniger als 5% bis maximal 10%. Das horizontal wurzelnde blaugrüne Dünen-Zypergras (*Cyperus capitatus* Vand. [*C. kalli* (Forsk.)Murb.] dominiert. Auf alten Graudünen kann es zusammen mit dem Hauhechel (*Ononis)*, insbesondere nach feuchten Wintern, fast flächendeckend auftreten. Auffallendes Merkmal sind die oberflächlich verstreuten, bis 2 cm großen und oberseits spitzstacheligen Früchte des auf den Kanaren eingeschleppten Kameltritts *(Neurada procumbens* L.). Die Gesamtartenzahl liegt zwischen 3 und 9 Arten. Am bekanntesten ist das Vorkommen im Dünengebiet von Maspalomas/Gran Canaria (komplette Artenliste s. SUNDING 1972: T3).

Euphorbia paralias	IV.1/2	*Cyperus capitatus*		*(syn. C. kalli)*	IV.+/2
Aizoon canariense	I.1	*Ononis natrix*	I.2	*Polygonum maritimum*	II.2
Heliotropium erosum	III.2	*Ononis reclinata*	I.1	*Salsola kali*	II.2
Launaea arborescens	II.1	*Ononis serrata*	I.1	*Suaeda vermiculata*	I.1
Lotus glaucus	I.2	*Patellifolia patellaris*	I.1	*Zygophyllum fontanesii*	III.2
Neurada procumbens	I.1	*Polycarpaea nivea*	III.2		

2.2 Salzbodenvegetation

Bei der Vegetation der fixierten und episodisch überfluteten Salzflächen zwischen den Dünen handelt es sich um Gesellschaften der Klasse *Salicornietea fruticosae* (SAL), der Salzquellervegetation.

a) Glattes Zypergras-Salzstaudenflur

Die strikt halophile Gesellschaft, das *Cyperetum laevigati* Sund.72 (SAL I,1a), besiedelt auf Gran Canaria und Fuerteventura (?) ebene und durch Winterregenfälle oder Meereinbrüche zeitweise überschwemmte Salztonböden in den ebenen Depressionen zwischen den Dünenkämmen. Der Boden ist hochalkalisch (pH 9,6) und weist infolge des extremen Trockenklimas stellenweise Salzkrusten auf. Dominante Pflanze ist das Glatte Zypergras (*Cyperus laevigatus* L.) und die Bodendeckung schwankt zwischen 5 und 95%. Stellenweise tritt das Zypergras rasenbildend auf und wurde noch bis 1989 regelmäßig von Ziegen überweidet. Im Randbereich dieser Gesellschaft können bis zu 3 von 5 Arten auftreten: *Cyperus laevigatus* V.2/5,

Launaea arborescens I.1, *Salsola kali* I.+, *Suaeda vermiculata* II.1 und *Tamarix canariensis* I.+.

b) Filzmelde-Tropfenmelde-Salzstaudenflur

Es handelt sich um eine sehr gemeine Gesellschaft fußhoher Zwergsträucher, die in auffällig großen Herden in den trockensten Gebiete von Gran Canaria und den Purpurarien (?) auftreten: sie reicht von der Ost- über die Süd- bis zur Südwestküste. Dieses *Chenoleo - Suaedetum vermiculatae* Sund.72 (SAL I,1b) wächst auf sandigen oder felsigen Küstenabschnitten von 2 bis 50m Meereshöhe. Vorherrschend ist die niederliegende, weißwollige und dicht mit kleinen fleischigen Blättern bedeckte Filzige Steppenmelde (*Chenoleoides tomentosa* Botsch [*Chenolea t.*(Lowe)Maire, *Bassia t.* (Lowe)Maire et Weill.], *span.:* Algahuera). Häufig sind außerdem die Wurmförmige Suaeda (*Suaeada vermiculata* Forsk.), auffällig durch ihre dicht gedrängten, rundlichen und im Alter rötlichen (!) Blätter, dann das selten gewordene Desfontaines-Jochblatt (*Zygophyllum fontanesii* Webb, *span.:* Uva de guanche) mit ebenfalls sukkulenten, aber merkwürdig v-förmigen Blättern und schließlich die niederliegende Glatte Frankenie (*Frankenia laevis* L., *span.:* Albohol). Das Artgefüge ist sehr variabel und kann 2 bis 16 Arten betragen (komplette Artenliste s. SUNDING 1972: T6).

Die Bedeckung beträgt meist nur 20%, kann aber örtlich 60% erreichen und ist dann dichtwüchsiger als andere Gesellschaften dieses Gebietes. Oft besteht ein enges Mosaik mit anderen Gesellschaften wobei hier die meisten Chamaephyten vom Polstertyp vorkommen.

Suaeda vermiculata	V.1/4	*Chenoleoides tomentosa*	IV.2
Aizoon canariense	III.1	*Lotus holosericeus*	I.2
Atractylis preauxiana	II.2	*Mesembryanthemum crystallinum*	II.1
Atriplex glauca	II.2	*Ononis serrata*	I.1
Convolvulus caput- medusae	II.2	*Patellifolia patellaris*	I.1
Frankenia laevis	IV.2	*Schizogyne glaberrima*	I.2
Heliotropium erosum	III.2	*Suaeda vera*	I.2
Herniaria fontanesii	I.2	*Zygophyllum fontanesii*	III.1

2.3 Tussock-Salzwiese

Die Tussock-Salzwiese (*Schizogyno-Juncetum acuti* Esteve 68; *Juncetea maritimi* Br.-Bl. 31) findet sich auf Lanzarote und vor allem Dünengebiet (Las Dunas) von Maspalomas auf Gran Canaria und zwar auf den flachen und ausgedehnteren Salztonbödensenken zwischen den Dünenkämmen im Grundwasserbereich bzw. im

Bereich saisonaler Überschwemmungen durch winterliche Regenfälle; die Gesellschaft ist ein Süßwasserzeiger unter semiariden Verhältnissen.

Es dominiert die in großen dichten Horsten („Tussock") wachsende Stechende Binse (*Juncus acutus L.*, *span.:* Junco), begleitet von der endemischen (C) Kahlen Schizogyne (*Schizogyne glaberrima* DC., *span.:* Salado), die durch ihr frisches Gelbgün auffällt. Die Stechende Binse findet sich weiter in Barrancos an feuchten Plätzen und reicht z.B. auf Gran Canaria bis 600m Meereshöhe. Die Bodendeckung dieser Gesellschaft liegt bei 100%, die Wuchshöhe kann 2m erreichen.

Juncus acutus	V.3/4	*Schizogyne sericea v. glaberrima*	V.3		
Cynodon dactylon	III.+	*Limonium tuberculatum*	V.3	*Spergularia media*	V.1
Dittrichia viscosa	IV.1	*Mesembryanthemum nodiflorum*	V.+	*Suaeda vermiculata*	V.3
Juncus maritimus	IV.1	*Scirpus holoschoenus*	I.1		

2.4 Lagunen- und Feuchtvegetation

Das einzige Vorkommen der einmaligen Lagunenvegetation ist die Brackwasserlagune 'La Charca' bei Maspalomas/Gran Canaria an der Mündung des Barranco Fataga. Es handelt sich um ein relativ flaches Becken in geringer Seehöhe (0,3 m), das ganzjährig Wasser führt. Obwohl 1987 ökologisch 'saniert', bestehen immer noch Reste der ursprünglichen Vegetation, die eine Zonierung von Wasser- zu Feuchtgesellschaften erkennen läßt. Seit dem Abriß des Rohbaus *'Hotel Dunas'* entwickeln sich in alten Grundwasserrinnen des Bco. de Fataga kleine Sumpfgebiete. Entsprechend dem hohen Grundwasserstand hat sich hier ein dichter Uferbewuchs ausgebildet: *Juncus acutus, Phragmites australis ssp. altissimus [Ph. communis Trin.], Juncus maritimus, Ruppia maritima ss. rostellata, Tamarix* (s. KUNKEL 1980:65).

2.5 Kristallmittagsblumen-Ruderalgesellschaft

Als eine Ersatzgesellschaft des Schopfstrauch-Sukkulentenbusches (HOHENESTER 1993:16) ist die Kristallmittagsblumen-Ruderalgesellschaft (*Mesembryanthemetum crystallini* Sund.72 (CHE I,1a)) überall in dessen Areal bis 300m Meereshöhe auf flachen, anthropogen veränderten Böden sehr verbreitet, wie z.B. aufgelassenen Feldern, längerer Brache oder Schutthalden. Bei anhaltender Brache findet eine Rückentwicklung zum Schopfstrauch-Sukkulentenbusch statt, wobei der sparrig dornige Strauch-Dornlattich (*Launaea arborescens* (Batt.)Murb.[L.spinosa], *span.:* Alhulaga) die Kretafagonie (*Fagonia cretica* L.) Pionierarten sind. Charakteristische

Pflanze ist ausgebreitet niederliegende und durch ihre Hyalinzellen auffällige, rötliche Kristall-Mittagsblume (*Mesem-bryanthemum crystallinum* L., *span.:* Barilla).

Mesembryanthemum		*crystallinum*	V.3/5		
Calendula arvensis	I.1	*Erucastrum cardaminoid.*	I.1	*Launaea nudicaulis*	I.1
Chenopodium murale	II.2	*Fagonia cretica*	I.1	*Lycopersicon esculentum*	I.1
Chrysanthemum coronarium	I.1	*Hirschfeldia incana*	I.1	*Patellifolia patellaris*	IV.2
Cynodon dactylon	I.1	*Launaea arborescens*	I.1	*Sisymbrium erysimoides*	II.1

Es handelt sich um die Gesellschaft mit den meisten Therophyten (üb. 80 %) der heißen Sukkulentenstufe, führt zu jahreszeitlich bedingtem unterschiedlichem Aussehen der Gesellschaft. Nach trockenen Wintern, wenn die Therophyten ausbleiben, kann diese Gesellschaft nur aus der Kristall-Mittagsblume bestehen. Die normale Bodendeckung ist mit 30 - 90 % relativ hoch, wobei zwischen 2 und 11 Arten auftreten können (komplette Artenliste s. u.a. SUNDING 1972:16).

2.6 Baumtabak-Barrancogesellschaft

Die fast immer trockenen Flußbetten der unteren Barrancos (bis etwa 350 m Meereshöhe) auf La Gomera (?), Teneriffa und den Inseln der Ostprovinz, zeigen eine besonders spezialisierte Vegetation, die Baumtabak-Barrancogesellschaft (*Polycarpo tetraphylli-Nicotianetum glaucae* Sund.72 (CHE I,1b). Charakteristisch ist für diese Gesellschaft der schlanke, wenig verzweigte Blaugrüne Tabakstrauch od. Baumtabak (*Nicotiana glauca* Grah., *span.:* Bobo), der meist dominant auftritt. Eine Bodenschicht ist meist nicht vorhanden und die Pflanzen wurzeln direkt in dem Flußgeröll. Die Wuchsdichte steht in direktem Zusammenhang mit der Häufigkeit der Wasserführung und kann bis zu 45 % erreichen, liegt meist jedoch unter 5 %! In trockenen Barrancos im oberen Bereich der Heißen Sukkulentenstufe, wo bekanntlich etwas humidere Verhältnisse herrschen, kann die Bedeckung 90 % erreichen. Die Artenzahl schwankt auf Gran Canaria zwischen 9 und 35 (komplette Artenliste s. SUNDING 1972: T17).

Nicotiana glauca	V.2	*Fagonia cretica*	I.1	*Mercurialis annua*	II.2
Artemisia thuscula	I.2	*Forsskaolea angustifolia*	IV.2	*Patellifolia patellaris*	II.2
Avena barbata	II.1	*Launaea arborescens*	IV.2	*Plocama pendula*	II.1
Dittrichia viscosa	IV.2	*Lavandula multifida*	II.1	*Ricinus communis*	II.2
Euphorbia regis-jubae	II.1	*Marrubium vulgare*	II.1	*Salvia canariensis*	I.2

2.7 Ampferstrauch-Busch

Die lockerwüchsige Strauchgesellschaft des Ampferstrauch-Busches (*Tricholaeno-Rumicetum lunariae* Sund.72 (KLE I,2c)) auf La Gomera, Teneriffa und Gran Canaria ist durch den immergrünen Ampferstrauch od. Kanaren-Ampfer (*Rumex lunaria* L., *span.*: Vinagrera) gekennzeichnet, der je nach Trockenheit des Standortes silbergrüne bis rötliche fleischige Blätter hat und wegen der auffälligen Blattform- und farbe auch als Mondraute bezeichnet wird.

Rumex lunaria	V.2/3	*Tricholaena teneriffae*	IV.-/3	*Wahlenbergia lobelioides*	III.-/1
Aeonium percarneum	IV.1	*Hirschfeldia incana*	II.1	*Papaver rhoeas*	II.2
Foeniculum vulgare	IV.2	*Kleinia neriifolia*	III.1	*Psoralea bituminosa*	V.2
Forsskaolea angustifolia	III.2	*Opuntia dillenii*	II.1	*Stachys ocymastrum*	III.1

Häufig sind außerdem die 10-40 cm hohe, blau und glockig blühende Lobelien-Wahlen-bergie (*Wahlenbegia lobelioides* (L.fil.)Schrad.ex Link, *span.:* Escarchalagua), die Teneriffa-Hirse (*Tricholaena teneriffae* (L.)Link, *span.:* Cerillo blanco) und besonders auf Teneriffa der Kalifornische Mohn (*Eschscholtzia californica*). Die Gesellschaft findet sich sehr örtlich auf Aschenkegeln ('picón') der NE-Regionen von 400 - 600 m. Vorzugsweise besiedelt sie frische humusarme Lockerböden. Die Bodenbedeckung schwankt zwischen 10 - 50 %. Die Artenzahl liegt zwischen 4 und 28 mit bis zu 12 Therophyten (komplette Artenliste s. SUNDING 1972: T14). Ortsbeispiel: Pico de Bandama (C).

3. Der Waldgürtel

Von allen Höhenstufen gliedert sich nur die Waldstufe der Kanaren in zwei expositions- d.h. feuchtigkeitsbedingte Varianten. Es besteht somit ein deutlicher Unterschied zum Mediterranraum mit seiner humiden und ariden Höhenstufenfolge (WALTER 1970[1973:132]). In der passatorientierten und damit feuchteren Region, der sog. Lorbeerwaldstufe (span.: Monteverde), findet sich der immergrüne Lorbeerwald (*Pruno-Lauretea*) und der Baumheide-Buschwald (*Fayo-Ericetea*). Die trockene Region ist das Gebiet der Kiefernwälder (*Cytiso-Pinetea canariensis*), des Escobon-Ginsterbusches und diverser Weidegesellschaften.

3.1 Der Lorbeerwald (Laurisilva)

Der Lorbeerwald, span. Laurisilva, ist eine trockene Variante des subtropischen mesophilen immergrünen und mehrschichtiger Hartlaubwaldes; pflanzensoziologisch zählt er zur Klasse *Pruno hixae-Lauretea azoricae* Oberd. 60 em. 65 (LAU). Er findet sich heute auf den passatorientierten Expositionen der semihumiden Waldstufe und bedeckt insgesamt ca. 11 093 ha bzw. 1,5 % der Kanaren mit folgendem Inselspektrum: **P:11; H:0; G:5,1; T:0,7; C: <0,1; F:0; L:0 %.**

Die Lorbeerwaldstufe (od. „feuchte mesokanarische" Stufe) entspricht der Nebelzone und findet sich nur auf der Passatluvseite von 550-1500 m und zwar nur auf den höheren Inseln. Das *Makroklima* des Lorbeerwaldes ist vom gemäßigt semihumiden Typ, Csl und Csb nach der Köppen'schen Klassifikation (L. GOMEZ 1979, zit. HÖLLERMANN, 1981:198). Das Makroklima des Lorbeerwaldes ist, was gerne übersehen wird, ziemlich kontrastreich. Die mittlere Jahrestemperatur beträgt im unteren Bereich 16/17°C, an der Obergrenze 13/14°C (siehe auch: CEBALLOS & ORTUNO, 1976: 83, FICKER, 1930:303). Für den Pflanzenwuchs sind die klimatischen Extremwerte entscheidend: für La Laguna (T) in nur 547 m Meereshöhe beträgt das absolute Minimum 0,1 °C und das absolute Maximum 41,2°C. Die Jahreszeiten ähneln jener der Sukkulentenstufe, sind jedoch im Temperaturgang ausgeglichener. Der heiße Sommer, ist durch die Beschattung keinesfalls semiarid, sondern feuchtwarm (z.B. La Laguna, T). Die Frostgrenze liegt bei 550m, so daß die meisten Lorbeerwaldgebiete frostgefährdet sind. Die Schneefallgrenze liegt auf Teneriffa bei 1500m (Nordexposition), also bereits oberhalb des Lorbeerwaldes.

Die durchschnittliche *Niederschlags*menge im Lorbeerwaldgürtel schwankt von Insel zu Insel: am feuchtesten ist La Palma mit 750-1200 mm, am trockensten Gran Canaria mit 500-800 mm. Die Hauptniederschläge (ca. 80%) fallen in den Wintermonaten während der zyklonalen Westwindlagen von Oktober bis März. Den mehr oder minder feuchten Wintermonaten steht eine ausgesprochene Trockenheit während der Sommermonate gegenüber. Mit einem Index von 33,0 % Abweichung vom Mittel ist die Niederschlagsvariabilität dieser Region am geringsten von allen. Die feuchteste Station der Kanaren, La Retamilla auf Gran Canaria in 1.370 m Höhe weist bei einem mittleren Niederschlag von 1053 mm einen Schwankungskoeffizienten von 34,5 % auf (MARZOL 1988:77).

Der immergrüne Lorbeerwald stimmt in seiner Verbreitung zwar mit dem Passatwolkengürtel überein, dennoch kann man hier nicht von einem echten Nebelwald sprechen, da im Sommer eine markante Trockenzeit auftritt und die Luftfeuchte von 80% auf ca. 40% absinkt. Nebelnässen ist hier in dem stehenden Nebelmeer unbedeutend (KÄMMER 1974:73). Wichtiger für die Vegetation ist in der sommerlichen Trockenzeit die Beschattung, wodurch die direkte Strahlung etwa auf die Hälfte (210 - 280 kW m^{-2}) reduziert wird. Daraus ergibt sich eine geringere Verdunstung, die HÖLLERMANN (1981:200) mit 500mm angibt.

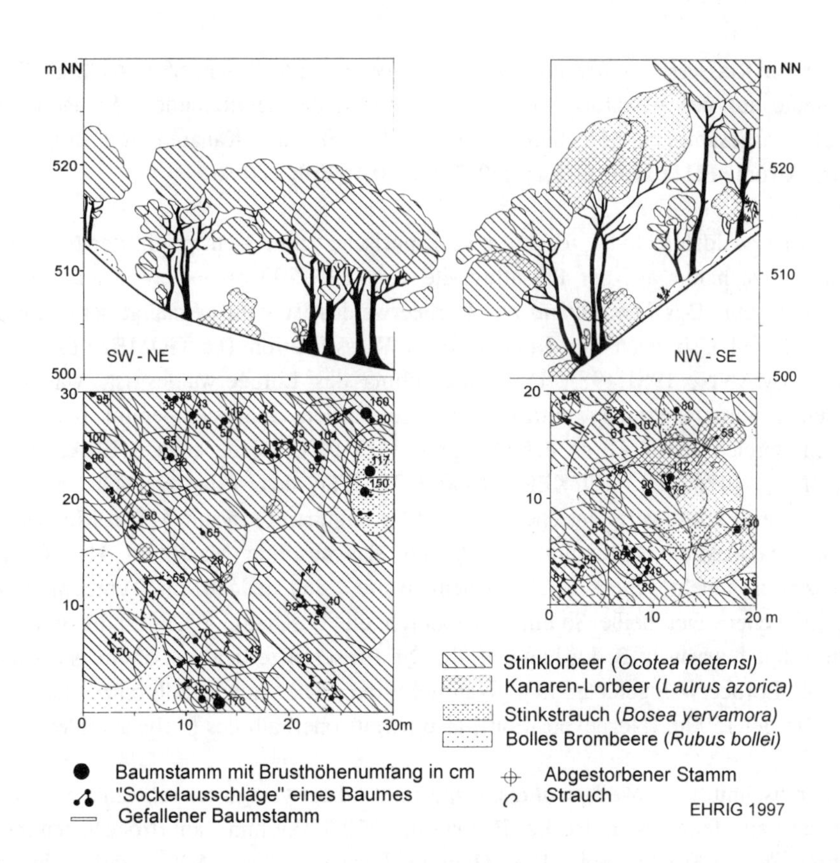

Abb. 3: Lorbeerwald in Los Tiles / Moya (Gran Canaria). *Links*: Degradierter einschichtiger Stinklorbeerbestand am ehemaligen Parkplatz (UTM 413 310711). *Rechts*: Steilhang in NW-Exposition (UTM 41-42 4414 31079). Kartierung April 1977.

Durch das dichte Laubdach besteht ein eigenes *Bestandsklima*. Bei zyklonalem Wetter kann die Sonnenstrahlung kurzfristig sehr intensiv sein, sie wird offensichtlich zum begrenzenden Maximumfaktor. Die oberseits glänzenden Hartlaubblätter vom Lorbeertyp, aber auch der Blattdimorphismus von Sonn- und schmaleren Schattenblättern, sind ein Hinweis auf das zeitweise extreme Lichtklima: die Albedo ist mit über 20% im Juli sehr hoch. Schätzungsweise 40% der eingestrahlten Energie werden für die Evapotranspiration (Juli) verbraucht, wobei sich die Blattemperaturen deutlich um 2 bis 9 °C gegenüber der Lufttemperatur erhöhen. Das geschlossene Kronendach schützt den Boden vor den extremen Temperaturschwankungen und mindert die jahreszeitlichen Kontraste des Makroklimas. Am Boden des Lorbeerwaldes ist es ziemlich dunkel, da z.B. im Juli nur noch etwa 5% der

Außenstrahlung an einem klaren Tag den Boden erreichen. (HÖLLERMANN, 1981:201). Im offenen Land kann sich an einem klaren Sommertag der unbedeckte Boden bis 60 °C aufheizen und die Temperaturschwankung erreicht 45 °C. Demgegenüber beträgt die Temperatur am schattigen Waldboden 20-25°C und die Temperaturschwankung ist mit 3 - 5 °C sehr gering.

Hinsichtlich der *Böden* haben wir hier alte, tiefgründig zersetzte Andosole, die reich an organischen Bestandteilen sind. Durch ihre hohe Wasserspeicherfähigkeit zeigen sie ganzjährig eine positive Wasserbilanz, auch wenn im Juli/August die oberste Bodenschicht austrocknet. In Aguamansa, 1150m (T) wurde in 20 cm Tiefe im Juli die geringste (17,8%), im November die größte (33,6%) Bodenfeuchte gemesen (HÖLLERMANN, 1981:203).

Die Bodenmächtigkeit, in Verbindung mit dem günstigen Klima und dem reichlichen Wasserangebot, war die Voraussetzung einer intensiven *Inkulturnahme* und Besiedelung dieser Höhenstufe des „Monteverde", und damit Rodung des Lorbeerwaldes. Die Böden der Bananenplantagen stammen hauptsächlich aus dem Lorbeerwaldgebiet. Holzeinschlag ist in Lorbeerwäldern gesetzlich verboten, statt dessen war es lange Zeit üblich hier mit Eukalypten (*Eucalyptus globulus* Labill.) aufzuforsten, wie z.B. in Los Tilos/Moya (C). Die Waldweide durch Schafe und Ziegen ist ebenfalls untersagt, verbreitet ist dagegen immer noch die Laub- und Streunutzung. An Terrassenkanten für Ziegen gepflanzte Futterpflanzen sind: *Cedronella canariensis, Eupatorium ade-nophorum, Rumex lunaria, Convolvulus canariensis, Scirpus holoschoenus* (SCHMID 1953:45).

Die Lorbeerwälder sind in ihrer *Artzusammensetzung* nicht einheitlich. Dies drückt sich in verschiedenen Lorbeerwaldtypen aus: bislang wurden 7 Assoziationen beschrieben (HOHENESTER 1993:21). Die Bäume des Lorbeerwaldes haben ledrige, sklerophylle und immergrüne Blätter vom sog. „Lorbeerblattyp", obwohl nur vier Vertreter der Lorbeer-gewächse (Lauraceae) vorkommen: *Laurus azorica*, *Ocotea foetens*, *Persea indica* und *Appolonias barbujana.* Der Wald kann 20m hoch werden und mit 90 % Bodendeckung einen fast geschlossenen Bestand bilden.

	P	H	G	T	C		P	H	G	T	C
Apollonias barbujana	.3	x	3	2	x	*Ocotea foetens*	I.5	x	1	1	IV.5
Ilex canariensis	IV.4	x	+	2	x	*Persea indica*	V.3	x	3	2	I.3
Ilex perado ssp. platyphylla	-	-	+	1	-	*Picconia excelsa*	II.+	x	3	2	x
Laurus azorica	V.3	x	3	3	I.1	*Prunus lusitanica*	x	-	x	1	I.2
Myrica faya	IV.3	x	3	3	x						

(x Vorkommen bestätigt, nicht quantifiziert; ? Vorkommen möglich, jedoch nicht bestätigt; - kein Vorkommen; Quelle: s. Literatur)

Grundsätzlich ist der Lorbeerwald vierschichtig aufgebaut. Die *Baumschicht* kann 20 bis 30 m hoch werden und bildet mit ihrer 95-100 % Deckung ein geschlossenes Kronendach. Überraschend hoch ist die große Anzahl der Baumarten, können in dieser Gesellschaft doch bis zu 20 Baumarten vorkommen! Die Bäume sind meist glattrindig und vielstämmig durch *Sockelausschlag*. Dabei handelt es sich um eine weltweit einzigartige Wuchsform aller Bäume des Lorbeerwaldes, wobei sich aus einer knorrig-alten massiven Stammbasis mehrere Sprosse bzw. Stämme entwickelt haben, die verschiedenen Alters sind. Dabei handelt es sich nicht, wie allgemein angenommen, um Stockausschläge, da die Sproße nicht aus abgeschnittenen Stämmen kommen, noch um Wurzelausschläge, da sie an der verbreiterten Stammbasis sitzen (SCHMID 1953:42). Vollständige Artlisten siehe u.a. auch SANTOS 1983: T6, VOGGENREITER 1974:148.

In der zweiten Schicht, der *Strauchschicht*, finden sich neben Baumjungwuchs verschiedene Sträucher und Baumsträucher:

	P	H	G	T	C		P	H	G	T	C
Arbutus canariensis	I.1	x	1	2	x	*Hypericum canariense*	?	?	?	?	II.1
Bosea yervamora	x	x	x	x	III.1	*Hypericum glandulosum*	.+	-	x	2	x
Bromus rigidus	?	?	?	?	II.1	*Hypericum grandifolium*	IV.1	x	x	3	IV.1
Bystropogon canariensis	III.3	?	?	?	I.1	*Maytenus canariensis*	?	?	+	?	?
Cedronella canariesis	II.2	x	x	2	I.1	*Rhamnus glandulosa*	x	-	1	2	x
Erica arborea	V	x	3	3	x	*Sambucus palmensis*	?	-	+	?	?
Erica scoparia	-	x	1	1	-	*Teline canariensis*	-	-	-	2	(x)
Gesnouinia arborea	I.2	x	3	2	I.1	*Viburnum tinus*	IV.3	x	3	2	II.1
Heberdenia excelsa	I.1	x	1	2	x	*Visnea mocanera*	I.+	x	+	2	x

Die dritte Schicht ist die Lianen- und *Epiphytenschicht*, in welcher verschiedene Kletter- und Aufsitzerpflanzen sich an die schwachen Lichtverhältnisse angepaßt haben.

	P	H	G	T	C		P	H	G	T	C
Canarina canariensis	I.1	x	x	2	V.2	*Rubus ulmifolius*	?	?	?	?	V.2
Convolvulus canariensis	I.1	?	x	2	x	*Semele androgyna*	I.2	x	x	2	II.1
Hedera canariensis	III.4	x	x	2	x	*Smilax aspera*	I.+	x	x	2	x
Rubia fruticosa	?	?	?	?	IV.2	*Tamus edulis*	I.+	?	?	?	IV.1
Rubus bollei	I.+	x	x	2	x						

Neben einer meist offenen Strauchschicht ist die *Krautschicht* wegen des Lichtmangels eher spärlich ausgebildet.

	P	H	G	T	C		P	H	G	T	C
Ageratina adenophora	I.2	?	?	?	III.1	*Ixanthus viscosus*	III.2	x	x	2	x
Aichryson laxum	I.+	?	?	?	II.1	*Mercurialis annua*	?	?	?	?	V.1
Asplenium hemionitis	I.1	x	x	2	x	*Myosotis latifolia*	I.2	x	x	2	I.1
Brachypodium silvaticum	IV.+	x	x	3	V.3	*Origanum vulgare*	I.2	-	-	?	?
Diplazium caudatum	I.1	-	x	1	I.1	*Oxalis pes-caprae*	?	?	-	?	IV.3
Dracunculus canariensis	?	?	?	?	V.2	*Phyllis nobla*	III.2	x	x	2	x
Dryopteris oligodonta	II.3	?	?	?	?	*Psoralea bituminosa*	I.+	?	?	?	II.1
Euphorbia peplus	?	?	?	?	V.1	*Pteridium aquilinum*	I.+	?	?	?	?
Ferula linkii	?	?	?	?	II.1	*Ranunculus cortusifol.*	I.2	x	x	3	I.+
Galim scabrum	III.2	x	x	2	I.1	*Rubia peregrina*	II.2	?	?	?	?
Geranium palmatum	I.2	x	x	2	I.1	*Rumex pulcher*	?	?	?	?	III.+
Geranium robertianum	-	?	?	-	III.1	*Woodwardia radicans*	I.2	-	x	2	I.1

Moose und Farne sind auffällig häufig und wachsen gerne auch an Bäumen während Flechten, inbes. die Bartflechten in dem Heide-Buschwald oder im oberen Kiefernwald typisch sind (siehe auch LINDINGER, 1926:87).

3.2 Baumheide-Buschwald (Fayal-Brezal)

Der Bereich der Wolkenobergrenze während der Passatzeit stellt einen besonderen Klimaraum dar, in welcher sich die Pflanzen sowohl an die trockene Phase (tiefe Lage der Inversion) als auch an die humiden Bedingungen während der hohen Inversionslage anpassen mußten. Es ist das natürliche Gebiet des (Gagelbaum-) Baumheide-Buschwaldes, das *Myrico fayae-Ericetum arborea* Oberd. 65 (LAU II,1e), der ein echter Wald und keine Gebüschvegetation, etwa in der Art der Macchie, darstellt. Heute findet sich dieser im Höhenbereich von 300-1500 m mit dem Hauptverbreitungsgebiet von 700-1200 m.

Ökologisch ist er dem Lorbeerwald sehr ähnlich. Seine Hauptvertreter verdeutlichen die herrschenden klimatischen Gegensätze in der Art ihrer Belaubung: die vorherrschende Baumheide (*Erica arborea* L.; *span.:* Brezo) besitzt xeromorphe Nadelblätter, der Gagelbaum (*Myrica faya* Ait.; *span.:* Faya) hat breite ledrige Blätter vom Lorbeerwaldtyp; bei beiden Arten findet sich Baum- oder Strauchwuchs gleichermaßen. Baumheide und Gagelbaum bilden großflächige und undurchdringliche Mischbestände von 8-12 m Höhe und haben mit einer Bedeckung von 80 - 95 % eine nahezu geschlossene Kronenschicht. Auch die Kräuter im Unterwuchs sind besonders an die Sommertrockenheit angepaßt, da sie als extreme Flachwurzler an die oberflächliche Bodenfeuchte durch Kondensationsniederschlag angepaßt sind (SCHMID 1953:42). Auffallend hoch ist der Anteil an epiphytischen Moosen und Flechten speziell Bartflechten vom Usnea-Typus, und dies ist immer ein Hinweis auf nebelexponierte feuchte Standorte.

	P	C		P	C
Erica arborea	V.3/4	V.3/5	*Myrica faya*	V.2/4	I.-/2
Adenocarpus foliolosus	III.+	I.1	*Ilex canariensis*	II.3	III.4
Asplenium onopteris	III.2	II.1	*Laurus azorica*	III.2	?
Brachypodium silvaticum	?	IV.3	*Micromeria varia*	?	III.2
Bystropogon canariensie	?	II.2	*Persea indica*	?	III.2
Cistus symphytifolius	II.2	?	*Psoralea bituminosa*	?	III.1
Daphne gnidium	I.3	-	*Rubia peregrina*	I.3	?
Eupatorium adenophora	-	II.2	*Rubus ulmifolius*	I.1	IV.1
Hypericum canariense	?	IV.2	*Senecio webbii*	-	III.2
Hypericum grandifolium	III.1	I.1	*Viburnum tinus*	I.2	III.2

Die *Bodenverhältnisse* sind in der Regel denen des Lorbeerwaldes ähnlich und selbst in steilen Lagen stabil. Meist handelt es sich um eine schwach humose Braunerde von über 1m Mächtigkeit, mit hohem Humusgehalt und einer geringen Nadelstreuauflage. Echten Baumheide-Buschwald dürfte es durch die intensive Niederwaldbewirtschaftung nicht mehr geben. Entweder findet man ihn als eine degradierte Ersatzgesellschaft des Lorbeerwaldes (49 km^2), oder als naturnaher Buschwald (170 km^2), insgesamt mit folgendem Inselspektrum: **P:7,2; H:9,4; G:11,3; T:4,6; C:0,3; F:0; L:0 %.**

Je nach der Nutzungsintensivität haben sich verschiedene Stadien entwickelt wie z.B. der reine Baumheide-Buschwald (brezal) oder die *Adenocarpo-Cytisetum proliferi*-Ges. auf Gran Canaria. Bei besonders intensiver Übernutzung verschwinden schließlich die typischen Vertreter dieses Buschwaldes, und es existiert nurmehr eine reine Grasflur mit der charakteristischen Zwenke (*Brachypodium)*. Im Vergleich mit den anderen Pflanzengesellschaften des Monteverde ist der Buschwald relativ artenarm. Naturnahe Buschwälder weisen bis zu 38 Arten auf, während extrem degradierte nurmehr 4 Arten besitzen (s. auch SANTOS 1983: T7, SUNDING 1972:T26).

3.3 Kiefernwald (Pinar)

Die Kiefernwaldstufe ist auf den Inseln als ein unterschiedlich breiter Gürtel ausgebildet, wobei er auf der Luvseite von 1.500-2.400m eine feuchtere und auf der Leeseite von 1.000 bis 2.200m eine trockenere Variante ausbildet. Außer den örtlich begrenzten Lorbeerwäldern bilden nur noch die ausgedehnten und meist monotonen Kiefernwälder (*span.:* Pinar) die einzigen Hochwälder auf den Kanaren und bedecken ca. 9,6% der Gesamtfläche bzw. 713 km^2 mit folgendem Inselspektrum: **P:30,5; H:12,7; G:3,4; T:16,4; C:7,5; F:0; L:0 %.** Es ist eine lichtwüchsige und dreischichtige Waldgesellschaft, in der Baum-, Strauch- und Krautschicht sehr offen sind: die Gesamtbedeckung zeigt mit 20 bis 80 % eine erhebliche ökologische Varianz.

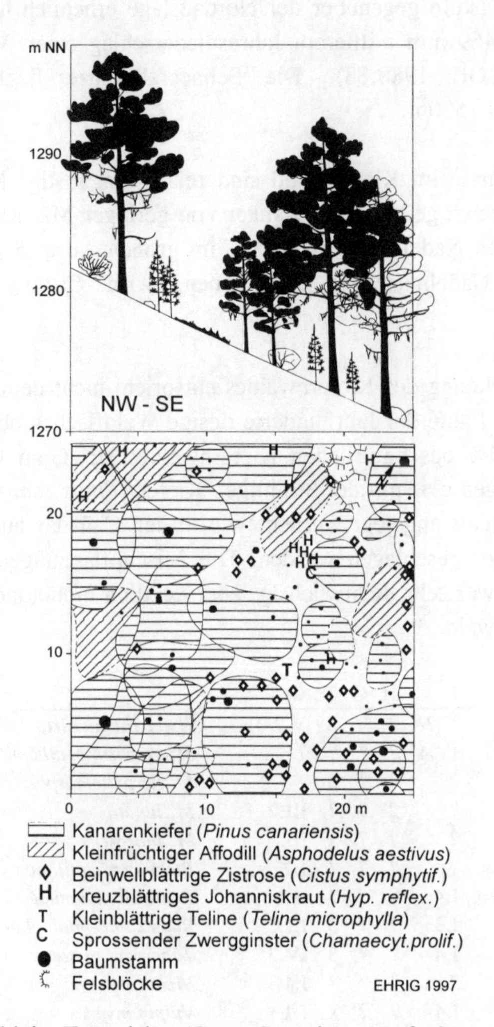

Abb. 4: Kiefernwald in Tamadaba (Gran Canaria). (Aufnahme März 1992; UTM 4330; 3102-04).

Das natürliche Gebiet des Kiefernwaldes ist der trockenere Bereich des Monteverde. Mit einer Jahresmitteltemperatur von 17 °C ist das Kiefernwaldgebiet deutlich wärmer als die Lorbeerwaldstufe. Die jahreszeitlichen Temperaturschwankungen sind relativ hoch, und oberhalb 1.400m können gelegentlich Fröste auftreten. Die Niederschläge werden für die Luvseite mit 700 mm angegeben, dürften jedoch in Luvlage infolge des Nebelnässens mindestens dreimal höher sein. Der lichtwüchsigere und artenärmere Kiefernwald der Leeseite ist ein Hinweis auf trockenere Standorte mit größerer Einstrahlung. Die Variabilität der Niederschläge ist auf SSE-Exposition innerhalb der Waldstufe gegenüber der Nordauslage erheblich höher: Vilaflor (T) in 1.378 m hat mit 469 mm mittlerem Jahresniederschlag einen Variabilitätsindex von 64,6 % (MARZOL 1988:83). Die Schneefallgrenze liegt auf Teneriffa in Nordexposition bei 1500m.

Die Bodenverhältnisse im Kiefernwald sind relativ ungünstig. Meist handelt es sich um einen humusarmen gelbbraunen Ranker von geringer Mächtigkeit und einer mehr oder minder starken Nadelstreuauflage, die im großen Ausmaß gesammelt wird! Um ungehindert die Nadeln rechen zu können, wird *Cistus*, wie alle Sträucher abgeschlagen.

Die heutige Ausdehnung des Kiefernwaldes entspricht nicht dem natürlichen Verbreitungsgebiet, da im Laufe der Jahrhunderte riesige Waldflächen abgeholzt wurden, beispielsweise ca. 80% des natürlichen Kiefernwaldes auf Gran Canaria, andererseits neuere Aufforstungen u.a. mit der Strahligen Kiefer (*Pinus radiata* D.Don) außerhalb des natürlichen Areals angelegt wurden, wie in den Cañadas auf Teneriffa, die zwischenzeitlich wieder geschlagen wurden. Die Mischpflanzungen begannen vor etwa 100 Jahren, sind zwar sehr dichtwüchsig, aber deutlich monotoner und artenärmer als der übrige Kiefernwald.

	P	H	G	T	C		P	H	G	T	C
Pinus canariensis	V.2/4	?	?	3	V.2/3	*Hyparrhenia hirta*	?	?	?	?	I.2
Adenocarpus foliolosus	IV.4	?	?	?	?	*Micromeria benthami*	-	-	-	-	III.3
A. viscosus	?	-	?	3	-	*M. herpyllomorpha*	IV.2	?	-	?	-
Asphodelus aestivus	?	?	?	?	III.2	*M. lanata*	-	-	-	-	II.2
Bromus rubens	?	?	?	x	I.2	*M. pineolens*	-	-	-	-	II.2
Bystropogon plumosus	?	?	?	?	I.2	*Pteridium aquilinum*	II.4	?	?	?	I.1
Chamaecytisus prolifer.	I.4	?	?	3	II.1	*Romulea columnae*	?	?	?	x	II.1
Cistus monspeliensis	I.3	?	?	3	II.3	*Rumex bucephalophorus*	I.2	?	?	?	-
C. symphytifolius	I.4	?	?	3	IV.3	*Tuberaria guttata*	I.+	?	?	?	II.1
Dittrichia viscosa	?	?	?	?	I.1	*Vicia disperma*	I.1	?	?	?	I.1
Erica arborea	I.4	?	?	x	I.1	*Vulpia myuros*	II.2	?	?	x	?

(x : Vorkommen bestätigt jedoch nicht quantifiziert; ? : Vorkommen möglich, für den Kiefernwald jedoch nicht bestätigt; - : kein Vorkommen auf der betreffenden Insel; Komplette Artenliste siehe u.a. SANTOS 1983: T8,T9).

Einzige Baumart dieses Waldes ist die Kanarenkiefer (*Pinus canariensis* Chr. Smith ex DC.), einer bemerkenswerten Kiefer, da sie im Laufe ihres Lebens 3 völlig verschiedene *Wuchsbilder* zeigt: die blaugrün benadelte Jungpflanze, Pyramidenwuchs im mittleren Alter und ausladenden Etagenwuchs im Alter. Außerdem geben ihr die frischgrünen, bis 30 cm langen Nadel das Aussehen von Laubbäumen. Im Optimalstadium bildet die Kanarenkiefer auf N-Expositionen dichte und 20-30 m hohe Wälder, auf Südlagen ist sie dagegen sehr lichtwüchsig. Als anspruchsloser Tiefenwurzler ist sie eine Pionierpflanze auf frischen Lavaböden. Dank der starken Borke und der Möglichkeit, wie Laubhölzer aus schlafenden Stammknospen austreiben zu können, ist sie gegen Hitze und Waldbrand ziemlich resistent. Im Unterwuchs sind Zistrosen (*Cistus* spec.), Mikromerien und Kleinfrüchtiger Asphodill (*Asphodelus aestivus* Brot. [*A.microcarpus* Viv]) charakteristisch, seltener sind am Boden Moose und Flechten.

Vielfältige Nutzung wie Holzeinschlag, Streusammeln etc. in Verbindung mit der von Insel zu Insel variierenden Flora, haben verschiedene *Kiefernwaldtypen* entstehen lassen, diese wurden auf La Gomera und El Hierro von ARCO et al. (1990), auf La Palma von SANTOS (1983) und jene auf Gran Canaria von SUNDING (1972) beschrieben. Ihre endgültige pflanzensoziologische Einordnung innerhalb des *Cytiso proliferi-Pinetea canariensis* Riv.God. et Esteve 65 in Esteve 69 (PIN I,1) ist noch offen. Am häufigsten ist der flechtenreiche *Zistrosen-Kiefernwald* (*Cistus monspeliensis-Euphorbia regis-jubae*-Ges. Sund. 72 [PIN I,1b]), eine ausgesprochene Ersatzgesellschaft. Er bevorzugt NE-Expositionen, örtlich auch NW-Lagen, von 1100-1500 m, auf Südost-Exposition von 800m bis 1200m. Im Unterholz sind die beiden Zistrosen *Cistus symphytifolius* und *Cistus vaginatus* (*span.*: Jara) häufig. Örtlich finden sich reine Zistrosenbestände als typische Weidezeiger mit *Cistus monspeliensis* und *Asphodelus microcarpus*. Die Bedeckung liegt zwischen 40 - 70 % mit folgenden Arten: *Asphodelus aestivus 2, Cistus monspeliensis 3, Salvia canariensis 2, Calendula arvensis +, Euphorbia regis-jubae 2, Launaea spinosa 1, Neochamaelea pulverulentum (syn: Cneorum p.) 1.*

Weitere und meist stark überweidete Kiefernwaldgesellschaften sind: Baumheide-Kiefernwald, Mikromerien-Kiefernwald, Codeso-Kiefernwald und Zedernwacholder-Kiefernwald.

Im Zusammenhang mit dem Kiefernwald sind die *Waldgrenzen* interessant. Die gegenwärtige Kiefernwald-Untergrenze liegt bei 300m auf den Nordflanken und bei 600m auf den Südflanken der Inseln. Die Obergrenze liegt zwischen 1.800m und 2.400m (Teneriffa 2.000-2.100m), wobei sie zumeist wegen des offenen Waldbestandes als Baumgrenze erscheint. Für die Kanaren ist es noch ungeklärt, in wieweit dieses Zusammenfallen von Baum- und Waldgrenze anthropogen bedingt ist (ELLENBERG 1966). Vieles spricht dafür, daß es sich um keine Temperaturgrenze sondern um eine Wassermangelgrenze handelt, da die adulten Bäume mit 1,5-2,5 mm normale Zuwachsringe und kaum Krüppelwuchs zeigen und ein Krummholzgürtel fehlt (HÖLLERMANN 1976:2). Die natürliche Verjüngung der Kiefer an der oberen Waldgrenze wird weniger durch den Niederschlag begrenzt, als vielmehr durch sommerliche Hitze- und winterlicher Wurzelschäden durch Bodenfrost (HÖLLERMANN 1978). Im Sommer erreicht die Schattentemperatur am Boden 35 °C, an offenen Stellen dagegen 58 °C; im Winter treten an der oberen Waldgrenze nachts regelmäßig Strahlungsfröste bis -6 °C und am Tag Erwärmung bis zu 40 °C auf. Temperaturen über 55 °C, starke Tagesschwankung und eine direkte Strahlung über 4-8 Stunden ist für Keimung und Jungwuchs kritisch, während dies Altbäume ohne weiteres ertragen (HÖLLERMANN 1976:3). Für die Regeneration des Kiefernwaldes bestehen somit zwei belastende kritische Jahreszeiten: im Sommer herrscht häufig eine intensive direkte Strahlung des offenen Bodens, eine Austrocknung und Überhitzung des Oberbodens bis 58 °C. Der Winter mit Schneedecke, kurzfristigen starken Wetterschwankungen, häufigen Nachtfrösten und frostbedingten Bodenbewegungen ist ebenfalls kritisch für den Jungwuchs. Für die Altbäume kann der Wind, der nicht selten über 150 km/h erreicht in Verbindung mit außergewöhnlicher Trockenheit, zum wuchsbestimmenden Faktor werden (Wipfeldürre). Sekundär bestimmen die Bodenverhältnisse über die Lage der Wald- bzw. Baumgrenze: auf alten Gesteinen mit fortgeschrittener Bodenbildung reicht die Waldgrenze um ca. 250 m deutlich höher als auf jungen basaltischen bzw. trachytischen Lithosolen, wo sie auf Teneriffa nur 1.800-2.000m erreicht (HÖLLERMANN 1978).

Interessant ist außerdem das Phänomen einer *Waldgrenzinversion* auf Teneriffa und zwar findet sich in den Llanos de Ucanca des Caldera-Beckens eine lokale untere Baumgrenze. Bedingt durch zeitweilige Kaltluftseen mit bis zu -16,2 °C ist der untere Talbereich frei von Holzgewächsen (SCHÖNFELDER, 1994:465) (siehe ferner: HÖLLERMANN 1978, 1982; CEBALLOS & ORTUNO 1976, HUETZ DE LEMPS 1969 und VOGGENREITER 1974).

3.4 Escobon-Zwergginsterbusch (Codeso-Escobón)

Der Escobon-Zwergginsterbusch bzw. das *Adenocarpo foliolosi-Cytisetum proliferi* Sund. 72 (PIN I, 2a) findet sich hauptsächlich auf Teneriffa (33 km^2) und La Palma (2,3 km^2). Auf Gran Canaria tritt er nur lokal auf und ist stark aufgeforstet worden. Die Gesellschaft ist nicht ausgesprochen trockenresistent und findet sich deshalb hauptsächlich in Inselgebieten mit Wolkenbeschattung, d.h. im oberen Bereich der Waldstufe (800-1600 m) jeweils im Inselnorden, vereinzelt reichen *Adenocarpus* und *Chamaecytisus* bis 400m herab. Diese Strauchformation liegt zwischen Lorbeer- und Kiefernwald und gilt heute als Ersatzgesellschaft des Baumheide-Buschwaldes und nicht des Kiefernwaldes. Durch ständige Beweidung, Streugewinnung und Holzeinschlag wird sie als Dauergesellschaft gehalten.

Kennzeichnende Arten des Escobon-Zwergginsterbusches sind die 2-3m hohe, strauch- oder baumwüchsige Blättchenreiche Drüsenfrucht (*Adenocarpus foliolosus* (Ait.)DC.; *span.:* Codeso) und der Kanarische Zwergginster (*Chamaecytisus proliferus (L.f.)Link* [*Cytisus pr.*]; *span.:* Escobón). In relativ ungestörten Bedingungen dominiert die Drüsenfrucht (Codeso), der Kanarische Zwergginster dagegen in Ortsnähe und Wohnplätzen, da er oft gepflanzt wird. Andere verholzte Pflanzen sind selten, der Anteil der Therophyten ist jedoch auffallend hoch.

Adenocarpus foliolosus *ssp. villosus*	V.2/4	*Chamaecytisus proliferus* *[syn. Cytisus pr.]*	IV.+/3		
Andryala pinnatifida	III.2	*Carduus tenuiflorus*	III.2	*Senecio vulgaris*	III.1
Anthoxanthum puelii	II.2	*Geranium molle*	III.2	*Sherardia arvensis*	V.1
Avena barbata	II.4	*Raphanus raph. ssp.microcarpus*	IV.3	*Silene vulgaris*	III.2
Briza maxima	III.3	*Rumex bucephalophorus*	III.2	*Stachys arvensis*	III.1
Bromus rigidus	IV.3	*Salvia canariensis*	I.2	*Teline microphylla*	III.1

Die Bodenverhältnisse sind sehr unterschiedlich. In tieferen Lagen (um 800 m) trifft man oft auf tiefgründige Braunerde über frischem Rotlehm. Im oberen Bereich (1600 m) existiert ein höchstens 20cm tiefer Braunerderanker. Von der Bodenart her handelt es sich um graubraunen sandigen Lehm mit über 40% Skelettanteil.

Die Pflanzendecke dieser Gesellschaft ist mit 60-100% sehr dicht und meist undurchdringlich, wobei eine Wuchshöhe von 2-3 m erreicht werden kann. Öfters finden sich Kiefernpflanzungen, wodurch eine Entwicklung zum *Cytiso-Pinetum canariense* gefördert wird. Weitere regressive Stadien des Escobon-Ginsterbuschlandes ähneln jenen des Kiefernwaldes. Insgesamt können zwischen 14 und 38 Arten vorkommen (komplette Artenlisten s. SUNDING 1972:T 29).

3.5 Zwergstrauch-Ginsterhochweide

Nur auf Gran Canaria bedeckt die 70-100cm hohe Zwergstrauchgesellschaft des *Micromerio lanatae-Cytisetum congesti* Sund.72 (PIN I,2b) die höheren Partien des Inselberglandes von 1300 - 1950 m über weite Flächen und zwar hauptsächlich im Norden. Auf der Insel wird sie als "retama" bezeichnet, wobei sie jedoch nichts mit der eigentlichen Gebirgsretama von Teneriffa gemein hat! Sie erträgt ziemlich trockene Standorte und findet sich sogar im Süden des Zentralgebirges in tieferen Lagen. Bis 1600 m verzahnt sie sich oft mit dem Escobon-Ginsterbusch und schließt

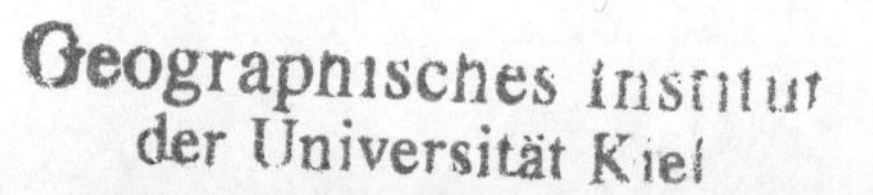

nach oben an den Escobon-Ginsterbusch an. Es handelt sich um eine offensichtlich sehr alte sekundäre Ersatzgesellschaft des Kiefernwaldes.

Vorherrschend ist die Kleinblättrige Teline (*Teline microphylla* (DC.) Gibbs et Dingw. [*Cytisus congestus*]; *span.:* Retama amarilla). Die Bodenverhältnisse sind relativ ungünstig: der geringmächtige Braunerderanker ist höchstens 20cm tief und meist ist der Anteil des basaltischen Blockmaterials sehr hoch. Die Gesellschaft ist mit 70-95 % Bedeckung dichtwüchsig. Mit 50% ist der Anteil der Therophyten auffällig hoch, je nach Standort können 9-26 Spezies auftreten. Nicht selten ist eine kraut- und grasreiche Flur vorhanden, die im April einen für die Kanaren einmaligen Blütenteppich bildet. Eine spezielle Fazies der Retama findet sich in den Gipfelregionen der Cumbre oberhalb 1.700 m mit dem silberweiß-filzigen Wolligen Gliedkraut (*Siteritis dasygnaphala* (Webb et Berth.)Clos em. Svent. [*Leucophae d.*] z.B. östlich Pozo de las Nieves in 1700 bis 1800 m Höhe, in der Nähe der kümmernden Kiefern-Aufforstung (komplette Artenlisten s. SUNDING 1972:T 32).

Teline microphylla	[syn.	*Cytisus congestus]*	V.2/4		
Avena barbata	IV.2	*Hirschfeldia incana*	III.2	*Senecio vulgaris*	III.1
Bromus madritensis	III.2	*Hypochoeris glabra*	IV.1	*Sideritis dasygnaphala*	III.3
Cheiranthus scoparius	I.+	*Micromeria benthami*	IV.2	*Silene gallica*	III.1
Erodium cicutarium	III.1	*Salvia canariensis*	II.1	*Tuberaria guttata*	II.1

4. Die Hochgebirgsvegetation

Oberhalb von 2.000-2.200 m, d.h. über der Normallage der Passatinversion bzw. der Untergrenze des jährlichen Schneefalls, findet sich auf Teneriffa und La Palma (andeutungsweise auch auf Gran Canaria) das dritte bioklimatische Stockwerk der Kanaren: die trockenen Hochregion des „Piso supracanario" (RIVAS-MARTÍNEZ 1987) mit der Hochgebirgsvegetation. Es handelt sich um ein subtropisches Höhenklima mit ausgeprägtem jahreszeitlichen Gegensatz zwischen Sommer und Winter, wobei vor allem die breitenkreisbedingte intensive Insolation eine entscheidende Rolle spielt, die bekanntlich an Gebirgshängen dieser Breitenlage ihr globales Maximum erreicht.

Die Sommer sind heiß, lufttrockenen und niederschlagsfrei mit hohen täglichen Temperaturschwankungen von 14-20°C und intensiver Strahlung. Bodenfrost bzw. Frostwechsel ist auch im Sommer möglich (HÖLLERMANN 1974:335). Im Winter wird die trockene, strahlungsreiche Witterung mehrfach durch kurze zyklonale Störungen unterbrochen mit z.T. kräftigen Niederschlägen, die meist als Schnee fallen. Eine Schneedecke ist regelmäßig und kann bei 10-66 Schneetagen (Izana, T) bis in den März liegen bleiben. Der Frühling ist relativ kurz, die Vegetationsperiode einiger Pflanzen beginnt im April und reicht bis in den Oktober.

Die mittlere *Temperatur* beträgt 9,3°C, das absolute Minimum - 7,8°C, das absolute Maximum 28,7°C. Die sommerliche Temperaturamplitude beträgt 14-20°C, am Boden sogar 40°C. Bei einer tatsächlichen Sonnenscheindauer von 3377 Stunden und in Anbetracht der dünnen Luft ist die Strahlung ist erheblich: das Maximum wird im Juli mit 28.631 KJ/qm/Tag erreicht, das Minimum beträgt im Januar 11.038 KJ/qm/Tag.

Bei durchschnittlich 29 Regentagen sind die mittleren *Niederschläge* gering: auf Teneriffa liegen sie bei 112-400 mm, je nach Lage in dem abgeschirmten Cañadas-Becken oder den umgebenden Höhenzügen des Cumbre. Mit 65% ist die Variabilität der Niederschläge sehr hoch. Nebelnässen entfällt, da diese Stufe oberhalb der Passatinversion liegt. In allen Jahrezeiten kommt dem *Wind* eine besondere ökologische Bedeutung zu: während der winterlichen Westwindlagen bedeuten Windgeschwindigkeiten von 150 - 200 km/h eine erhebliche mechanische Belastung der Pflanzen und Austrocknungsgefahr.

Die *Böden* sind in dieser Höhenstufe wenig entwickelt: verbreitet sind skelettreiche Oberböden oder Steinchenpanzer von 1-15cm Mächtigkeit, darunter findet sich wenig sandige Feinerde, die arm an organischer Substanz (meist unter 1,5%) und an Ton ist (Tonfraktion meist unter 5%) (HÖLLERMANN 1974:338). KUBIENA (1956) bezeichnet die Böden des Retama-Ginsterbusches als „Xeroranker", gefolgt von den „Wüsten-rohböden" der Veilchen-Steinschuttflur. Die geringe Bodenentwicklung, selbst auf älteren basaltischen Unterlagen, geht auf Feuchtigkeitsmangel durch Durchlässigkeit des Substrats zurück. Die Böden lassen das Wasser rasch versickern, verhindern andererseits durch großes Porenvolumen den kapillaren Wasseraufstieg. Auf diese Weise kommt es zu einer *edaphischen Trockenheit*, verstärkt durch erhebliche Temperaturschwankungen an der Bodenoberfläche von 35-40° (HÖLLERMANN 1974:337). Der im Winter fast tägliche Frostwechsel führt durch das Auffrieren der Feinerde zu Frostbodenbewegungen, die sommerliche Aufheizung des Bodens geht bis 58 °C. Die Folge ist eine starke Austrocknung des Bodens bis zu 2 % Bodenfeuchte in 10 cm Tiefe. Eine Besonderheit zeigt das windgeschützte Becken der Caldera von Teneriffa mit der Bildung von *Kaltluftseen*, wo bei Ausstrahlungsfrost bis max. -16 °C eine Frosttiefe über 10cm erreicht wird (SCHÖNFELDER 1994:465).

Die Vegetation des kanarischen Hochgebirgsstufe muß an das aride, strahlungsreiche Klima angepaßt sein. Sie ist keinesfalls subalpin, sondern eine sehr lichte Gebirgshalbwüste mit charakteristischem Polsterwuchs und Zwergstäuchern. Sie besteht aus zwei Gesellschaften, der landschaftsbestimmenden offenen Halbkugel-Strauchformation des Retama- bzw. Codeso-Ginsterbusch und der Veilchen-Steinschuttflur. Nach unten wird sie durch die Wald - und Baumgrenze begrenzt.

4.1 Retama- bzw. Codeso - Ginsterbusch

Das Klima dieser sog. Gebirgshalbwüste oberhalb 2000 m ist für den Baumwuchs zu ungünstig und es finden sich auf den Rohböden u.a. polsterwüchsige und blattlose Rutensträucher. Sie bilden einen mehr oder weniger aufgelockerten bis dichten Busch. Im einzelnen handelt es sich auf Teneriffa um den ca. 3m hohen, feinästigen und kugelwüchsigen Echten Teideginster (*Spartocytisus supranubius* (L.fil.) Santos [*S. nubigenus (L'Hér.)Webb et Berth.*]; *span.: Retama del cumbre)* und auf La Palma um die Klebrige Drüsenfrucht (*Adenocarpus viscosus (Willd.)Webb et Berth.; span.: Codeso del cumbre*). Entsprechend bezeichnet man diese beiden Strauchgesellschaften, die sich zwar im Arteninventar und weniger in der Physiognomie unterscheiden, auf Teneriffa als (Gebirgs-) Retama, dem *Spartocytisetum supranubii* Oberd. Ex Esteve 73 (SPA I,1a), bzw. auf La Palma als (Gebirgs-)Codeso bzw. als *Telino-Adenocarpetum spar-tioidis* Santos 83 (SPA I,1b). Hier findet sich der einzige echte Ginster der Kanaren: *Genista benehoavensis* (Bolle ex Svent.)M.del Arco [*Teline b.*(Bolle ex Svent.)Santos].

	P	T		P	T
Adenocarpus viscosus			*Spartocytisus supranubius*	1	2
v. frankenioides	-	3	*Teline benehoavensis*	+	-
v. spartioides			*Lactuca palmensis*	+	-
Andryala pinnatifida	?	2	*Juniperus cedrus*	1	
Arabis caucasica	2	1	*Pimpinella cumbrae*	1	
Argyranthemum teneriffaea	-	2	*Plantago webbii*	1	2
Carlina xeranthemoides	-	2	*Polycarpaea tenuis*	1	2
Cheirolophus argutus	1	1	*Scrophularia glabrata*	2	2
Echium wildpretii			*Senecio palmensis*	2	2
ssp. wildpretii	-	2	*Silene nutans*	3	2
Descurainia gilva	2	-	*Tolpis webbii*	-	3
Erysimum scoparium			*Viola cheiranthifolia*	-	x
v. lindleyi	1	-	*Viola palmensis*	+	-
v. scoparium	-	2			

(x Vorkommen bestätigt; ? Vorkommen möglich, jedoch nicht bestätigt; - kein Vorkommen; Quelle s. Literaturverzeichnis)

Der Retama-Ginsterbusch läßt zwei verschiedene Formen erkennen. Auf Hanglagen gedeiht die dichte und artenreichere Retama mit 50-90 % Deckung. In Hangkerben kann in diesem Ginsterbusch dagegen die Klebrige Drüsenfrucht zur Vorherrschaft kommen; man bezeichnet diesen Vegetationstyp als "retamar-codesar".

Die Rutensträucher bilden einen etwa 1-3m hohen Busch, der mit zunehmender Meereshöhe immer lichter wird und dann kaum mehr 10 % Bedeckung erreicht. An seiner Obergrenze bei ca. 3.100m tritt der Teideginster windbedingt dann nur mehr als Zwergstrauch auf. Im Schutz der kugelwüchsigen Sträucher wachsen verschiedene Pflanzen, wobei Teneriffa artenreicher als La Palma ist (Artenliste vgl. auch SANTOS 1983: T10).

Bei dem sog. "*Codeso*"-Ginsterbusch auf La Gomera und Gran Canaria, handelt es sich zwar dem Habitus nach um eine ähnliche Gesellschaft, tatsächlich aber hat sie mit dem echten Gebirgscodeso nichts gemein: die strauchwüchsige Blättchenreiche Drüsenfrucht (*Adenocarpus foliolosus* (Ait.) DC) ist dominant. Vermutlich handelt es sich um eine Weidegesellschaft.

4.2 Veilchen-Steinschuttflur

Die höchste Pflanzengesellschaft der Kanaren ist die Veilchen-Steinschuttflur, das *Violetum cheiranthifoliae* Ceb. et Ort. 51. Sie findet sich auf Teneriffa in den Cañadas-Randbergen und am Teide von (2.000) 2.600 m - 3.100 m. Die extreme Windexposition verhindert sogar den Strauchwuchs der Retama, so daß auf den steilflankigen Schuttböden wenige Pflanzen ihr Fortkommen finden, besonders das Teideveilchen (*Viola cheiranthifolia* Humb.et Bonpl.) und das nur nachts blühende weißgelb-rosa Nacht-Leimkraut (*Silene nocteolens* Webb). Unter 2.700 m kommen fernerhin Webbs Bart-pippau (*Tolpis webbii* Sch.Bip ex.Webb et Berth.), die Kleine Vielfrucht (*Polycarpaea tenuis* Webb ex Christ) und die Teneriffa-Kanarenmargerite (*Argyranthemum tenerifae* Humphr.) hinzu. Die Bedeckung liegt unter 5% und die Pflanzen treten meist einzeln und gelegentlich im Fels oder im Geröll auf.

5. Die vertikale azonale Vegetation

Unter der vertikalen azonalen Vegetation sollen alle jene Pflanzengesellschaften verstanden werden, die sich nicht in eine einzelne bioklimatische Höhenstufe einordnen lassen, sondern vertikal durch mehrere oder sogar durch alle Höhenstufen auftreten.

5.1 Die Felsenvegetation

Eine besondere Vegetation findet sich an den Felswänden der Sukkulenten- und Waldstufe bis etwa 1.900 - 2.400 m. Es sind Kleinststandorte mit den sog. Felsspaltengesellschaften, welche sich von der angrenzenden Vegetation scharf absetzen. Sie sind durch das Auftreten der Dickblattgewächse gekennzeichnet, hauptsächlich mit den Gattungen *Aeonium* und *Greenovia*, ferner *Aichryson* und *Monanthes* und einer weiteren Anzahl felsliebender Pflanzen. Dementsprechend werden diese azonalen Gesellschaften als *Aeonietum* bzw. als *Greenovietum* bezeichnet.

Große Standortvielfalt und viele Inselendemiten führen dazu, daß die Felsenvegetation von Insel zu Insel stark variiert. Die entscheidende Rolle spielt hierbei immer die Orographie, insbesondere die Inklination des Untergrundes und die Exposition. Bevorzugt wächst die Felsenvegetation auf Steilhängen über 50° oder an Felswänden von 80-95° Neigung, die meist nordseitig exponiert sind aber nicht zu feucht sein dürfen! Die Blattsukkulenz deutet auf eine gewisse Trockenheit dieser Standorte hin. Aber nicht nur schattenliebende Felsengesellschaften bestehen auf den Kanaren, sondern auch solche, die sonnige und heiße Plätze vertragen wie z.B. das *Aeonietum palmensis* und die *Cheilanthes marantae*-Ges. auf La Palma. Weitere derartige Gesellschaften existieren auf Lanzarote wie das *Aeonietum balsamiferum* und das *Aeonietum lancerottensis*, welche sogar auf bodenloser, flachgeneigter Fladenlava ihr Fortkommen finden.

Trotz der Vielfalt der Felsengesellschaften läßt sich eine Regelhaftigkeit dahingehend erkennen, daß die Aeonium-Gesellschaften hauptsächlich in der Sukkulentenstufe und unteren Kiefernwaldstufe bis ca. 1.200 m vorkommen, mit einem Kerngebiet zwischen 300-900 m. Die Greenovium-Gesellschaften meiden dagegen diese tieferen Lagen und besiedeln die obere Kiefernwaldstufe von 1.300 - 2.000 (2.400) m. Auffallend ist die Tatsache, daß in der Lorbeerwaldstufe die Felsgesellschaften höchst selten sind, da es hier offensichtlich zu feucht ist (VOGGENREITER 1974).

5.1.1 Aeonium-Felsengesellschaften (*Aeonietum*)

Das Studium der Felsengesellschaften befindet sich noch am Anfang und eine für die Kanaren verbindliche Klassifikation ist noch nicht möglich. Für einen Überblick wurden die Aeonium-Felsengesellschaften des *Soncho-Aeonion* (Sund. 72) Santos 76

(ASP I,1) der drei Inseln La Palma, Teneriffa und Gran Canaria zusammengefaßt. Auf La Palma findet sich die *Cheilanthes marantae*-Ges. (P1) von 300 - 1.600 m auf allen Expositionen und Neigungen über 45° wobei die Bedeckung 20-70 % betragen kann, außerdem das *Aeonietum palmense* Santos 1983 (P2) von 30-1.000 m in N-NE-Lagen und Neigungen von 70-90°.

Die Bedeckung liegt zwischen 20-70% und die Artenzahl schwankt zwischen 3-9 Arten. Auf Teneriffa (T) bestehen 4 Aeonium-Gesellschaften ohne eindeutige Expositionsabhängigkeit: *Aeonium urbicum*-Ges.; 42%-Häufigkeit, bis 71 Spezies; *Aeonium holochrysum*-Ges; 42%-Häufigkeit, bis 75 Spezies; *Aeonium lindleyi*-Ges.; 19%-Häufigkeit, bis 56 Spezies; *Aeonium canariense*-Ges.; 19%-Häufigkeit, bis 70 Spezies.

Dem *Aeonietum* dürfte auf Gran Canaria (C) die Gesellschaft des *Prenantho (pendulae)-Taeckholmietum* Sund.72 entsprechen. Sie findet sich in dem Schopfstrauch-Sukkulentenbusch auf 80-90° steilen Felswänden mit SW- bis NE-Exposition mit einer Bedeckung von 5-30 %. Die gesamte Artenliste weist hier 41 Arten aus, wovon je nach Standort allerdings nur 2 bis 11 Arten vorkommen (s. SANTOS 1983: T13, SUNDING 1972: T12, Voggenreiter 1974:202ff.).

	P1	P2	T	C		P1	P2	T	C
Aeonium cillatum	I.3	III.2	II.2	?	*Hyparrhenia hirta*	?	?	III.4	?
Aeonium spathulatum	IV.2	-	I.1	?	*Hypericum reflexum*	?	?	II.3	I.+
Aeonium urbicum	?	?	V.4	?	*Kleinia neriifolia*	III.2	II	IV.2	III.1
Allagopappus dichotomus	-	-	II.3	II.2	*Lavandula multifida*	?	?	II.2	I.1
Artemisa canariensis	?	?	II.3	?	*Opuntia ficus-indica*	?	?	III.3	?
Carlina salicifolia	?	?	III.2	I.1	*Pinus canariensis*	II.2	-	II.3	?
Cheilanthes marantae	V.3	-	II.1	?	*Psoralea bituminosa*	-	III	III.3	I.1
Davallia canariensis	III.1	-	III.2	I.1	*Rubia fruticosa*	?	?	IV.2	?
Erica arborea	II.+	II.+	II.3	?	*Rumex lunaria*	IV.2	-	III.2	I.+
Euphorbia balsamifera	?	?	II.4	?	*Sonchus acaulis*	-	-	II.2	I.1
Euphorbia regis-jubae	-	II.2	IV.3	?	*Taeckholmia pinnata*	-	-	III.4	III.2

(? Vorkommen auf der Insel möglich, für das *Aeonietum* nicht bestätigt; - kein Vorkommen)

5.1.2 Greenovium-Felsengesellschaften (Greenovietum)

Die Felsengesellschaften der kühleren oberen Waldstufe auf La Palma, Teneriffa und Gran Canaria werden der Klasse *Asplenietea trichomanis* Br.-Bl.34 corr.Oberd.77 zugerechnet. Leitpflanze ist die sukkulente und, im Gegensatz zum Aeonium, blaugrün bereifte Rosettenpflanze Greenovia. Gegenüber den Aeonium-Gesellschaften meiden diese Felsengesellschaften die flacheren Standorte unter 60°-Neigung.

Nachfolgend die charakteristischen Arten (s. auch SANTOS 1983: T 11, SUNDING 1972: 138, VOGGENREITER 1974: 230ff.):

	P	T	C		P	T	C
Aeonium spathulatum	II.3	III.4	?	*Lobularia intermedia*	?	II.1	I.1
Aichryson parlatorei	II.+	?	?	*Monanthes brachycaulon*	-	III.1	III.2
Andryala pinnatifida	?	II.1	II.1	*Phyllis nobla*	II.+	?	?
Bystropogon canariense	?	II.2	?	*Pinus canariensis*	?	II.4	?
Carlina salicifolia	?	II.2	I.2	*Psoralea bituminosa*	II.+	I.+	?
Chamaecytisus proliferus	-	III.3	?	*Rumex maderensis*	I+	II.+	?
Greenovia aizoon	-	V.4	-	*Silene cf. nutans*	?	II.1	-
Greenovia aurea	?	V.4	III.2	*Sonchus acaulis*	-	II.+	I.1
Hypericum grandifolium	III.1	III.2	?	*Tolpis lagopoda*	?	IV.3	I.1
Hypericum reflexum	?	IV.3	?	*Umbilicus horizontalis*	?	?	III.1

Auf La Palma (P) findet sich das *Greenovietum diplocyclae* Santos 83 von 1.000-1.900 (2.400!) m auf 80-90° steilen Felswänden ohne deutliche Expositionsbevorzugung. Die Artenzahl schwankt je nach Standort zwischen 2 und 15 Arten und die Bedeckung liegt zwischen 30-80%. Auf Teneriffa (T) läßt sich die Greenovium-Felsengesellschaft in zwei Untergesellschaften gliedern. Das *Greenovietum aureum* bevorzugt in der Höhenstufe von 800 bis 2.000 m die Nordhänge und Barrancowände im Passatluv. Die Gesamtartenzahl dieser Gesellschaft beträgt 46 Arten. Die *Greenovium aizoon*-Ges. findet sich von (800) 1.000-1.500 m in Barrancos und von 1.500 - 1.800 m auf N-NE-exponierten Steilwänden. Diese Gesellschaft ist auf Teneriffa relativ selten aber mit 42 möglichen Arten vergleichsweise pflanzenreich. Auf Gran Canaria (C) bezeichnet SUNDING 1972 die Greenovium-Felsengesellschaft als *Greenovio-Aeonietum caespitosi*. Sie besiedelt Steilhänge und Felswände (80-90°) von 1.000 - 1.600 m, vorzugsweise in SW-NE-Lagen. Die Bedeckung ist mit 5-20 % sehr licht und die Artenzahl liegt zwischen 8-16 Arten. Der Anteil der Moose und Flechten ist überraschend hoch.

5.2 Die Vegetation der Feucht- und Naßbiotope

Der zunehmende Wasserbedarf der Inseln hat dazu geführt, daß freifließendes Wasser nur noch an wenigen Stellen oder nach starken Gewitterregen auftritt. Entsprechend selten sind jene Pflanzengesellschaften, für welche der Wasserfaktor der bestimmende Standortfaktor ist: die Vegetation der Feucht- und Süßwasserstandorte. Speziell handelt es sich um die (Frauenhaarfarn-) Felsspaltengesellschaft, das Weidengehölz und Röhrichte als Ufergesellschaften und schließlich die Wassergesellschaften.

5.2.1 Felsspaltenvegetation

In den Spalten wasserüberrieselter Felswände, seltener an Steinmauern, mit Nordlage findet sich diese Vegetation, mit Ausnahme der Purpurarien (?), in der unteren und mittleren Höhenstufe von ca. 200 - 1.000 m. Ihre größte Verbreitung hat sie in der Lorbeerwaldstufe, ist jedoch sehr heimlich. Nach HOHENESTER (1993:15) unterscheidet die Klasse des *Adiantetea capilli-veneris* Br..-Bl. 31 (ADI I,1) drei Gesellschaften. Die Bedeckung liegt meist zwischen 60-70 %, kann aber auch 90 % erreichen. SUNDING untersuchte 1972 diese Gesellschaften auf Gran Canaria und beobachtete, daß je nach Standort zwischen 2 und 7 Arten vorkommen. Die Salzbunge *(Samolus valerandi* L.) (P_GTCFL) ist als Stickstoffzeiger stets ein Hinweis auf eine anthropogene Belastung dieser Biotope (s. SUNDING 1972:98).

Adiantum capillus veneris	V.2/4				
Asplenium hemionitis	I.1	*Hypericum coadnatum*	I.3	*Eucladium verticillat.*	III.4
Asplenium trichomanes	I.2	*Nasturtium officinale*	I.1	*Rhynchostegiella cur.*	II.3
Ageratina adenophora	I.3	*Samolus valerandi*	II.2	*Selaginella denticulata*	I.+

5.2.2 Weidengehölze (*Sauceda*)

Nur wenige obere Barrancos führen ganzjährig kleine Quellbäche. An ihnen können kleine Weidengehölze (*Salix canariensis*-Ass. W.,Gr.et Z.87 (MJU I,1b), *span.*: Sauceda) mit der Kanarenweide (*Salix canariensis* Chr.Sm.ex Link) auftreten. Bislang sind auf den Kanaren nur 3 Vorkommen bekannt, ehemals dürften auch die Weidengehölze verbreiteter gewesen sein. Auf La Palma besteht das letzte Weidengehölz im Rio de Taburiente, auf Teneriffa im Bco. del Infierno/Adeje und auf Gran Canaria im Lorbeerwaldrest Los Tilos/Moya und im Bco. La Colmenilla/Guía. Einzelne Kanarenweiden sind dagegen häufiger, wie z.B. auf Gran Canaria im oberen Barranco de la Hoya (NW von Artenera) und östl. der Presa de los Pérez. Pflanzensoziologisch sind diese Weidengehölze nicht näher untersucht.

5.2.3 Krautige Ufergesellschaften und Röhrichte

Bei den krautigen Ufergesellschaften (Röhricht, Großseggenried) handelt sich mit dem *Helosciadietum nodiflori* Br.-Bl.31 (PHR I,1a) um eine typische Bachfolgegesellschaft in den humideren Gebieten von La Palma, La Gomera, Teneriffa und Gran Canaria von (300) 600 - 1.200 m. Speziell tritt sie auf nassen Schlammstellen an Wasserkanälen oder aufgelassenen Staubecken oder im Röhrichtsaum an den Wänden alter Wasserkanäle des Monteverde auf. Es ist eine krautige Vegetation synökologisch europäischen Arteninventars, hauptsächlich mit mediterranen Arten und ohne kanarische Endemiten. Typische Vertreter sind Brunnenkresse (*Nasturtium officinale*) und Knotenblütiger Sellerie (*Apium nodiflorum* (L.) Lag.). Meist findet sich auch der Drüsige Wasserdost (*Ageratina adenophora* (Spreng.) King et Rob. [*Eupatorium adenophorum Spreng.*]), eine ziemlich aggressive, aus Mexiko eingeschleppte Art. Die Bodendeckung kann, in Abhängigkeit von Wasserstand bzw. Jahreszeit, mit 70 - 90% nahezu geschlossen sein.

Die Vegetation der Wasserkanäle, wie man sie auf Teneriffa beispielsweise im Bco. del Infierno antrifft, zeigt im Frühjahr außer den genannten Arten: *Colocasia esculenta, Epilobium parviflorum, Euphorbia pubescens, Gnaphalium luteo-album, Juncus effusus, Lemna minor, Mentha longifolia, Polypogon semiverticillatus, Samolus valerandi, Sonchus oleraceus, Typha australis, Veronica anagallis-aquatica, V. anagalloides, V. beccabunga* (s. auch SUNDING 1972:102).

An vernäßten Hangstellen findet sich sehr häufig ein Reinbestand des Spanischen Rohrs (*Arundo donax* L. Schilfröhrichte sind nur noch am Unterlauf des Barranco de Fataga nördlich Maspalomas/Gran Canaria auf wenige 100m Länge und am Rand der Charca-Lagune vorhanden; das Restgebiet dieses früher sehr viel größeren Areals ist allerdings vollständig reguliert und kanalisiert.

5.2.4 Eisenkraut-Sumpfgesellschaft

Verbena supina	V.4/5	*Chrysanthem. myconis*	I.1	*Gnaphalium luteo-album*	II.2
Aster squamatus	II.1	*Coronopus squamatus*	II.2	*Petunia parviflora*	II.3
Chenopodium album	I.+	*Cyperus longus*	II.1	*Plantago lagopus*	I.1
Chenopodium ambrosioid.	II.2	*Dittrichia viscosa*			

Unter den gleichen Bedingungen wie die Röhrichte, findet sich auf frischen und offenen Böden, wie z.B. austrocknenden Wassertanks oder Stauseen, die Eisenkraut-Sumpfgesellschaft (*Verbenetum supinae* Sund.72 (CHE I,1d)) mit *Hypericum humifusum*, *Juncus bufonius*, *Lythrum hyssopifolia* und *Mentha pulegium*. Auffällig ist der sehr dichte Pflanzenwuchs, der eine Bedeckung von 80-95 % erreicht. Obenstehende Übersicht nennt die häufigsten Arten auf Gran Canaria; SUNDING (1972:91) führt hier insgesamt 24 Arten auf, wovon maximal 11 auf einem Standort beobachtet wurden.

5.2.5 Frischwassergesellschaften

Im Süßwasser können, je nach Fließgeschwindigkeit des Wassers, zwei Gesellschaften auftreten. In Wasserkanälen mit schnell fließendem Wasser ist die Wasserhahnenfuß-vegetation (*Ranunculion fluitans* Neuhsl. 59 (POT I,1)) häufig mit dem Haarblättrigen- (*Ranunculus trichophyllus* Chaix) und Brackwasser-Hahnenfuß (*Ranunculus baudotii* Godr.). Bei geringer Wasserströmung oder stehendem Wasser z.B. in Bewässerungs-tanks können Kleine Wasserlinse (*Lemna minor* L.) und Zwerg-Laichkraut (*Pota-mogeton pusillus* L.) einzeln oder vergesellschaftet auftreten (*Potamogetonion pectinati* W.Koch26 em.Oberd.57 corr. Oberd.83 (POT I,2)).

5.3 Die Kultur- und Halbkulturvegetation

In den Vegetationseinheiten, die direkt von dem Einfluß des Menschen abhängen, den Wiesen und Weiden, Äckern und Ruderalstellen treten vorwiegend einjährige Pflanzen und Geophyten auf, deren vielfältiges Blühen im Frühjahr (Februar - Mitte April) besonders auffällt. Pflanzensoziologisch ist diese Vegetation auf den Kanaren wenig erforscht.

5.3.1 Wiesen- und Weidevegetation

Diese Grünlandgesellschaften haben auf den Kanaren, insbesondere in der traditionellen Wirtschaftsstufe, dem Monteverde, eine große Bedeutung. Meist handelt es sich um kleine und bewässerte Wiesen, die intensiv gemäht oder beweidet werden. Häufige Arten sind: *Aira caryophylla, Ammi majus, Asterolinum linum-stellatum, Bidens pilosa, Briza maxima, Br. minor, Bromus madritensis, Campanula erinus, Cynosurus echinatus, Cenchrus ciliaris, Daucus carota, Galactites tomentosa, Gladiolus italicus, Hyparrhenia hirta, Hypochoeris glabra, Linum strictum, Melilotus sulcata, Ononis reclinata, Psoralea bituminosa, Scorpiurus muricatus, Silene gallica, Stipa capensis, Tolpis barbata, Trachynia distachya, Trifolium arvense, Tr. glomeratum, Tr. scabrum, Vicia sativa, V. lutea, Vulpia myuros.*

5.3.2 Die Ackerunkrautvegetation

Die Ackerunkräuter sind besonders an Feldrändern der Monteverde - Zone verbreitet oder überziehen ganze Hackfruchtäcker oder brachliegende Terrassen. Mit der Ausweitung der Wirtschaftsaktivität in die Tiefenzone treten dort auch Ackerunkräuter auf und können problematisch werden. Recht gemein sind folgende Arten: *Anchusa italica, Bryonia verrucosa, Calendula arvensis, Capsella bursa-pastoris, Chrysanthemum myconis, Convolvulus arvensis, Drusa glandulosa, Erodium chium, Euphorbia peplus, Fallopia convolvulus, Fumaria capreolata, F. officinalis, Galactites tomentosa, Galium aparine, Geranium molle, Oxalis corniculata, Oxalis pes-caprae, Papaver rhoeas, Rumex pulcher, Scandix pecten-veneris, Sisymbrium officinale, Sonchus oleraceus.*

5.3.3 Die Ruderalvegetation

Die Ruderalvegetation besteht aus Pflanzengesellschaften auf stickstoffreichen Böden in der Nähe der Siedlungen und an Wegrändern. Auf den Kanaren ist diese Vegetation des *Chenopodion muralis* Br.-Bl. 31 em. 36 (CHE I,1) sehr artenreich und bislang wurden ca. 32 Gesellschaften unterschieden. Häufige Arten sind: *Amaranthus deflexus*, *A. gracilis*, *Anthemis cotula*, *Chenopodium album*, *Ch. Ambrosioides*, *Ch. multifidum*, *Ch. murale*, *Chrysanthemum myconis*, *Datura innoxia*, *D. stramonium*, *Emex spinosa*, *Hordeum murinum*, *Hyoscyamus albus*, *Lavatera arborea*, *Lycopersicum esculentum*, *Malva parviflora*, *Marrubium vulgare*, *Mercurialis annua*, *Poa annua*, *Polygonum aviculare*, *Portulaca oleracea*, *Ricinus communis*, *Rumex pulcher*, *Setaria adhaerens*, *S. glauca*, *Sisymbrium irio*, *S. officinale*, *Solanum nigrum*, *Urtica membranacea*, *U. urens*, *Verbena officinalis*.

An alten Steinmauern und z.T. sogar auf Ziegeldächern finden sich ferner: *Aeonium urbicum*, *Aichryson laxum*, *Ai. punctatum*, *Chelidonium majus*, *Forsskaolea angustifolia*, *Monanthes muralis*, *M. polyphylla*, *Parietaria judaica*, *Umbilicus heylandianus*.

a) Eisenkraut-Gesellschaft

In trockengefallenen Talsperren findet sich auf den Hauptinseln der zwar lokal begrenzte, aber mit 80-95 % Bedeckung dichte und frischgrüne Vegetationsteppich der Eisenkrautgesellschaft, dem *Verbenetum supinae* Sund. 72 (CHE I,1d) benannt nach dem niederliegenden, einjährigen Eisenkraut (*Verbena supina* L.). Weitere Arten sind: *Chenopodium ambrosioides*, *Coronopus squamatus, Cyperus longus, Dittrichia viscosa (syn: Inula v.) und Gnaphalium luteo-album.*

b) Sauerklee-Flur

Die Sauerklee-Flur bzw. das *Oxalideto-Urticetum membranaceae* Sund. 72 (CHE I,1c) ist auf schattigen, feuchten Standorten der oberen Sukkulentenstufe von (250) 400 - 600 m häufig und zwar als Unterwuchs in Oliven- und Mandelpflanzungen. Sie fällt sofort durch das frischgrüne und meist flächige Vorkommen des Geißfuß-Sauerklees (*Oxalis pes-caprae* L.) auf, der aus Südafrika eingeschleppt wurde und beliebtes Weideland ist. Der Boden ist relativ tiefgründig und humusreich. Die Bedeckung beträgt 60 - 90 % mit folgenden Arten: *Drusa glandulosa, Erodium chium, Fumaria officinalis, Galium aparine, Mercurialis annua, Oxalis pes-caprae, Sonchus oleraceus, Stellaria media, Urtica membraneacea (syn. U.urens).*

Literaturverzeichnis

ARCO AGUILAR, M.J. DEL, P.L. PÉREZ DE PAZ u.a. (1992): Atlas cartográfico de los Pinares Canarios, II. Tenerife. Santa Cruz de Tenerife: 228 S. u. Karten.

ATLAS BASICO DE CANARIAS (1980), Editorial Interinsular Canaria, S.A., Santa Cruz de Tenerife/Barcelona. ISBN-84-85543-16-5,

BERTHELOT, S. (1835): Géographie Botanique. - Tome III, p. I in Webb & Berthelot: Histoire Naturelle des Iles Canaries, Paris 1835-42.

BLÜTHGEN, J. (1966): Allgemeine Klimageographie. 720 S., Gruyter, Berlin.

BRAMWELL, D. (1971): Studies in the Canary Islands Flora. The Vegetation of Punta de Teno, Tenerife. - *Cuadernos Bot. Canaria* **11**: 4 - 37.

BURCHARD, O. (1929): Beiträge zur Ökologie und Biologie der Kanarenpflanzen. - *Bibliotheca Botanica* **98**: 1-262, Stuttgart.

CEBALLOS, L. & F. ORTUNO (1951[1976]): Estudio sobre la Vegetación y Flora Forestal de las Canarias Occidentales. - 470 S., Madrid 1951; 2. Aufl. Excmo. Cabildo Insular, Santa Cruz de Tenerife, 433 S., 1976.

CHRIST, H. (1885): Vegetation und Flora der Canarischen Inseln. - *Englers Bot. Jahrb*.**6**.

ELLENBERG, H. (1966): Leben und Kampf an den Baumgrenzen der Erde. - *Naturwiss. Rdsch.* **19**: 133-139.

ESTEVE CHUECA, F. (1969): Estudio de las alianzas y asociaciones del orden Cytiso-Pinetalia en las Canarias orientales. *Bol.R.Soc. Espanola Hist. Nat.* (Biol.) **67**: 77-104.

ESTEVE CHUECA, F. (1973): Estudio de las Asociaciones Spartocytisetum nubigeni (Oberd.1965) emend. y Sideriti-Pinetum canariensis (ass. nova) en las Islas Canarias. - *Monogr. Biol. Canar.* **4**: 89-92.

FICKER, H. v. (1930): Die meteorologischen Verhältnisse der Insel Teneriffa. - *Abh. d. Preuß. Akad. d. Wiss.*, Phys.- math. Klasse, Jg. 1930, H. 1: 1-105.

HAUFF, H. (1861): A.v. Humboldt, Reise in die Aequinoktialgegenden. Bd. I. (deutsche Ausgabe).

HEMPEL, L. (1978): Physiogeographische Studien auf Fuerteventura. Kanarische Inseln. - *Münstersche Geograph. Arbeiten* **3**: 52-103, Paderborn.

HEMPEL, L. (1980): Studien über rezente und fossile Verwitterungsvorgänge im Vulkangestein der Insel Fuerteventura (Islas Canarias, Spanien) sowie Folgerungen für die quartäre Klimageschichte. Münstersche Geographische Arb. **9**: 5-39, Paderborn.

HENRIQUEZ, M.N.G. u.a. (1986): Flora y vegetacion del archipielago canario. Edirca. Las Palmas de Gran Canaria.

HOHENESTER, A. & A. WELSS (1993): Exkursionsflora für die Kanarischen Inseln. - 374 S., Stuttgart.

HÖLLERMANN, P. (1974): Aride und periglaziale Prozesse in der subtropischen Gebirgs-Halbwüste von Hoch-Teneriffa. - Abh. Akad. Wiss. Göttingen, S. 333-352.

HÖLLERMANN, P. (1976): Geoecology of the upper timberline in Teneriffe (Canary Islands). - Masch.- verf. Manuskr.: Pre-Congress Symposium on High Altitude Geoecology, North Caucasus, July.

HÖLLERMANN, P. (1978): Geoecological aspects of the upper timberline in Tenerife, Canary Islands. - *Arctic and Alpine Research* **10** (2): 365-382.

HÖLLERMANN, P. (1981): Microenvironmental Studies in the Laurel Forest of the Canary Islands. - *Mountain Resarch and Development*, Vol. **1,** No 3-4: 193 - 207.

HÖLLERMANN, P. (ed.) (1991): Studien zur Physischen Geographie und zum Landnutzungspotential der östlichen Kanarischen Inseln. 276 S., *Erdwissenschaftl. Forschungen* 25, Steiner, Stuttgart.

HUETZ DE LEMPS, A. (1969): Le climat des îles Canaries. - *Publ. de la Fac. Lettr. Sci. Humaines de Paris* - Sorbonne, Ser. Rech. **54**: 1-226; Sedes, Paris.

HUMBOLDT, A.V. & A. BONPLAND (1815): Reise in die Aequinoctial-Gegenden des neuen Continents in den Jahren 1799, 1800, 1801, 1803 und 1804. 1. Theil. - Stuttgart und Tübingen.

KÄMMER, F. (1974): Klima und Vegetation auf Tenerife, besonders in Hinblick auf den Nebelniederschlag. - *Scripta Geobotanica,* 7: 78 pp., Göttingen.

KLUG, H. (1968): Morphologische Studien auf den Kanarischen Inseln. Beiträge zur Küstenentwicklung und Talbildung auf einem vulkanischen Archipel. - Schr. d. Geogr. Inst. Univ. Kiel, Bd. XXIV, H.3, Kiel 1968.

KUBIENA, W.L. (1956): Materialien zur Geschichte der Bodenbildung auf den Westkanaren (unter Einschluß von Gran Canaria). - 6. *Congr. de la Science du Sol*, V. **38**: 241-246, Paris.

KUNKEL, G. (1973): Die Lorbeerwaldreste auf Gran Canaria, ihre floristische Zusammensetzung und ihre Verbreitung. - In: H. KLUG (Hrsg.): Beiträge zur Geographie der mittelatlant. Inseln. Schr. Geogr. Inst. Kiel, Bd. 39.

KUNKEL, G. (1977): Endemismos Canarios. Inventario de las plantas vasculares endemicas en la Provincia de Las Palmas. - ICONA. *Monografias* **15**, 436 S., Madrid.

KUNKEL, G. (1982): Los Riscos de Famara (Lanzarote, Islas Canarias). - I.C.O.N.A., *Naturalia Hispanica*, num. **22**, Madrid.

KUNKEL, G. (1980[1987]): Die Kanarischen Inseln und ihre Pflanzenwelt. - Fischer, Stuttgart. (2. Aufl.) - 202 S.

LEMS, K. (1958): Phytogeographic study of the Canary Islands. 2 Bnde, Dissert.Univ. Michigan, Ann Arbor, 204 u. 144 S., Michigan.

LINDINGER, L. (1926): Beiträge zur Kenntnis von Vegetation und Flora der kanarischen Inseln. - *Abhandl. Gebiet d. Auslandsk.*, Univ. Hamburg, Reihe C,8, Bd. **21**, 350 S., Hamburg.

LOPEZ GOMEZ, A. (1972): El cultivo del platano en Canarias. - *Estudios geograficos,* 33: 5-68.

MARZOL JEAN, M.V. (1988): La Lluvia: un recurso natural para canarias. - Servicio de Publicaciones de La Caja General de Ahorros de Canarias, N. 130, 220 S., Sta. Cruz de Tenerife.

MATZNETTER, J. (1958): Die Kanarischen Inseln. - *Pet. Mitt. Ergh.* 266, Gotha.

OBERDORFER, E. (1965): Pflanzensoziologische Studien auf Teneriffa und Gomera. - *Beitr. z. naturk.Forschung SW-Deutschlands* **24**: 47-104, Karlsruhe.

RIVAS GODAY, S. & F. ESTEVE CHUECA (1965): Ensayo fitosociologico de la Crassi-Euphorbietea macaronesica y Estudio de los Tabaibales y Cardonales de Gran Canaria. - *Anales des Inst.Botanico Cavanilles* **22**: 220- 339, Madrid.

RIVAS-MARTÍNEZ, S. (1987): Memoria del Mapa de Series de Vegetación de Espana 1:400 000. - Ed. Ministerio de Agricultura, Pesca y Alimentación. ICONA. Ser. Técnica. Madrid: 268 S.

SANTOS GUERRA, A. & M. FERNANDEZ (1980): Vegetacion en Atlas Basico de Canarias. - *Ed. Interinsular Canaria. S/C* de Tenerife.

SANTOS GUERRA, A. (1983): Vegetación y flora de La Palma - 348 S., Interinsular canaria, Santa Cruz de Tenerife.

SCHENCK, H. (1907): Beiträge zur Kenntnis der Vegetation der Canarischen Inseln. Mit Einfügung hinterlassener Schriften A.F.W.SCHIMPERS. - *Wiss. Ergebn. Dtsche. Tiefsee-Exped. 'Valdivia' 1898-1899,* Bd.2/1,3., Jena.

SCHMID, E. (1953): Beiträge zur Flora und Vegetation der Kanarischen Inseln. *Ber.Geobot. Inst. Rübel* f. 1953, Zürich, S. 28-49.

SCHÖNFELDER, P. & I. (1997): Die Kosmos-Kanarenflora. Franckh-Kosmos, Stuttgart, 319 S.

SCHÖNFELDER, P. & V. VOGGENREITER (1994): Zur Abgrenzung und Gliederung der Klassen Spartocytisetea supranubii cl. nov. und Cytiso-Pinetea canariensis auf Tenerife / Kanarische Inseln. - *Phytocoenologia* **24**: 461-493, Berlin-Stuttgart.

SUNDING, P. (1972): The vegetation of Gran Canaria. - *Skrift. Norske Vidensk.*- Akad. Oslo I. Math.-Nat. Kl. N.S., No. 29: 186 u. LIII S., Oslo.

VOGGENREITER, V. (1974): Geobotanische Untersuchungen an der natürlichen Vegetation der Kanareninsel Tenerife als Grundlage für den Naturschutz (Anhang: Vergleiche mit La Palma und Gran Canaria). - *Dissertationes Botanicae* **26**. 718 S., Cramer, o.O.

VOGGENREITER, V. (1987): Floristische Kartierung auf den Westkanarischen Inseln. - *Natur u. Landschaft* **62**: 385-388.

WALTER; H. (1970[1973]): Vegetationszonen und Klima. Ulmer Stuttgart, 253 S.

WEBB, P.B. & S. BERTHELOT (1836-1850): Histoire naturelle des Iles Canaries. - *Geographie botanique*. Tome **3**,2: Phytographia canariensis. 4 Teile, zus. 1403 S., Paris 1840.

1998	Higelke, B. (Hg.): Beiträge zur Küsten- und Meeresgeographie	Kieler Geographische Schriften, Bd. 97	S. 117-147

Die Gezeitenverhältnisse der Bay of Fundy (Kanada) in nautischer und meeresgeographischer Sicht

Walter M. Fietz und G. Kortum

1. Einführung

Die Gezeiten des Meeres sind eines der großartigen Naturphänomene unseres Planeten.Gleichzeitig stellen sie mit ihren geophysikalischen, meereskundlichen Aspekten, ihren morphologischen und ökologischen Auswirkungen und ihrer Bedeutung für Schiffsverkehr, Meeresnutzung und Küstenschutz sowie potentiellen Inwertsetzung der Gezeitenenergie ein hervorragendes Thema zur meeresgeographischen Betrachtung dar.

Meeresgeographie wird am Geographischen Institut der Universität seit der langjährigen Tätigkeit des zweiten Kieler Lehrstuhlinhabers Otto KRÜMMEL (1854-1912) betrieben, der neben dem lange Zeit maßgeblichen "Handbuch der Ozeanographie" (KRÜMMEL 1907/11) zahlreiche Beiträge zur Meereskunde verfaßte. Er gilt in Deutschland als Mitbegründer der Ozeanographie. Die geographischen Perspektiven hat er hierbei immer besonders betont. Zur Gezeitenkunde liegen mehrere Abhandlungen aus seiner Feder vor. Vor einem Jahrhundert (5. Mai 1897) übernahm er das Rektorenamt der Christian-Albrechts-Universität zu Kiel und hielt eine Antrittsrede über eines seiner Lieblingsthemen: "Über Gezeitenwellen" (KRÜMMEL 1897). 1889 folgte ein grundlegender Beitrag über "Erosion durch Gezeitenströme", der erstmals im deutschen geographischen Schrifttum auf die besonderen Verhältnisse der Tiden in der Fundy-Bai eingeht. Dem Aufsatz ist auch eine sehr schöne farbige Karte dieser vielfältigen Gezeitenlandschaft im Maßstab 1:845000 beigegeben, die Tiefenlinien bei Springtidenniedrigwasser, Fels- und Sandwatten sowie "Flutgröße bei Springzeit" in Metern verzeichnet (max. Wert hier 15,4 m bei Noel an der Südküste der Cobequid Bay im "Minen Bai" (entspricht Burntcoat Head in Übersichtskarte Abb. 1).

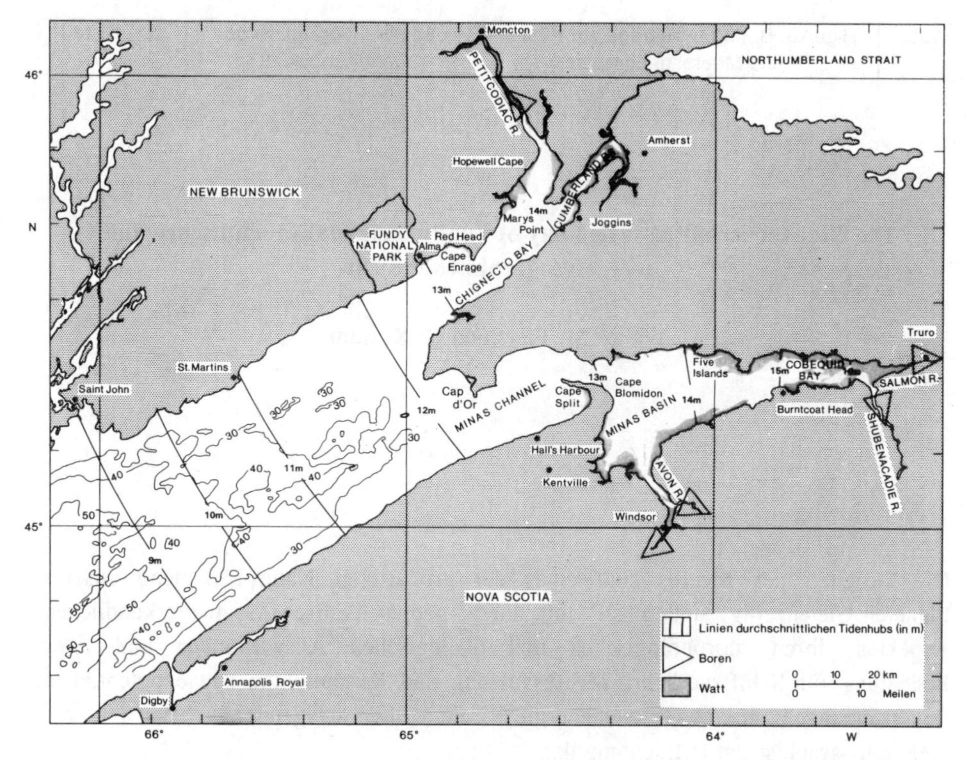

Abb. 1: Übersichtskarte mit der Bay of Fundy mit Linien gleichen Tidenhubs, auftretenden Boren und Wattflächen.

In seinem Handbuch behandelte KRÜMMEL ausführlich die Gezeiten der Bay of Fundy (Bd. II, 1911, S. 318-319) sowie unter dem Stichwort Flußgeschwelle die "Flutbrandung oder Bore" (S. 299-304), wobei er den Petitcodiacfluß aber nur beiläufig erwähnt.

Hiermit erschöpfen sich aber die bisher vom Kieler Geographischen Institut gelieferten Beiträge zur Erforschung der sich zwischen Neubraunschweig im Norden und Neuschottland im Süden erstreckenden rund 25 Seemeilen breiten und am Ostende in zwei flach auslaufenden und sich verengenden Buchten auslaufenden Bai nicht: 1955 behandelte Carl SCHOTT in dieser Schriftenreihe (Bd. XV, H.2) die kanadischen Marschen, die sich in einer Ausdehnung von rund 40.000 ha hauptsächlich in den inneren Ausläufern der Bay of Fundy befinden. Hierbei handelt es sich um eine der ältesten europäisch beeinflußten Kulturlandschaften Nordamerikas überhaupt. Bereits 1544 kreuzte John CABOT in der Bucht, es folgten baskische und portugiesische Fischer. 1604 landete CHAMPLAIN in der Bucht von Digby, wo durch die Franzosen 1606 mit Port Royal eine erste feste Niederlassung gegründet wurde (heute: Annapolis Royal). Dies war der Anfang der französischen Besiedlung in Kanada (vgl. CLARK 1968). Aus den Marschbereichen, besonders um Grand Pre, wurden die Akadier von den Briten vertrieben (vgl. LONGFELLOW's Epos "Evangeline"). Sie kehrten später zurück und siedeln heute, ihre Identität standhaft bewahrend, in kleinen Fischerorten mit großen Kirchen, hauptsächlch zwischen Yarmouth und Digby an der "French Coast". Man kannte erhebliche Gezeitenunterschiede aus der Heimat und war gewohnt, mit Ebbe und Flut zu leben. In Akadien, so nannte man den maritimen Küstensaum Kanadas bald, wurden bereits 1617 die ersten Deiche gebaut, ebenfalls in der Nähe von Annapolis unweit der heutigen Pilot-Gezeitenkraftwerksanlage, die in Europa seit dem Mittelalter bekannten ersten Gezeitenmühlen. Interessanterweise hat sich der Deichbau, wie SCHOTT herausfand, in der Neuen Welt nicht weiterentwickelt, so findet man dort noch heute Stakdeiche, wie sie für Europa nur aus historischer Überlieferung bekannt sind. SCHOTT umreißt einführend im Rahmen seiner sehr interessanten Studie auch die Gezeitenverhältnisse (1955, S.13 ff mit Kartenskizze) und geht auch auf die für den Bereich der Bay of Fundy so charakteristischen, aber den Siedlern aus ihrer französischen Heimat nicht unbekannten Boren (Flutbrandungen, Mascaret) ein. In Abb. 2 wird die regelmäßig mit dem Eintreten der Flut im Ästuar aufbauende und als 0,5 - 2 m hoher Wasserwall den Fluß mit etwa 15 km/h hinaufeilende Bore des Petitcodiac-Flusses für den 6. August 1898 dargestellt. Dieses Vordringen der Flutwelle flußaufwärts fand genau vor einem Jahrhundert statt.

Der Name war ursprünglich Bay of Cape Fundu, wobei "Fundu" gleichbedeutend ist mit "Split"; dieser bei Cap d'or gelegene Landvorsprung teilt die Bay of Fundy auf und bewirkt letztlich die besonderen Gezeitenverhältnisse. Die Boren und das Auftreten des höchsten Tidenhubs auf der Welt haben die Bay of Fundy berühmt und einmalig gemacht. Auch im Vergleich zu den weniger gigantischen heimischen Gezeiten an der Westküste und dem durch sie bedingten Wattenmeer, mit dem sich das Kieler Geographische Institut in neuerer Zeit durch Beteiligung an dem Forschungs- und Technologiezentrum (FTZ) Büsum der Universität Kiel befaßt hat, sind die Tidenverhältnisse im Bereich der Bay of Fundy von großem Interesse, denn auch dort gibt es durchaus ein flächenhaft ausgebildetes Wattenmeer, allerdings mit tief erodierten Prielen.

In der Lehre wird oft in Seminaren dieses Thema vergeben, die Bearbeitung war allerdings durch Schwierigkeiten in der Literatursuche behindert. Die Autoren, die nahezu zeitgleich, aber unabhängig voneinander den Küstenraum und die Bucht jeweils selbst erkundeten, haben versucht, ihre im September 1995 nautischen und meereskundlichen Betrachtungsweisen miteinander zu verbinden und alle relevante Literatur nachzuweisen. Die Darstellung selbst muß sich hier allerdings auf einige ausgewählte Aspekte beschränken, insbesondere können die morphologischen und ökologisch-umweltpolitischen Bereiche nur kurz angerissen werden. Nähern wir uns zunächst, wie die ersten französischen Siedler, dem Raum von See aus.

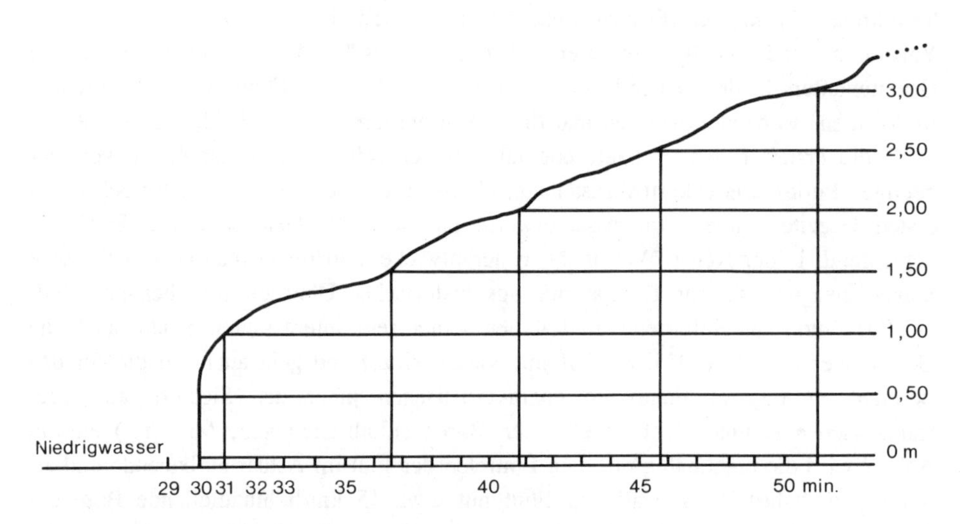

Abb. 2: Bore des Petitcodiac bei Moncton. Dieser Fluß ist bei Hochwasser auch für größere Schiffe befahrbar. Die Bore tritt regelmäßig 1 Stunde 38 Minuten vor dem Hochwasser in St. John ein (umgezeichnet nach SCHOTT 1955, Bore vom 6. August 1898, 5. Tide nach der höchsten Springtide, Vollmond am 2. August, Ankunft der Bore 12h 29 Min. 50 Sek.)

2. Die Einsteuerung in die Bay of Fundy und die Ansteuerung der verschiedenen Häfen

Die Einfahrt der Bay of Fundy wird zwischen der W-Küste von Nova Scotia und der Küste des US-Bundesstaates Maine durch Grand Manan Island in zwei Fahrwasser geteilt (vgl. entsprechende Seekarten BSH 447/8, Canada L/C 4010).

Das Hauptfahrwasser führt südöstlich zwischen Grand Manan und Brier Island durch das tiefe Grand Manan Basin. Zur Erhöhung der Schiffssicherheit und zur Verkehrslenkung ist hier das Verkehrstrennungsgebiet der Bay of Fundy Ansteuerung eingerichtet und zwingend vorgeschrieben. Diese Passage wird durch die Verkehrsleitstelle "Fundy Traffic" von St. John aus überwacht.

Das Fahrwasser westlich von Grand Manan verläuft durch den Grand Manan Channel und wird hauptsächlich von Schiffen, die nach Passamaquoddy Bay bestimmt sind, benutzt. Vom Grand Manan Channel aus gelangt man vorzugsweise über die Head Harbour Passage nördlich von Campobello Island und die Western Passage zwischen Moose Island mit dem US Hafen Eastport und dem westlich gelegenen Deer Island in die geschützte binationale Passamaquoddy Bay. Im nördlichen Ansteuerungsgebiet vom Grand Manan Channel wird dabei die steile und bewaldete Inselgruppe "The Wolfes" passiert. Schiffe haben überdies die Möglichkeit, über die westlich von Deer Island und der Festlandküste von New Brunswick gelegene Petite Passage in die Passamaquoddy Bay und weiter in den St. Croix River mit den Häfen: St. Andrews, Bayside und St. Stephen auf der kanadischen Seite des Flusses zu gelangen. Bei St. Stephen führt eine internationale Brücke über den Fluß in das amerikanische Städtchen Calais.

Eine weitere Zufahrt für kleinere Fahrzeuge unter ortskundiger Führung verläuft zwischen West Quoddy Head - mit seinem wohlbekannten Leuchtturm - einer schroffen Halbinsel im US-Bundesstaat Maine und der SE-Küste von Campobello Island durch die Quoddy Narrows und den Lubec Channel in die Western Passage südlich von Moose Island.

Die internationale Grenze zwischen den USA und Kanada verläuft durch die Quoddy Narrows östlich von West Quoddy Head und dann weiter durch die Lubec Narrows, den Western Channel, durch die Passamaquoddy Bay bis zum St. Croix River, dem Grenzfluß zwischen dem US-Bundesstaat Maine und der kanadischen Provinz New Brunswick.

2.1 Nordküste der Bay of Fundy

Der sich nach NE anschließende 72 sm lange Küstenstrich zwischen Letang Harbour und Martin Head, dem NW Eingang zur Chignecto Bay besteht aus bewaldetem Hügelland, und die Küsten sind überwiegend steil, felsig und mit Bäumen bestanden. Hier gibt es, mit Ausnahme der Hafen- und Umschlagplätze im Mündungsgebiet des Saint John-River keine weiteren Hafenplätze von überregionaler Bedeutung.

Die Hafenanlagen von Saint John mit dem Tiefwasserterminal Canaport haben internationale Bedeutung. Sie sind der Hafen schlechthin in der Bay of Fundy und deren Nebenbuchten.

Saint John liegt an der Mündung des größten Flusses in der Provinz von New Brunswick. Das Handels- und Wirtschaftszentrum von New Brunswick hat viele Industriebetriebe und einen wichtigen Hafen. Es zählt 114000 Einwohner, unterhält Handelsbeziehungen mit allen Teilen der Welt und verfügt selbst über eine

Zuckerfabrik, Schiffswerft, Ölraffinerie, zwei Zellstoff- und Papiermühlen sowie weitere Industriebetriebe.

Saint John (ohne 's'- Saint John's ist die Hauptstadt der Provinz von Neufundland) selbst wird jährlich von nahezu 600 Schiffen angelaufen und tätigt einen Umschlag von mehr als 8 Millionen Tonnen im Jahr. Die hauptsächlichen Importgüter bestehen aus Treibstoffen, Zucker, Schwermaschinen, Glas, Eisen, Nahrungsmitteln und Textilien. Die Hauptexportgüter sind Zeitungspapier, Holzprodukte, Salz, Kali, Zement, Kartoffeln, Asbest und Torf.

Westlich der Hafenanlagen weisen ein 192 m hoher Schornstein, drei bis zu 196 m hohe Funkmasten und östlich bei Cape Spencer der 157 m hohe Radarturm der Fundy Verkehrsleitzentrale und die zahlreichen weißfarbenen - aber auch radarauffälligen - Öltanks einer Raffinerie nördlich von Mispec Point schon von weitem, gute Sicht vorausgesetzt, den Weg zu dem, zumindest für ostkanadische Verhältnisse, großem Ballungszentrum.

Im äußeren Hafenbereich befindet sich die Ölumschlaganlage Canaport der Firma Irving. Hier werden Tanker an einer "monobuoy" festgemacht und über zwei Unterwasserleitungen gelöscht. Die Pumpkapazität beträgt 9100 cbm/h.

Zu den inneren Hafenanlagen führt, östlich von Patridge Island, eine 9 m tiefe Baggerrinne. Dortselbst finden sich ausreichende Liegeplätze für alle vorkommenden Warenumschläge einschließlich eines Containerterminals. Die landseitigen Hebegeschirre können Einzellasten bis zu 272 Tonnen bewegen, ein Schwimmkran eine solche von 136 Tonnen. St. John Harbour ist ein Gebiet mit extrem starker Gezeitenwirkung. Ströme mit 8 bis 9 Knoten Geschwindigkeit verursachen Tidenhübe von 8 bis 9 m.

Im Mündungsgebiet des St. John River treffen die salzwasserführenden Gezeitenströme auf die starke Frischwasserführung des Flusses. Das Zusammentreffen geschieht auf engstem Raum im Gebiet oberhalb der ersten Brücke, wo bei den 'Reversing Falls' kochende Strudel entstehen können, wenn der Fluß starkes Oberwasser führt. Oberwasser tritt gewöhnlich 24 Stunden nach starken Regenfällen, besonders aber im Frühjahr nach der Schneeschmelze auf.

In den beiden Trockendocks der ortsansässigen Schiffswerft können nahezu alle Schiffsgrößen aufgenommen werden. Das größere Dock hat eine Länge von 427 m, ist 38 m breit und eine Süllhöhe von 13 m. Vier Neubau- und Ausrüstungsplätze vervollständigen das Angebot.

Saint John unterhält einen internationalen Flughafen, hat Anschluß an zwei große transkontinentale Eisenbahnlinien, der Canadian National und der Canadian Pacific Railway, hat ferner Verbindung mit dem US- amerikanischem Eisenbahnsystem und verfügt über eine ganzjährige, tägliche Autofährverbindung über die Bay of Fundy mit Digby/Nova Scotia. Ferner erlauben gute Straßenanbindungen über den Trans-Canada-Highway den zunehmenden Truckverkehr mit den USA und anderen kanadischen Provinzen schnell und zügig abzuwickeln.

2.2 Chignecto Bay

Abb. 3: Einlaufende Bore des Avon Rivers bei Windsor (Nova Scotia). Die erste Welle ist ca. 60 cm hoch (Aufnahme G. KORTUM, September 1995).

NE-lich der Verbindungslinie Martin Head am Nordufer der Bay of Fundy und dem SE-lich gelegenen Cape Chignecto in Nova Scotia zweigt der flache als Chignecto Bay bezeichnete NO-Arm der Bay of Fundy ab. Etwa 15 sm innerhalb der Einfahrt teilt sich bei dem Vorgebirge Cape Maringouin diese Bucht erneut in die westliche Shepody Bay und das östliche Cumberlandbasin. Beide Buchten sind Flußmündungsgebiete mit geringen Wassertiefen. In die Shepody Bay mündet der bei

Hochwasser bis Moncton schiffbare Petitcodiac River, und das Cumberlandbasin kann - ebenfalls nur bei Hochwasser und mit genauer Ortskenntnis - bis in das Amherst Basin und durch die ausgedehnten Marschen bis nach Sackville/N.B. befahren werden. Am Nordufer der Chignecto Bay befindet sich der ausgedehnte Fundy Nationalpark bei der Siedlung Alma (Abb. 3) und der nicht minder interessante Rocks Provincial Park bei Hopewell Cape mit den berühmten 'Flowerpot-Felsformationen'.

2.3 Minas Channel

Der Minas Channel bildet die Einfahrt in das Minas Basin mit den Haupthäfen Parrsboro am Nordufer und dem am Avon River gelegenem Hantsport im Süden. Dieser Meeresarm erstreckt sich südlich von Cape Chignecto im Westen bis zum Cape Split im Osten. An seiner Nordseite liegen die Buchten Advocate Bay und Greville Bay, die von den Vorgebirgen Cape d'Or und Cape Spencer getrennt werden. In der Zufahrt zum Minas Channel liegt die 97 m hohe Felseninsel Ile Haute.

2.4 Minas Basin

Das Minas Basin erstreckt sich östlich der Verbindungslinie Cape Split im Süden und dem nordöstlich gelegenen Cape Sharp dicht westlich der auffälligen Insel Patridge Island. Die Einfahrt in das weitläufige Minas Basin ist nördlich von Cape Split 3 sm breit, das Fahrwasser ist von Bänken und Untiefen aus Treibsand eingefaßt, die sich unter dem Einfluß des Tidenhubs, der starken Gezeitenströme und des Eisgangs im Frühjahr verändern können.

Im Südteil des Basins münden die Flüsse Avon River (einlaufende Bore, Abb. 4) und Cornwallis River, während im Ostteil - in der trockenfallenden Cobequid Bucht - neben dem bekannten Shubenacadie weitere kleine Flüsse das Landgebiet nördlich von Truro entwässern.

Die bedeutenden Häfen Parrsboro und Hantsport können wegen des großen Tidenhubs bei Hochwasser auch von tiefgehenden Schiffen angelaufen werden. Die Schiffahrtsperiode dauert hier von April bis Dezember. In den Monaten Januar bis März wird die Schiffahrt im Minas Basin durch Eis behindert.

Die Gezeitenströme erreichen in der Mitte der Einfahrt 5 bis 6 sm/h, unter den Küsten jedoch 7 bis 8 sm/h.

Die Hafenplätze in diesem Seegebiet verfügen alle über ein sogenanntes Liegebett, auf dem die Schiffe bei Niedrigwasser aufsitzen.

Ähnliches gilt auch für den einstmals bedeutenden Apfelexporthafen Port Williams bei Wolfville. Hier wurden während der Erntesaison von 1933 28 seegehende Schiffe mit insgesamt 436 000 Fässern Äpfeln beladen. Sie stammen aus dem großen Obstanbaugebiet im Annapolis Valley, in dem u.a. die begehrte Sorte Gravenstein wächst. Diese und weitere Sorten waren während der ersten Hälfte des 19. Jahrhunderts durch den in Port Williams ansässigen Gärtner und Geschäftsmann Charles Ramage Prescott mit großem Erfolg in Nova Scotia eingeführt worden.

Abb. 4: Ebbe bei Alma: Der kleine Fischereihafen am Fundy National Park an der Nordküste der Bay of Fundy zieht neuerdings viele Touristen an. Hauptaktivität: Wattlaufen, Tidenhub ca. 12m (Aufnahme G. KORTUM, September 1995).

Der bedeutendste und umschlagmäßig größte Hafenplatz ist Hantsport am Avon River. Hier wird Gipsstein in großen Mengen verschifft. Die Förderbandanlage der dort ansässigen Fundy Gypsum Company hat eine Verladeleistung von 20000 Tonnen pro Stunde. Die Beladung erfolgt von drei Stunden vor Hochwasser bis zum höchsten Wasserstand, dann muß der Liegeplatz geräumt werden, um ein Trockenfallen zu verhindern.

2.5 Südküste der Bay of Fundy

Im Süden wird die Bay of Fundy durch die steilabfallenden NW-Küsten von Brier Island, Long Island und dem sich nach NE anschließenden Gebirgsrücken von Nova Scotia zwischen Digby Neck und Halls Harbour begrenzt. Zwischen den beiden erstgenannten Inseln führen die gut bezeichneten, ausreichend breiten und tiefen Durchfahrten in die St. Marys Bay, einem östlich der Einfahrt in die Bay of Fundy gelegenen Meeresarm. In der Grand Passage, der westlichen Durchfahrt zwischen Brier Island und Long Island mit der Ortschaft Westport auf Brier Island, läuft der Gezeitenstrom mit 5 bis 6 sm/h, in der Petit Passage, der östlichen Durchfahrt zwischen Long Island und Digby Neck mit der Ortschaft Tiverton auf Long Island erreicht der Gezeitenstrom gar 7 bis 8 sm/h und bildet bei entgegengesetzter Windrichtung gefährliche Stromkabbelungen. 17 sm NE-lich der Petit Passage gelangt man durch den engen Sund Digby Gut in das dahinter liegende Annapolis Basin. Dieses 11 sm lange Mündungsbecken des Annapolis Rivers ist von hohen Küsten umgeben, an seinen Ufern liegen die Hafenplätze Digby (Fischerei und Holzverschiffung) und oberhalb der Mündung des Annapolis River der bekannte Ferienort Annapolis Royal mit einem in der Nähe befindlichen Gezeitenkraftwerk. Von Süden kommend mündet der Bear River ebenfalls in dieses Meeresbecken.

Etwa 2 sm nördlich von Digby liegt der Fährterminal Rattling Beach an der Westseite des Digby Gut. Von hier besteht mit der Ro-Ro-Fähre "Princess of Arcadia" eine tägliche Schiffsverbindung mit St. John in New Brunswick.

Von Digby Gut bis Minas Channel verläuft die Küste in fast gerader Linie mit nur wenigen kleinen Einbuchtungen NO-wärts. Das bewaldete Hinterland ist 150 bis 200m hoch und bildet das natürliche Schutzschild für das südliche angrenzende, fruchtbare und weit über die Grenzen von Nova Scotia hinaus bekannte Obst- und Gemüseanbaugebiet im Annapolis Valley - kurz "Valley" genannt. Dieser Küstenstrich ist frei von gefährlichen Untiefen, der Gezeitenstrom setzt hier mit 2 bis 3 sm/h küstenparallel. Es gibt hier nur einige wenige kleine Hafenplätze, die auch nur von lokaler Bedeutung sind. Sie heißen Parker Cove, Chute Cove, Port Loren, Port George, Margaretsville, Morden, Canada Creek und Halls Harbour. Alle genannten Orte haben eine Gemeinsamkeit: Sie sind nur bei Hochwasser vom Wasser aus erreichbar, bei Niedrigwasser laufen diese Häfen völlig leer und liegen mitsamt ihrem die rechtzeitige Wiederausfahrt versäumten Inhalt "hoch und trocken" oberhalb der Niedrigwasserlinie.

3. Die Gezeiten in der Bay of Fundy

3.1 Allgemeines

Einige allgemeine Bemerkungen zu den Gezeiten des Meeres scheinen einleitend angebracht. Das Bild der irdischen Gezeiten wird durch eine ganze Reihe von Faktoren bestimmt. Es sind dieses in erster Linie die Anziehungskräfte von Mond und Sonne auf die Erde in Wechselwirkung mit den Fliehkräften, die bei der Drehung des Systems Erde-Mond um den gemeinsamen Schwerpunkt auftreten. Infolge der 81mal größeren Erdmasse liegt dieser Schwerpunkt innerhalb der Erde, und zwar 1700 km unterhalb der Erdoberfläche. Um ihn vollführt der Mond seine Bahn um unseren Planeten (DEFANT 1958, DIETRICH 1944, SAGER 1959, THORADE 1941; sowie Handbücher DIETRICH et al. 1975, GIERLOFF-EMDEN 1979, KRÜMMEL 1911).

Durch die größeren Anziehungskräfte des Mondes, diese sind nahezu doppelt so groß wie die der Sonne, schwingt der Gezeitenrhythmus nahezu im Gleichklang mit der scheinbaren Umlaufbahn des Mondes bzw. dem als Mondtag bezeichneten Zeitraum von 24 Stunden und 50 Minuten. Auf der Verbindungslinie Erde-Mond bilden sich auf den gegenüberliegenden Seiten der Weltmeere zwei Flutberge, die infolge der Erdrotation innerhalb eines Mondtages entlang der Oberfläche des Planeten wandern und hierdurch zwei Hochwasser und zwei Niedrigwasser an den meisten Orten der Erde verursachen. Diese Gezeitenform wird als halbtägige Gezeit bezeichnet. Sie herrscht fast allgemein an den europäischen Küsten vor. Tritt im Laufe eines Tages (Sterntages) nur je ein Hochwasser und Niedrigwasser auf, so spricht man von einer eintägigen Gezeit. Sie werden verbreitet im Pazifik und im Indischen Ozean angetroffen.

Darüber hinaus findet sich eine als gemischte Gezeit bezeichnete Gezeitenform, bei ihr weichen die im Laufe des Tages auftretenden Hoch- und Niedrigwasser sowohl in der Zeit als auch in der Höhe stark voneinander ab.

Da die Mondbahnebene und die Erdbahnebene - auch Ekliptik genannt - einen Winkel von reichlich 5° bilden, haben wir statt eines ebenen ein räumliches Problem. Hierdurch werden alle Berechnungen erschwert.

Auch die Sonne hat einen, wenn auch abgeschwächten Einfluß, auf die Ausbildung der Gezeiten. Im Wechsel der Mondphasen stehen fast alle 15 Tage Sonne, Erde und Mond in etwa derselben Richtung, so daß sich die Einflüsse der gezeitenerzeugenden Kräfte von Mond und Sonne, vereinfacht ausgedrückt, addieren. Dabei hat der Mond reichlich die doppelte Wirkung der Sonne. Die solaren und lunaren Flutberge bilden die Erscheinung der Springtide. Die kanadischen Küstenbewohner nennen diese:

"large tides" (große Gezeiten). Für gewöhnlich tritt dieses Ereignis zwischen einem und drei Tage verspätet und nach der astronomischen Konstellation ein, man spricht von der Springverspätung.

Zur Zeit der Mondviertel stehen Sonne, Erde und Mond etwa im rechten Winkel, hierdurch wird die Anziehungskraft des Mondes durch die Gravitationskraft der Sonne abgeschwächt. Als Folge hat man die Erscheinung der Nipptiden. In den (kanadischen) Gezeitentafeln wird das arithmetische Mittel von Spring- und Nipptide als Mittelwasserhöhe ausgewiesen.

Darüber hinaus gibt es viele weitere Faktoren, die Gezeiten beeinflussen. So erzeugt die Veränderung der Deklination eine als tägliche Ungleichheit bezeichnete Veränderung des Wasserstandes. Eine Veränderung der astronomischen Bahndaten bewirkt eine Ab- oder Zunahme der Wasserstände über Monate oder Jahre. Steht der Mond im Perigäum (Bahnpunkt in Erdnähe) so werden die Gezeitenhöhen um einige Prozentpunkte erhöht und wenn das Perigäum mit der Springzeit zusammenfällt, was wiederholte Male im Laufe eines Jahres geschieht, so entstehen die noch weiter erhöhten perigäischen Springfluten. All diese astronomischen Größen werden bei der Berechnung der Gezeitentafeln entsprechend berücksichtigt.

Die Eigenschwingungsperiode des Atlantischen Ozeans beträgt 12,6 Stunden, das bewirkt, daß die halbtägigen Gezeiten, mit einer Eigenperiode von 12 Stunden 25 Minuten, verstärkt werden, während die eintägigen Gezeiten nur abgeschwächt in Erscheinung treten. Hierdurch werden die atlantischen Gezeiten hauptsächlich als halbtägige Gezeiten ausgebildet.

Bei der Annäherung der Gezeitenwellen an die Küste, werden diese mannigfaltig umgelenkt, durch Reibung über flacheren Gewässern geschwächt und unterliegen auf der rotierenden Erde dem Einfluß der ablenkenden Kraft der Erdumdrehung (auch Corioliskraft genannt).

Schließlich haben große und kleine Meeresbecken ihre Eigenschwingungszeiten, die sich beachtlich auswirken können, wenn ihre Schwingungsdauer mit derjenigen der mond- und sonnenseitigen Gezeitenkräfte annähernd und direkt übereinstimmt. Die Bay of Fundy ist ein typisches Beispiel für die Verstärkung der Gezeiten durch Resonanz.

In den Mündungsgebieten und auf den Flußläufen selbst herrschen völlig andere Verhältnisse, so daß die Gezeitenkurve dort eine beträchtlich abweichende Form annimmt. Außerdem treten hier jahreszeitlich bedingte Schwankungen der

Wasserstände augenfällig in Erscheinung, auch sie finden bei den Vorausberechnungen Berücksichtigung.

Desweiteren kann man die gesamte Bay of Fundy, besonders aber die davon abzweigenden Endbuchten Chignectobay und Minas Basin als einen Kanal betrachten. Wenn in einem solchen Kanal das Ansteigen des Meeresbodens bis zur Oberfläche des Wassers fortschreitet, d.h. wenn sich dem Fortschreiten der Welle eine Barriere entgegenstellt, so tritt eine reflektierte Welle auf, welche in Verbindung mit anderen Ursachen bewirken kann, daß in der Nähe des Endes des Kanals das Wasser zu außerordentlicher Höhe aufgestaut werden kann. Die Theorie ergibt, daß bei Abwesenheit von Reibung die Welle eine stehende ist, d.h. daß in allen Teilen des Kanals alle Phasen der Welle z.B. Hoch- oder Niedrigwasser, zu gleicher Zeit eintreten werden. Durch das Hinzutreten der Reibung wird die Welle zu einer fortschreitenden, durch die Phasen der Welle um kurze Zeit verspätet vom Eingang bis zum Inneren der Bucht gelangen.

Der stetig ansteigende Meeresboden in den Buchten bewirkt sowohl eine Veränderung der Form als auch der Fortpflanzung der Welle. Diese wird (von Tal zu Berg gerechnet) höher bewirkt und zugleich, daß ihre Länge (von Berg zu Berg gemessen) kleiner wird. Der allgemeine Charakter der Welle wird dadurch steiler als vorher, sie erscheint also gleichsam nach ihrer Länge zusammengedrückt. Die Theorie ergibt für ein langsames Ansteigen des Meeresbodens das Gesetz: daß die Höhe der Welle wächst im umgekehrten Verhältnis der biquadratischen Wurzel aus der Tiefe, und daß die Länge der Quadratwurzel aus der Tiefe proportional ist. Diese rein theoretische Betrachtungsweise ist nur unter großen Einschränkungen auf die Praxis übertragbar.

Wenn die Höhe der Welle zu der Tiefe des Wassers ein nicht zu vernachlässigendes Verhältnis hat, d.h. also wenn die Tide verhältnismäßig hoch ist, ein Fall, der in allen Flüssen eintritt, so wird hierdurch die Vorderseite der Welle steiler als die Rückseite, und als Folge hiervon nimmt das Steigen des Wassers kürzere Zeit in Anspruch als das Fallen, und zwar wird dieser Unterschied flußaufwärts immer größer. Unter den entsprechenden Voraussetzungen, daß 1. eine hohe Flut, die sehr schnell steigt (deren Vorderseite also steil ist) in den Fluß eintritt, und das sich 2. ausgedehnte Untiefen finden, auf denen bei Niedrigwasser nur eine geringe Wassertiefe ist, oder die eben trocken fallen, erfolgt die Ausbildung einer Flutbrandung ("Stürmer", engl. bore, franz. mascaret oder barre, auf dem Amazonas Pororoca genannt). Diese besteht darin, daß das Wasser in heftiger, laut rauschender Brandung über die flachen Uferbänke dahinströmt, während in der tiefen Mitte des Flusses die Welle wie eine Mauer schnell flußaufwärts rückt, hier aber in der Regel nicht bricht. Mitunter folgen dieser ersten Welle noch eine zweite und dritte Welle, welche alle in derselben Weise, nur jedesmal schwächer über die flacheren Stellen im Flußbette branden, während in der Mitte des Stromes die ungebrochene steile Welle rasch flußaufwärts rückt. Derartige Wellen werden in Europa auf dem Severn, der Seine und der Gironde beobachtet, berühmt und berüchtigt sind die Boren auf dem Amazonas und einigen Nebenflüssen sowie auf dem Tsien-tang kiang an der Hangtschou-Bucht. Darüber hinaus sind alle in die Chignetcobai und in das Minas Basin einmündenden Flüsse von diesen eindrucksvollen Naturerscheinungen betroffen.

Auch ist die horizontale Begrenzung nicht ohne Einfluß auf die Tiden. Wenn sich ein Kanal, wie es bei Flüssen und Flutbecken (Ästuarien) meistens der Fall ist, nach aufwärts, also in der Richtung, in welcher die Flutwelle fortschreitet, verengt, so ist die Wirkung die, daß die Höhe der Tide vergrößert wird, wenn die Verengung so rasch vor sich geht, daß sie die verkleinernde Wirkung der Reibung übertrifft, was in Ästuarien meistens der Fall ist.

Weitere Veränderungen der Wasserstände, die aufgrund abweichender meteorologischer Bedingungen entstehen, sind langfristig nicht vorherberechenbar. Im allgemeinen gilt aber die Feststellung, daß auflandige Winde und ein niedriger Barometerstand die Wasserstände örtlich erhöht, während ablandige Winde und ein hoher Barometerstand, die Wasserstände lokal erniedrigt. Bei erhöhtem Wasserstand infolge auflandiger Winde spricht man auch von "Windstau". Durch extreme Großwetterlagen können die Wasserstände in einem großen Seegebiet sowohl erhöht als auch erniedrigt werden. Auch kleinräumige Wasserstandsschwankungen dieser Art können mit großer Amplitude auftreten. Sie werden im deutschen Sprachraum als "Seebären" bezeichnet. Die Bezeichnung "Bär" ist hierbei eine Verballhornung des niederdeutschen Wortes boeren = heben. Auch sie wurden in der Bay of Fundy wiederholte Male beobachtet, ohne daß die ortsansässigen Berichterstatter hierfür eine Erklärung hatten.

3.2 Die Gezeitenwerte im einzelnen

Die Gezeitenerscheinungen werden somit periodisch, d.h. regelmäßig wechselnd, aber auch so vielgestaltig und verwickelt und an manchen Küsten so gewaltig, durch folgende Umstände beeinflußt.

- Die gegenseitige Lage der drei Gestirne Erde, Mond und Sonne zueinander ändert sich fortwährend.

- Die Drehung der Erde um ihre Achse bringt die einzelnen Teile der Weltmeere in immer neue, wechselnde Lagen zu Mond und Sonne.

- Die Drehung der Erde lenkt die Gezeitenströme ab.

- Die gezeitenerzeugenden Kräfte ergreifen nicht nur das Wasser an der Oberfläche, sondern in seiner ganzen Tiefe bis zum Meeresboden. Hierdurch werden sehr große Wassermassen in Bewegung gesetzt.

- Die mannigfachen Formen der Küste und der Meeresbecken stellen einen starken Eingriff in die Gezeitenerscheinungen dar und

- die Gezeitenerscheinungen benachbarter Meeresteile beeinflussen einander, insbesondere üben die großen Ozeane einen beherrschenden Einfluß auf die Nebenmeere aus.

Die beiden letztgenannten Punkte haben einen besonders großen Einfluß auf die Gezeitenerscheinungen in der Bay of Fundy und tragen dazu bei, daß in diesem Seegebiet der höchste Tidenhub der Erde beobachtet wird und es gibt wohl keine Veröffentlichung über Gezeiten, die diese Tatsache nicht gebührend würdigt.

Bezüglich der Gezeiten im Bereich der Bay of Fundy wird auf die offizielle Tidentabelle (Canadian Fisheries etc. 1995, S. XXXV) verwiesen. Außerdem liegen über die Gezeiten aus diesem Gebiet folgende Arbeiten vor: BUNDY 1935, GARRETT 1972, MARMER 1922, ZAHL 1957; vgl. auch PLANT 1985). Darüber hinaus wird insbesondere auf BURZYNSKI/MARCEAN (1994) verwiesen.

Ein mit den Gezeitenverhältnissen vertrauter Beobachter wird den grundsätzlich bestehenden Unterschied bei den Tidenhöhen (der Unterschied des Wasserstandes bei Niedrig- und Hochwasser oder Tidenhub) zwischen der amerikanischen Ostküste und der europäischen Westküste leicht bemerken: im allgemeinen ist der Tidenhub an der europäischen Küste größer als an der nordamerikanischen.

Betrachtet man jedoch allein die nördlichste der drei großen Buchten zwischen Florida und Nova Scotia, nämlich die zwischen Nantucket und der Südküste von Nova Scotia (mithin den Golf von Maine), so stellt man fest, daß diese Bucht stark gegliedert ist und demgemäß hier besondere Erscheinungen anzutreffen sind. Innerhalb der eigentlichen Bucht zeichnet sich eine Anschwellung im Tidenhub ab, deren Scheitel jedesmal dem Scheitel der Bucht entspricht.

Nantucket	1.0 m
Portland	2.8 m

Kap Sable	2.3 m
Shelburne	1.9 m

Die von hier aus nach Norden abzweigende Bay of Fundy stellt einen besonderen Fall dar. In ihr werden die höchsten bekannten Tiden der Welt beobachtet. Diese Bucht, welche man passender einen Kanal nennen kann, erstreckt sich mit nahezu einander parallelen Küsten etwa 220 km ins Land hinein und teilt sich dann bei Kap Chignegto in zwei abflachende enge Buchten, die noch 60 und 70 km weiter ins Land hinein schneiden. In diesem Kanale kommen nun sehr hohe Fluten zustande, indem der Tidenhub von dem Eingange bis zum Inneren der Bucht sehr erheblich zunimmt, wie folgende Zahlen beweisen:

Küste von Nova Scotia

Ort	Hafenzeit	Tidenhub
Kap Sable, Seal I.	09 h 49 min	3,5 m
Yarmouth	10 h 09 min	4,4 m
West Sandy Cove	10 h 47 min	6,0 m
Black Rock	11 h 29 min	10,2 m
Horton Bluff	00 h 30 min	13,4 m
Noel Bay	00 h 41 min	14,4 m

Küste von New Brunwick

Ort	Hafenzeit	Tidenhub
Machias Seal I.	11 h 05 min	5,0 m
Grand Manan	11 h 07 min	5,8 m
L' Etang Hafen	11 h 19 min	6,6 m
St. John	11 h 21 min	7,6 m
Kap Chignecto	11 h 35 min	10,3 m
Moncton Eisenbahn	00 h 15 min	12,8 m

Zugleich sieht man an diesen Zahlen, daß die Eintrittszeit des Hochwassers vom Eingang bis zum Inneren der Bay sich verhältnismäßig nur wenig (etwa 2 bis 2 1/2 Stunden) verspätet. Die Angaben der Hafenzeit sind in Ortszeit und die Tidenhübe sind die mittleren, für Springflut können die Zahlen von 0,5 bis 1,5 m höher, für Nippflut um ebenso viel kleiner sein; Sturmfluten werden noch größere Unterschiede bewirken.

Die Gezeiten an der atlantischen Küste von Nova Scotia

In diesem Seegebiet treten, wie überall, neben der halbtägigen Gezeitenform auch die eintägige Gezeitenform auf. Der gesamte Tidenhub liegt hier durchschnittlich zwischen 1,5 m und 2 m.

Die Gezeiten im Golf von Maine

Beim Eintreffen der Gezeitenwellen aus dem freien Ozean in den Golf von Maine erfahren sie beträchtliche Veränderungen. Zum einen tritt das Hochwasser an dem Küstenabschnitt zwischen Boston und Bar Harbour vier Stunden später als an der atlantischen Küste von Nova Scotia ein und der Tidenhub ist hier nahezu verdoppelt. Der schnelle Wechsel der Hochwasserzeiten und die signifikante Zunahme der Gezeitenhöhen sind an der Südküste von Nova Scotia besonders augenfällig.

Die Gezeiten in der Bay of Fundy

Die Gezeitenwellen aus dem Golf von Maine dringen weiter in die Bay of Fundy vor. Die stetige Abnahme der Wassertiefen zum inneren Teil der Bucht und die daraus resultierende Reduzierung des wirksamen Querschnitts bewirkt, daß der Tidenhub sowohl der halbtägigen als auch der eintägigen Gezeit stetig zunehmen. Die wichtigsten Faktoren bilden allerdings die Längenausdehnung und die Tiefe der Meeresbucht, denn sie beinhalten die Vorgaben zur Entstehung der wirksamen Eigenschwingung. Die Eigenschwingungsperiode in der Bay of Fundy stimmt nahezu mit den halbtägigen Gezeitenkräften überein. Hieraus resultiert, daß der mittlere Springtidenhub in den oberen Teilen der Chignecto Bay und im Minas Channel ungefähr 11.3 m beträgt und damit ein vielfaches der im Golf von Maine mit ca. 3.0 m festgestellten Werte ausmacht.

Die Gezeiten im Petitcodiac River

Die Gezeiten im Inneren der Bay of Fundy breiten sich auch in den Flußmündungen der Flüsse aus. So dringen sie im nordwestlichen Teil der Chignecto Bay in den Petitcodiac River bei Moncton, in die in das Cumberland Basin mündenden Flußläufe des Missaguash bei Amherst und des River Herbert sowie in der Cobequid Bay in den Salmon River bei Truro, den Shubenacadie bei Black Rock und ferner in die Mündung des in das Minas Basin entwässernden Avon River (Hansport / Windsor) und dem Gasperau River bei Wolfville.

Beim Eintritt der Gezeitenwelle in diese Flüsse wird der untere Teil der Welle durch den Anstieg des Flußbettes fortlaufend abgeschnitten. Der obere Teil der Welle hingegen wird aufgrund der Reibung und dem veränderten Querschnitt des Flußbettes verstärkt ausgeprägt.

Durch das Zusammentreffen von starken Gezeitenströmen und großen Tidenhüben in Verbindung mit der Breite, der Tiefe und dem Gefälle des Flußbettes entstehen im Petitcodiac und wenn auch weniger ausgeprägt in den anderen Flußmündungen sogen. Boren. Diese entstehen nur unter bestimmten Voraussetzungen der oben genannten Fakten. Die zunehmende Reibung bei ablaufendem Wasser in den relativ flachen Flußbetten bedingt, daß der seewärts gerichtete Abfluß und das Fallen des Wasserstandes weit über den eigentlichen Niedrigwasserstand in der Flußmündung andauert. Der seewärts gerichtete Abfluß verhindert zunächst den Eintritt der Flut und bildet so eine ziemlich steile Wasserfront. Erst wenn die einkommende Flutwelle eine ausreichend große Wasserbarriere aufgebaut hat, überwindet sie den seewärts gerichteten Ausstrom und steigt in Form einer Bore den Fluß aufwärts. Mit dem Passieren der Bore wird die Stromrichtung umgekehrt, der Wasserstand steigt innerhalb weniger Minuten beträchtlich, um sich dann auf eine normale Steigrate bis zum Erreichen des Hochwassers einzupendeln. Im Petitcodiac River erreicht die Bore 3 Stunden 30 Minuten vor Hochwasser die Stadt Moncton und erreicht zum Zeitpunkt der höchsten Tiden eine Höhe von nahezu 1.2 m (4 Fuß). Bei kleinen Gezeiten bildet sich die Bore lediglich als eine etwas stärkere Stromkabbelung von nur wenigen Zentimetern Höhe aus (zu den Boren vgl. KINKLER 1926 und LYNCH 1982, s. Abb. 2 und 3).

Die jährlich von der Britischen Admiralität herausgegebenen Gezeitenvorausberechnungen heben auch 1996 die Bore im Petitcodiac besonders heraus: wenn der Wasserstand bei Springtiden bei Cape Hopewell die Höhe von 12.5 m überschreitet, so bildet sich ca. 10 sm oberhalb von Hopewell Cape eine Bore, die mit ca. 8 Knoten fortschreitet und erst in der Nähe von Salisbury endet. (Anm: seit einigen Jahren ist bereits vorher, bei Moncton, der Petitcodiac River durch ein Flutsperrwerk abgedämmt worden). Die Bore trifft in Moncton 1 Stunde 38 Minuten vor dem Hochwasser St. John ein. Während Perigäum-Springtiden (Mond in Erdnähe) kann ihre Höhe 1.5 m übersteigen, bei mittleren Springtiden ist sie ca. 1 m hoch und zu Zeiten von Apogäum-Nipptiden (Mond in Erdferne) sind es kaum mehr als größere Rippeln.

Minas Basin

Die Gezeiten breiten sich von der Bay of Fundy in das Cumberland Basin und in das Minas Basin aus. Pegelregistrierungen zeigten, daß die Springtiden im Perigäum bei Burntcoat Head eine Höhe von 16.4 m und in der Cobequid Bay eine Höhe von 16.8 m erreichten. Das sind die höchsten beobachteten Gezeiten der Erde. Bei der

Ausbildung der Gezeitenhöhe hat allein der Abstand des Mondes zur Erde einen Einfluß von 2.4 m. Somit hat die Entfernung des Mondes von der Erde einen größeren Einfluß als die Mondphase. Diese Tatsache ist eine entscheidende Charakteristik der Gezeitenerscheinungen der gesamten Bay of Fundy und dem Golf von Maine.

Horizontale Wasserbewegungen

Die Strömungen werden hauptsächlich durch die folgenden drei Komponenten hervorgerufen:

- Gezeitenstrom,
- Meeres- und Flußströmungen,
- durch Wind verursachte Strömungen.

Über die Strömungen und ihre Auswirkungen arbeiteten nach KRÜMMEL (1889) insbesondere DAWSON (1899), AMOS/TEE (1989) und TEE/AMOS (1991).

Während die Gezeitenströme beim Vorliegen der erforderlichen Basisdaten hinreichend genau vorausberechnet werden können, unterliegen die Meeres- und Flußströmungen klimatischen und anderen schwer vorhersagbaren Änderungen. Die durch den Wind angefachten Strömungen sind allein vom Einfluß der sie verursachenden meteorologischen Störungen abhängig. Diese drei Komponenten können sich sowohl gegenseitig abschwächen als auch verstärken und tragen somit zur Komplikation der Strömungsvorgänge bei, die überdies noch vom Küstenverlauf, der Wassertiefe und den meteorologischen Verhältnissen abhängig sind.

Südöstlich von Nova Scotia berühren sich der zwischen den Breitenparallelen von 35° bis 40° nach ENE abgelenkte warme Golfstrom und der arktisch kalte von Norden dicht unter Land einströmende Labradorstrom.

In der Bay of Fundy herrschen überwiegend durch die Gezeiten verursachte Strömungen vor, sie setzen im allgemeinen längs der Küsten in die Bucht ("up the Bay") oder aus der Bucht ("down the Bay") heraus. Die Entfernung des Mondes zur Erde (Perigäum/Erdnähe und Apogäum/Erdferne) beeinflußt die Stärke der Gezeitenströme genau wie der Wechsel der Mondphase von Spring- zur Nippzeit. Die Gezeitenströme reichen bis in größere Tiefen und sind in 30 Faden Tiefe (55 m) genauso ausgeprägt wie an der Oberfläche. Die Stärke der Gezeitenströme und die Zeiten der Stillwasser können, besonders in der Nähe von Inseln und in der Nähe von engen Durchfahrten, auf engstem Raum beträchtlich voneinander abweichen.

Diese richtig zu erkennen und einzuschätzen erfordert eine langjährige praktische Erfahrung und wird von den dort seßhaft gewordenen Küstenbewohnern täglich erneut und erfolgreich unter Beweis gestellt.

Der Hafen von Saint John / New Brunswick

Die horizontalen und vertikalen Wasserbewegungen im Gebiet um Saint John stellen einen Sonderfall der ozeanographischen Verhältnisse in einem Flußmündungsgebiet dar (GODIN 1991). Beim Zusammentreffen eines Süßwasserflusses mit dem Salzwasser des Ozeans entsteht eine Dichteströmung bei der Vermischung der beiden Wasserkörper. Das geschieht in nahezu allen Flüssen der Erde, wobei sich dieser Prozeß über viele hundert Meilen erstrecken kann, im Saint John River hingegen läuft dieser Vorgang nur innerhalb weniger Meilen ab. Hierdurch sind die Strömungen und Stromwirbel in diesem Seegebiet nur sehr schwer vorhersagbar.

Die hydraulischen Vorgänge im Hafengebiet von Saint John können am besten durch einen Keil salzreichen Wassers veranschaulicht werden, der unter dem Einfluß der Tide unter das Flußwasser vordringt und sich wieder zurückzieht. Bedingt durch den Dichteunterschied dieser beiden Wassermassen entsteht ein Dichtestrom, in dem sich das salzreichere Seewasser unter das leichtere Flußwasser schiebt, an der Grenzfläche entstehen nach oben hin Vermischungen und Verwirbelungen, die zu einem Ausstrom des Brackwassers führen, was wiederum zu einem vermehrten Einstrom von Tiefenwasser führt. Der so erzeugte Unterstrom kann eine Geschwindigkeit von 1.8 Knoten erreichen.

3.3 Gezeiten und Boren als Touristenattraktion

Die maritimen Provinzen Kanadas, so auch besonders der Bereich der Bay of Fundy, sind zu einem wichtigen Feriengebiet für Kanadier und Besucher aus den nordöstlichen US-Staaten geworden. Die grandiose Gezeitenlandschaft hat viele ökologische und kulturelle Reize aufzuweisen.

Die Mascarets (Boren) sind heute zur touristischen Attraktion geworden und werden entsprechend vermarktet: In Moncton wird das Eintreffen der Bore auf einer großen Digitalanzeigetafel an der Hauptstraße angezeigt. Besonders am Tidal Bore Park ist sie gut zu beobachten. Nachts ist ihr tosender Durchgang bei Flutlicht ein besonderes Schauspiel, das immer wieder auch von Einheimischen gerne bewundert wird. In älterer Zeit nutzten die Seeschiffe die Bore zum Anlaufen von Moncton.

In der ländlichen Umgebung der Flußmarschen am Avon River südlich von Windsor ist das Eintreffen der Bore besonders eindrucksvoll zu beobachten (Abb. 3). Das örtliche Touristenbüro verteilt Faltblätter mit den Borezeiten (Tidal Bore Schedule for Tidal View Farm, bei Mantua Bridge am Nordufer des Flusses). Ein Bauer hat hier ein primitives, aber umso sehenswerteres Gezeitenobservatorium eingerichtet und gibt gerne (gegen Trinkgeld) ausführliche Informationen über die Bore nach seinen langjährigen Erfahrungen (Hinweis: Tidal Times may vary 10 - 15 minutes either way due to weather conditions.)

Am Schubenacadie läuft die Bore besonders schnell und weit flußauf. Hier hat die Firma Tidal Bore Rafting Ltd. vor 14 Jahren einen Tidal Bore Park mit Campingeinrichtungen aufgebaut und bietet als besondere Attraktion Tidal Bore Rafting in motorgetriebenen Schlauchbooten an, mit denen man auf nicht ganz ungefährlicher Weise auf der eintreffenden Welle flußauf reiten kann (Werbespruch: "Ride in the Wake of the World Famous Bay of Fundy Tidal Bore"). Entsprechende Handzettel erklären vor Ort in allgemein verständlicher Form die Ursachen der Borenbildung. In dem Fahrtplan finden sich die vorausberechneten Eintrittszeiten der Bore (Zusatz: "The bigger bores can arrive up to 10 minutes before scheduling"). In St. John werden Reversing Falls Tide Tables verteilt, die die Erscheinung der wechselnden Fallrichtung des Wassers an den Stromschnellen erklären und die Zeiten für Slack Times (Stillwasser) bei Hoch- und Niedrigwasser angeben. Nur zu diesen Zeiten kann die Flußeinfahrt für etwa 20 Minuten von Schiffen benutzt werden.

4. Energiegewinnung aus Ebbe und Flut - Projekte von Gezeitenkraftwerken

Die gewaltigen Energiereserven der Gezeiten haben immer wieder dazu verlockt, Projekte zu ihrer Ausnutzung zu entwerfen, zumal diese Energie - von den üblichen Schwankungen der Gezeiten abgesehen - in stets unverändertem Umfang zur Verfügung steht. Man hat sie manchmal scherzhaft "Blaue Kohle" genannt (vgl. zum folgenden: BAKER et al. 1984, BEHRENDT 1976, CONLEY/DABORN 1983, DABORN 1977, GORDON/DADSWELL 1984, GORDON 1994, GREENBERG 1987, HILDEBRANDT et al. 1980, PRANDLE 1979).

Bereits im 12. Jahrhundert wurden an den europäischen Küsten des Atlantiks durch die Gezeiten betriebene Wassermühlen eingesetzt. In der einfachsten Form wird dabei das Gezeitenhochwasser bei Erreichen des höchsten Wasserstandes durch einen Damm abgesperrt und während der anschließenden Ebbtide wieder freigegeben, sobald sich ein ausreichender Höhenunterschied zwischen den beiden Wasserspiegeln herausgebildet hat. Die meisten dieser Mühlen nutzten die Gezeitenkräfte, um damit über ein Wasserrad ein Getreidemahlwerk anzutreiben. Die älteste dieser Art ist in der neuen Welt als Getreidemühle aus dem Jahre 1607 - zur Zeit von Samuel de Champlain - am Lequille River in der Nähe von Annapolis Royal nachgewiesen.

Kanadische Techniker diskutierten bereits 1910 die Möglichkeit, die Energie der Fundy-Gezeiten zu nutzen. Professor Ralph P. Clarkson, Inhaber des Lehrstuhls für Physik an der Arcadia Universität, unterbreitete 1915 den Vorschlag, bei Cape Split eine Wasserturbine zu installieren, um dort die täglich in das Minas Basin einströmenden Wassermassen zu nutzen. Der Einstrom beträgt hier 8 Kubikkilometer pro Tide, was einem Energievolumen von 8000 Lokomotiven entspricht. Clarkson's Projekt scheiterte, nachdem der Prototyp am 2. Dezember 1920 durch Feuer zerstört worden war.

In den dreißiger Jahren begann die Roosevelt-Administration in einem Gemeinschaftsprojekt mit Kanada, den Bau eines Gezeitenkraftwerkes an der Grenze zwischen dem US-Staat Maine und der kanadischen Provinz New Brunswick. Die große Depression verhinderte allerdings die Fertigstellung. In den fünfziger bis in die siebziger Jahre wurden diese Pläne wiederholt aufgegriffen, aber jedesmal aus Kostengründen wieder verworfen.

1966 gab die kanadische Regierung eine Studie für den Bau eines Gezeitenkraftwerkes in Auftrag. Hierbei wurden 27 Gebiete untersucht und anschließend die Buchten der Shepody Bay, das Cumberland Basin und die Cobequid Bay im Rahmen einer Wirtschaftlichkeitsuntersuchung unter die Lupe genommen. Hierbei wurde festgestellt, daß die Aufgabenstellung zwar technisch realisierbar ist, aber wirtschaftlich nicht mit konventionellen Wasserkraftwerken konkurrieren kann.

Während die Amerikaner und die Kanadier weiterhin zögerten, wurde in Frankreich das erste größere Gezeitenkraftwerk in der Mündung der La Rance in der Bucht von Mont-Saint-Michel gebaut und 1967 erfolgreich in Betrieb genommen. Die Anlage erzeugt über 24 Turbinen, deren Schaufelraddurchmesser jeweils 6 m beträgt, eine Leistung von 240 Megawatt (MW).

Die Auswirkungen der OPEC-Ölkrise Anfang der siebziger Jahre veranlaßten die Kanadier, die alten Pläne wieder hervorzuholen. Die derzeitigen Untersuchungen favorisierten nunmehr die Gebiete im Minas Basin oder das Cumberland Basin. Das Cumberland-Projekt war mit einer Leistung von 1085 MW geplant und damit fünfmal so stark wie das französische bei La Rance. Es wäre in der Lage, die Hälfte des elektrischen Energiebedarfs der Provinz von Nova Scotia abzudecken. Das Minas Projekt war für eine Leistung von 4560 MW ausgelegt. Es würde damit die doppelte Menge der derzeitig mit herkömmlichen Methoden in ganz Nova Scotia erzeugten elektrischen Energie ausmachen. Es wäre das leistungsfähigste vom Wasser gespeiste elektrische Kraftwerk der Erde. Die Planungen sahen einen acht Kilometer langen Damm vor, der die Cobequid Bay zwischen Economy Point und Tennyscape abriegelte. Der Damm sollte aus mehr als hundert Betonsenkkästen bestehen, deren jeder einzelne mehr als 50000 Tonnen wiegt und 59 x 40 Meter mißt. Die komplett vorgefertigten Bauteile sollten in Ufernähe gebaut und ausgerüstet werden und dann an ihre vorgesehene Position geschleppt und anschließend vor Ort abgesenkt werden. Als Turbinen waren 128 Einweg-Turbinen-Systeme vorgesehen, die nur während der Ebbphase der Gezeit operieren sollten (in La Rance wird durch Zweiweg-Turbinen-Systeme sowohl die Flut- als auch die Ebbphase ausgenutzt). Eine entsprechende Konfiguration war auch für Fundy in Erwägung gezogen worden, mußte aber aus Kostengründen verworfen werden. Der Damm sollte über 97 Tore verfügen und die Generatoren in einem 3 km langen Gebäude untergebracht sein.

Die mit Hilfe eines Computermodells durchgeführten Berechnungen beinhalteten folgende Fakten und lieferten die anschließend, weiter unten, aufgeführten Ergebnisse:

Die Gezeitenströmungen in der Bay of Fundy könnten theoretisch bei jeder Tide 400 Millionen Kilowattstunden erzeugen, entsprechend der Leistung von 250 großen Atomkraftwerken. Bei dem größeren der beiden Projekte, dem Minas Projekt, würden pro Sekunde 55000 Kubikmeter Wasser freigesetzt, was der siebenfachen Wasserführung des St. Lawrence bei Montreal entspricht. Hiermit könnten etwa 5000 MW elektrische Energie gewonnen werden entsprechend einem ungefähren Jahresdurchschnitt von 1500 MW. Diese Energiemenge wäre damit weitaus größer als derzeit in den kanadischen Atlantikprovinzen benötigt wird. Die Elektrizität könnte aber in das ostamerikanische Verbundnetz eingespeist werden und es ließen sich somit jährlich ca. 23 Millionen Barrel Öl einsparen.

Außerdem wurde bei den Berechnungen der gesamte Golf von Maine bis nach Massachusetts mit einbezogen und die neuesten ozeanographischen Gezeitentheorien verwendet. Die sehr aufwendigen und komplizierten Modellrechnungen führten zu folgenden Ergebnissen:

1. Bei der Absperrung der Shepody Bay könnten 1600 MW erzeugt werden. Der Einfluß auf die Gezeiten würde sich dahingehend auswirken, daß sich die Hochwasser um 24 Zentimeter erniedrigen würden und die Niedrigwasser um den selben Betrag höher lägen. Diese Verringerung würde im gesamten oberen Bereich der Bay of Fundy eintreten, in der zentralen Bucht in der Höhe von St. John würden die Gezeiten unverändert bleiben, jedoch würde der Küstenstrich am Golf von Maine zwischen Bar Harbor und Cape Cod eine Erhöhung von 3 bis 4 cm erfahren.

2. Bei der Simulation des zweiten Projektes, der Absperrung des Minas Basins, würden die Hochwasser in unmittelbarer Nähe des Dammes um 34 Zentimeter geringer ausfallen, wohingegen sie in der Chignecto Bay um 20 Zentimeter und in der Bucht von Massachusetts um 15 Zentimeter steigen würden.

Die im Verhältnis zum Gesamttidenhub vergleichsweise gering erscheinenden Auswirkungen auf den Tidenhub in den weiter entfernt liegenden Küstenstrichen müssen aber in ihrer Gesamtheit betrachtet werden. So kann der mittlere Wasserstand an einem Küstenort durch meteorologische Einflüsse erhöht werden. Ferner ist der Nachweis erbracht worden, daß sich das Gebiet um Boston infolge tektonischer Veränderungen in der Erdkruste um 15 bis 30 cm im Jahrhundert senkt. Zudem sagen die aufgestellten Modelle aufgrund des Treibhauseffektes einen Anstieg des Meeresspiegels von einem Meter für die nächsten 100 Jahre voraus.

So gesehen könnten Gebiete, die bisher nur marginal durch Hochwasser gefährdet waren, unmittelbar und direkt betroffen werden. Zudem würden sicherlich auch die Gezeitenströmungen beeinflußt werden, dieses hätte wiederum Einfluß auf die Erosion der Küsten und die Leichtigkeit der Schiffahrt in bereits jetzt schwierigen Gebieten. Eine ebenfalls in Aussicht gestellte Veränderung der Oberflächentemperaturen würde die biologische Lebensbedingungen beinflussen und damit letztlich die Menge und die Art der in der Bay lebenden Fischressourcen gefährden.

Ein Gezeitendamm könnte darüber hinaus auch weitreichende ökologische Veränderungen auslösen, da die im Gezeitenbereich liegenden Gebiete ein sehr komplexes Ökosystem darstellen.

Bisher scheiterte die Durchführung des Minas Bay Projektes an den verstärkt vorgetragenen ökologischen Bedenken (GORDON/DADSWELL 1984,GORDON 1994, HARVEY 1994, PLANT 1985 und besonders THURSTON 1990). Das künstliche Aufstauen derartiger Wassermassen, so erkannte man, hätte nicht zu vernachlässigende Auswirkungen auf die Ökologie im Bereich der gesamten Bay of Fundy, einschließlich der bis dahin als unproduktiv gegoltenen trockenfallenden Bereiche im Inneren der Buchten zur Folge. Wissenschaftliche Schwerpunktuntersuchungen stellten die Bedeutung eines ungestörten Gezeitenzyklusses für den unveränderten Fortbestand des gesamten Ökosystems im Bereich der Bay of Fundy heraus.

Im Jahr 1984 wurde bei Annapolis Royal ein kleines Gezeitenkraftwerk in Form einer Pilotstudie in Betrieb genommen. Bei Granville Ferry wurde die Mündung des Annapolis River durch einen Damm abgeriegelt und mit zwei Durchflußöffnungen versehen. Die stromerzeugenden Maschinen sind in einem 30 m unter die Wasseroberfläche reichenden und 46 m langem Gebäude installiert. Dieses erste Kraftwerk seiner Art auf dem amerikanischen Kontinent ist mit der größten Straflo-Wasserturbine (straight-flow) der Welt ausgerüstet. Die Durchflußmenge beträgt 408 m3/ sec, entsprechend 1,47 Millionen m3/h. Bei einem Durchmesser von 7,6 m ist die Turbine zur Erzeugung von 20 MW ausgelegt. Die Maschine ist die Weiterentwicklung einer bereits 1919 patentierten Turbine von Leroy Harza. Der 1974 in der Schweiz entwickelte neue Typ verfügt über vier stählerne Turbinenschaufeln von jeweils 4 m Länge. Die in Annapolis Royal eingebaute "Straflo" ist die bisher größte in der Welt und wird zudem erstmals in Meerwasser eingesetzt. Sie arbeitet als Einweg-Einheit: Die Turbine schaltet sich nur dann ein, wenn die Wassermassen aus dem Staubecken in die Bay of Fundy zurückfließen - alle 24 Stunden zweimal; dann wird jeweils etwa fünf Stunden lang elektrische Energie erzeugt und in das bestehende Stromnetz eingespeist, ein Verbundnetz, das Strom von Labrador über Quebec und die kanadischen Atlantikprovinzen bis nach New York State bringt. Die Jahresenergieerzeugung beträgt 50 GWh.

Die anfänglich aufgetretenen technischen Probleme aufgrund der Korrosionsanfälligkeit der verwendeten Materialien konnten im Laufe der Jahre gelöst werden. Unbeantwortet bleiben allerdings die Fragen der Umweltverträglichkeit und der Schäden, die auftreten könnten. Vorsorglich wurden von der Betreibergesellschaft alle Entwässerungsgräben im Bereich des Staubeckens mit neuen Ventilen versehen, die zwar das Frischwasser auslassen, sich aber bei steigender Flut selbsttätig schließen und damit das Meerwasser fernhalten. Sie arbeiten nach dem selben Prinzip wie bereits im 17. Jahrhundert die sogenannten "Abordeaux" - bewegliche Pförtchen aus Holz, die die Arkadier, die frühen Siedler aus Frankreich - in ihre neue Heimat "Acadia" an der kanadischen Atlantikküste verwendeten. Für Fische wurden Alternativrouten geschaffen, um zu verhindern, daß sie bei der Wanderung zu ihren Laich- und Futterplätzen in den Turbinentunnel geraten. Trotzdem findet das technisch gelungene Werk nur bedingt Befürworter bei verschiedenen Gruppen der ortsansässigen Bevölkerung und bei Naturschützern.

Aufgrund dieser Erkenntnisse scheinen sich die großen Gezeitenprojektplanungen an der Bay of Fundy erledigt zu haben. Aber es bleibt die Möglichkeit, weitere Kleinanlagen zu installieren, da nur sie umweltverträglicher sind und sich der von ihnen ausgehende Schaden in überschaubaren Grenzen hält. Kleine Gezeitenkraftwerke unter Verwendung alternativer Technologien scheinen eher eine Zukunft zu haben, als die riesigen Megaprojekte mit den großen Staudämmen. Die Forschung und Entwicklung konzentriert sich nunmehr auf vertikale Turbinen, welche einen Teil der kinetischen Energie aus der Gezeitenströmung gewinnen soll. Es scheint, als ob der Prototyp des von CLARKSON entwickelten Generators eine zukunftsversprechende Wiederkehr beschert ist.

5. Zusammenfassung

In der Bay of Fundy im atlantischen Bereich von Kanada treten mit durchschnittlich bis 16 m Hub die größten Gezeiten der Erde auf. Dieser Umstand hat die Bucht berühmt gemacht, entsprechende (allerdings meist nur kurze) Hinweise finden sich in zahlreichen Lehrbüchern. Für die Schiffahrt ergeben sich aus den erheblichen Wasserstandsänderungen sowie teilweise extremen Gezeitenströmungen große Schwierigkeiten. Die ursprünglich teilweise aus Frankreich stammenden Küstenbewohner (Akadier) haben sich allerdings in ihrem täglichen Leben an die extremen Gezeitenverhältnisse gewöhnt. Eine Besonderheit sind die Boren (Flutbrandungen, in Frankreich als Mascarets bekannt), die in fast allen einmündenden Flüssen auftreten.

In der Diskussion werden die Gezeitenverhältnisse der Bay of Fundy als Ergebnis der Eigenschwingungsperiode mit dem Golf von Maine erklärt.

Planungen zur Nutzung der Gezeitenenergie durch Abdämmung der inneren Ausläufer der Bay of Fundy mit ihrem besonders hohen Tidenhub waren weit fortgeschritten. Indes haben sich auch hier ökologische Argumente zur Bewältigung dieser einzigartigen Gezeitenlandschaft durchgesetzt.

6. Literatur

AMOS, C. L. and K.T. TEE (1989): Suspended Sediment Transport Processes in Cumberland Basin, Bay of Fundy. In: Journ. Geophysic. Res. 94,14.407-14.417.

BAKER, G. et al. (1984): Engineering Description and Physical Impacts of the most probable Tidal Power Projects under consideration for the upper reaches of the Bay of Fundy. In: Update... Bay of Fundy, ed. by D.C. Gordon and J. Dadswell, Canad. Techn. Report Fish. and Aquatic Sc. 1265, 333-345.

BEHRENDT, V. (1976): Nutzung der Gezeitenenergie. Teil 2. Gezeitenenergie, 77 S., in: Energiequellen für morgen ? Nichtnukleare-nichtfossile Primärenergiequellen. Teil IV: Nutzung der Meeresenergien. Programmstudie durchgeführt im Auftrage des BMFT, ASA: Angewandte Systemanalyse in der AG Großforschungseinrichtungen, Frankfurt/M.

BIGELOW, H.B. (1927): Physical Oceanography of the Gulf of Maine. Bureau of Fisheries Doc. 969, US-Dep. of Commerce, Washington D.C.

BRYLINSKY, M., J. GIBSN and D.C. GORDON (1994): Impacts of flounder trawls on the intertidal habitat and community of Minas Basin, Bay of Fundy. In: Canad. Journ. Fish. and Aquatic Sc. 51, 650-661.

BUNDESAMT FÜR SEESCHIFFAHRT UND HYDROGRAPHIE (Hrsg.) (1994): Gezeitentafeln für das Jahr 1995. Band II. Atlantischer Ozean und Indischer Ozean, Westküste Südamerika. Hamburg.

BUNDY, F.S. (1935): The Tides of Fundy. In: Canad. Geograph. Journ., 309-314.

BURZYNSKI, M. und A. MARCEAU (1994): Fundy, Bay of giant tides. The Fundy Guild Inc., Alma, New Brunswick, 3. Aufl.

CANADIAN FISHERIES AND OCEANS COMMISSION (Ed.) (1995): Canadian Tide and Current Tables 1995. Vol. 1, Atlantic Coast and Bay of Fundy. Ottawa.

CANADIAN HYDROGRAPHIC SERVICE, Dep. of FISHING AND OCEANS (Ed.) (1985): Sailing Directions. Nova Scotia (SE Coast) and Bay of Fundy. 10th Edition, Ottawa.

CLARK, A.H. (1968): Acadia. The Geography of Early Nova Scotia. University of Wisconsin. Press.

CONKLING, P.W. (Ed.) (1995): From Cape Cod to Bay of Fundy. An Environmental Atlas of the Gulf of Maine. Mass. Inst. of Technology, Cambridge, Mass.

CONLEY M. and G. DABORN (Eds.) (1983): Energy Options for Atlantic Canada. Halifax, N.S.

DABORN, G.R. (Ed.) (1977): Fundy Tidal Power and the Environment. The Acadia University Instit. Wolfsville, Nova Scotia.

DABORN, G.R. (Ed.) (1986): Effects of Changes in Sea Level and Tidal Range of the Gulf of Maine-Bay of Fundy System. Acadia Centre for Estuarine Research, Wolfsville, Publ. 1.

DAWSON, W.B. (1899): Survey of Tides and Currents in Canadian Waters. Ottawa.

DEFANT, A. (1958): Ebbe und Flut des Meeres, der Atmosphäre und der Erdfeste. Reihe Verständige Wissenschaft Bd. 49, Berlin, Göttingen, Heidelberg.

DIETRICH, G. (1944): Die Gezeiten des Weltmeeres als geographische Erscheinung. In: Zeitschr. Ges. f. Erdkunde Berlin 79, 70-85.

DIETRICH, G., K. KALLE, W. KRAUSS und G. SIEDLER (1975): Allgemeine Meereskunde. Einführung in die Ozeanographie. 3. Aufl. Berlin, Stuttgart.

DEUTSCHES HYDROGRAPHISCHES INSTITUT (Hrsg.) (1986): Handbuch des Nordwestatlantischen Ozeans. Island, Grönland, Kanada. 2. Aufl., Hamburg.

GARRETT, C.J.R. (1972): Tidal Resonance in the Bay of Fundy and Gulf of Maine. In: Nature, 441-443.

GIERLOFF-EMDEN, H.-G. (1979): Geographie des Meeres. Ozeane und Küsten. 2 Bde. Berlin, New York.

GODIN, G. (1991): Tidal Hydraulics of Saint John River. In: Journ. Waterways, Port, Coast, Ocean Engin. 117, 19-28.

GORDON, D.C. and M.J. DADSWELL (Eds.) (1984): Update on the Marine Environmental Consequences of Tidal Power Development in the Upper Reaches of the Bay of Fundy. Canad. Technic. Report Fish. and Aquat. Sciences 1256 (Proceedings of a workshop organized by the Fundy Environmental Studies Committee of APICS at the University of Moncton on 8.-10. Nov. 1982).

GORDON, D.C. (1994): Intertidal Ecology and Potential Power Development Impacts, Bay of Fundy, Canada. In: Biol. Journ. Linn. Soc. 51, 17- 23.

GREENBERG, D.A. (1983): Modelling the mean barotrophic Circulation in the Bay of Fundy and Gulf of Maine. In: Journ. Physic. Oceanography 13, 886-904.

GREENBERG, D.A. (1987): Modelling Tidal Power. In: Scient. Americ., 106-121.

Guilde de Fundy Inc. (Ed.) (1986): Les marees de la Baie de Fundy. (Faltblatt, o.O.)

HARVEY, J. (1994): Turning the Tide. A Citizen's Action Guide to the Bay of Fundy Ecology of Coastal Waters. Conservation Council of New Brunswick, Fredericton.

HILDEBRANDT, L.P. et al. (1980): Activities of the Job Corps Program, Fundy Tidal Power Development Project 16-01002 N. Nat. Res. Council Canada, Halifax.

KINDLER, E.M. (1926): Notes on the Tidal Phenomena of Bay of Fundy Rivers. In: Journ. of Geology 34, 642-652.

KLEIN, G. de Vries (1963): Bay of Fundy Intertidal Zone Sediments. In: Journ. of Sedimentary Petrology 33, 844-854.

KRÜMMEL, O. (1889): Über Erosion durch Gezeitenströme. In: Peterm. Mitteil., 129-138.

KRÜMMEL, O. (1897): Über Gezeitenwellen. Rede bei Antritt des Rektorats der Königlichen Christian-Albrechts-Universität zu Kiel am 5. Mai 1897, Sonderabdruck (auch in Naturwiss. Rdsch. 12, 1897, 301-304 und 313-316.

KRÜMMEL, O. (1911): Handbuch der Ozeanographie. 2. Teil. Die Bewegungsformen des Meeres. Wellen, Gezeiten, Strömungen. Stuttgart.

LYNCH, D. K. (1982): Gezeitenboren-Flutwellen gegen den Strom. In: Spektrum der Wissenschaft, 100-109 (auch engl.: Tidal Bores, in:Scientific American 1982, 134-143).

MARGERIE, G. de und DEWOLFE, D.L. (1987): 3-Dimensional Tidal Modelling of Cumberland Basin. In: Oceans 87. The Ocean - An Intern. Workplace. Vol. 3: Marine Sciences, 937-942. Halifax.

MARMER, H.A. (1922): Tides in the Bay of Fundy. In: The Geograph. Journ. XII, 195-205.

MINISTRY OF CANADIAN HERITAGE (Ed.) (1995): Fundy National Park. Salt and Fir. Visitor Guide. o.O.

NOVA SCOTIA Inc./ TIDAL POWER CORPORATION (o.J.): Annapolis Tidal Generation Station. (Faltblatt, o.O.)

PLANT, S. (Ed.) (1985): Bay of Fundy Environmental and Tidal Power Bibliography. 2nd. Edition. Canad. Technic. Rep. Fish. and Aquatic Sciences, 1339.

PRANLE, D. (1979): Pilot Hybrid Model for the Bay of Fundy Tidal Power Scheme. Nation. Research Council Canada. Division of Mechan. Engineering, Hydraulics Laboratory. Memorandum. Ottawa.

PROVINCE OF NOVA SCOTIA (Ed.) (1987): Maritime Dykelands. A 350 Year Struggle. Halifax.

SAGER, G. (1959): Ebbe und Flut. Gotha.

SCHOTT, C. (1955): Die kanadischen Marschen. Schrift. Geograph. Inst. der Univers. Kiel Bd. XV, H. 2, Kiel.

SUCSY, P.V., B.R. PIERCE and V.G. PANCHANG (1993): Comparison of two- and three-dimensional model simulation on the effects of a tidal barrier on the Gulf of Maine tides. In: Journ. Physic. Oceanography 23, 1231-1248.

TEE, K.T. and C.L. AMOS (1991): Tidal buoyancy - driven currents in Chignecto Bay, Bay of Fundy. In: Journ Geophysic. Research 96, No. C 8, 15.197-15.216.

THOMAS, M.L.H. (Ed.) (1983): Marine and Coastal Systems of the Qoddy Region, New Brunswick. Canad. Special Public. Fisheries and Aquatic Sciences. 64. Ottawa.

THORADE, H. (1941): Ebbe und Flut. Ihre Entstehung und ihre Wandlungen. Reihe Verständ. Wissensch. Bd. 46, Berlin.

THURSTON, H. (1990): Tidal Life. A Natural History of the Bay of Fundy. Willowdale, Ont.

TRACEY, N. (1992): Cruising Guide to the Bay of Fundy and St. John River. o.O.

VAN DUSEN, K. and A. H. JOHNSON (1989): The Gulf of Maine, Sustaining our Common Heritage. Maine State Planning Office, Augusta.

WILHELMSEN, U. (1997): Ebbe und Flut. Die treibenden Kräfte an unseren Küsten. Heide.

ZAHL, P.A. (1957): The Giant Tides of Fundy.A Naturalist and his Family Explore the Shores of this Restless Bay where world record Tides Wash Canada's Maritime Province. In: Nation. Geograph. Magaz. 112, 2, 153-192.

Seekarten:

BUNDESAMT FÜR SEESCHIFFAHRT UND HYDROGRAPHIE, Hamburg:
- Nr. 447: Küste von Nova Scotia
- Nr. 448: Gulf of Maine and Georges Bank

CANADIAN HYDROGRAPHIC SERVICE (Ed.) Canada Atlantic Coast Bay of Fundy(Inner Portion) 1:200.000 Nr. L/C 4010, 1992.

1998	Higelke, B. (Hg.): Beiträge zur Küsten- und Meeresgeographie	Kieler Geographische Schriften, Bd. 97	S. 149-162

Geomorphogenese, Bodenentwicklung, Vegetationsverteilung und Landnutzung im Küstensaum Südmoçambiques

Otto und Ursula Fränzle

Der Süden Moçambiques ist Teil der großen mesozoisch-känozoischen Sedimentationszone, die sich von Somalia über Tanzania und Moçambique bis zur Südspitze Afrikas erstreckt und im Bereich der Limpopo-Senke rund 400 km Breite erreicht. Die ältesten marinen Sedimente im Trog von Süd-Moçambique sind in das Barrême und Unterapt einzustufen (FÖRSTER 1975). Es folgte eine eintönige und im Beckentiefsten bis in das Untermiozän mehr oder weniger durchgehende Sedimentation mit zwei ausgeprägten Regressionen im oberen Cenoman/Turon und im Oligozän. Nach dem maximalen Meeresvorstoß im Untermiozän kam es im Zusammenhang mit der Entwicklung des ostafrikanischen Grabensystems zu einer Heraushebung weiter Gebiete und zur Ausbildung riesiger Flächensysteme im Osten der Lebombos.

Das Pleistozän ist gekennzeichnet durch die Überdeckung dieser Rumpfflächen mit fluvialen Sanden (dem proluvialen Decksand im Sinne von JARITZ et al. 1977), an deren Basis im allgemeinen ein Schotterhorizont auftritt. Ihr Ablagerungsgebiet erstreckt sich im Bereich zwischen der Insel Bazaruto und Inhambane bis an den Schelfrand.

Als jüngere Bildungen schließen sich küstenwärts mächtige, maximal rund 100 km breite Regressions-Dünenwallsysteme an, die von verlandeten Lagunen ('planicies') getrennt sind, welche jahreszeitlich von den sie heute entwässernden Flußsystemen überflutet werden. Längs der Küste zieht sich ein schmaler Wall weiß-gelber Küstendünen, welche maximal (bei Ponta de Ouro) 120 m Höhe erreichen. Von den älteren Dünen sind sie durch eine Kette langgestreckter, küstenparalleler Lagunen getrennt, die teils oberflächlich, teils durch Grundwasserströmungen miteinander in Verbindung stehen. Die Entwicklung dieses morphostrukturell einzigartigen Küstensaumes wird in geomorphologischer, pedologischer, geobotanischer und agrargeographischer Hinsicht im folgenden Beitrag zusammengefaßt. Er ist dem um die Küstenforschung hochverdienten Jubilar in freundschaftlicher Verbundenheit gewidmet.

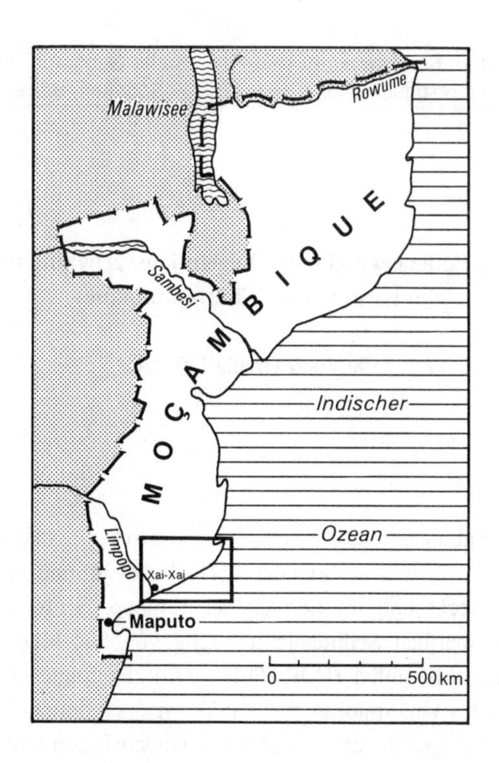

Abb. 1: Lage des Untersuchungsgebietes in Südmoçambique

1. Die küstennahen Dünensysteme

Während der auf die Ablagerung des Decksandes folgenden Zeit kam es mehrfach zu Regressionen des Indik, deren Auswirkungen auf den äolischen und fluvialen Sedimenttransport außerordentlich bedeutsam, aber in der stratigraphischen bzw. chronologischen Stellung noch nicht abschließend geklärt sind (vgl. FÖRSTER 1975, JARITZ et al. 1977, FÖRSTER et al. 1982, FRÄNZLE 1984, KAYSER 1986). Mit diesen Einschränkungen vermittelt Tabelle 1 einen Überblick über die petrographisch-geomorphologische Gliederung des südmoçambiquanischen Quartärs.

Vor allem während der Regressionsphasen entstanden ausgedehnte Dünensysteme. Das im Süden am weitesten binnenwärts gelegene und von KOCH (1964) als Formação de Macia bezeichnete ist aus intensiv braunrot gefärbten, stark eisenschüssigen Sanden aufgebaut. Während im allgemeinen flache Formen vorherrschen, begrenzt ein mächtiger Wall das System im Osten; er ist vom Rio Maputo über Ponta Maona - Polana - Vila Luísa bis Palmeira zu verfolgen, wo er

Tab. 1: Gliederung des Mittel- und Jungquartärs in Südmoçambique

	Meeresbewegungen	Morphologische Bildungen	
		Küstenbereich	Inland
Jung-Quartär	Regression Transgression Transgression	grès costeiro Terrasse im 2-m-Niveau Küstendünen Strandwälle	Alluvionen Auffüllung der übertieften Flußtäler, Abschnürung von Seitentälern, Bildung von Lagunen weiße umgelagerte Inlandsdünen Muschelschill am Rio Maputo
	Regression (mit kleineren Transgressions-Phasen)	rosa verfärbter Kern der Küstendünen (Formação da Inhaca) submarine Terrassen submarine Canyons	Übertiefung der Flüsse Ausräumung der Planicies Diatomite und lakrustische Kalke
	Transgression	Dünenwall im Rücken der heutigen Küsten-Lagunen	obere rote Sande (Mangulane, Palmeira)
	Regression	Regressions-Dünen (Formação de Gondza) Kleinere Transgressionsphasen (Rio Futi; Lagoa Xingute)	Anlage der unteren Terrassen (10-15 m über heutigem Flußspiegel) verstärkte N-S-Drainage im Karroo-Basalt
Mittel-Quartär	Transgression	Küstenlinie von Vila Luísa	rote Sande und Dünen küstenparalleler Verlauf auch der großen, ganzjährigen wasserführenden Flüsse im Unterlauf (Rio Maputo, Rio Incomati, Rio Inharrime)
	Regression	Regressions-Dünen (Formação de Macia) kleinere Transgressionsphase (Rio Infulene)	Anlage der mittleren Terrasse Durchbruch der großen Flüsse durch die Formação de Macia (Rio Maputo, Incomane, Inharrime)
	Transgression	Küstenlinie von Porto Henrique	rote Sande und Dünen, meist verfestigt

Quelle: nach KOCH 1964, JARITZ et al. 1977, FÖRSTER et al. 1982, FRÄNZLE 1984, KAYSER 1986)

durch das breite Tal des Rio Incomati abgeschnitten wird. Die äolische Umlagerung ist auch heute noch stellenweise beträchtlich, erreicht aber wahrscheinlich nicht das Ausmaß vergangener Jahrtausende, wie Funde von Later Stone Age-Artefakten belegen, die in der Nähe von Palmeira in 2 m Tiefe auf einer durch Eisenabscheidung verfestigten und durch Deflation zeitweilig entblößten Dünenoberfläche aufgesammelt wurden (FRÄNZLE 1984).

Die bei der folgenden Regression angelegten Wallsysteme zwangen selbst den Unterläufen der großen Flüsse, beispielsweise dem Rio Inharrime, einen küstenparallelen Verlauf auf. Sie sind aus gröberen und ebenfalls häufiger rotverfärbten Sanden aufgebaut, werden jedoch in der Regel von jüngeren, feinerkörnigen hellen Dünensanden überdeckt bzw. in den Senken von dunklen hydromorphen Böden. Zwei unterschiedlich deutlich entwickelte küstenparallele Entwässerungssysteme (Rio Futi, Lagunenreihe Xambanhane - Xingute - Chombonhane) gliedern das Gebiet.

In den Flußtälern kam es im Gefolge der kaltzeitlichen Meeresspiegelabsenkungen zu starker Tiefenerosion. Am Limpopo reicht die regressive Übertiefung etwa 250 km landeinwärts, d.h. weit über die Einmündung des Rio dos Elefantes hinaus und ein beträchtliches Stück in diesen hinein (FÖRSTER 1975). Ähnlich stark - bei Chibuto über 30 m (JARITZ et al. 1977) - wurden auch der Rio Changane und seine Nebenflüsse übertieft. Am Rio Incomati erreichte die Tiefenerosion die Lebombo-Berge und erstreckte sich am Rio Maputo noch auf mindestens 100 km.

Im Zuge der holozänen Wiederauffüllung der so gebildeten Talschläuche lieferte der Rio Limpopo einen Teil seiner Schlickfracht an das Tal des Rio Changane und dessen Nebeneinzüge. Verschlickt ist auch der ganze Unterlauf des Limpopo sowie auf beträchtlichen Strecken der Rio Incomati, wodurch gleichermaßen günstige Voraussetzungen für die Entwicklung ausgedehnter Mangrovenbestände wie für die Entstehung der entsprechenden Thionic Fluvisols (Jtm) gegeben sind. Das längste Talsystem, dessen kaltzeitliche Übertiefung weitgehend erhalten blieb, ist das des Rio Inharrime; sein Unterlauf ist als 90 km langer, schlauchartig gewundener See - der stark verbreiterte Ostteil wird als Lagoa Poelela bezeichnet - vom Meer durch ein 2-3 km breites System holozäner Dünen getrennt. Ihnen vorgelagert sind unterschiedlich lange durchhaltende Saumriffe aus 'grès costeiro' (beach rock), der aus der Zementierung der basalen Dünenpartien stammt und durch Korallen und Kalkalgen besiedelt wird.

2. Die Bodenassoziationen der Dünensysteme

Die Böden des Küstensaumes sind vor allem in Abhängigkeit vom Ausgangsgestein und der Reliefsituation lithomorph und hydromorph geprägt, während klimaphytomorphe Böden i.S. SCHROEDERs (1969) auf relativ kleine Bereiche der Flußtäler und 'planicies' beschränkt sind (GODINHO GOUVEIA & SA E MELO MARQUES 1973, FRÄNZLE 1984). Den größten Raum nimmt die Gruppe der Arenosols (Q) ein, d.h. (A)-C-Böden aus Sand, deren Tongehalt < 15 % ist. Im einzelnen werden unterschieden:

- Albic Arenosols (Qa), die aus jungen, wenig verwitterten Dünensanden oder aus ton- und eisenverarmtem (gebleichtem) Sand (beispielsweise im moçambiquanischen Bereich aus quartären Dünensanden) bestehen;

- Luvic Arenosols (Ql), die Toneinschlämmung, oft in Lamellenform, zeigen;

- Ferralic Arenosols (Qf), die mit Ausnahme der gröberen Textur die Charakteristika eines Oxic B horizon aufweisen;

- Cambic Arenosols (Qc), die mit Ausnahme der gröberen Textur die diagnostischen Merkmale eines Cambic B horizon zeigen.

Als untergeordnete Komponenten der Dünenböden kommen Regosols, d.h. A-C-Böden aus Lockermaterial (mit Ausnahme rezenter Alluvionen und eisenschüssiger Sande) mit einem Ochric A-Horizont, vor. Eine Differenzierung in Dystric und Eutric Regosols ist nach dem pH (KCl) der obersten 50 cm möglich (Grenzwert 4.2).

Die hydromorphen Böden umfassen die Gruppen der Fluvisols, Gleysols und Histosols. Die Fluvisols (J) sind (A)-C- oder A-C-Böden der Flußauen und Überschwemmungsniederungen. Eine Differenzierung in oligotrophe (Jd) und eutrophe Typen (Je) ist wie bei den Regosolen möglich; Übergänge zu den Gleyen (Gleyic Fluvisols) sind häufig. Wichtig sind die durch Eisensulfid-Bildung ausgezeichneten Thionic Fluvisols (Jt), zu denen auch die Mangroveböden (Jtm) gehören. Die Gleysols (G) sind Grundwasserböden mit Ah-Go-Gr-Profil. Im einzelnen werden unterschieden:

- Eutric Gleysols (Ge), die sich durch hohen Nährstoffgehalt auszeichnen,

- Calcaric Gleysols (Gc) mit den Horizonten Ah-Gca,o-Grund

- Histic Gleysols (Gh), deren kennzeichnender Oberboden weniger als 30 cm mächtig ist.

Histosols (O) sind Böden mit mehr als 30 % organischer Substanz im Oberboden. Eine Differenzierung in dystrophe (Od) und eutrophe (Oe) Typen ist nach dem pH-Wert möglich, wobei die Grenzwerte denen der Regosole entsprechen.

Unter den klimaphytomorphen Böden spielen in dem untenstehenden Kartenausschnitt nur Solonchaks und Solonetz als kleinflächig ausgebildete Komponenten der Bodenassoziationen der 'planicies' eine Rolle (FRÄNZLE 1984). Solonchaks (Z) sind Böden mit A_{sa}-G-C- oder A_{sa}-B_{sa}-G-C-Profil, die bei hochliegendem Reduktionshorizont als Gleyic Solonchaks (Zg) bezeichnet werden. Solonetz sind Böden mit A_{na}-G-C- oder A_{na}-B_{na}-G-C-Profil, deren B-Horizont durch säulchenförmige oder prismatische Struktur infolge starker Anreicherung von Schlämmstoffen aus dem A-Horizont gekennzeichnet ist.

Diese Bodentaxa treten im Dünengürtel in Form von Assoziationen auf, die in der folgenden Tabelle zusammengefaßt sind.

Tabelle 2: Charakteristische Bodengesellschaften des Dünengürtels

Jt 1	Jtm
Je 1	Je Ge Zg Vp Od
Je 2	Je Zg S Od E
Qf 1	Qf Qc
Qf 2	Qf Qc Od
Qf 3	Qf Qc Qa Od
Ql 1	Ql R G
Qc 1	Qc Lc R
Qc 2	Qc Qa Od
Qc 3	Qc Qf Qa Ql
Qa 1	Qa

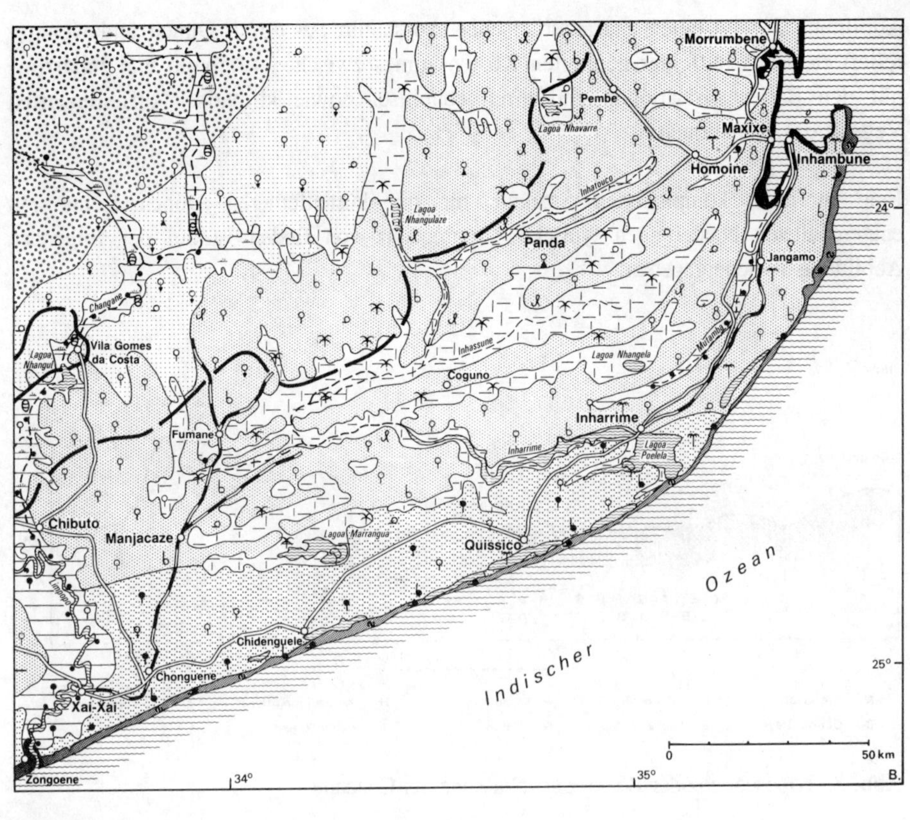

Geschlossener Wald

- halb-immergrüner bis halb-laubwerfender Wald
- Mangrove
- flußbegleitender immergrüner bis halb-immergrüner Wald

Gehölz (offener Wald)

- halb-immergrüne und laubwerfende sublitorale Gehölzfluren, im Küstenbereich stark kultiviert
- Binnenwärts zunehmend trockene Gehölzfluren im Wechsel mit Grasland

Buschland

- immergrünes, hartlaubiges Dickicht, Übergangsformen zu Wald
- Buschland mit Gehölzinseln auf Termitenhügeln

Vegetation der Talauen und flachen Senken

- Galeriewälder, Überschwemmungssavannen, Krautgesellschaften und Fruchtbäume
- a b jahreszeitlich überflutete Senken und Ebenen a) Palmsavanne, Termiten-Savanne b) mit hohen und mittleren Grasfluren
- halophile Vegetation auf Salzböden und Talauen

- See, periodischer See
- Fluß, zeitweise trocken
- Abgrenzung der Gebiete mit stärkeren Veränderungen der natürl. Vegetation durch agrare Nutzung: Küstenregion - Binnenland

Bäume

immergrün laubwerfend

- breitlaubig
- Flaschenbäume
- Dornbäume
- Palmen
- auf Termitenhügeln

Sträucher

- breitlaubig
- Gebüsch
- niedere Palmen
- auf Termitenhügeln

Krautschicht

- Flechten
- Salzpflanzen
- Schwimmblattgewächse
- Ausläufer-Pflanzen

Abb. 2: Boden- und pflanzengeographische Struktur des Küstensaumes zwischen Limpopo und Inharrime.

Abbildung 2 zeigt einen charakteristischen Ausschnitt des durch Dünen und weniger reliefierte Flugsandfelder geprägten Küstensaumes zwischen Limpopo und Inharrime mit den Bodenassoziationen und ihren edaphisch sowie klimatisch differenzierten Vegetationsformationen.

Eine in ihrer komplizierten Struktur für die küstenferneren Dünensysteme mit eingeschalteten Niederungen typische Toposequenz von Böden ist auf der folgenden Abbildung 3 wiedergegeben:

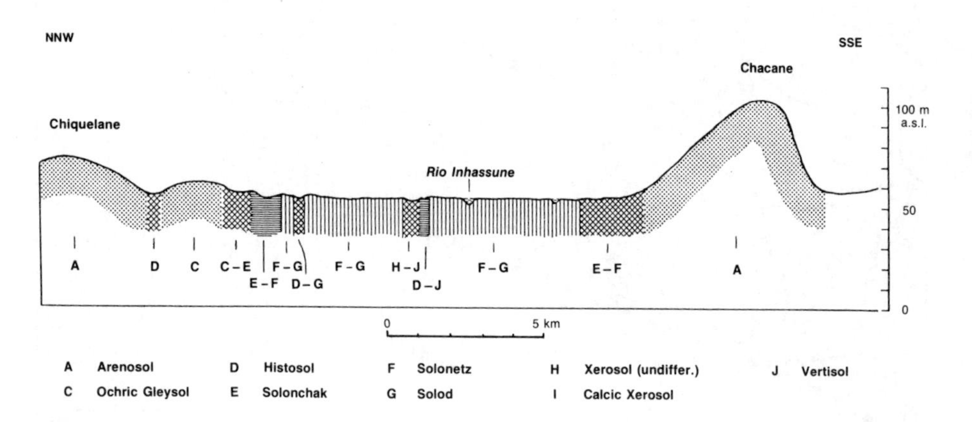

Abb. 3: Toposequenz der Böden der Inhassune bei Chacane.

Die aus gelben Sanden aufgebauten Dünen tragen eine Bodengesellschaft aus Regosolen und Arenosolen (Cambic Arenosols), deren pH-Wert im Oberboden zwischen 5,5 und 5,0 schwankt. Am Dünenfluß erfahren sie durch den in jeder Regenzeit auftretenden oberflächlichen Abfluß (saturation overland flow) eine gewisse Verjüngung; pedogenetisch wesentlicher ist jedoch der durch diese Vorgänge ausgeübte Einfluß auf die dünennahen Böden der jahreszeitlich überfluteten Ebene (vgl. CASIMIRO 1971). Diese bilden eine aus Solonchak und solodisiertem Solonetz zusammengesetzte Halosol-Gesellschaft, in der Regosole bedeutende Flächen einnehmen können. Sowohl der Tongehalt wie auch der pH-Wert sowie der Gehalt an austauschbarem Natrium weisen bei den Alkaliböden typische monotone Tiefenfunktionen auf. Der Tongehalt wächst von 5 auf über 20 %, der pH-Wert (KCl) steigt von etwa 5 auf 8, die Menge austauschbaren Natriums von 0 im Oberboden auf 10 und mehr mval/100 g Böden in etwa 1 m Tiefe. Die Solonchake sind verhältnismäßig schwach entwickelt und zeigen im allgemeinen nur geringe Salzausblühungen an der Bodenoberfläche. Im übrigen ist bei der typologischen Differenzierung der Böden am Fuß der Dünen zu beachten, daß sie aufgrund des häufigen Wechels der Witterungs- und Grundwasserverhältnisse gleichzeitig Merkmale des Solods und des Solonetzes sowie - wenngleich in abgeschwächtem Maße - auch des Solonchaks aufweisen.

Zur Tiefenlinie hin, in der der in mehrere Arme aufgespalten ausufernde, zur Niedrigwasserzeit schwach mäandrierende Rio Inhassune fließt, schließt sich ein verhältnismäßig breiter Gürtel von Natriumböden (Solonetz und Solod mit allen Übergängen zwischen beide Typen) an. Er wiederholt sich auf der hydrographisch rechten Seite des Flusses, unterbrochen von streifenförmig angeordneten Xerosol- und Vertisol-Assoziationen.

Mit steigender Annäherung an den die Depression im Norden begrenzenden Dünenzug folgen - im großen mehr oder weniger streifenförmig - Histosol- und Gley-Assoziationen. Besonders interessant ist die außerordentlich stark chelatisierende Wirkung der Laubstreu von *Sclerocarya caffra*, die in den jahreszeitlich überfluteten Niederungen vorkommt. Die im Umkreis der Bäume liegenden Sande sind infolge quantitativer Eisenabfuhr in den obersten 3-5 cm blendend weiß; darunter folgt dann erst der durch organische Substanz dunkelgrau gefärbte A-Horizont. Es nimmt daher nicht wunder, daß alle Übergänge zu Podsol-Gleyen tropisch-subtropischen Typs gegeben sind (FRÄNZLE 1984).

3. Natürliche Vegetation

Klimatisch ist der Küstengürtel durch tropisch semi- bis perhumides Klima gekennzeichnet (SCHULZE 1964, 1965, FARIA DA ROCHA 1965 a, b, c,). In den geschützten Buchten von Maputo und Inhambane sowie den Mündungsbereichen des Rio Maputo, Mbuluzi, Tembe und Incomati finden sich ausgedehnte Mangrovebestände, deren Tiefe allerdings in der Regel nur wenige zehn bis hundert Meter erreicht, lediglich in flachen Buchten auch einen Kilometer und mehr. Innerhalb der durch die Salzkonzentration der Böden und die Ablagerung hinreichend mächtiger Feinsedimente geschaffenen Standortsverhältnisse dominieren oder fehlen einzelne Arten entsprechend ihrer ökologischen Valenz. So dringt *Rhizophora mucronata* am weitesten ins Meer vor und wird damit häufiger und höher überflutet als die sich landwärts anschließende Zone der *Avicennia marina* (WALTER & STEINER 1936, MOLL & WERGER 1978, KERSBERG 1996).

Die an die Mangrove angrenzenden jungen Dünen sind von immergrünen, hartlaubigen Gebüschen mit Übergangsformen zu Wald bestanden, die floristisch recht einheitlich zusammengesetzt sind. Zu den kennzeichnenden Arten gehören *Mimsops caffra* und *Euclea natalensis*; vergesellschaftet sind: *Canthium obovatum, Sideroxylon inerme, Ficus capensis, Hyphaene crinita, Phoenix reclinata, Strelitzia nicolai* (nur im Grenzgebiet zu Natal), *Acacia karroo, Dracaena sp. (nookeriana ?), Apodytes dimidiata, Brachylaena discolor, Trichilia emetica, Hyphaene natalensis, Salacia kraussii, Allophylus natalensis, Scutia myrtina* u.a. (ACOCKS 1975, KERSBERG 1996). Am nicht regelmäßig überfluteten Dünenfuß wird diese Gebüschformation durch eine Pioniergesellschaft abgelöst, für die dickblättrige Arten mit langen Ausläufern charakteristisch sind, z.B. *Ipomoea pes-caprae, Mesembrianthemum spp.* und *Scaevola thunbergii.*

Im Anschluß an das immergrüne Küstengebüsch ist auf den Altdünen ein nur noch in Restbeständen oder verarmt erhaltener halbimmergrüner Laubwald entwickelt, in dessen Baumschicht Arten dominieren wie: *Afzelia quanzensis, Albizia adianthifolia, Balanites maughamii, Sideroxylon inerme, Ekebergia capensis, Ficus ssp., Dialium schlechteri, Morus mesozygia, Melanodiscus oblongus, Brachylaena discolor, Sclerocarya caffra* (vgl. auch WILD & FERNANDES 1967).

Landeinwärts folgt auf den Küstenwald der Altdünen bzw. auf das Küstendünengebüsch nordöstlich des Limpopo ein ganz überwiegend durch *Brachystegia spiciformis* bestimmter Wald (Miombo-Wald). Er reicht bis an die 'planicies' im Entwässerungssystem Inharrime-Changane und wird danach rasch von akazienreichen Gesellschaften, stellenweise in Verbindung mit *Burkea africana, Pterocarpus angolensis, Combretum zeyheri* u.a., abgelöst.

Die Gehölzfluren südlich des Limpopo stellen natürlicherweise die Fortsetzung der sublitoralen Miombowaldzone und des halbimmergrünen Küstenwaldes dar. In dem relativ dicht besiedelten und landwirtschaftlich genutzten Küstensaum zwischen Limpopo und Maputo sind die Gehölzfluren in ihrer Artenzusammensetzung jedoch erheblich verändert, während der südliche Teil bis zur Landesgrenze bei zunehmender Trockenheit und geringer Besiedlung noch ausgedehnte naturnahe Bestände aufweist. Dabei spielt die vom Menschen getroffene Auslese der Baumarten, die einerseits als Fruchtbäume besonders wertvoll und andererseits als Nutz-, Brenn- oder Kohlholz geeignet und leicht einschlagbar sind, eine wichtige Rolle. Zu den einheimischen Fruchtbäumen, die im Randbereich der ländlichen Siedlungen geschont werden, zählen vor allem folgende Arten: *Trichilia emetica, Sclerocarya caffra, Garcinia livingstonei, Syzygium cordatum, Strychnos spinosa* und *S. innocua, Dialium schlechteri* und - entlang der Flußtäler - auch *Ficus*-Arten. Zu den subspontan verbreiteten eingeführten Fruchtbaumarten gehören der ursprünglich neotropische Caju-Baum (*Anacardium occidentale*) und der aus Indien stammende Mango-Baum (*Mangifera indica*), die heute zu den wertvollsten tropischen Obstbäumen in Afrika zählen (KERSBERG 1996).

Die Vegetation in den jahreszeitlich überfluteten flachen Senken und Ebenen, die durch die oben (Abb. 2) beschriebene Bodenassoziation gekennzeichnet sind, besteht im wesentlichen aus Grasland mit charakteristischen Komplexen aus niedrigem Palmgebüsch (*Phoenix reclinata, Hyphaene crinita)* sowie - bei höherem Grundwasserstand - auch mit

Einzelgruppen der baumhohen Borassuspalme (*Borassus aethiopium*), vergesellschaftet mit *Ficus-*, *Acacia-* und *Combretum-*Arten sowie *Syzygium cordatum.* In Feuchtgebieten trifft man häufig auf Schilf (*Phragmites australis)*, Rohrkolben (*Typha latifolia ssp. capensis)*, Zyperngras (*Cyperus aequalis*), Papyrus (*Cyperus papyrus*), Wassernabel (*Hydrocotyle sp.*) sowie auf Palmen auf besser drainierten Böden.

4. Landnutzung

Agrargeographisch läßt sich der Dünengürtel nördlich der Delagoa-Bucht als Zone der **Landwechselwirtschaft mit marktorientierter Fruchtbaumnutzung** kennzeichnen[1]. Seine Binnengrenze wird durch die Verbreitung des Caju-Baumes markiert; weiter landeinwärts treten zwar noch Fruchtbäume auf, tragen aber nur unergiebig. Im einzelnen ist eine deutliche Zonierung ausgebildet. Rund um die Bucht von Inhambane und von Jangamo bis Massinga dominiert die Kokospalme (*Cocos nucifera),* in deren Haine zahlreiche Caju-Bäume eingestreut sind. Die Wohnplätze sind von Citrusbeständen umgeben (SILVEIRA DA COSTA & FERRINHO 1964, GODINHO GOUVEIA 1969). Im Hinterland dieser Zone und an der Küste nach beiden Seiten ausgreifend, schließt sich ein Gürtel extensiverer Fruchtbaumnutzung an, die durch eine junge Ausweitung der Kokospalmenkulturen gekennzeichnet ist. Das dritte Teilgebiet des Fruchtbaumgürtels mit fast ausschließlich Caju-, Mango- und Mafurra-Kulturen schließt sich nach Süden zwischen Chidenguele und Maputo an. Citrusbäume benötigen hier Bewässerung, um befriedigende Erträge zu liefern (WIESE 1971).

Eingelagert in den Fruchtbaumgürtel sind ökologisch abweichende Biotope, die einer Sondernutzung unterliegen. Unter ihnen verdienen die oben beschriebenen 'planicies' und die kleinerräumig entwickelten 'machongos' eine besondere Beachtung (CECH et al. 1982). Erstere können wegen des hochstehenden Grundwasserspiegels während der Trockenzeit für den Anbau von Mais und Bohnen sowie als Rinderweide genutzt werden. Wo die 'planicies' gehäuft auftreten, wie in dem auf Karte 2 abgebildeten Raum Inharrime - Panda - Fumane, kommt es bei abnehmender Fruchtbaumnutzung zu einer verstärkten Rinderhaltung.

Die 'machongos', kleinerflächige Gebiete mit Histosolen, finden sich in geschlossenen Senken mit Zuschußwasser, in kleinen Flußtälern und am Rande der 'planicies'. Hier ist eine Rotation von Reis oder Zuckerrohr, Mais, Bohnen und Gemüse mit zwei bis drei Ernten pro Jahr üblich (RIPADO 1950, MONTEIRO DE SOUSA 1965). Auf beiden Standorten trägt die Fruchtfolge der insgesamt geringen Ertragsfähigkeit der Böden

1 Auf die Verfallserscheinungen infolge Bürgerkriegs und sozialistischer Mißwirtschaft kann aufgrund des auf weiten Strecken sehr unbefriedigenden Informationsstandes hier nicht näher eingegangen werden.

Rechnung, d.h. im ersten Jahr wird Mais angebaut, dann folgen ein bis zwei Jahre mit Mais-Erdnuß-Maniok-Mischkulturen, vom vierten Jahr an gedeiht nur noch Erdnuß. Im einzelnen entscheiden Verwitterungsgrad und Bodenbildung über die Differenzierung dieser Fruchtfolge. Die Albic Arenosols der jungen Dünen erschöpfen sich rascher; daher ist der Erdnuß- und Maniokanteil höher, und die Nutzungsperiode einer Rodungsfläche endet bereits nach vier bis fünf Jahren. Die Cambic und Ferralic Arenosol-Standorte gestatten hingegen eine Nutzungsfolge von sieben bis acht Jahren, und der Maisanteil ist traditioneller Weise höher.

Die Zone der **Landwechselwirtschaft mit ergänzender Rinderhaltung** umfaßt den Dünengürtel südlich der Delagoa-Bucht und die Gebiete um Inharrime und Panda mit ihren ausgedehnten 'planicies'. Der erstgenannte Teil dieser Agrarregion liegt aufgrund der relativ niedrigen Wintertemperaturen bereits außerhalb des Fruchtbaumgürtels, während im nördlichen die winterliche Temperaturdepression keine Einschränkung der Fruchtbaumnutzung bewirkt; allerdings sind hier die Erträge aus hygrischen Gründen nur mäßig. Daher stellt die Viehhaltung den wichtigsten ergänzenden Wirtschaftszweig dar; südlich der Delagoa-Bucht besonders die Rinderhaltung, während im Norden neben den Rindern vor allem Ziegen und Schweine von Bedeutung sind (MISSÃO DE INQUÉRITO AGRICOLA DE MOÇAMBIQUE 1966-68).

5. Literatur

ACOCKS, J.P.H. (1975): Veld types of South Africa. 2nd ed. Mem. Bot. Surv. S. Afr. 40: 1-128, with coloured vegetation map 1:1 500 000. Government Printer, Pretoria

CASIMIRO, J.F. (1971): Os solos das baixas do Inhassune (Panda, Homoíne, Inharrime e Inhambane). Instituto de Investigação Agronómica de Moçambique, Comunicações 61

CECH, D., RICHTER, G., SCHNEIDER, K.-G. (1982): Agrargeographie - Südafrika. Afrika-Kartenwerk (DFG) Beiheft S 11. Borntraeger, Berlin/Stuttgart

FARIA DA ROCHA, J.M. (1965a): Condições climáticas de Moçambique. Serviço Meteorológico de Moçambique. Lourenço Marques.

FARIA DA ROCHA, J.M. (1965b): Variabilidade da quantidade de precipitação anual en Moçambique, na região Sul do rio Save. Serviço Meteorológico de Moçambique, Lourenço Marques.

FARIA DA ROCHA, J.M. (1965c): Relação entre os valores extremos absolutos da quantidade de precipitação anual em Moçambique - coeficiente de flutuação. Serviço Meteorológico, Lourenço Marques.

FÖRSTER, R. (1975): Die geologische Entwicklung von Süd-Mozambique seit der Unterkreide und die Ammoniten-Fauna von Unterkreide und Cenoman.- Geologisches Jahrbuch Reihe B, 12. Hannover

FÖRSTER, R., MARTIN, H. & WACHENDORF, H. (1982): Geologie - Südafrika. Afrika-Kartenwerk (DFG), Beiheft S 3. Borntraeger, Berlin/Stuttgart

FRÄNZLE, O. (1984): Bodenkunde - Südafrika. Afrika-Kartenwerk (DFG), Beiheft S 4. Borntraeger, Berlin/Stuttgart

GODINHO GOUVEIA, D.H. (1969): Regiões naturais e zonas agrárias de Moçambique. Agronomia Moçambicana 3: 61-78.

GODINHO GOUVEIA, D.H. & SA e MELO MARQUES, A. (1973): Carta dos solos de Moçambique (Esc. 1:4 000 000). Agronomia Moçambicana 7: 1-20

JARITZ, W., RUDER, J. & SCHLENKER, B. (1977): Das Quartär im Küstengebiet von Moçambique und seine Schwermineralführung.- Geologisches Jahrbuch Reihe B, 26: 3-93. Hannover

KAYSER, K. (1986): Geomorphologie - Südafrika. Afrika-Kartenwerk (DFG), Beiheft S 2. Borntraeger, Berlin/Stuttgart

KERSBERG, H. (1996): Vegetationsgeographie - Südafrika. Afrika-Kartenwerk (DFG), Beiheft S 7. Borntraeger, Berlin/Stuttgart

KOCH, J.N. (1964): Contribuição para o conhecimento da cronologia do Quaternário em Moçambique. In: Boletim dos Serviços de Geologia e Minas 32: 61-69, Lourenço Marques

MISSÃO DE INQUÉRITO AGRICOLA DE MOÇAMBIQUE (1966-68): Recenseamento agrícola de Moçambique 1965/66. Bd. IX: Inhambane. Bd. X: Gaza. Bd. XI: Lourenço Marques. Lourenço Marques.

MOLL, E.J. & WERGER, M.J.A. (1978): Mangrove communities. In: WERGER, M.J.A. (ed.)(1978), p. 1233-1238

MONTEIRO DE SOUSA, J.F. (1965): Resgate dos "machongos" do Sul do Save. Um caso tipico. Jornal Engenharia Moçambique 60. Lourenço Marques

RIPADO, M.F.B. (1950): Os "machongos" dos regiões de Inharrime e Inhambane (Contribuição para o seu estudo). Moçambique, documentário trimestral 62: 5-60. Lourenço Marques

SCHROEDER, D. (1969): Bodenkunde in Stichworten. Kiel

SCHULZE, B.R. (1947): The climates of South Africa according to the classifications of Köppen and Thornthwaite. S. Afr. Geogr. J. 29: 32-42

SCHULZE, B.R. (1964): Klimaat van Suid-Afrika Deel 9. Gemiddelde maandelikse reenval. Pretoria

SCHULZE, B.R. (1965): Klimaat van Suid-Afrika Deel 8.- Algemeene Oorsig. Pretoria

SILVEIRA DA COSTA, C.M. & FERRINHO, H.M. (1964): Moçambique. Agricultura, silvicultura, piscicultura, apicultura. Lourenço Marques

WALTER, H. & STEINER, M. (1936): Die Ökologie der ostafrikanischen Mangroven. Z. Bot. 30: 65-193

WERGER, M.J.A. (ed.) (1978): Biogeography and Ecology of Southern Africa. Monographiae Biologicae, Vol. 31. Junk, The Hague

WIESE, B. (1971): Die Kultur tropischer Fruchtbäume in Südafrika. Erdkunde 25: 135-148

WILD, H. & FERNANDES, A. (1967): Vegetation Map of the Flora Zambesiaca Area (1:2,5 Mio.). Supplement to Flora Zambesiaca. Collind, Salisbury, Rhodesia

1998	Higelke, B. (Hg.): Beiträge zur Küsten- und Meeresgeographie	Kieler Geographische Schriften, Bd. 97	S. 163-177

Sturmflutgefährdete Gebiete und potentielle Wertverluste an den Küsten Schleswig-Holsteins. Planungsgrundlagen für zukünftige Küstenschutzstrategien

Matthias Hamann

1. Einleitung

Die Begleiterscheinungen eines prognostizierten globalen Klimawandels können insbesondere für die Küstenregionen eine potentielle Gefährdung bedeuten. Dessen mögliche regionale Auswirkungen, z.B. in Form von erhöhten Sturmfluthäufigkeiten und Sturmflutwasserständen, stellen veränderte Anforderungen an Küstenschutz und Küstenmanagement.

Um diesen Anforderungen Rechnung zu tragen und künftige Aufwendungen für Küstenschutzmaßnahmen - auch vor dem Hintergrund der Verknappung öffentlicher Mittel - gezielt lenken zu können, werden bei der aktuellen Fortschreibung des Generalplanes „Deichverstärkung, Deichverkürzung und Küstenschutz in Schleswig-Holstein“ (vergl. MELF 1986) verstärkt Risikoanalysen in die Planungen einbezogen.

Aus diesem Anlaß wurde vom Ministerium für Ernährung, Landwirtschaft, Forsten und Fischerei des Landes Schleswig-Holstein (jetzt: Ministerium für ländliche Räume, Landwirtschaft, Ernährung und Tourismus) eine Studie zur Abschätzung der Folgen einer potentiellen Überflutung küstennaher Gebiete (Köge, Niederungen) im Verlauf einer Sturmflut, insbesondere zur Ermittlung der auftretenden Wertverluste, in Auftrag gegeben.

Grundlage der Studie bildet eine Analyse des Schadenspotentials dieser Gebiete, also die Ermittlung der im Falle einer Überschwemmung gefährdeten Menschenleben und Sachwerte, z.B. Wohngebäude, Produktionsstätten, landwirtschaftliche Nutzflächen etc.. Dabei kommt ein Wertermittlungsverfahren zur Anwendung, welches eine vergleichende Abschätzung der in den einzelnen Kögen und Niederungen vorhandenen Werte und deren Gegenüberstellung mit den Küstenschutzausgaben ermöglicht.

Die erforderlichen Daten werden mit einem Geographischen Informationssystem (GIS) erfaßt, verwaltet und analysiert. Dieses soll zukünftig als Teil eines Küstenschutzinformationssystems zur Planung und Umsetzung künftiger Küstenschutzstrategien unter Einbeziehung eines Risikomanagements eingesetzt werden (vergl. PROBST 1994).

2. Abgrenzung des Untersuchungsgebietes

Im folgenden sollen die potentiellen Überflutungsgebiete genauer abgegrenzt und damit das Untersuchungsgebiet definiert werden (vergl. Abb. 1).

Nordseeküste

Der weitaus größte Teil der schleswig-holsteinischen Westküste besteht aus tiefliegenden Marschen, welche sich kaum über das Meeresniveau erheben und daher der Gefahr einer Überflutung ausgesetzt sind. Teilbereiche liegen sogar unter Normalnull-(NN)-Niveau, z.B. in der Wilstermarsch. Der höchste Sturmflutwasserstand an der schleswig-holsteinischen Westküste wurde am Pegel Husum im Januar 1976 mit 1065 cm über Pegelnull (entspricht 565 cm NN und 411 cm über MThw) gemessen. Somit würden ohne den Schutz der Deiche bei einem entsprechend lange andauernden Hochwasserstand große Marschengebiete bis an den Geestrand überflutet werden können.

Jedoch hat der Mensch das Risiko der Überschwemmung für große Teile der Marschen und Niederungen durch umfangreiche Küstenschutzmaßnahmen erheblich verkleinern können. Schutz vor Sturmfluten bieten die Landesschutzdeiche, welche an der Nordseeküste mit einer Länge von 292 km (vergl. MELFF 1992) nahezu die gesamte Festlandsküstenlinie prägen. Nur bei St.Peter-Ording und bei Schobüll sind kurze Strecken nicht durch Deiche geschützt. Während in St.Peter ein Dünengebiet die Schutzfunktion übernimmt, grenzt bei Schobüll die Geest direkt ans Meer.
Weitere 65 km Landesschutzdeiche sowie 39 km andere Deiche schützen die Küsten der Halligen und Inseln, von denen jedoch besonders die Geestkerninseln zum großen Teil durch sandige Küsten und Steilufer gekennzeichnet sind.

Trotz der Gestaltung der Hauptdeiche nach neuesten wissenschaftlichen Erkenntnissen können Deichbrüche auch weiterhin nicht mit absoluter Sicherheit ausgeschlossen werden. Große Bedeutung bei der Begrenzung des Überflutungsrisikos wird daher der

„zweiten Deichlinie" zugemessen (vergl. PETERSEN 1966, FÜHRBÖTER 1987). Sie wird von den sogenannten Mitteldeichen, ehemaligen Hauptdeichen, gebildet und stellt an der Nordseeküste die landwärtige Begrenzung des Untersuchungsgebietes dar, weil die Mitteldeiche bei einem Bruch des Hauptdeiches die überflutete Fläche begrenzen und so erheblich zum Schutz der großen Niederungsgebiete beitragen. Jedoch sind nicht an allen Küstenabschnitten Mitteldeiche vorhanden. Wo keine zweite Deichlinie existiert, etwa im überwiegenden Teil der Elbmarschen, erfolgte die Abgrenzung des Untersuchungsraumes anhand von Höhendaten und Überschlagsrechnungen von Koogfüllungen nach FÜHRBÖTER (1987), d.h. es werden die 5-m-Höhenlinie bzw. künstliche Barrieren wie Straßen- und Bahndämme zur Abgrenzung herangezogen.

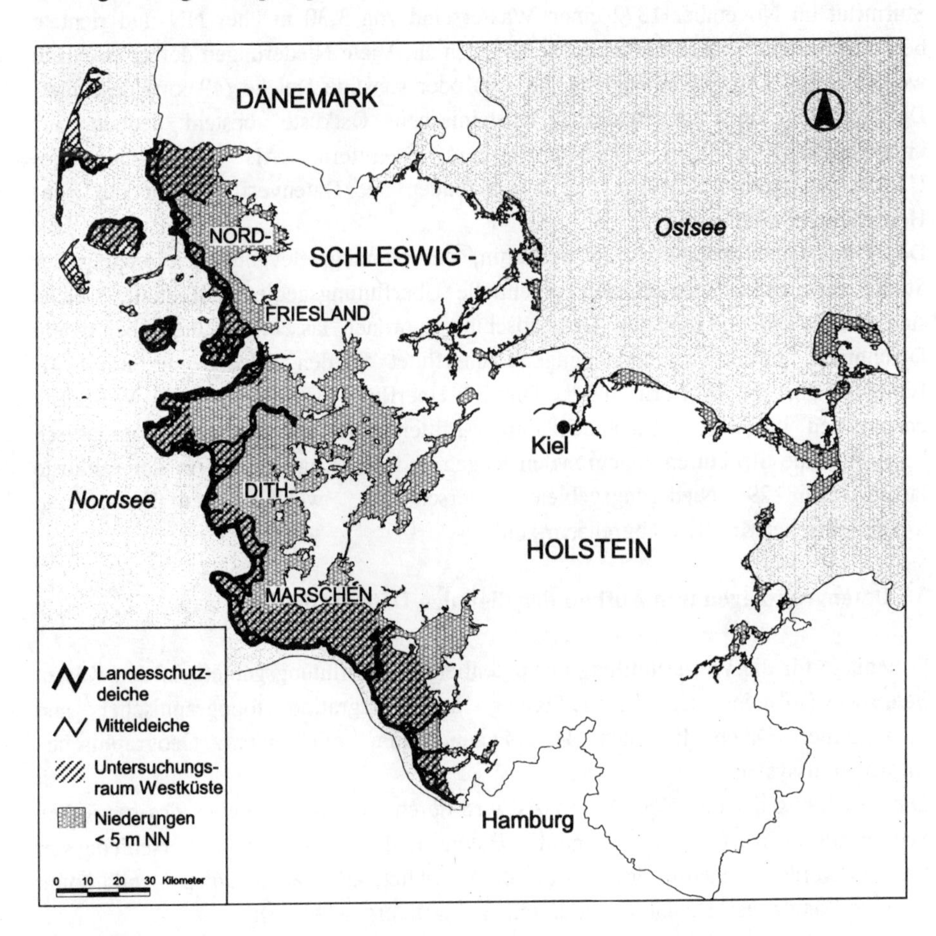

Abb. 1: Potentiell sturmflutgefährdete Niederungen an den Küsten Schleswig-Holsteins

Neben den Halligen und Marscheninseln werden auch die Geestkerninseln vollständig zum Untersuchungsgebiet gerechnet, da sie wegen ihrer exponierten Lage und ihrer Zusammensetzung aus leicht erodierbarem Material besonders anfällig gegenüber Sturmfluten sind.

Ostseeküste

Auch an der durch ein bewegteres Relief gekennzeichneten Ostseeküste liegen zahlreiche Niederungsgebiete im Einflußbereich der hier zwar bisher seltener vorkommenden, aber dennoch nicht weniger verheerend wirkenden Hochwasserstände. An der Ostseeküste erreichte die höchste bisher bekannte Sturmflut im November 1872 einen Wasserstand von 3,30 m über NN und richtete besonders in den Küstenstädten große Schäden an. Viele Niederungen der Ostseeküste werden durch Landesschutzdeiche (68 km) oder sonstige Deiche (49 km) geschützt. Der größte Teil der schleswig-holsteinischen Ostküste besteht jedoch aus ungeschützten sandigen Flachküsten und Steilufern. Als Begrenzung des Untersuchungsgebietes wurde hier aus Gründen der Datenverfügbarkeit die 5-m-Höhenlinie gewählt.
Der Untersuchungsraum wurde weiterhin, der planungsrelevanten Zielsetzung der Studie entsprechend, in einzelne potentielle Überflutungsgebiete aufgeteilt, welche sich jeweils einem konkreten Deichabschnitt zuordnen lassen. Da diese bei einem Deichbruch jeweils zusammenhängend überflutet werden, dienen sie somit als Einheiten für die Wertermittlung. Die 87 Überflutungsgebiete an der Westküste entsprechen im wesentlichen den durch Mitteldeiche und andere topographisch herausragende Strukturen abgegrenzten Kögen und Marschgebieten. An der Ostküste lassen sich 29 Niederungsgebiete unterscheiden, welche ebenfalls anhand topographischer Kriterien abgrenzbar sind.

3. Datengrundlagen und Aufbau der digitalen Datenbasis

Grundlage für die Wertermittlung der potentiellen Überflutungsgebiete an den Küsten Schleswig-Holsteins ist die Erfassung und Integration topographischer und thematischer Daten für den Untersuchungsraum mit einem Geographischen Informationssystem.
Die Gestaltung der digitalen Datenbasis wird durch die Anforderungen des gewählten Wertermittlungsverfahrens bestimmt. Daten und Informationen verschiedenster Quellen werden mit Hilfe des GIS erfaßt, verwaltet, aneinander angepaßt und somit zu einer homogenen Datenbasis zusammengefügt (vergl. Abb. 2):

- Physisch-geographische Grundlagen:
  - Höheninformationen (Digitales Geländemodell DGM50)

- Topographische Strukturen (Deichlinien, Verkehrswege, Siedlungsflächen etc. (Topographische Karten 1:50.000 TK50))

- Landnutzungsdaten (LANDSAT-TM-Satellitenbildszenen)

- Sozio-ökonomische Werte der verschiedenen Flächennutzungstypen (amtl. Statistiken)

- Bodengütedaten (amtl. Bodenkarten, amtl. Bodenschätzung)

Die benötigten Daten lagen zum Teil bereits in digitaler Form vor, jedoch erforderte die Abstimmung und Anpassung der aus verschiedenen Quellen stammenden Geometrien einen hohen zeitlichen Aufwand. Da sich das amtliche digitale Kartenwerk noch in der Aufbauphase befand, mußte ein großer Teil der erforderlichen Karten durch Eigendigitalisierung in das gewünschte Format gebracht werden. Daher nahm der Aufbau der digitalen Datenbasis im Rahmen der Studie einen großen Teil der Gesamtarbeiten ein. Angesichts der weiteren Verwendung der GIS-Daten im Rahmen eines Küstenschutzinformationssystems erscheint der hohe zeitliche Aufwand jedoch gerechtfertigt.

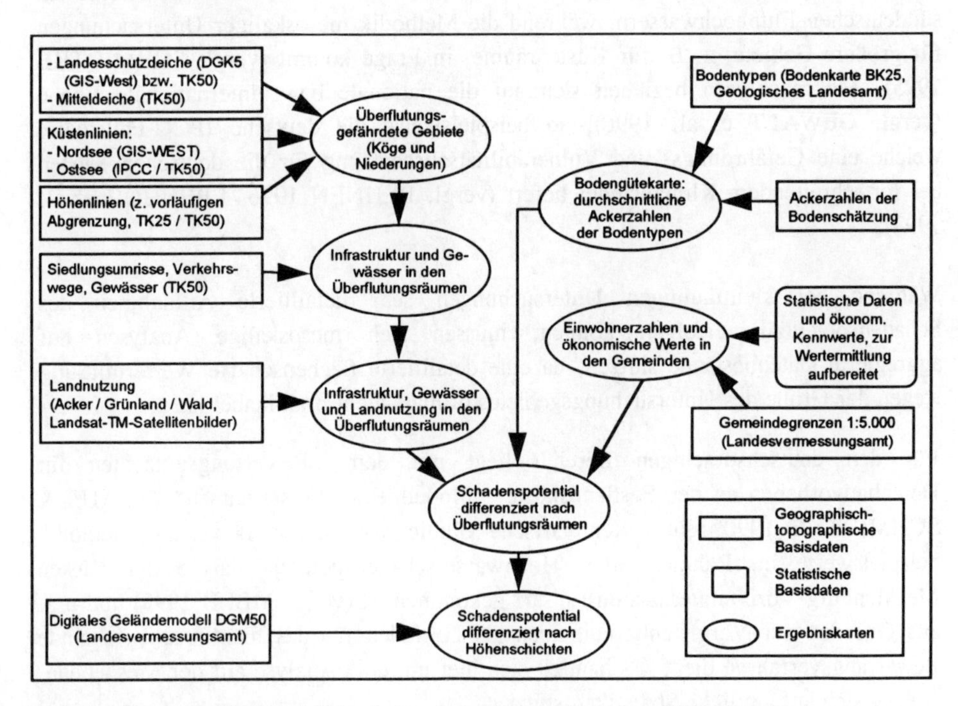

Abb.2: Datenquellen und Verarbeitungswege der digitalen GIS-Datenbasis

4. Methodische Grundlagen der Wertermittlung

Die Wertermittlung vollzog sich unter bewußter Beschränkung auf die Erfassung ökonomischer Parameter, da die Einbeziehung anderer Wertigkeitsbereiche, z. B. ökologischer oder kulturhistorischer Werte, den zeitlichen und finanziellen Rahmen des Projektes gesprengt hätte. Diese Thematik wird daher an anderer Stelle zu untersuchen sein. Das anzuwendende Wertermittlungsverfahren sollte eine grobe Abschätzung der von einer potentiellen Überflutung gefährdeten Einwohnerzahlen und ökonomischen Werte ermöglichen und möglichst einfach und nachvollziehbar aufgebaut sein.

Für die Entwicklung des Wertermittlungsverfahrens konnten verschiedene vorliegende Studien herangezogen werden (vergl. BALL et al. 1991, BEHNEN 1996, KARAS et al. 1991, KLAUS & SCHMIDTKE 1990, PENNING-ROWSELL et al. 1992).

Diese unterscheiden sich u. a. in ihrem Bearbeitungsmaßstab, im Detailgrad der zugrunde liegenden Datenbasis sowie in ihrem methodischen Instrumentarium. GEWALT et al. (1996) unterscheiden zwischen mikro-, meso- und makroskaligen Untersuchungen. Der mikroskalige Ansatz findet überwiegend bei kleinräumigen Fragestellungen Anwendung, z.B. bei der parzellenscharfen Schadensanalyse an süddeutschen Flußhochwassern, während die Methodik mesoskaliger Untersuchungen für größere Gebiete, z. B. für Küstenräume, in Frage kommt (vergl. SCHMIDTKE 1995). Makroanalysen beziehen sich auf die nationale bzw. internationale Ebene (vergl. GEWALT et al. 1996), so beispielsweise die deutsche IPCC-Fallstudie, welche eine Gefährdungs- und Vulnerabilitätsabschätzung für die deutschen Küsten bei fortschreitendem Klimawandel liefert (vergl. BEHNEN 1996, EBENHÖH et al. 1997).

Während bei kleinräumigen Untersuchungen sehr detaillierte Aufnahmen des Schadenspotentials erfolgen können, müssen sich mesoskalige Analysen auf aggregierte Datenbestände stützen, da eine detaillierte flächenscharfe Wertermittlung wegen der Größe des Untersuchungsgebietes oftmals nicht praktikabel ist.

Für den deutschsprachigen Bereich liegt mit dem „Bewertungsgutachten für Deichbauvorhaben an der Festlandsküste - Modellgebiet Wesermarsch“ (KLAUS & SCHMIDTKE 1990) eine exemplarische Studie vor, deren Bewertungsmethodik beispielsweise im Rahmen einer Hochwasserschadenspotentialanalyse der Küsten Mecklenburg-Vorpommerns zum Einsatz gekommen ist (vergl. MBLU 1995) und u.a. aus Gründen der Vergleichbarkeit auch als Leitfaden für das hier zu entwickelnde Bewertungsverfahren dient. Es handelt sich hier um eine Analyse auf der Mesoebene, welche sich auf amtliche Statistiken stützt.

Anhand der überwiegend vom Statistischen Landesamt bereitgestellten statistischen Daten werden die sozio-ökonomische Basis (Bevölkerung, Wohnstätten, Infrastruktur), die regionalen Produktionsstätten und -faktoren (Arbeit, Kapital, Boden) sowie das laufende Wirtschaftsergebnis der ganz oder teilweise im Untersuchungsgebiet liegenden Gemeinden erfaßt. Durch Verknüpfung dieser Daten mit statistischen Schlüsselgrößen und Hilfsindikatoren wird zunächst das Gesamtrealvermögen, also die Gesamtheit der geschützten ökonomischen Werte pro Gemeinde, abgeschätzt. Es setzt sich aus dem Kapitalstock der verschiedenen Wirtschaftsbereiche (Bruttoanlagevermögen), den Vorratsbeständen, dem Wohnungsvermögen einschließlich Hausrat, dem KFZ-Bestand, dem Viehbestand sowie dem Bodenwert der landwirtschaftlich genutzten Flächen zusammen.

So kann z.B. durch die Verknüpfung der durchschnittlichen sektoralen Kapitalintensität, also der Kapitalausstattung pro Arbeitsplatz (auf die Landesebene bezogener, der Landesstatistik entnommener Durchschnittswert), mit der Zahl der im jeweiligen Wirtschaftssektor auf Gemeindeebende vorhandenen Arbeitsplätze der Kapitalstock der einzelnen Wirtschaftssektoren überschlägig ermittelt werden. In ähnlicher Weise werden mit Hilfe des Indikators „Einwohnerzahl" das Wohnungs- und das Hausratvermögen sowie das KFZ-Vermögen abgeschätzt.
Die in diesem ersten Schritt für alle Gemeinden des Untersuchungsgebietes mit Hilfe von einfachen Datenbankoperationen berechneten Werte lassen sich anhand der in den amtlichen Statistiken verzeichneten Gemeindekennziffer einer digitalen Gemeindegrenzenkarte zuordnen, welche als Ausgangsbasis für die folgenden Schritte des Wertermittlungsverfahrens dient.

Da für konkrete Küstenschutzplanungen die Ermittlung der gefährdeten Werte nicht für administrativ abgegrenzte Raumeinheiten sondern für einzelne potentielle Überflutungseinheiten im Vordergrund steht, wurde ein GIS-gestütztes Aufschlüsselungsverfahren entwickelt, mit dem die für die Gemeindeflächen berechneten Vermögenswerte auf topographisch abgrenzbare Raumeinheiten, d. h. auf Köge und Niederungen, umgebrochen werden können (vergl. Abb. 3).

Diese Umrechnung beruht zunächst auf der Verknüpfung der sektorspezifisch ermittelten, gemeindebezogenen Vermögenswerte mit den entsprechenden Flächennutzungstypen. Beispielsweise wird das anhand der Statistiken ermittelte Gebäudekapital der Wohngebäude mit der im GIS erfaßten Siedlungsfläche einer Gemeinde verknüpft. Dabei wird aus Gründen der Praktibilität und der Datenverfügbarkeit von der in der „Wesermarsch-Studie" praktizierten Methodik, in der die Aufschlüsselung der gemeindlichen Werte auf die Überflutungsflächen anhand der Katasterflurpläne erfolgt, abgewichen. Das hier verwendete Verfahren basiert auf

Flächennutzungsdaten, welche durch Auswertung von Topographischen Karten bzw. Satellitenbildern in Form von GIS-Karten bereitgestellt wurden.

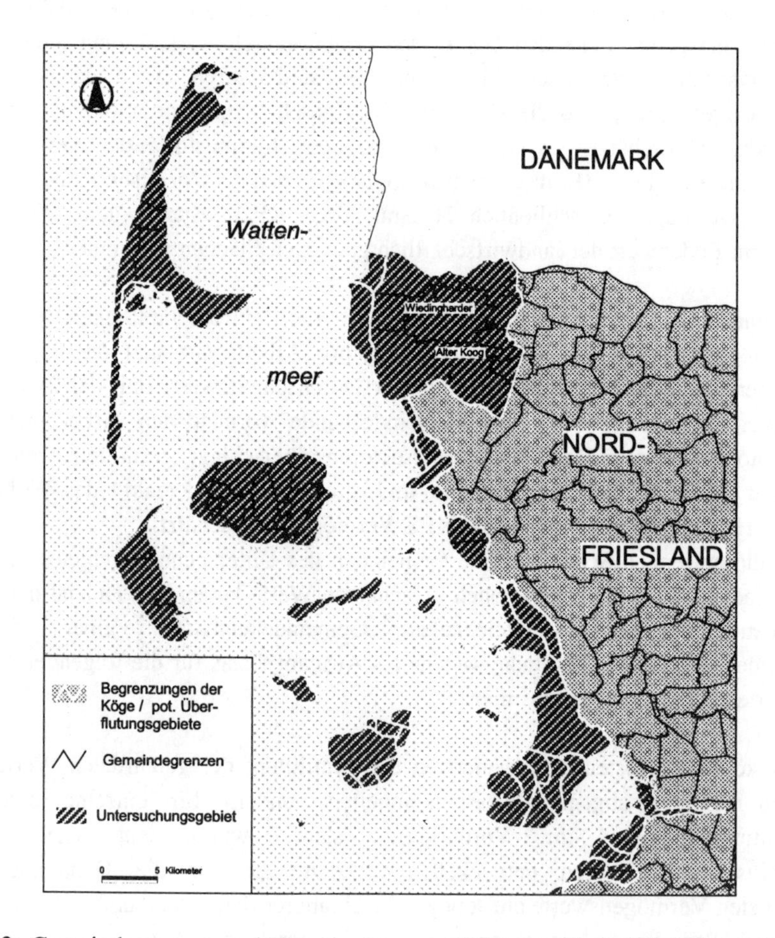

Abb. 3: Gemeindegrenzen und Köge in den potentiell sturmflutgefährdeten Gebieten Nordfrieslands

Auf der Basis mehrerer Verschneidungsvorgänge können die jeweiligen Flächenanteile der auf verschiedene Köge verteilten, im potentiellen Überflutungsgebiet liegenden Siedlungsfläche einer Gemeinde ermittelt und anhand der Relationen ein Aufteilungsschlüssel für die an diese Flächen gebundenen Werte berechnet werden. Anhand der Flächenaufteilungsschlüssel lassen sich somit Bevölkerungsverteilung (vergl. Abb. 4) und Vermögenswerte der einzelnen Köge bzw. Niederungen ermitteln.

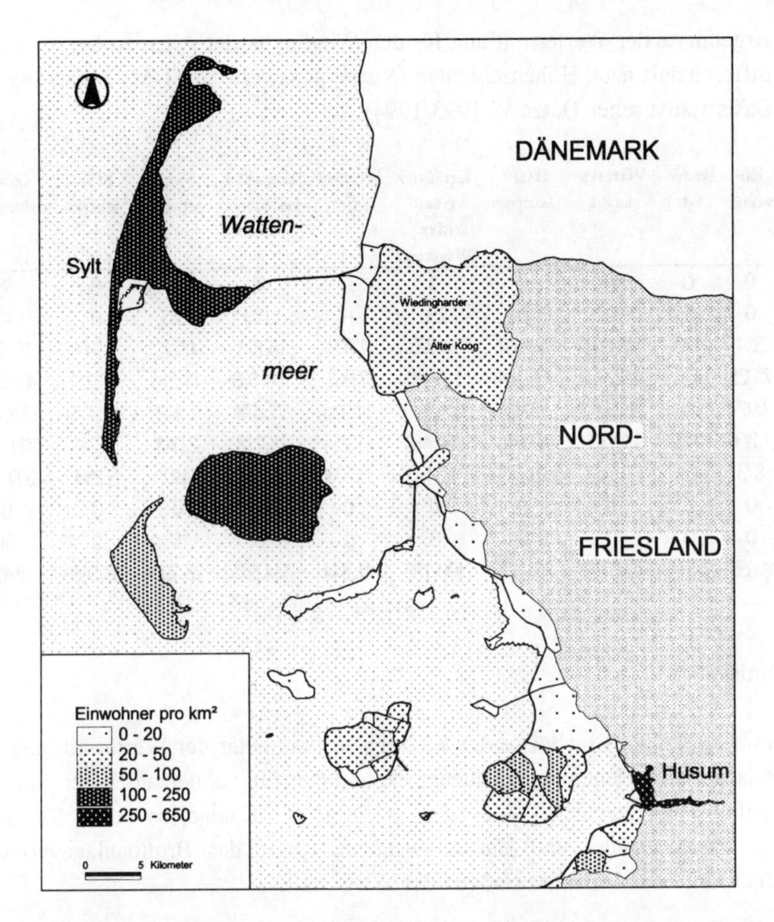

Abb. 4: Bevölkerungsdichte auf den Inseln und in den Kögen Nordfrieslands

In gleicher Weise läßt sich unter Einbeziehung des Digitalen Geländemodells die Wertermittlung für verschiedene Höhenschichten vornehmen. Am Beispiel des im Norden Nordfrieslands gelegenen Wiedingharder Alten Kooges sind die Ergebnisse der Wertermittlung für die wichtigsten Wertekategorien nach Höhenschichten differenziert in Tab. 1 dargestellt.

Im Rahmen des Projektes wurde zusätzlich eine kleinräumige Analyse im Rahmen einer Diplomarbeit angefertigt, welche eine detaillierte, parzellenscharfe Aufnahme des Schadenspotentials beinhaltet. Die Ergebnisse dieser Studie wurden mit den nach dem „Wesermarsch"-Verfahren ermittelten Werten verglichen und auf diese Weise zur Optimierung der Bewertungsmethodik verwendet (vergl. REESE 1997).

Tab. 1: Ergebnisse der Wertermittlung für den Wiedingharder Alten Koog, differenziert nach Höhenschichten (Vermögenswerte in TDM, Schätzung auf Basis statistischer Daten v. 1993/1994)

Höhen-schicht	Ein-wohner	Beschäf-tigte	Wohnungs-kapital	Hausrat-vermögen	Kapitalstock gesamt (ohne Wohnungen)	Vorratsver-mögen	Bodenwert d. landwirtsch. Flächen	Vieh-vermögen	KFZ-Vermögen	Gesamt-realvermögen
<-2 m	0	0	0	0	3	0	48	7	0	58
-2 bis -1 m	0	0	0	0	256	17	1.021	126	0	1.420
-1 bis 0 m	324	130	25.656	10.262	31.227	2.073	16.821	1.997	1.947	89.983
0 bis 1 m	2.025	566	152.910	61.164	119.983	7.967	106.503	13.516	12.209	474.252
1 bis 2 m	2.971	968	232.058	92.823	215.740	14.325	77.678	7.562	17.906	658.092
2 bis 3 m	1.866	743	149.109	59.644	169.483	11.254	18.718	2.088	11.244	421.540
3 bis 4 m	873	404	71.457	28.583	93.490	6.208	3.730	449	5.259	209.176
4 bis 5 m	0	0	0	0	0	0	0	0	0	0
5 bis 10 m	0	0	0	0	3	0	73	5	0	81
Gesamt	**8.059**	**2.811**	**631.190**	**252.476**	**630.185**	**41.844**	**224.592**	**25.750**	**48.565**	**1.854.602**

5. Ergebnisse

Die zusammengefaßten Ergebnisse der wichtigsten Parameter der Wertermittlung sind in Tab. 2 dargestellt. Neben der Flächengröße und den Einwohnerzahlen der potentiell sturmflutgefährdeten Gebiete sind die wichtigsten Kategorien der Sachwerte aufgeführt, das Gebäude- und Hausratvermögen sowie das Bruttoanlagevermögen (Kapitalstock) und das Vorratsvermögen der Wirtschaft.

Tab. 2: Gesamtwerte der wichtigsten Bewertungskategorien in den potentiell sturmflutgefährdeten Gebieten

	Westküste	*Ostküste*	*Gesamt*
Fläche in km^2	1.516	461	1.977
Einwohner	141.766	178.555	320.321
Wohnungsvermögen in Mrd. DM			
(Gebäudewerte)	13,286	16,977	30,263
Hausrat in Mrd. DM	5,314	6,791	12,105
Kapitalstock in Mrd. DM			
(Bruttoanlagevermögen)	12,328	36,366	48,694
Vorratsvermögen in Mrd. DM	0,818	2,415	3,233
Summe in Mrd. DM	31,746	62,549	**94,295**

Innerhalb des Untersuchungsgebietes, welches ca. 12,6% der Landesfläche von S-H einnimmt, leben ca. 320.000 Menschen, das sind ca. 11,8% der Landesbevölkerung. Das aus den Sachwerten aufsummierte Gesamtschadenspotential beläuft sich auf knapp 100 Mrd. DM. Ein Vergleich mit den entsprechenden Ergebnissen der IPCC-Case-Study (vergl. BEHNEN 1996, EBENHÖH et al. 1997) zeigt, daß sich die Zahlen größenordnungsmäßig weitgehend zur Deckung bringen lassen. Diese fallen zwar etwas höher aus (ca. 470.000 Einwohner, Gesamtvermögen ca. 124 Mrd. DM für das „Realszenario", d.h. für alle Flächen < 5 m NN) jedoch beziehen sie sich auf eine größere Fläche, da im Gegensatz zur vorgestellten Studie das gesamte unterhalb 5 m NN gelegene Gebiet an der Westküste einbezogen wurde.

Bei der Betrachtung der räumlichen Gesamtverteilung der Ergebnisse der Wertermittlung lassen sich erwartungsgemäß deutliche Schwerpunkte im Bereich der flächenmäßig größten Köge und Marschengebiete (Westküste) bzw. der städtischen Siedlungsgebiete (Ostküste) erkennen. An der Westküste sind die Gebiete mit den höchsten Einwohnerzahlen bzw. Sachwerten demzufolge nahezu identisch mit den flächengrößten Überflutungsräumen, welche primär die großen zusammenhängenden und nicht durch Mitteldeiche begrenzten Marschengebiete an der Elbe darstellen. Die Kremper Marsch, das südliche Dithmarschen mit den Orten Marne und Brunsbüttel sowie die Wilstermarsch stellen vor den Marschgebieten der Insel Sylt und dem Wiedingharder Alten Koog die Untersuchungseinheiten mit den höchsten Wertagglomerationen dar.

Dagegen nimmt an der Ostseeküste das relativ kleine Gebiet der Kieler Förde den ersten Platz in der Rangfolge der Wertekonzentrationen ein, gefolgt von den auch in der Flächengröße an zweiter und dritter Stelle stehenden Gebieten Schlei und Lübeck/Travemünde. Auch die Städte Flensburg, Neustadt und Eckernförde sowie das Gebiet Scharbeutz/Timmendorf weisen im Vergleich zur Größe ihrer unter 5 m NN liegenden Fläche eine hohe Konzentration an Einwohnern und Sachwerten auf. Demgegenüber rangieren die relativ großen Niederungsgebiete auf Fehmarn, die Probstei und der Oldenburger Graben eher auf den hinteren Plätzen der räumlichen Werteverteilung, was durch deren ländliche Struktur und geringere Besiedlungsdichte zu erklären ist.

Um beurteilen zu können, ob die hiermit angedeutete Schwerpunktverteilung der Schutzgüter mit einer tatsächlichen Gefährdung der untersuchten Gebiete übereinstimmt, sollen die ermittelten Werte im Sinne einer Risikoanalyse mit den für jedes einzelne Gebiet zu berechnenden Überflutungswahrscheinlichkeiten verknüpft werden. Anhand der Ergebnisse des dargestellten Wertermittlungsverfahrens ist es dann möglich, jedem Deichabschnitt die Einwohnerzahlen und Sachwerte gegenüberzustellen, die von ihm geschützt werden. Auf diese Weise kann für jedes Gebiet das Risiko, definiert als das Produkt aus Überflutungswahrscheinlichkeit und Schadenspotential, berechnet und als Basisinformation für zukünftige Küstenschutzstrategien und -planungen (vergl. PROBST 1994) herangezogen werden.

Die vorliegenden Studie liefert eine grobe Abschätzung des Schadenspotentials in den potentiell sturmflutgefährdeten Gebieten. Besonders im Bereich der städtischen Wertagglomerationen an der Ostseeküste besteht jedoch für Detailplanungen der Bedarf nach einer genaueren Lokalisierung der Schutzgüter, welche mit den hier verwendeten Flächennutzungsdaten nur eingeschränkt zu leisten ist. Für konkrete Küstenschutzprojekte scheint es daher angezeigt, zusätzliche, auf detaillierteren mikroskaligen Erhebungen basierende Detailstudien anzufertigen.

6. Zusammenfassung

Das Ziel der vorgestellten Studie ist die Erarbeitung einer Planungsgrundlage für zukünftige Küstenschutzstrategien in Schleswig-Holstein, welche vor dem Hintergrund veränderter klimatischer und hydrologischer Rahmenbedingungen einerseits und knapper werdender öffentlicher Mittel andererseits die Einbeziehung eines Risikomanagements in die Küstenschutzplanungen vorsehen (vergl. PROBST 1994).

Zu diesem Zweck wird für die potentiell sturmflutgefährdeten Gebiete an den Küsten Schleswig-Holsteins, welche landseitig durch die „zweite Deichlinie“ bzw. die 5-m-Höhenlinie begrenzt werden, eine Schadenspotentialanalyse durchgeführt. Auf der Basis aggregierter Daten aus amtlichen Statistiken werden in Anlehnung an bestehende methodische Konzepte (vergl. KLAUS & SCHMIDTKE 1990) mit Hilfe eines Geographischen Informationssystems für jedes einzelne, topographisch abgrenzbare potentielle Überflutungsgebiet die Zahl der betroffenen Einwohner und die materiellen Schutzgüter abgeschätzt.

Dabei erfordert der Aufbau der digitalen Datenbasis zwar einen hohen zeitlichen Aufwand, ermöglicht jedoch zum einen die Zusammenführung der für die Wertermittlung benötigten, aus verschiedensten Quellen stammenden topographischen und statistischen Basisdaten. Zum anderen läßt sich das Umbrechen der auf administrative Einheiten bezogenen Vermögenswerte auf die potentiellen Überflutungsräume nur mit den räumlichen Analysefunktionen eines GIS unter vertretbarem Aufwand durchführen.

Anhand der Ergebnisse der Wertermittlung können Teilräume des potentiellen Überflutungsgebietes mit einem besonders hohen Schadenspotential ausgegliedert werden. Dazu gehören an der Westküste Schleswig-Holsteins z.B. die teilweise sehr tief gelegenen Elbmarschen, an der Ostküste dagegen die Küstenstädte. Durch eine Verknüpfung der Schadenspotentialdaten mit Überflutungswahrscheinlichkeiten ist es möglich, für die einzelnen Überflutungsräume das individuelle Risiko zu ermitteln und auf dieser Basis neue Küstenschutzstrategien, welche z.B. Siedlungsbeschränkungen, Verkleinerung der potentiellen Überflutungsräume durch rückwärtigen Deichbau etc. enthalten können, zu entwickeln.

7. Literatur

BALL, J. H.; CLARK, M. J.; COLLINS; M. B.; GAO, S.; INGHAM, A.; ULPH, A. (1991): The Economic Consequences of Sea Level Rise on the South Coast of England. GeoData Institute Report to the Ministry of Agriculture, Fisheries and Food. Unpublished. 2 Volumes. 139 u. 140 S.

BEHNEN, T. (1996): Der Meeresspiegelanstieg und die möglichen Folgen für Deutschland. Eine Abschätzung der sozio-ökonomischen Vulnerabilität. In: Vechtaer Studien zur Angewandten Geographie und Regionalwissenschaft 18, S. 33 - 41.

EBENHÖH, W; STERR, H.; SIMMERING, F.; AHLHORN, F. (1997): Auswirkungen von Klimaänderungen auf die deutsche Küstenregion. Trends - mögliche Risiken - Gefährdungsabschätzung. Kurzfassung des Ergebnisberichts für das Vorhaben: Potentielle Gefährdung und Vulnerabilität der deutschen Nord- und Ostseeküste bei fortschreitendem Klimawandel. Oldenburg. 36 S.

FÜHRBÖTER, A. (1987): Über den Sicherheitszuwachs im Küstenschutz durch eine zweite Deichlinie. In: Die Küste, H. 45, S. 181-207.

GEWALT, M.; KLAUS, J.; PEERBOLTE, E.B.; PFLÜGNER, W.; SCHMIDTKE, R. F.; VERHAGE, L. (1996): EUROflood - Technical Annex 8. Economic Assessment of Flood Hazards - Regional Scale Analysis-Decision Support System (RSA-DSS). München. 37 S.

HOEDEL, K. (1996): Kosten-Nutzen-Analyse für Küstenschutzmaßnahmen in der Gemeinde Maasholm (Kreis Schleswig-Flensburg). Unveröffentl. Diplomarbeit am Geographischen Institut der Universität Kiel. 100 S.

KARAS, J. H. W.; TURNER, R. K.; BATEMAN, S.; DOKTOR, P.; BROWN, D.; MAHER, A.; BATEMAN, I.; ROBERTS, L. J. (1991): Economic Appraisal of the Consequences of Climate-Induced Sea Level Rise: A Case Study of East Anglia. University of East Anglia Report to the Ministry of Agriculture, Fisheries and Food.. Unpublished. 222 S.

KLAUS, J.; SCHMIDTKE, R. F. (1990): Bewertungsgutachten für Deichbauvorhaben an der Festlandsküste - Modellgebiet Wesermarsch. Untersuchungsbericht im Auftrag des Bundesministers für Ernährung, Landwirtschaft und Forsten. Bonn. 150 S.

Ministerium für Bau, Landesentwicklung und Umwelt des Landes Mecklenburg-Vorpommern (MBLU) (Hrsg.) (1995): Generalplan Küsten- und Hochwasserschutz Mecklenburg-Vorpommern. Schwerin. 108 S.

Ministerium für Ernährung, Landwirtschaft und Forsten des Landes Schleswig-Holstein (MELF) (Hrsg.) (1986): Generalplan Deichverstärkung, Deichverkürzung und Küstenschutz in Schleswig-Holstein, Fortschreibung 1986. Kiel. 23 S.

Ministerium für Ernährung, Landwirtschaft, Forsten und Fischerei des Landes Schleswig-Holstein (MELFF) (Hrsg.) (1992): Küstensicherung in Schleswig-Holstein. Kiel. 50 S.

PENNING-ROWSELL, E. C.; GREEN, C. H.; THOMPSON, P. M.; COKER, A. M.; TUNSTALL, S. M.; RICHARDS, C.; PARKER, D. J. (1992): The Economics of Coastal Management - A Manual of Benefit Assessment Techniques (The Yellow Manual). London. 380 S.

PETERSEN, M. (1966): Die zweite Deichlinie im Schutzsystem der deutschen Nordseeküste. In: Die Küste, Jg. 14, H. 2, S. 100-106.

PROBST, B. (1994): Überlegungen für einen Küstenschutz der Zukunft. In: Mitteilungen des Franzius-Instituts für Wasserbau und Küsteningenieurwesen der Univ. Hannover, H. 75, S. 52-68.

REESE, S. (1997): Auswirkungen eines potentiellen Deichbruchs auf einen Fremdenverkehrsort am Beispiel von St. Peter-Ording. Eine touristisch orientierte Schadensanalyse im Rahmen eines Wertermittlungsverfahrens für die überflutungsgefährdeten Küsten Schleswig-Holsteins unter dem Aspekt des

Meeresspiegelanstiegs. Unveröffentl. Diplomarbeit am Geographischen Institut der Universität Kiel. 155 S.

SCHMIDTKE, R. F. (1995): Sozio-ökonomische Schäden von Hochwasserkatastrophen. Manuskript zur Veröffentlichung in: Darmstädter Wasserbau-Mitteilungen H. 40.

1998	Higelke, B. (Hg.): Beiträge zur Küsten- und Meeresgeographie	Kieler Geographische Schriften, Bd. 97	S. 179-204

Morphologische Veränderungen im Lister Tidebecken (Sylt)

Bodo Higelke

1. Einleitung und Problemstellung

Das Wattenmeer ist ein Raum, der sich durch einen ständigen morphologischen Wandel auszeichnet. Wellen und Strömungen steuern Erosion und Sedimentation und formen damit den Wattboden in unterschiedlich starkem Maße.

Im Vergleich mit anderen Tidebecken, die sich südlich davon anschließen, kommt dem ausgewählten Wattgebiet des Lister Tidebeckens eine besondere Stellung zu, weil es von allen Seiten durch Festlands- und Inselküsten begrenzt wird (Abb. 1). Das hat zur Folge, daß dieses Tidegebiet heute ausschließlich über das Lister Tief mit der freien See verbunden ist. Durch den Bau von Verbindungsdämmen zu den beiden Inseln Sylt (1927) und Rømø (1948), aber auch durch Bedeichungen von Marschflächen, vor allem an der Festlandsküste, hat der Mensch in das Wirkungsgefüge der Naturvorgänge gestaltend eingegriffen. Vor allem in den letzten Jahrzehnten hat er durch die Dammbauten den Schutz, den beide Inseln den Watten bereits vorher geboten hatten, entscheidend verstärkt.

Im Rahmen des vom Bundesministerium für Bildung, Wissenschaft, Forschung und Technologie von 1990 bis 1996 geförderten Projektes "Sylter Wattenmeer Austauschprozesse" (SWAP) sollte geklärt werden, welche längerfristigen morphologischen Veränderungen sich in dieser für die Betrachtung ausgewählten Wattregion feststellen lassen und welchen Einfluß dieser morphologische Wandel auf die Sedimentbilanz des Raumes hat. Alle in der genannten Zeit durchgeführten Arbeiten wurden vom Bundesminister für Bildung, Wissenschaft, Forschung und Technologie finanziell unterstützt, wofür auch an dieser Stelle gedankt wird.

Vor dem Hintergrund des vorher formulierten Leitgedankens ließ sich innerhalb des Gesamtprojektes die folgende Teilaufgabe stellen: Welche längerfristigen Veränderungen der Formen zeigen sich im Tidebecken? Welche Konsequenzen haben diese Veränderungen für den Materialvorrat der Watten? Können mit einer entsprechenden

Methodik Sedimentbilanzen für das Gebiet aufgestellt werden, deren Resultate sich in den Rahmen des Gesamtprojektes (SWAP, Teil B), in dem es u. a. um die Erforschung von Stofftransporten, Stoffumwandlungen sowie um Drift und Wanderung von Organismen geht, einbringen lassen?

Diese langfristige Materialbilanz wird mit Hilfe von quantitativen Kartenauswertungen erstellt. Deren Resultate bieten zusammen mit den bei Geländeuntersuchungen gewonnenen Ergebnissen die Möglichkeit, auf Art und Umfang der im Tidebeken ablaufenden Umgestaltung zu schließen.

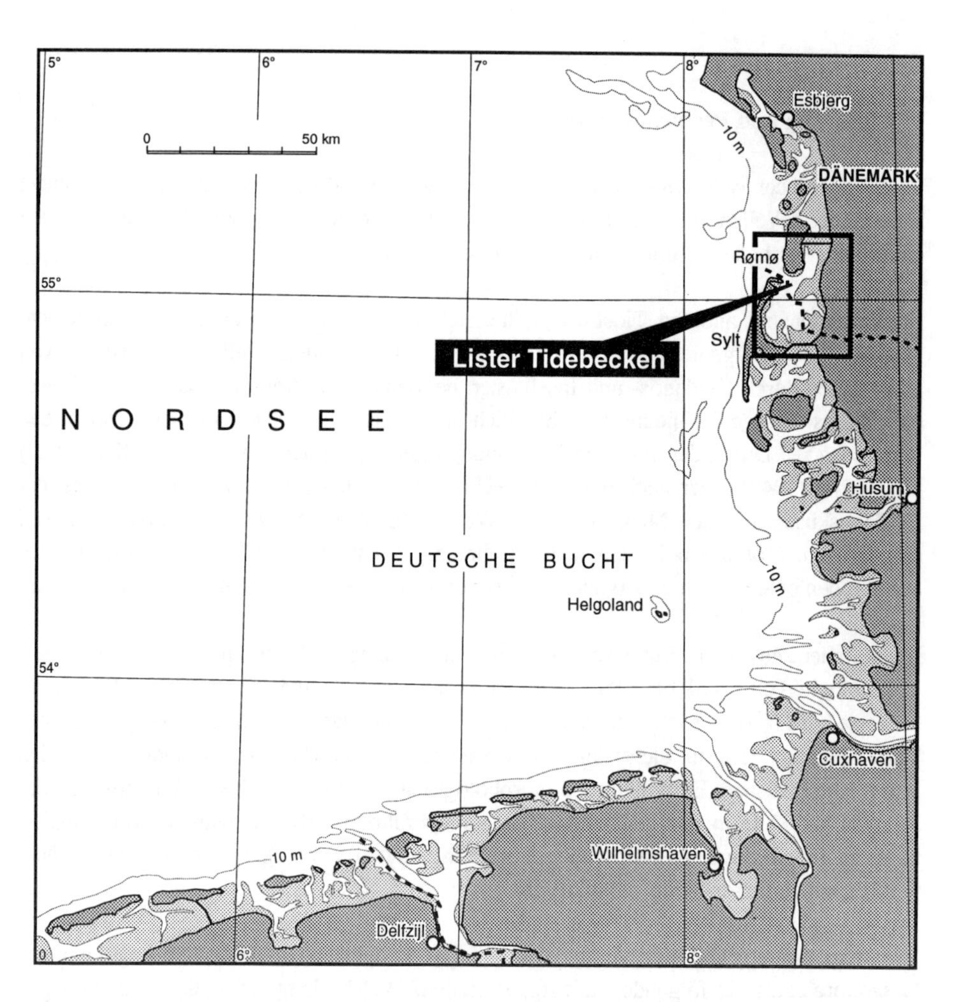

Abb. 1: Lage des Lister Tidebeckens innerhalb der Deutschen Bucht

2. Material und Methoden

Historische Karten gestatten es, die Entwicklung der Sylt-Rømø-Region seit der Mitte des 17. Jahrhunderts zu verfolgen. Im 19. Jahrhundert werden die Karten zunehmend exakter, so daß sie sich vom Beginn des 20. Jahhunderts an quantitativ auswerten lassen. Die bei der Untersuchung angewandte Methodik hängt von der Eigengart der Kartenunterlagen ab. Morphologische Untersuchungen, wie die hier durchgeführte, verfolgen das Ziel, die raumzeitlichen Formveränderungen von Wattrinnen und Platen quantitativ zu erfassen und in anschaulicher Art dazustellen. Je nach Fragestellung lassen sich gewonnene Ergebnisse danach mit Hilfe der Kenntnis der Naturvorgänge erklären und in den weitergespannten Rahmen stellen, der die Landschaftsveränderungen und damit eine Seite der ökologischen Entwicklung dieses amphibischen Raumes erklären will. Nach dem so formulierten methodischen Leitgedanken wurde in anderen Bereichen der Nordseeküste bei ähnlichen Aufgaben mit Erfolg gehandelt (BAYERL & HIGELKE 1994, GÖHREN 1970, HIGELKE 1986, LANG 1968, NEWIG 1980a u. 1980b, ZAUSIG 1939).

Grundsätzlich gilt: Der Gedanke, durch den Vergleich unterschiedlich alter Kartenstadien der Topographie auf die zwischenzeitlich erfolgten Reliefveränderungen zu schließen, kann zu einer Antwort auf die Frage nach der Materialbilanz führen und die mit ihr im Zusammenhang stehenden Landschaftsveränderungen beschreiben. Das Maß der zwischen den Betrachtungszeitpunkten erfolgten morphologischen Veränderungen geht dabei je nachdem, welcher Vertikalbereich des Wattrelief der Untersuchung zugrundegelegt wird, teilweise oder ganz in die Bilanz der reliefbildenden Materialmengen ein.

Eine quantitative Auswertung unterschiedlich alter Karten verschiedenster Art (historische Land- und Seekarten, neuere Land- und Seekarten, Vermessungsunterlagen der unterschiedlichen Institutionen, wie Bundesamt für Seeschiffahrt und Hydrographie, Amt für Land- und Wasserwirtschaft Husum) erlaubt es, Lage-, Größen- und Umrißveränderungen von Wattrinnen und -platen, Veränderungen des Wasserraumes des Tidebecken und von Höhendifferenzen der Wattflächen zu ermitteln.

Bei den historischen Karten muß vor einer Auswertung das Bemühen stehen, ihnen anhaftende grundsätzliche Mängel (geringe Detaillierung, Abbildungsfehler, Verzerrungen) zu erkennen und möglichst auszugleichen, um ihre Verwendung überhaupt erst zu ermöglichen. Werden die Kartenbilder der historischen Karten mit dafür geeigneten Methoden (Entzerrung mittels identischer Punkte) aufbereitet, lassen sich Grundrißstadien der Landschaftsentwicklung konstruieren. Sie lassen sich mit den Resultaten anderer Projekte verbinden, z. B. mit einem von der Geologie zu zeichnenden Zustandsbild der Landschaft nach den großen Fluten des ausgehenden Mittelalters oder dem exakt erfaßbaren Landschaftsstatus der Gegenwart.

Messungen in Karten, die auf modernen Vermessungen beruhen, geben Aufschluß über die Größen der Wasserflächen in den einzelnen Tiefenstufen, die das Kartenbild für einen bestimmten Vertikalbereich des Tidebeckens zeigt. Es muß jedoch immer darauf geachtet werden, daß die vertikalen Begrenzungen dieses Darstellungsbereiches in den einzelnen Karten recht unterschiedlich sein können.

Resultate, die mit dieser Methode in unterschiedlichen alten Karten gewonnen werden, können miteinander verglichen werden, um auf diese Weise die Umgestaltung des Wattrelief quantitativ zu erfassen. Dadurch werden entlang einer zeitlichen Skala Einblicke in die Bilanzen der Sedimentumlagerungen innerhalb des Tidebeckens möglich (HIGELKE, 1978).

Da für die Zeit vor 1995 keine flächendeckende Vermessung des Tidebeckens vorliegt, die auf NN bezogene Höhen- und Tiefenangaben bietet, ist die Reihe der hydrographischen Vermessungen und der auf ihnen basierenden Seekarten für die Untersuchung herangezogen worden, die sich allerdings auf den Bereich unterhalb Seekartennull (Springtidenniedrigwasser) beschränken. Es wurden nur Seekartenjahrgänge ausgewertet, denen eine Neuvermessung aller Rinnen bzw. von großen Teilen des Gebietes zugrundelag. Danach ergibt sich folgende Zeitreihe: 1879, 1896, 1898, 1902/04, 1909, 1912, 1916, 1931, 1935, 1941, 1951, 1953, 1963, 1968, 1979, 1988 und 1992.

Die Arbeitskarten des BSH (früher DHI), sind nur zur Überprüfung notwendiger Detailangaben verwendet worden. Letztlich lag ihr Nutzen auch darin, daß geprüft werden konnte, welcher Bereich überhaupt von deutscher Seite gepeilt worden war.

3. Untersuchungsgebiet

Vor der Darstellung von Ergebnissen soll an dieser Stelle auf einige morphologische Besonderheiten des Gebietes hingewiesen werden. Es leuchtet ein, daß die im Tidebecken vorhandenen tiefen Rinnen mit ihren Prielen das Grundmuster bieten, das die räumliche Zuordnung und die Bewertung aller Bilanzierungsergebnisse gestattet (Abb. 2).

Vom Lister Tief, gleichermaßen dem Tor des Tidebeckens zur freien Nordsee, zweigen nach Südwesten und Süden hin Lister Ley mit Irrtief, Panderteif und Westerley, nach Südosten Hojer Dyb, sowie nach Nordosten Rømø Dyb mit den jeweils dazugehörenden Prielästen, die unterschiedlich breit angelegt sind, ab.

Diese Rinnenäste sind, um es an dieser Stelle zu betonen, das Untersuchungsobjekt des Bilanzierungsvorhaben und zwar im Vertikalbereich des Sublitorals. Die genannten Rinnen verbinden ganz unterschiedlich geformte und sich auch in ihrer Flächengröße stark voneinander unterscheidende Wattbereiche letztlich mit der freien See. Über die Materialbilanz oberhalb des Niveaus, das für die Hydrographie als Bezugsfläche gewählt wurde und das durch die Höhe des mittleren Springtideniedrigwassers repräsentiert wird, kann wegen der notwendigen Beschränkung auf das Seekartenmaterial keine Aussage gemacht werden.

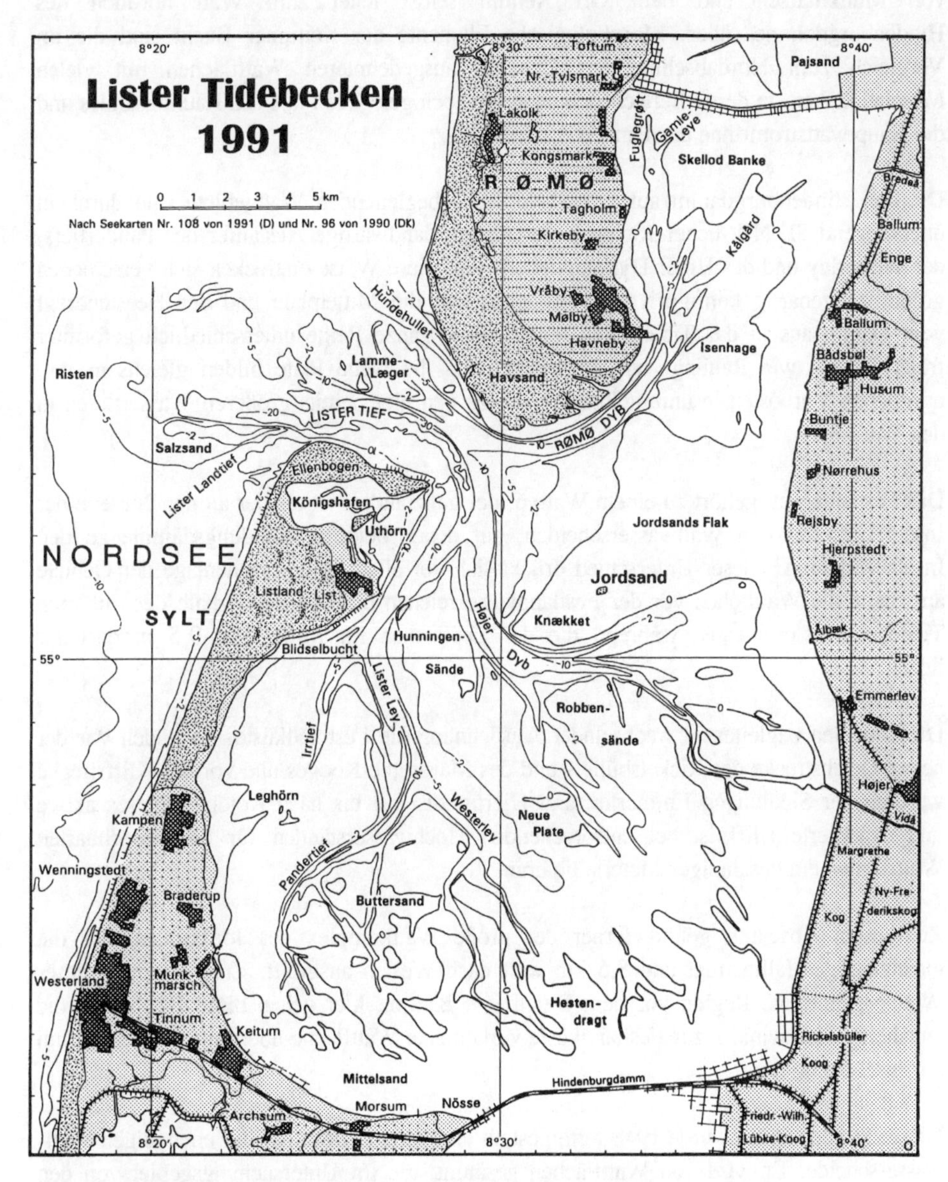

Abb. 2: Lister Tidebecken im Bereich der Nordseeinseln Sylt und Rømø
Quelle: Seekarte Nr. 108 von 1991 (D) und Nr. 96 von 1988 (DK)

Die innerhalb des Lister Tidebeckens zu unterscheidenden Wattgebiete lassen sich rasch benennen: Bei der Insel Sylt beginnend, lassen sich das Königshafenwatt (bei der Ortschaft List) und das sich nach Süden verbreiternde östliche Inselwatt mit den Bereichen von Leghörn und des Keitumer Watts unterscheiden. Das Keitumer Watt zwischen dem Hafen von Munkmarsch und dem Ort Keitum selbst leitet zum Watt nördlich des Hindenburgdammes über. Morphologische Elemente der Keitumer Bucht sind die im Vergleich zum Nordabschnitt des Gebietes ausgedehnteren Wattflächen mit vielen Muschelbänken, in deren Bereich sich auch die hoch gelegene Plate des Raulingsandes und die Hauptwattstromrinne des Pandertiefs befinden.

Die den Hindenburgdamm auf seiner Nordseite begleitenden Wattgebiete sind durch in überwiegend SE-NW-licher Richtung verlaufende landwärtige Ausläufer der Pandertiefs, der Westerley und des Højer Dyb gegliedert. Auf diese Weise erstrecken sich verschieden große, zungenartig konfigurierte Wattflächen wie die Mittelplate und der Heestendragt vom Damm aus in das Tidebecken hinein. Eine ganze Reihe unterschiedlich geformter freier Platen, wie Rauling- und Buttersand und die Neue Plate bilden gleichsam ihre nördlichen Vorposten in unmittelbarer Nähe zu den hier bereits größeren Wassertiefen in den Wattrinnen.

Das Festlandswatt gehört zu einem Wattyp, der ganz anders ist als der an der Leeseite der Inseln oder auf den Wattwasserscheiden, auf denen beide Verbindungsdämme zu den Inseln verlaufen. Dieser Unterschied drückt sich vor allem in der Höhenlage der Gebiete aus, denn die Watthöhen vor der Festlandküste reichen bis wenig unterhalb des mittleren Tiedehochwasserniveaus, während die der Leeflächen im Mittel fast 0,5 m darunter liegen.

Diese Watten begleiten in wechselnder Ausdehnung die Festlandküste, im Süden vor der neuen Deichstrecke des Rickelsbüller- und des Margrethe-Kooges und vor der Kliffstrecke westlich der Siedlungen Emmerlev und Hjerpstedt, fast bis nach Koldby. Dieses aktive und exponierte Kliff ist bei entsprechenden Hochwasserständen für die benachbarten Wattflächen ein beständiger Materiallieferant.

Zu diesem Abschnitt gehört ferner der große Wattkomplex des Jordsandes, der die gleichnamige Hallig trägt und 8,5 km weit nach Westen ausgreift. Zum Nordteil dieser Watten gehört die Region vor dem Deich von Ballum, hier gehen diese Flächen in die annähernd rechtwinklig zur Festlandküste verlaufende Wattfläche über, auf der der Damm zur Insel Rømø liegt.

Dieser Straßendamm wurde 1948 fertiggestellt und verläuft etwa auf der ehemaligen Wattwasserscheide. Er wird von Wattflächen gesäumt, die im Untersuchungsgebiet von den oberen Prielausläufern des Kolgards, von Gamleleje und Fuglegröft untergliedert werden, die alle Zweigrinnen des Rømø Dybs sind.

Daran schließt sich auf der Leeseite der Insel Rømø ein wenig gegliederter Wattstreifen an, der die z. T. von einem kleinen Kliff oder im Norden auch von einem Schilfgürtel eingefaßte Ostküste der Insel begleitet. Diese Watten gehen nach Süden, bei dem Hafenort Havneby in die Ausläufer des Havsandes über und sind z. T. durch Auswirkungen der Hafenbaumaßnahmen überformt worden.

Hydrographisch bemerkenswert sind die im Süden über die Højer-Schleuse und den Højer-Kanal in das Højer Dyb entwässernde Vidå. Im Norden ist es die Brede Å, die durch die Ballum-Schleuse das Wattenmeer erreicht. In der Mitte mündet die Ålbæk, ein Bach, dessen Einfluß an der Vegetation des Strandabschnittes zwischen Emmerlev und Hjerpsted zu beobachten ist.

4. Ergebnisse der Kartenanalysen

4.1 Historische Karten

Um den landschaftsgeschichtlichen Bezug der gewonnenen Resultate zu betonen, werden 3 Entwicklungsstadien des Lister Tidebeckens während der letzten 300 Jahre in Kartenform vorangestellt (Abb. 3-5).

Auf der Basis der kritisch überprüften historischen Karten wurden mit Hilfe der Methode der "identischen Punkte" (HIGELKE 1986, MESENBURG 1990) zeitliche Stadien der Landschaftsentwicklung in Kartenform rekonstruiert. Diese auf dem heutigen Kartennetz aufgebauten neuen Entwürfe besitzen nicht nur veranschaulichenden Charakter, vielmehr sind sie innerhalb bestimmter Genauigkeitsgrenzen auch quantitativ auswertbar. Unter Berücksichtigung der Quellenlage wurden die Stadien von 1650, 1800 und 1900 gewährt, deren Untersuchung den historischen Vorlauf für die anschließenden Bilanzierungen für die letzten 100 Jahre darstellt.

Flächengröße eines Tidebeckens und Tiefe der dazugehörenden Tiderinnen stehen empirischer Erkenntnis zufolge in funktionalem Zusammenhang (RENGER 1976). Diesem theoretischen Ansatz entsprechend sind für die einzelnen Zeitstadien die jeweiligen Flächen des Tidebeckens ermittelt worden. Es handelt sich dabei um die Fläche des gesamten Tidebereichs unterhalb des Hochwasserniveaus und innerhalb der durch die Dämme nach Rømø und Sylt und durch die für die Untersuchung gewählte Querung des Lister Tiefs dargestellten Grenzen.

Allerdings nur für die Stadien von 1800 und 1900 sind darüber hinaus die Flächen der Tiderinnen unterhalb des Tideniedrigwasserniveaus durch Planimetrieren der Wasserflächen in den Kartendarstellungen (in einheitlichem Maßstab = gleicher Generalisierungsgrad) ermittelt worden. In der Karte für 1650 war dies nicht möglich, weil die unkorrekte Abbildung der Tiderinnen in den als Hauptquelle dienenden Karten von J. Mejer nicht zu korrigieren war. Die ermittelten Werte wurden mit denen verglichen, die das Stadium von 1991 beschreiben.

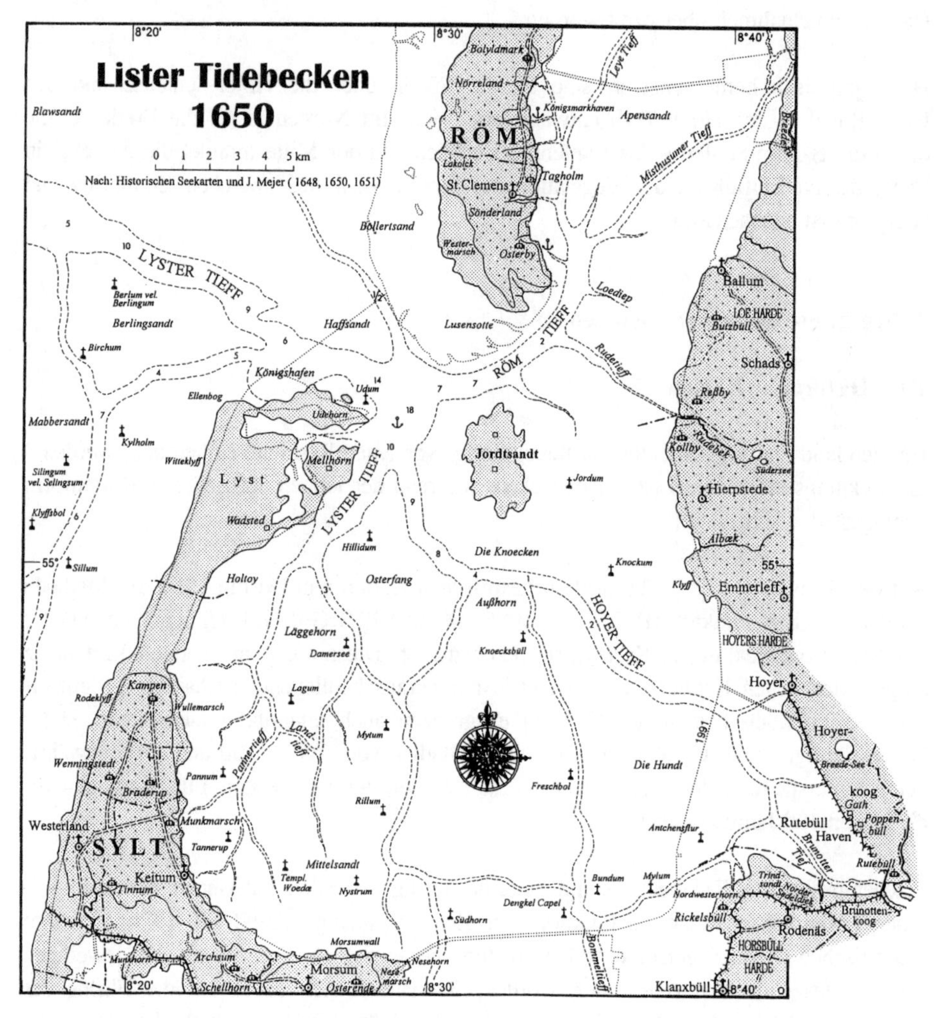

Abb. 3: Rekonstruktion des Tidebeckens für die Zeit um 1650 auf der Basis der heute gültigen Projektion (Mercator)

Quelle: div. historische Seekarten und J. MEJER 1648, 1650, 1651.

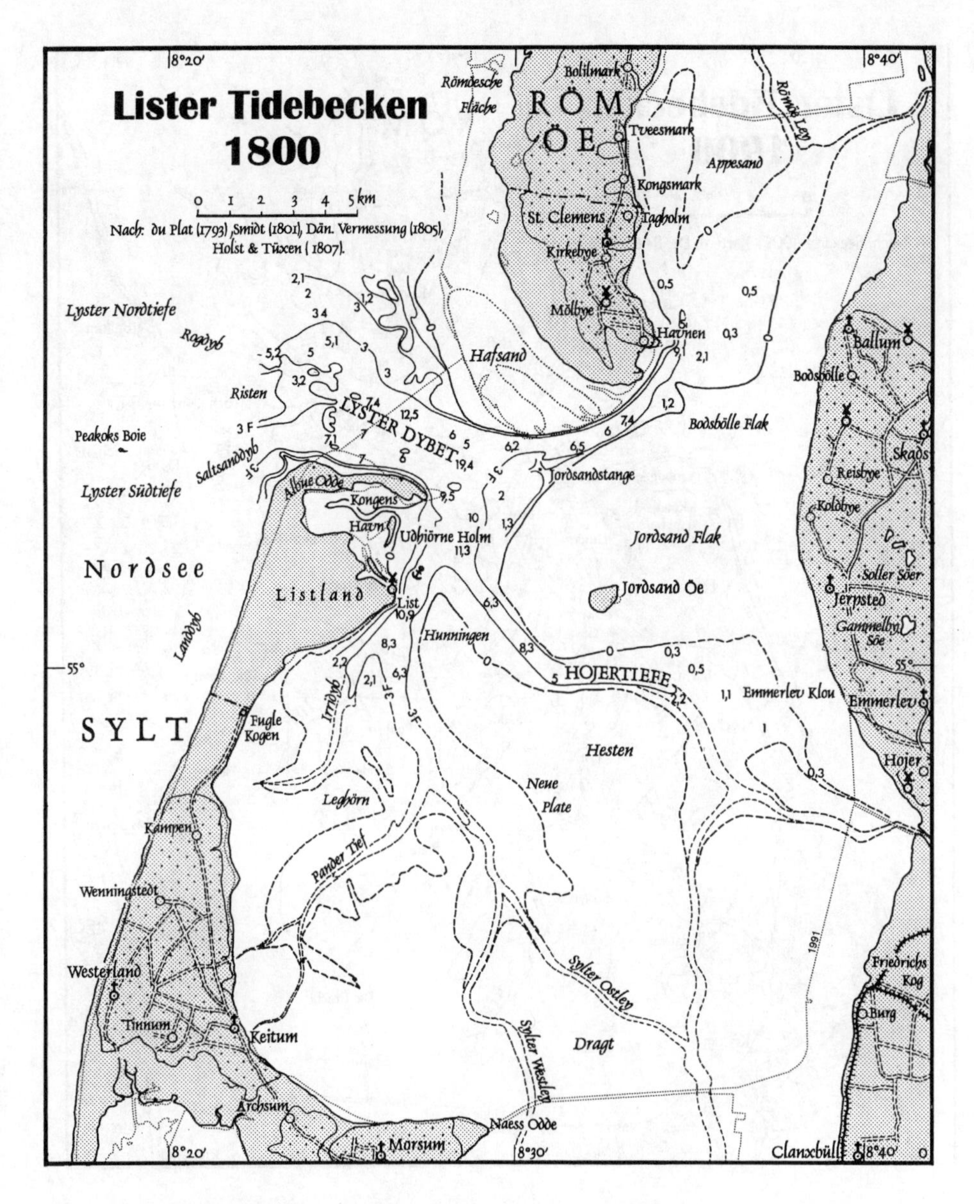

Abb. 4: Rekonstruktion des Tidebeckens für die Zeit um 1800

Quelle: DU PLAT 1793, SMIDT 1801, Dän. Vermessung 1805, HOLST & TÜXEN 1807.

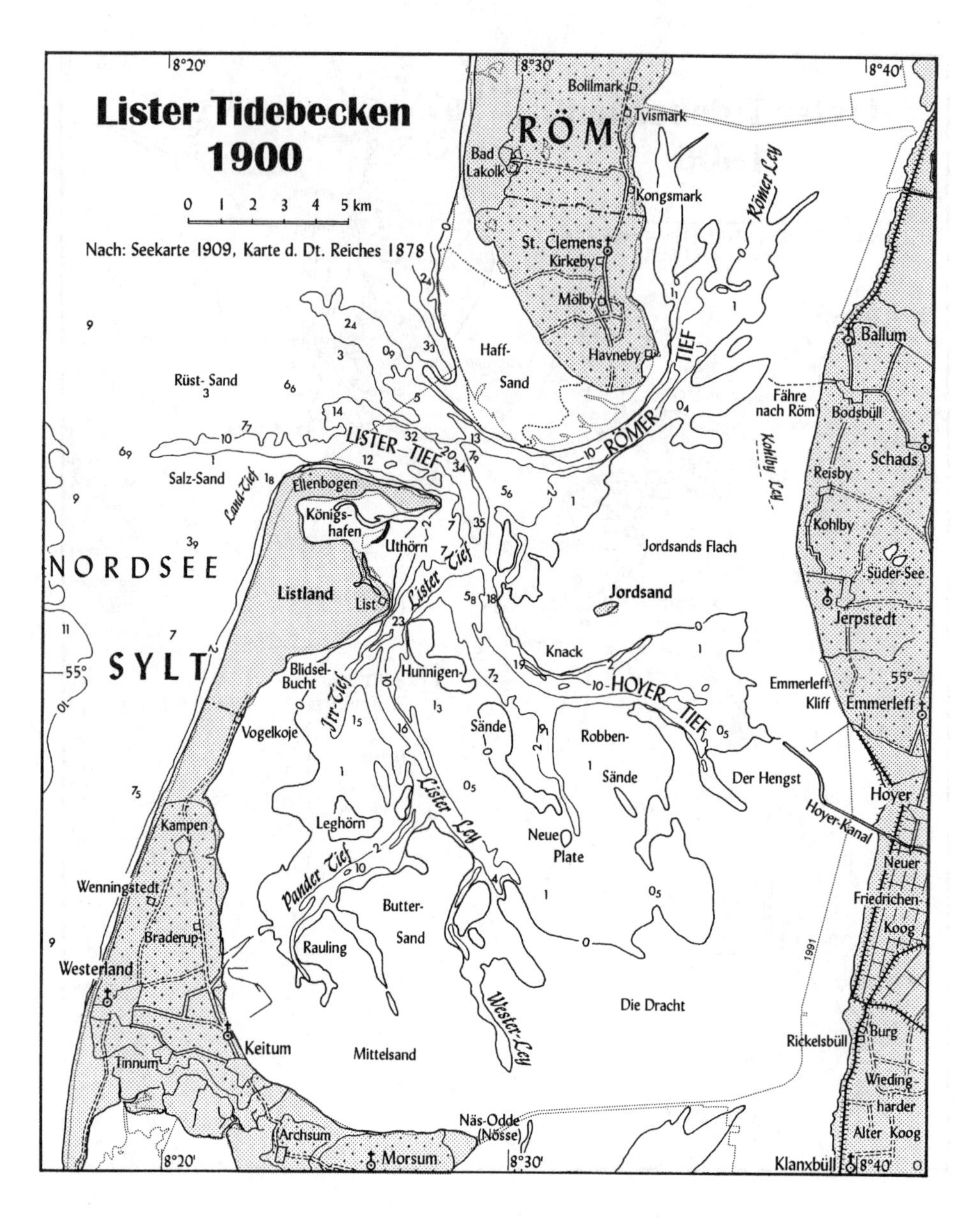

Abb. 5: Rekonstruktion des Tidebeckens für die Zeit um 1900
Quelle: Seekarte 1909, Karte des Dt. Reiches 1878

Es zeigte sich, daß die Fläche des Gebietes innerhalb der vorher beschriebenen Grenzen von 1650 über 1800 und 1900 bis zur Gegenwart (1991) bedingt durch Eindeichungen abnimmt. Die Fläche aller Rinnen in dem abgegrenzten Bereich, also die des Sublitorals, dehnen sich auf Kosten des Eulitorals aus (Tab. 1).

Tab. 1: Flächenveränderungen (km²) im Lister Tidebecken seit 1650, bezogen auf die Kartendarstellungen in Abb. 2-5. Grenze zwischen Sub- und Eulitoral ist das Seekartennull (Springtideniedrigwasser)

Jahr	**1650**	**1800**	**1900**	**1991**
Gesamtfläche	456,1	445,8	429,6	401,4
Sublitoral		140,0	145,5	242,4
Eulitoral		305,8	284,1	159,0
Eulitoral (%)		*68,6*	*66,1*	*39,6*

Quelle: HIGELKE 1996

4.2 Bilanzen der Wasserräume

Die zweite Ergebnisreihe leitet zu einer Betrachtung der Rinnenentwicklung und zur Bilanzierung von Veränderungen des Sublitorals über. Die Bilanzierungen der Wasserräume von Rinnen lassen für das Zeitintervall von 1904 bis 1992 die überwiegende Wasserraumzunahme und damit deutliche Materialverluste erkennen. Dies betrifft fast den gesamten Bereich des Tidebeckens und ist in fast allen Tiefenbereichen feststellbar, worauf die mit einem Pluszeichen versehenen Werte in den drei Rubriken pro Untersuchungsfeld hinweisen (Abb. 6).

Durch besonders große Werte fällt dabei der Rinnenabschnitt zwischen Sylt und Rømø auf. Hier ist im Lister Tief (Feld B-II) die überaus kräftige Zunahme des Wasserraumes im Tiefenbereich unterhalb von SKN-10 m zu bemerken.

Die Veränderungen der größten Tiefen in den Einzelfeldern, Tiefendynamik genannt (Abb. 7), wurde während des gesamten Untersuchungszeitraumes verfolgt. Dabei hat sich herausgestellt, daß die Maximaltiefen pro Feld über die Zeit nicht spektakulär zugenommen haben, abgesehen von den kleineren Rinnen, die innerhalb der Felder im Südwesten und Süden des Gebietes liegen. Vielfach wurde die Zunahme des Wasserraumes durch Vergrößerung bei gleichbleibender Tiefe, durch eine größere Fülligkeit der Rinnen also, verursacht.

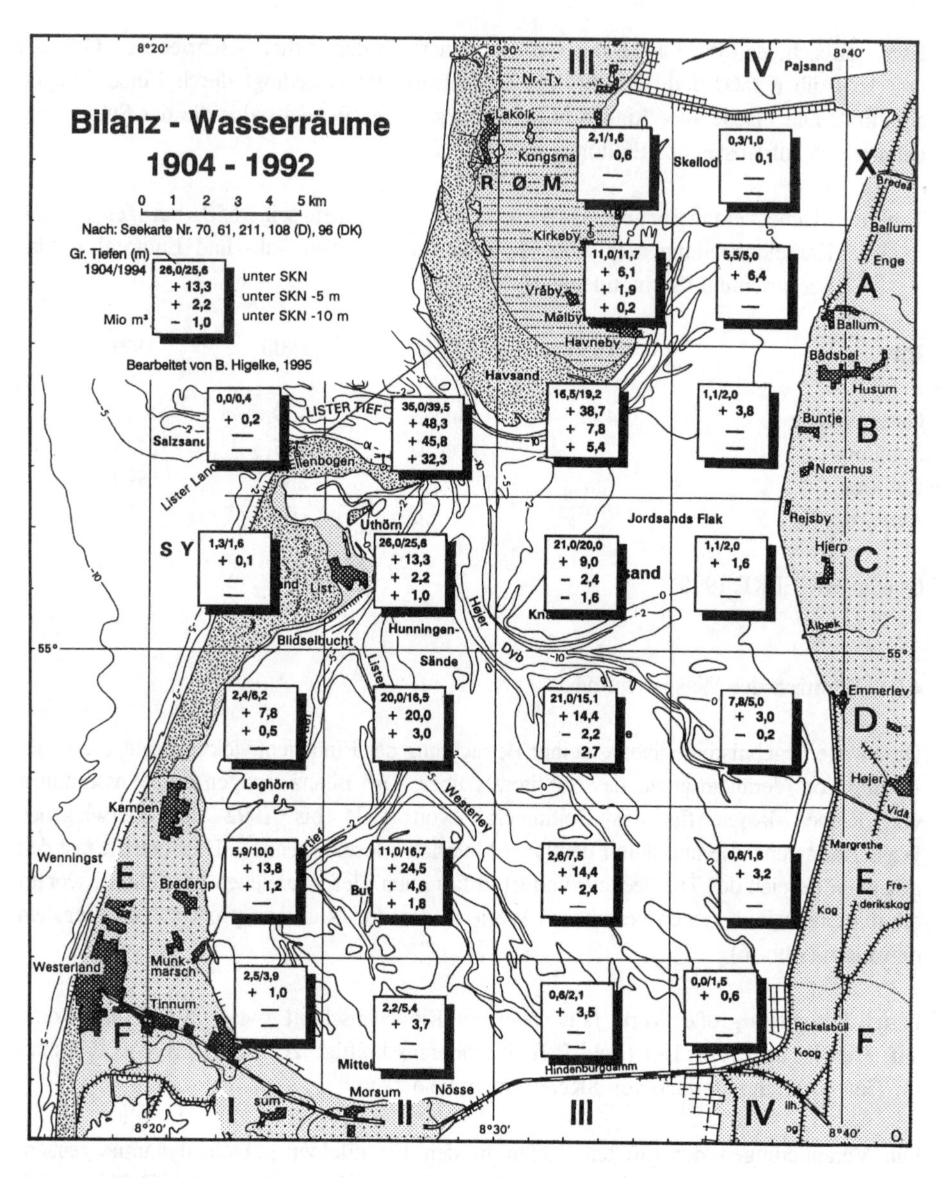

Abb. 6: Bilanz der Wasserräume für das Zeitintervall 1904-1992 (+ = Wasserraumzunahme; - = Wasserraumabnahme)

Quelle: Seekarten aus der Zeit 1979-1992

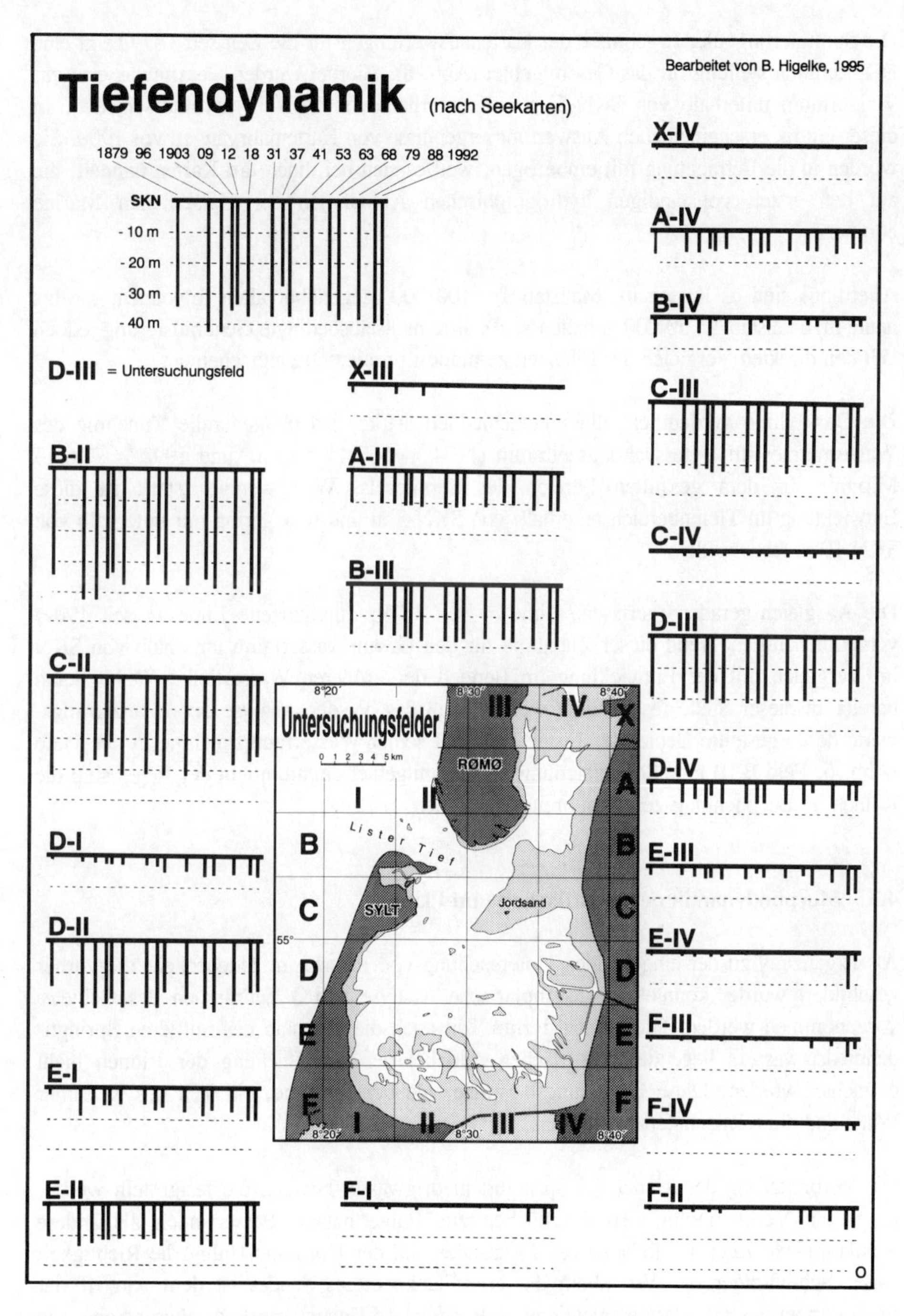

Abb. 7: Veränderung der Maximaltiefen in allen ausgewerteten Seekarten im Zeitraum von 1879-1992 für jedes Untersuchungsfeld

Die Summierung aller Ergebnisse der Kartenauswertungen für die Zeit seit 1879 zeigt eine Diagrammdarstellung für das Gesamtgebiet (Abb. 8). Hierbei wurden Gesamtwasserraum, Wasserraum unterhalb von SKN-5 m und unterhalb von SKN-10 m unterschieden. In dieser Grafik erscheinen auch Auswertungsergebnisse von Kartenjahrgängen vor 1900. Sie wurden in die Betrachtung mit einbezogen, weil es sich bei ihnen um Karten handelt, die auf den ersten vollständigen hydrographischen Aufnahmen der Kaiserlichen Marine beruhen.

Allerdings sind es Karten im Maßstab 1 : 100 000 (gegenüber allen folgenden, die bis heute im Maßstab 1 : 50 000 gehalten sind). Ihre maßstabsbedingte Generalisierung jedoch läßt den direkten Vergleich der Bilanzen zumindest problematisch erscheinen.

Die Darstellung verdeutlicht die unterschiedlich starke, jedoch generelle Zunahme des Wasserraumes im Untersuchungszeitraum (1904 = 566,44 Mio m^3 und 1992 = 776,13 Mio m^3) für dem gesamten Bereich des Sublitorals. Weit weniger stark ist diese Entwicklung im Tiefenbereich unterhalb von SKN-5 m und sehr gering nur unterhalb von SKN-10 m festzustellen.

Die Ausgleichsgeraden (gerissene Linie = seit 1879; durchzogene Linie = seit 1904) verdeutlichen den Trend dieser Zunahme für den Gesamtwasserraum unterhalb von SKN im Vergleich mit der Entwicklung im Bereich der größeren Wassertiefen. Daher kann bereits an dieser Stelle festgehalten werden, daß das bei der Analyse der Bilanzierungswerte herausgestellte Gebiet des Lister Tiefs mit seiner Wasserraumzunahme in der Tiefe (Abb. 6, Feld B-II) eine Sonderstellung im Gesamtgebiet einnimmt. In der Regel sind die Rinnen im Beobachtungszeitraum breiter geworden.

4.3 Morphodynamik der Wattflächen und Platen

Als Ergänzung zu der eingehenden Untersuchung von Rinnen im Tidebecken, die vorher geschildert wurde, konnte eine exemplarische Analyse von 3 Teilräumen des Gebietes vorgenommen werden. Diese betrifft zum Teil auch die oberhalb des mittleren Springtidenniedrigwassers liegenden Wattflächen, die bei der Untersuchung der Rinnen nicht betrachtet wurden. Diese Ergänzungsbeispiele sind der Jordsand, ein Teil des Keitumer Watts und die Königshafen-Bucht.

Die Verbreiterung der Rinnen im Springtideniedrigwasser-Niveau, die festgestellt wurde, muß eine Verkleinerung der Wattflächen zur Folge haben. Besser noch als andere Wattkomplexe zeigt das Beispiel des Jordsandes und der Hordsand-Hallig die Richtigkeit dieser Schlußfolgerung. Vor allem die NW-Flanke dieses Sandes ist dem Angriff der Brandung ausgesetzt. Daraus resultieren beträchtliche Flächenverluste an dieser Seite, die dem Lister Tief zugewandt ist (Abb. 9).

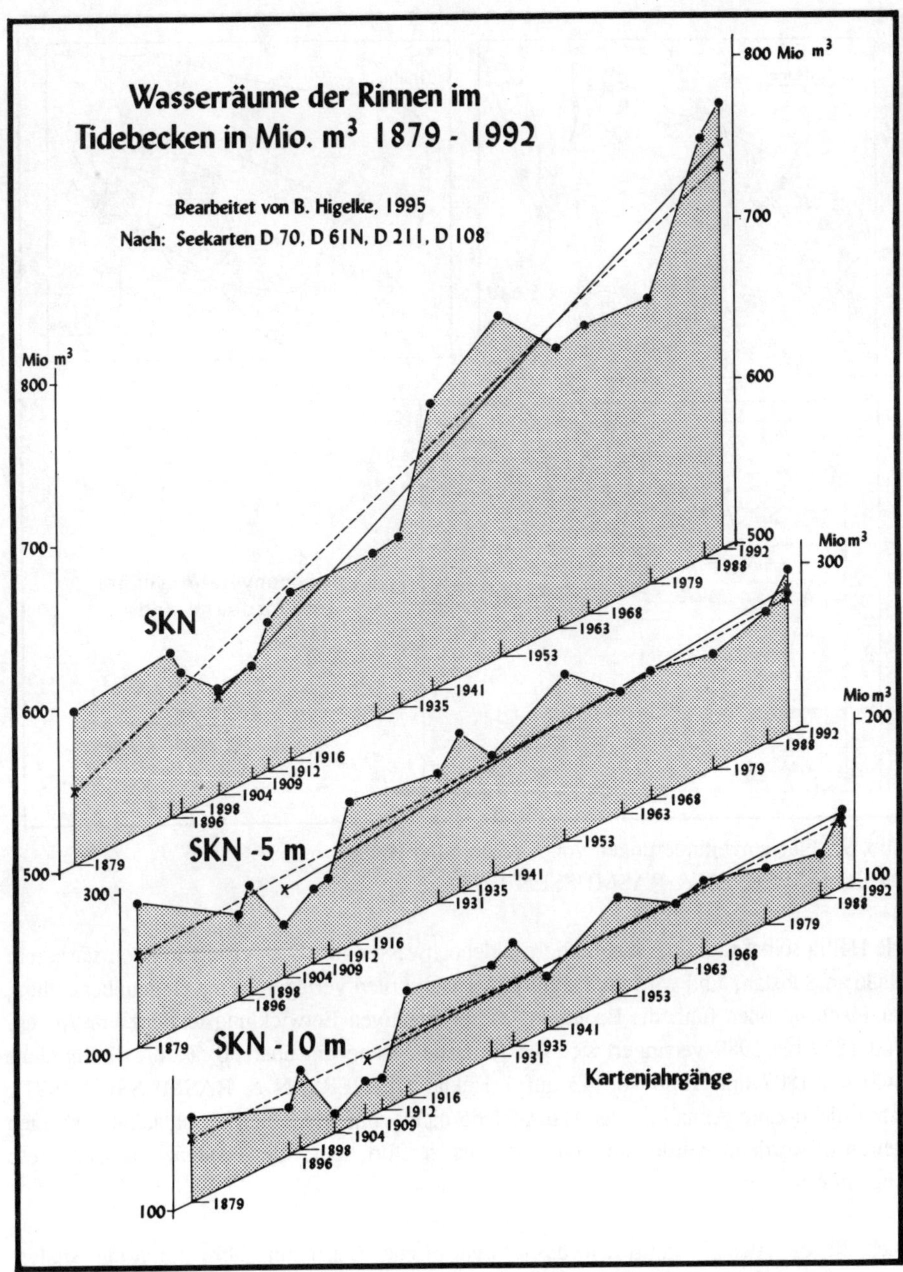

Abb. 8: Veränderungen der Wasserräume im Lister Tidebecken für die Bereiche unterhalb von SKN, von SKN-5 m und SKN-10 m für das Zeitintervall von 1879-1992

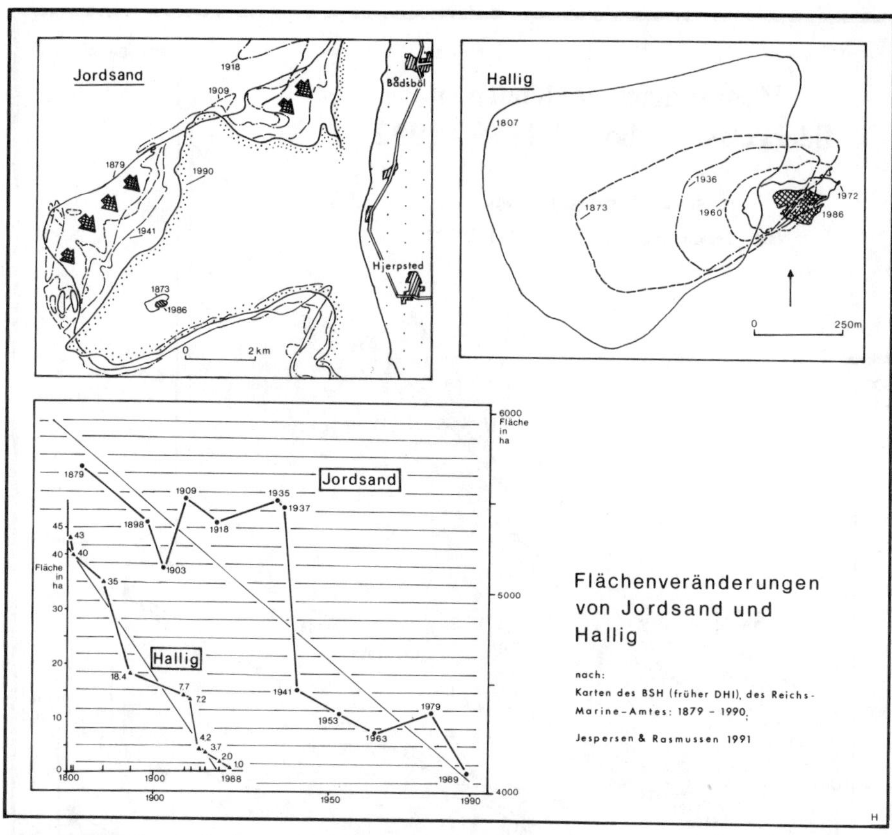

Abb. 9: Flächenveränderungen von Jordsand und Hallig
Quelle: JESPERSEN & RASMUSSEN 1991

Die Hallig selbst ragt über das mittlere Tidehochwasser auf. Die verliert in noch stärkerem Maße an Substanz und wird als Halligfläche nach Osten verlagert. Eine Gegenüberstellung der Flächengrößen führt die Bedeutung dieser negativen Entwicklungstendenz vor Augen. Von 1879 bis 1989 verringert sich die Jordsand-Fläche um über 30 %, die Halligfläche zwischen 1807 und 1988 von 43 auf 1 Hektar (JESPERSEN & RASMUSSEN 1991). Wäre die rasante Abnahme der Halligfläche nicht vom Menschen durch lahnungsbauten gebremst worden, würde die Hallig bereits zerstört sein, die Tendenzlinie läßt diese Annahme zu.

Diese für die Ausdehnung des Jordsandes getroffene Feststellung wird durch die Analyse der Veränderungen an anderen Sänden bestätigt. Die Tendenz der Flächenentwicklung von Hunningen Sänden, der Neuen Plate und auch der Robben Sände ist, in geringerem Maße zwar als beim Jordsand, von 1878 bis 1988 negativ.

Die im Jahr 1994 vom BSH in Hamburg und dem ALW Husum durchgeführten Vermessungen von großen Teilen des Lister Tidebeckens bot die Gelegenheit, Rohdaten dieser Arbeiten zu einer Karte aufzubereiten und damit eine auf das Normalnull bezogene Topographie zu erstellen. Es wurde dazu ein Flachwassergebiet in der Keitumer Buch ausgewählt, für das bereits eine Karte gleicher Art aus dem Jahr 1950 vorliegt. Ganz sicher handelt es sich bei der Keitumer Bucht um ein Wattgebiet, das viel seltener einer Sturmbrandung ausgesetzt ist als der vorher beschriebene Jordsand-Komplex. Man kann also davon ausgehen, daß die Sedimentationsbedingungen hier ungleich günstiger sind als auf dem Jordsand. Aus den Daten wurde als erstes die topographische Situation im Maßstab 1 : 5 000 angefertigt, in der die Höhenlinien zwischen NN und -1 m NN im Abstand von 0,1 m konstruiert wurden, unterhalb von -1 m NN beträgt dieser Abstand dann 0,5 m. Dies ergibt eine Karte, die das Relief gut auflösend wiedergibt und die sich nach Generalisierung auf Maßstäbe von 1 : 10 000 und 1 : 25 000 quantitativ auswerten und mit Karten anderer zeitlicher Reliefstadien vergleichen läßt. Kartenausschnitte der beiden Stadien von 1950 und 1994 lassen morphologische Veränderungen erkennen, die sich in den dazwischenliegenden mehr als 40 Jahren vollzogen haben (Abb. 10).

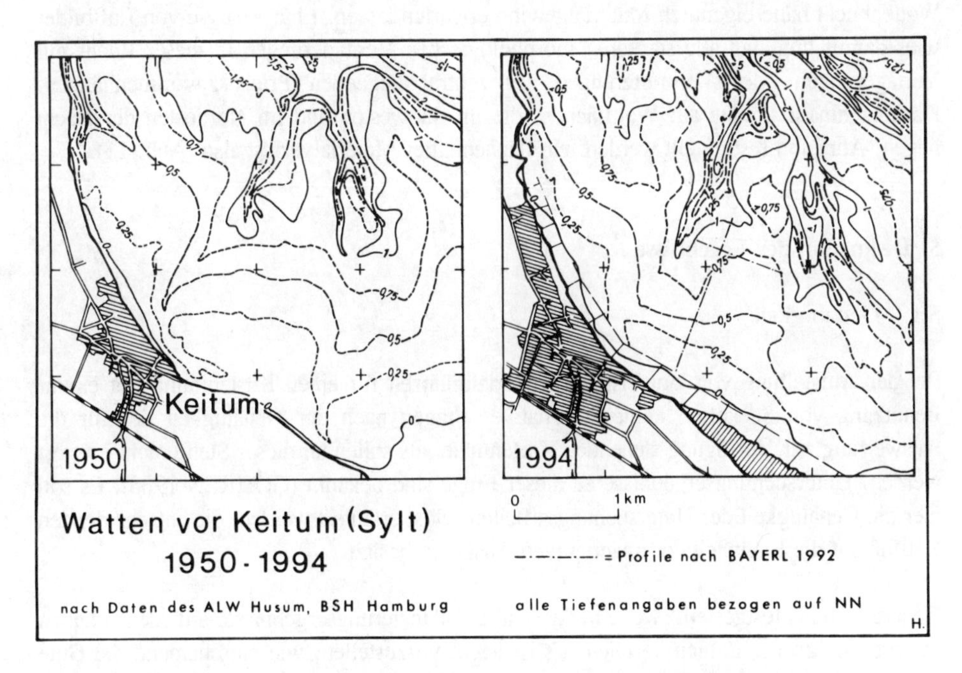

Abb. 10: Keitumer Bucht (Ausschnitt), Reliefveränderungen 1950-1994
Quelle: Vermessungsdaten ALW Husum 1994; BSH Hamburg 1994.

Einem Materialgewinn im Bereich der neu angelegten Lahnungen steht die Ausräumung von Material im Prielbereich gegenüber. Werden die Wasserräume in diesem Gebiet ermittelt, so zeigt sich, daß zwischen dem Niveau von NN und dem von -0,3 NN die Tidewassermenge in der Zwischenzeit abgenommen hat, in diesem Tiefenintervall also ein Materialgewinn zu verzeichnen ist. Unterhalb von -0,3 NN nehmen die Wasserräume zu, d. h. in diesem Tiefenbereich herrscht Erosion vor. Die Beobachtung, daß die Prieltiefe in dieser Zeit von -5,2 m auf - 5,55 m NN zunimmt, fügt sich gut in das vorher geschilderte Entwicklungsbild dieses Wattgebietes.

Die Untersuchungen der Königshafen-Bucht basieren gleichfalls auf den vorher genannten Vermessungen, die in gleicher Art und Weise durchgeführt wurden, wie es bei den Unterlagen für das Keitumer Watt beschrieben worden ist. Die Kartenunterlage für das Stadium von 1950, mit dem das jüngere Stadium wiederum verglichen wird, ist aus dem Zahlenplan der Vermessungsdaten entwickelt worden. Dies geschah, um nicht Kartendarstellungen mit einem unterschiedlichen Duktus vergleichen zu müssen. In diesem Gebiet wurden die Bilanzwerte im 500-m-Raster ermittelt und ergaben für die 40 Jahre von 1950 bis 1991 für den Königshafen einen Materialverlust von 4×10^4 m^3 (Abb. 11). Ein auf den ersten Blick gering erscheinender Betrag zwar, aber diese geschützt liegende Wattenbucht hatte eigentlich Materialgewinn erwarten lassen. Eine Analyse von Luftbilder wies darauf hin, daß alle stärkeren morphologischen Veränderungen in dieser Bucht mit Verlagerungen oder Verbreiterungen des zentral liegenden Priels zusammenhängen. Darüber hinaus konnte auf Wattflächen, die im Südwesten und im Nordosten der Bucht liegen, Abrasion festgestellt werden, ein flächenhafter Materialverlust also (Abb. 11).

5. Diskussion der Ergebnisse

5.1 Genauigkeit

Bei der Aufstellung von langfristigen Materialbilanzen für einen Küstenraum gibt es zur Benutzung von Seekarten keine Alternative. Fragen nach der Genauigkeit des für die Auswertung zur Verfügung stehenden Kartenmaterials sollen an dieser Stelle nicht erörtert werden. Untersuchungsergebnisse zu dieser Frage sind bekannt (GÖHREN 1968). Es soll hier die Genauigkeit der Untersuchungsarbeiten selbst erläutert werden, die entscheidenden Einfluß auf die Exaktheit der quantitativen Aussagen besitzt.

Generell muß festgestellt werden, daß alle Bilanzierungsergebnisse auf den kleinen Differenzen großer Zahlen beruhen. Es ist leicht vorzustellen, wie entscheidend die Güte der Resultate dabei von der Genauigkeit abhängt, mit der alle Flächenmessungen in den Karten vorgenommen werden. Ist in den Karten mit dem Maßstab 1 : 50 000 die

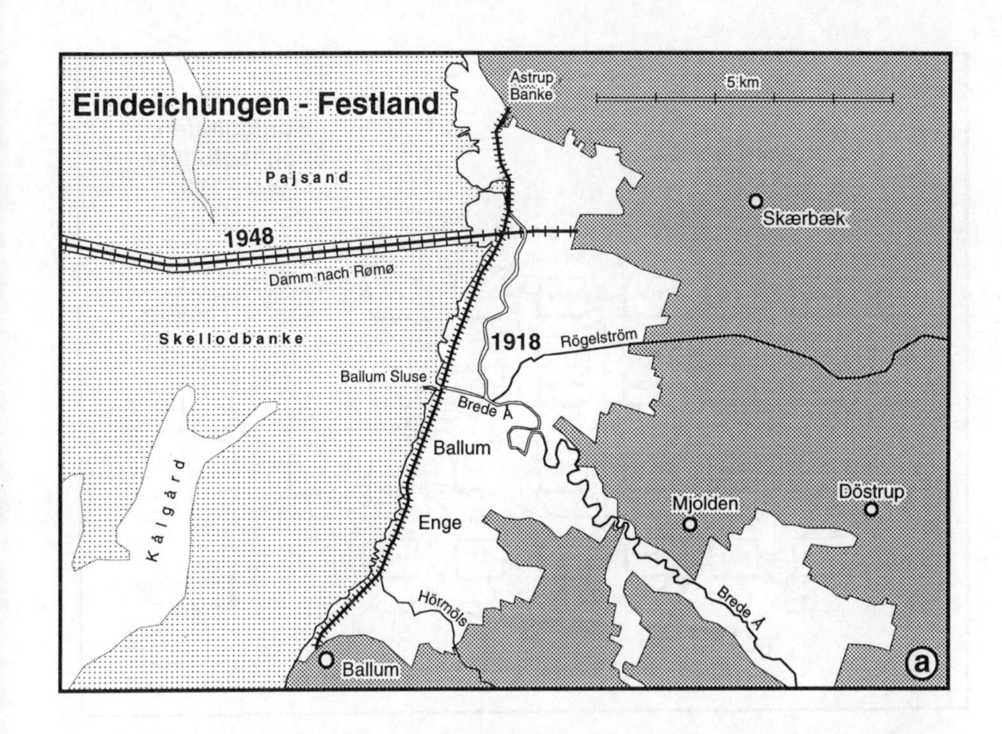

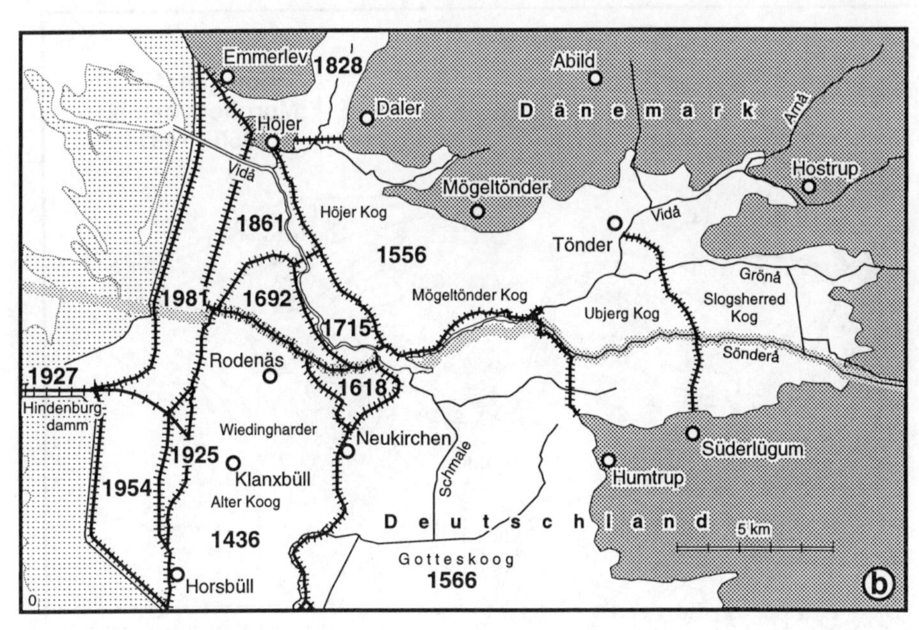

Abb. 11a und 11b: Eindeichungen - Festland

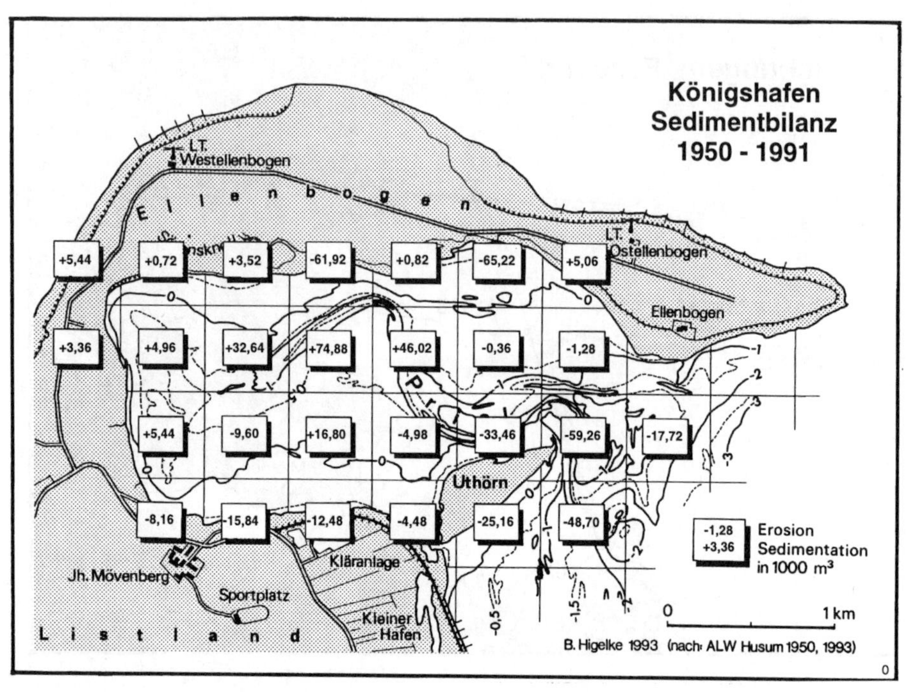

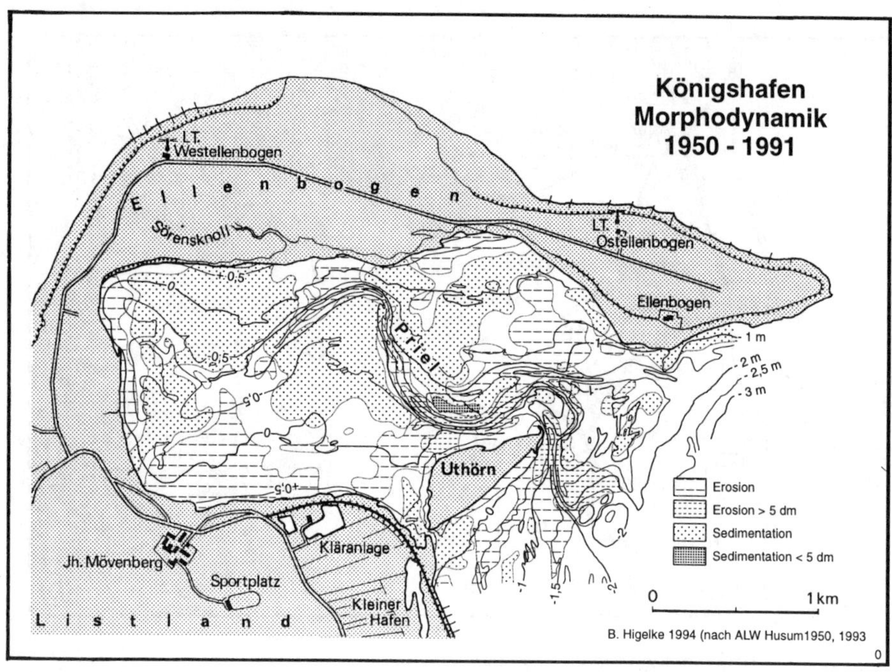

Abb. 12: Königshafen, Sedimentbilanz und Morphodynamik 1950-1991

von den Tiefenlinien umschlossene Fläche mit einer Genauigkeit von 0,1 cm² erfaßt worden, so entspricht dies, je nach Lage des Untersuchungsfeldes im Gradnetz der Projektion, 0,025 km² oder 2,5 ha. Testmessungen haben auf diesen Wert gleichsam als auf ein stets erreichbares Grenzmaß immer wieder hingewiesen.

Die Umrechnungen mit den aus den Konstruktionsdaten des Gitternetzes ermittelten Faktoren, um von den Kartenflächen zu den Flächengrößen in der Natur zu gelangen, sind bis zum Endergebnis ohne Rundungen vorgenommen worden, um weitere Fehler auszuschließen. Die abschließende Massenermittlung wird ebenfalls rechnerisch vorgenommen.

Zur Lage des mittleren Springtideniedrigwasser (Spnw = SKN), das als Seekartennull das Bezugsniveau und damit von grundsätzlicher Bedeutung für eine Vergleichbarkeit der Karten ist, kann festgestellt werden: die Höhenlage am Pegel List hat sich seit 1943 (bis 1993) um maximal 9,6 cm erhöht (Schreiben des BSH vom 27.04.92). Mögliche andere Fehlerquellen, wie der Wechsel des Bezugsellipsioden für die Mercatorprojektion der Seekarten 1968, sind bei den Umrechnungen berücksichtigt worden.

5.2 Schlußfolgerungen

Die Karten des Lister Tidebeckens lenken den Blick auf die Tatsache, daß die Wattströme und Rinnen einen immer größer werdenden Anteil des Gesamtgebietes einnehmen. Mit nunmehr nur einem Ein- und Ausgang über das Lister Tief zur freien Nordsee stellt dieses durch die 1927 und 1948 fertiggestellten Dämme zu den Inseln Sylt und Rømø abgeschlossene Tidebecken in morphologischer Hinsicht einen Sonderfall dar. Obwohl wohl in erster Linie aus verkehrstechnischen und politischen Gründen erbaut, zielte der Bau dieser Dämme ebenfalls darauf ab, Erosion zu verhindern, die durch das Umströmen der Inseln vorher verursacht wurde.

Das Bemühen, auf der Grundlage von Kartenauswertungen die Entwicklung der Wattrinnen zu verfolgen, führte zu Erkenntnissen, die auch die Landschaftsentwicklung dieses Raumes seit dem ausgehenden Mittelalter betreffen. Es wurde deutlich, daß das Tibedecken durch die Wiederbedeichungen der Sylter Marsch nach den Sturmfluten des Mittelalters verkleinert wurde (MÜLLER & FISCHER 1938). Entscheidender jedoch für diesen Trend waren sicherlich die Bedeichungen an der dänischen Festlandsküste bei Ballum Schleuse 1918 (Abb. 12a) und die phasenweise Eindeichung der Marsch südlich von Højer. Diese Arbeiten begannen 1436 und erstreckten sich bis zur Fertigstellung des Margrethe- und des Rickelsbüller Kooges 1979 bis 1981 (JESPERSEN & RASMUSSEN 1989). (Abb. 12b).

Während dieser Zeit ist auch die Vergrößerung der Tiderinnen zu verzeichnen, die heute

nur noch durch das Lister Tief in die Nordsee führen. Diese Feststellungen gewinnen an Bedeutung, wenn sie mit den Bilanzierungsergebnissen aus den detaillierteren Karten der letzten 100 Jahre in Zusammenhang gesehen werden. Bereits in einer früheren Untersuchung der Wattströme Nordfrieslands, die sich ebenfalls auf Kartenauswertungen stützte, wurde der Gedanke geäußert, daß die Zerstörung des Wattenmeeres vom 14. Jahrhundert an eigentlich bis heute andauert (BRAREN 1951). Die dieser Aussage zugrundeliegenden Zahlenwerte lassen zumindestens für den in dieser Darstellung beschriebenen Zeitraum von 1879 bis 1952 dieselbe Tendenz erkennen, wie sie in der hier vorliegenden Untersuchung herausgestellt wurde. Die Größe der Werte selbst unterscheidet sich wegen einer anders vorgenommenen Abgrenzung zur Nordsee hin. Es soll nicht unerwähnt bleiben, daß Ergebnisse von Untersuchungen an anderen Rinnen im nordfriesischen (AHRENDT 1992, BRAREN 1953) und im dithmarscher Watt (BAHR 1963, HIGELKE 1978) denselben Trend zur Ausräumung von Wattrinnen erkennen lassen.

Die mit der Rinnenvergrößerung einhergehenden Substanzverluste lassen die Frage nach dem Verbleib des erodierten Materials aufkommen. Ganz sicher sind die Materialmengen bedeutend, die durch Eindeichungen im Gebiet von Ballum Schleuse und vor allem im Bereich der Tonderner Marsch dem Materialhaushalt entzogen worden sind, die beiden Kartenausschnitte geben den Verlauf der Deichlinien wieder und weisen auf das Baujahr dieser Bauwerke hin (Abb. 12a und b).

Ergebnisse der Kartierung zur Sedimentverteilung zeigen, daß nur südlich des Rømø-Dammes Schlickflächen vorhanden sind, dies ist ein Hinweis darauf, daß dort Sedimentation herrscht. Im Südteil, vor dem Hindenburgdamm findet eine wenn überhaupt nur geringe Sedimentablagerung statt. Die Ausläufer der kleinen Priele greifen bereits in geringer Entfernung zum Damm erosiv in die Wattfläche ein, wie sich bei de Untersuchungen im Gelände zeigte (BAYERL 1992). Messungen an der dänischen Festlandküste, im Bereich südlich des Vidåsieles, weisen ebendenselben Trend nach (JESPERSEN & RASMUSSEN 1989).

Umfang und Materialmenge des Jordsandkomplexes sowie die Hallig selbst haben abgenommen und auch die Materialbilanz der weniger exponiert liegenden Keitumer Bucht weist für die jüngste Zeit eher Materialverluste auf. Selbst die in einer gesonderten Untersuchung analysierte und recht geschützt liegende Bucht des Königshafens läßt für die letzten Jahrzehnte keinen Materialgewinn erkennen. Läßt man die in der Vergangenheit durch Bedeichungen festgelegten Materialmengen einmal beiseite, so bleiben außer einem bisher nicht nachweisbaren Verlust in die freie Nordsee als zur Zeit mögliche Sedimentationsräume nur die Barre des Lister Tiefs mit dem Salzsand und der Bereich des stark vergrößerten Havsandes vor der Insel Rømø.

6. Zusammenfassung

In morphologischer Hinsicht hat das Lister Tidebecken eine besondere Stellung. Obwohl es durch die vorgelagerten Inseln Rømø und Sylt und durch die Verbindungsdämme zu diesen Inseln relativ geschützt vor dem Meeresangriff liegt, lassen die im Tidegebiet vorhandenen Rinnen fast alle anhaltende Erosionstendenzen erkennen. Soweit es die verwendeten Kartenunterlagen zulassen, konnten Bilanzen der Wasserräume des Sublitorals für die letzten 100 Jahre aufgestellt werden. Kartenvergleiche belegen, daß die Wattstromrinnen breiter wurden und die Fläche der eulitoralen Watten entsprechend abnahm. Ihr Flächenanteil (oberhalb Springtideniedrigwasser) betrug 1900 noch 66 % und 1992 nur noch 40 %. Die aus Seekarten berechnete Bilanz der sublitoralen Wasserräume ergibt für dieses Jahrhundert eine Zunahme von 37 %. Bezogen auf die heutige Fläche vertiefte sich das Sublitoral um durchschnittlich einen Meter. Die zeitliche Entwicklung verlief in den einzelnen Rinnenbereichen unterschiedlich. Generell änderten sich in den Wattströmen die Maximaltiefen wenig, aber oberhalb -5 m wurden sie deutlich breiter und die nach Süden gerichteten Priele wurden länger. Eingehendere Betrachtungen des gesamten Vertikalbereichs des Wattreliefs waren nur für kleinere Wattgebiete möglich. Der Jordsandkomplex ist in weiten Bereichen von Erosion und Umlagerungstendenzen gekennzeichnet. Die Keitumer Bucht läßt eine Vergrößerung der Prielzone mit Materialverlusten erkennen. Die Bucht des Königshafens weist für die letzten 40 Jahre ebenfalls einen leichten Sedimentverlust auf, der durch Prielverlagerungen, aber auch durch Abrasionsvorgänge auf dem Watt selbst verursacht wurde.

7. Quellen

7.1 Literatur

AHREND; K. (1992): Entwicklung und Seminethabitus des Hörnum- und Vortrapptiefs. In: Meyniana 44, Kiel S. 53-65.

BAHR, M. (1963): Die Entwicklung des Küstenvorfeldes zwischen Hever und Elbe seit dem Ende des 16. Jahrhunderts. - Unveröffl. Bericht Küstenausschuß Nord- und Ostsee, Helgoland.

BAYERL, K.-A. (1992): Zur jahreszeitlichen Variabilität der Oberflächensedimente im Sylter Watt nördlich des Hindenburgdammes. - Bericht aus dem Forschungs- und Technologiezentrum Westküste der Universität Kiel 2, Büsum.

BAYERL, K.-A. & HIGELKE, B. (1994): The development of northern Sylt during the latest holocene. In: Helgoländer Meeresuntersuchungen 48, Hamburg, S. 145-162.

BRAREN, L. (1951): Über die Entstehung der Wattströme Nordfrieslands. - Zu: Die Größe Föhrs in früheren Zeiten. Die Geschlechterreihen St. Laurentii - Föhr. - Privatdruck in beschränkter Stückzahl, München.

BRAREN, L. (1953): Über die Entstehung der Wattströme Nordfrieslands. - Ergänzung zur Druckschrift über die gleiche Frage. Manuskript, Mark Indersdorf.

GÖHREN, H. (1968): Über die Genauigkeit der küstennahen Seevermessung nach dem Echolotverfahren. Hbg. Küstenforschung 2, Hamburg.

GÖHREN, H. (1970): Studien zur morphologischen Entwicklung des Elbmündungsgebietes. - Hbg. Küstenforschung 14, Hamburg.

HIGELKE, B. (1978): Morphodynamik und Materialbilanz im Küstenvorfeld zwischen Hever und Elbe. Ergebnisse quantitativer Kartenanalysen für die Zeit von 1936 bis 1969. - Regensburger Geogr. Schriften 11, Regensburg.

HIGELKE, B. (1986): Geländeuntersuchungen im nordfriesischen Wattenmeer. Zur Korrektur einer historischen Karte von Johannes Mejer aus dem Jahr 1649. - In: Offa 43, Kiel S. 337-341.

HIGELKE, B. (1996): Morphodynamik des Lister Tidebeckens. - In: SWAP - Sylter Wattenmeer Austauschprozesse. Projektsynthese, Tönning, S. 81-101.

JESPERSEN, M. & RASMUSSEN, E. (1989): Margrethe-Koog - Landgewinnung und Küstenschutz im südlichen Teil des dänischen Wattenmeeres. - In: Die Küste 50, Heide, S. 97-154.

JESPERSEN, M. & RASMUSSEN, E. (1991): The morphological development of the Wadden Sea Island of Jordsand since the storm surges in 1976. - In: Geografisk Tidskrift 91, Kopenhagen, S. 11-18.

LANG, A. W. (1968): Seekarten der südlichen Nord- und Ostsee. - Dt. Hydrogr. Z. Erg. H. (B) 10, Hamburg, S. 1-105.

MESENBURG, P. (1990): Untersuchungen zur kartometrischen Auswertung mittelalterlicher Portolane. - In: Kartographische Nachrichten 1, Bonn. S. 9-18.

MÜLLER, F. & FISCHER, O. (1938): Das Wasserwesen an der schleswig-holsteinischen Nordseeküste II. Die Inseln 7, Berlin.

NEWIG, J. (1980a): Sylt im Spiegel historischer Karten. - In: G. KOSSACK, O.

HARCK, J. NEWIG, D. HOFFMANN, H. WILLKOMM, Fr.-R. AVERDIECK u. J. REICHSTEIN: Archsum auf Sylt. Teil 1, Einführung in Forschungsverlauf und Landschaftsgeschichte, Main - Zabern, S. 64-84.

NEWIG, J. (1980b): Zur Entwicklung des Listlandes auf Sylt in den letzten drei Jahrhunderten - ein historisch-kartographischer Vergleich. - In: Nordfriesisches Jahrbuch (NF) 16, Bredstedt, S. 69-74.

RENGER, E. (1976): Quantitative Analyse der Morphologie von Watteinzugsgebieten und Tidebecken. - In: Mitt. Franzius-Inst. f. Wasserbau u. Küsteningenieurwesen der TU Hannover 43, Hannover, S. 1-160.

ZAUSIG, F. (1939): Veränderungen der Küsten, Sände, Tiefs und Watten der Gewässer um Sylt (Nordsee) nach alten Seekarten. Seehandbüchern und Landkarten seit 1585. - In: Geologie der Meere und Binnengewässer II. 4. Kiel, S. 401-505.

7.2 Karten

BUGGE, T. & WILSTER, F. (Hrsg. Det Kongelige Videnskabernes Societets Direktion)(1805): Karte 9 Kort over Tönder og Lugumscloster Amter samt Deele af Haderslebhuus Apenrade Flensborg og Bredsted Amter udi Hertugdömmet Schleswig.

BUNDESAMT FÜR SEESCHIFFAHRT UND HYDROGRAPHIE, früher: Deutsches Hydrographisches Institut (Hrsg.)(1953): XI; (1963): VI; (1978): III; (1988): III; (1992): Karte 108, Lister Tief, Seekarte 1 : 50 000 Hamburg.

BUNDESAMT FÜR SEESCHIFFAHRT UND HYDROGRAPHIE, früher: Deutsches Hydrographisches Institut (Hrsg.)(1953): VIII; (1956): III; (1968): III; (1974): II, Karte 103, Die Nordfriesischen Inseln mit Helgoland; Seekarte 1 : 100 000. Hamburg.

DU PLAT, H., F. BAUDITZ, F. WILSTER u. Z. TAUENZIEN (1804/05): Karte des Herzogthums Schleswig in XIV Blättern. (Hrsg. Landesvermessungsamt Schleswig-Holstein, 1983, Kiel). Karte Lögumskloster, Westerland, Tönder.

FARVANDSDIREKTORATET (1933): II; (1967): VI; (1978): V; Karte 96, Lister Dyb, Seekarte 1 : 50 000. Kopenhagen.

GEODÆTISK INSTITUT (1953/1954): Danmark 1 : 100 000, Blatt 1112, Ribe. Kopenhagen.

KURATORIUM FÜR FORSCHUNG IM KÜSTENINGENIEURWESEN (KFKI)

(Hrsg.)(1977): Blatt 916, 1016, Küstenkarte 1 : 25 000 Kiel.

LANDESVERMESSUNGSAMT SCHLESWIG-HOLSTEIN (1980): Blatt 916, List, 1 : 25 000. Kiel.

DANCKWERTH, C. (1652): Die Landkarten von Johannes Mejer, Husum, aus der neuen Landesbeschreibung der zwei Herzogtümer Schleswig und Holstein. Neu hrsg. K. DOMEIER u. M. HAACK (Hamburg-Bergedorf 1963): Karte IV: Nordertheil des Hertzogthumbs Schleswieg; Karte IX: Westertheil des Amptes Haderschleben Zusambt Riepen und dem Löhmcloster 1649; Karte XI: Das Ambt Tondern ohne Ludtofft Herde 1648; Karte XIII: Landtcarte Von dem Nortfrieslande in dem Hertzogthumbe Schleßwieg 1651.

LANG, A. W. (Hrsg.)(1973): Historisches Seekartenwerk der Deutschen Bucht. Karte 8. A. HAEYEN (1985): Westküste, Karte 24. N. HEGELUND, 1689, Lister und Riper Tief. Karte 23, J. SÖRENSEN, 1695. Westküste. Karte 77a GRAPOW, 1869. Übersichtskarte der Schleswig-Holsteinischen Westküste. REICHS-MARINE-AMT (Hrsg.) (1904, 1912, 1916, 1918 XI; 1935, IX; 1941, VII): Karte 211, Lister Tief, Seekarte 1 : 50 000, Berlin.

REICHS-MARINE-AMT: 1879, 1896, 1898: Schleswig-Holstein, Westküste, Nördlicher Theil, Seekarte 1 : 100 000. Berlin.

REICHS-MARINE-AMT: 1922, III; 1939, VII, Karte 216, Reede von List, Seekarte 1 : 20 000. Berlin.

1998	Higelke, B. (Hg.): Beiträge zur Küsten- und Meeresgeographie	Kieler Geographische Schriften, Bd. 97	S. 205-224

Beachrock sensu stricto
Anmerkungen aus geomorphologischer Sicht [1])

Dieter Kelletat

Summary

In the last 30 years many 100 of papers have been published concerning the beachrock phenomenon, but till now more questions on its genesis remain open than definite results could be given, among them the relation of beachrock to sea level or tidal levels. Therefore, an inductive analysis of different environments, expositions, and climatic zones is needed to elucidate why

- beachrock appears in humid to very arid regions (without ground water)
- beachrock cement may be aragonite or/and high Mg-calcite
- the thickness or vertical range of cementation often is larger than the local tidal range
- beachrock shows mainly destruction by abrasion or bioerosion and is apparently not of recent age but mostly between 4000 and 2000 BP
- contemporary cementation of loose beach material is missing but superimposed cementation on older beachrock including very young „artifacts“ is a rather widespread phenomenon.

Not cementation at a so-called „water table“ in the beach sediment, where fresh ground water of higher temperature is mixing with sea water, but the cementation in subaerial and supratidal positions may explain all these and other facts about beachrock. That means, the lower parts of a beachrock lie near a former high water mark, that is important in using beachrock as sea-level indicator.

[1]) Erweiterte Fassung eines im Mai 1992 auf der Jahrestagung des Arbeitskreises *Geographie der Meere und Küsten* in Hannover gehaltenen Vortrages

Zusammenfassung

Viele 100 Publikationen sind in den letzten 3 Jahrzehnten über verfestigte Strände erschienen, ohne daß bis heute Klarheit über wichtige genetische Fragen und besonders über die Beziehung von Beachrock zum Meerespiegel oder den Gezeitenständen erzielt wurde. Dies liegt vor allem an kritikloser Übernahme älterer Hypothesen. Erforderlich ist daher eine unvoreingenommene induktive Analyse, die klären muß, warum

- Beachrock sowohl in sehr feuchten wie extrem ariden Regionen (ohne Grundwasser) vorkommt;
- Beachrock sowohl Aragonit als auch (häufiger) Hochmagnesium-Calzit als Bindemittel enthalten kann;
- die vertikale Verfestigungspanne meist erheblich größer ist als der lokale Tidenhub;
- Beachrock gewöhnlich abrasiv und bioerosiv deutlich zerstört ist;
- absolute Datierungen und Inhalte von Artefakten vor allem auf eine Entstehungszeit zwischen ca. 4000 und knapp 2000 BP hinweisen;
- gegenwärtige Versteinerung von ganzen Stränden praktisch nicht vorkommt, sehr junge Anbackungen aber auf älteren karbonatischen Hartsubstraten häufig sind.

Nicht eine Entstehung am sog. „water table“, einer Mischzone kalkübersättigten süßen Grundwassers mit dem Meerwasser im Strandsediment und Intertidal, sondern eine Ablagerung und Verfestigung in supratidaler Lage während mehr oder weniger tieferer Meeresspiegelphasen als heute bietet eine vollständige Erklärung für diese und andere Besonderheiten der versteinerten Strände und ist zudem in Regionen mit zahlreichen Vorkommen, Datierungsmöglichkeiten und historisch und archäologisch abgesicherter Geschichte der Meeresspiegelschwankungen auch schlüssig nachzuweisen. Je nach Exposition lag ein Paläo-Meerespiegel zur Entstehungszeit demnach unterhalb der Beachrockbildungen, wobei das Ausmaß nach dem Grad der heutigen Exposition relativ genau zu bestimmen ist.

Einleitung

Bereits 1971 hat SCHOLTEN dem Beachrock eine ausführliche Literaturstudie gewidmet, und in den Publikationen zum Kolloquium „Le Beachrock“ (1984) und den Bibliographien des Verfassers (KELLETAT, 1983 und 1985) finden sich insgesamt ca. 700 jüngere Arbeiten zum Beachrockphänomen. Damit ist ein breites Interesse (verschiedener Disziplinen wie u. a. Geomorphologie, Geologie, Geochemie) der

Forschung für diesen Gegenstand dokumentiert. Allerdings ist kritisch anzumerken, daß bis in die jüngsten Publikationen hinein zahlreiche Widersprüche existieren, besonders was den Vorgang der Verfestigung, das Alter der Zementierung und die Lagebeziehung zum Meeresspiegel bzw. den Gezeitenständen angeht.

Der Hauptgrund für diese Verwirrungen liegt in der Beschränkung des Beobachtungsmaterials einzelner Autoren, der kritiklosen Übernahme von Vorstellungen zur Genese aus „älterer“ Feder, den rein deduktiven Schlußfolgerungen und Denkansätzen - auch zur Geomorphologie oder zum Ablagerungs- und Zementierungszeitraum allein aufgrund der geochemischen Analyse von Handstücken -, Datierung der Zementierung der gesamten Beachrockbildungen nur aufgrund oberflächlich angebackener junger Artefakte, der Gleichsetzung der heutigen Lage zum Meeresspiegel mit jener zur Bildungszeit und anderen Fehlern mehr.

Der Verfasser hat sich bereits 1975 zum Beachrockproblem geäußert, damals gestützt auf Beobachtungen an 11 Vorkommen vom Peloponnes. Inzwischen erstrecken sich seine Erfahrungen auf Küsten aller Kontinente mit äußerst unterschiedlichen klimatischen und Milieubedingungen und differierender Geschichte der Meerespiegelbewegungen. Es erscheint daher angezeigt, erneut zu den in der Diskussion stehenden Fragen der Beachrockbildung Stellung zu nehmen, wobei der Schwerpunkt auf die geomorphologischen Aspekte gelegt werden soll.

Fakten und offene Fragen

Unter „Beachrock“ verstehen alle Autoren - rein beschreibend - verfestigte Strandsedimente (d.h. Strandsandsteine und Strandkonglomerate). Damit endet aber auch schon die Übereinstimmung. Manche Autoren verwenden den Begriff auch für alte Ablagerungen innerhalb von Sedimentpaketen und entfernt vom heutigen Strand und sprechen dann von pleistozänem oder tertiärem Beachrock, obwohl Zeitpunkt und Umstand der Verfestigung und insbesondere das Verfestigungsmilieu unbekannt sind. Viele Autoren nehmen in ihre Definition Angaben über die Zementart oder die Lagebeziehung zum Meeresspiegel oder Grundwasserhorizont auf („water-table rock“ bzw. „intertidal cementation“), einige sogar klimatische Angaben oder solche zu Eigenschaften des Grundwasser. Da alle diese Fakten aber erheblich variieren können, sollte sich eine Beachrock-Definition allein auf die wichtigsten Merkmale beschränken, die zudem unstrittig sind: Beachrock (sensu stricto) ist demnach eine verfestigte Strandablagerung, wobei die Verfestigung ohne Überdeckung durch andere Sedimente und noch im litoralen Milieu vonstatten gehen muß. Ob sie von oben oder unten, innerhalb oder außerhalb der Gezeitenstände, landwärts oder seewärts fortschreitend, mit oder ohne Grundwassereinfluß, rasch oder langsam abläuft, ist sekundär und bedarf im Einzelfall weiterer Abklärung.

Weit über die Hälfte aller Autoren beschränkt sich auf die Diskussion des Beachrockzementes, viele haben ausschließlich im Labor mit entsprechenden Handstücken gearbeitet. RUSSEL (1959, 1962, 1963) bzw. RUSSEL & McINTIRE (1965), auf die sich (leider) viele Autoren berufen, fanden ausschließlich Calzit als Bindemittel, andere (z.B. MULTER, 1971; MOORE & BILLINGS, 1971) ausschließlich Aragonit, etliche Autoren (auch der Verfasser) aber gewöhnlich Hochmagnesium-Calzit und daneben einigen Aragonit, wobei das eine möglicherweise durch Alterungsprozesse aus dem anderen hervorgegangen ist (vgl. z.B. STODDART & CANN (1965)).

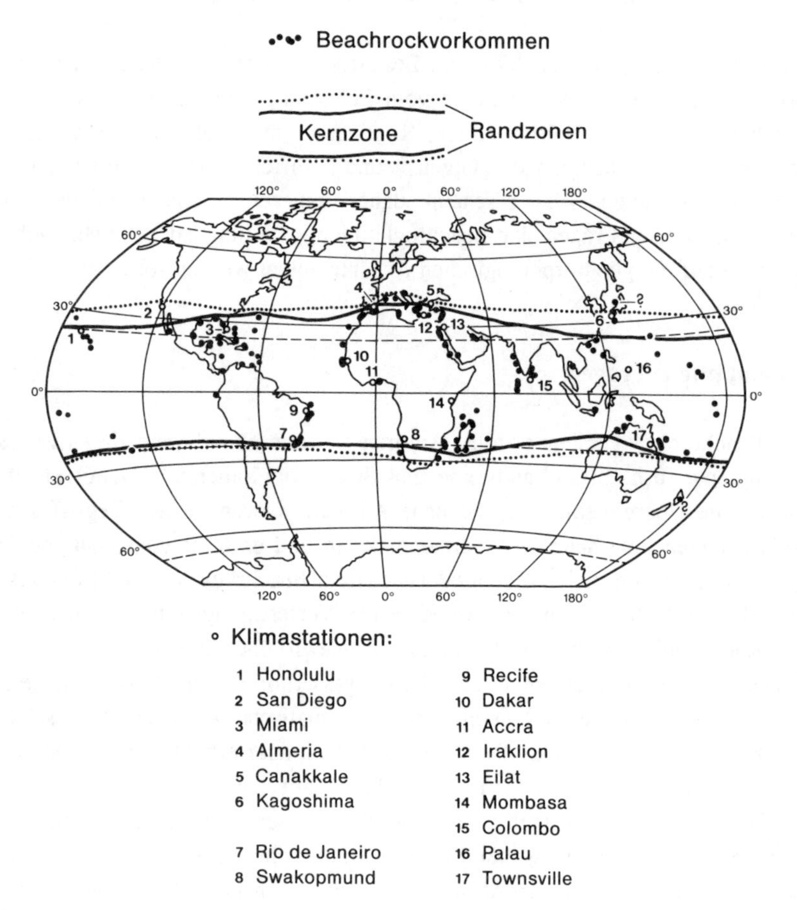

Abb. 1a: Verbreitung holozäner Beachrockvorkommen auf der Erde

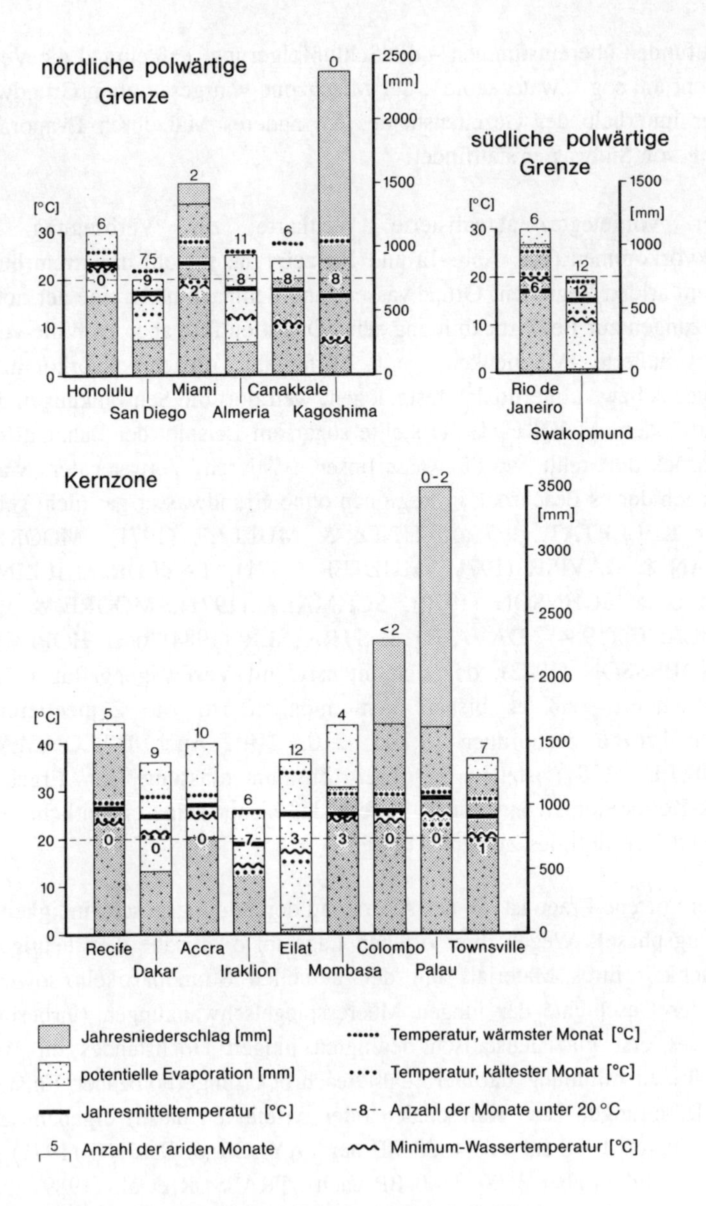

Abb. 1b: Klimatische Gegebenheiten an ausgewählten Stationen.

Aus den Laborbefunden zum Zement werden gern Schlußfolgerungen auf das Verfestigungsmilieu gezogen, indem Hochmagnesium-Calzit dem Meerwassereinfluß zugeschrieben wird, reiner Calzit ohne Magnesium aber übersättigtem Grundwasser (insbesondere von RUSSEL und seinen Schülern). Hieraus ergibt sich rasch – und leider oft ohne Überprüfung, ob diese Aussagen auch mit den übrigen

Geländebefunden übereinstimmen - die Schlußfolgerung, daß einmal die Verfestigung im Sediment am sog. „water table", der Mischzone von gesättigtem Grundwasser und Salzwasser innerhalb der Gezeitenstände, ein anderes Mal durch Evaporation ohne Beteiligung von Süßwasser stattfindet.

Die hier vorgelegte aktualisierte Weltkarte zur Verbreitung holozäner Beachrockvorkommen (vgl. Abb. 1a und 1b) zeigt sie sowohl in extrem humiden als auch extrem ariden Regionen. Grundwasser kann demnach nicht eine der notwendigen Voraussetzungen zur Beachrockbildung sein. Damit entfällt aber auch die von etlichen Autoren geäußerte Möglichkeit, mit Hilfe der Beachrockvorkommen ältere Meeresniveaus bzw. „Intertidals" festzulegen, weil dort die Schwankungen des „water table" stattfänden. MOORE (1971) stellte sogar am Beispiel der Bahama-Inseln fest, daß Beachrock dort fehlt, wo Süßwasserlinsen existieren. Vertreter der „water table" Theorie, nach der es Beachrock in Regionen ohne Grundwasser gar nicht geben dürfte (vgl. aber KELLETAT (1975a), TIETZ & MÜLLER (1971), MOORE (1971), FRIEDMAN & GAVISH (1971), MULTER (1971), TAYLOR & ILLING (1971) u.a.) sind u. a. JOHNSON (1970), SCHMALZ (1971), MOORE & BILLINGS (1971), BLANC (1984), DAVAUD & STRASSER (1984) oder HOPLEY (1986). ALEXANDERSSON (1972), der sich intensiv mit Verfestigungsfragen beschäftigt hat, kommentiert, daß es bisher nicht möglich ist, die Zementierung einem bestimmten Prozeß zuzuordnen (S.205, 210, 219). Auch DALONGEVILLE & SANLAVILLE (1984) stellen in ihrer Zusammenfassung der Ergebnisse des Beachrock-Kolloquiums von Lyon 1983 fest, daß bisher keine einheitliche Auffassung über Art und Herkunft des Zementes besteht.

Eine weitere offene Frage ist die des Alters und der Bildungsgeschwindigkeit (d.h. der Verfestigungsphase). Wegen ihrer offenen Lage im oder nahe dem heutigen Strand, der Ähnlichkeit ihres Materials mit den aktuellen Strandpartikeln sowie aus der Kenntnis der Geschichte der jungen Meeresspiegelschwankungen (insbesondere der Tatsache des erst glazialeustatisch bedingten jungen Hochstandes im Postglazial) herrscht Übereinstimmung darüber, daß Beachrock jüngerholozäner Entstehung ist. Absolute Datierungen (von Kalkschalen oder Artefakten darin) ergeben sehr häufig Alter von einigen 1000 Jahren (4000 BP bei TAYLOR & ILLING (1971), 5400 bis 1500 BP, besonders aber 3600–3100 BP nach STRASSER et al. (1989), 2180 bzw. 2460 BP nach HOPLEY & MACKAY (1978), 4000 BP bis zur Kreuzfahrerzeit nach GOUDIE (1969), Bronzezeit bis 2660 BP nach DALONGEVILLE & SANLAVILLE (1982), 2475 BP nach MARINOS & SYMEONIDIS (1973) u. v. a.).

Diese und ähnliche Datierungen stimmen überein mit dem Geländebefund, daß nahezu alle Beachrockvorkommen deutliche Zeichen der Zerstörung tragen, und zwar neben Klüften Zerbrechen und Dislozieren durch Sturmwellen, abrasives Überschleifen mit

Bildung von Aquäfakten, biogene Erosion mit Hilfe von Gastropoden etc. bis zu „rock pools“ beträchtlicher Größe. Mindestens aufgrund der letztgenannten Formen läßt sich (nach absoluten Abtragungsmessungen mittels Microerosionsmetern in diesen Gesteinen) eine Bildungsdauer solch ziselierender Formen von ebenfalls vielen Jahrhunderten bis zu einigen Jahrtausenden belegen. Der naheliegenden Frage, ob bei einem nachgewiesenen oder doch höchstwahrscheinlichen Alter von einigen Jahrtausenden zur Verfestigungszeit der Meeresspiegel nicht ein ganz anderer als heute war, sind leider nur die wenigsten Autoren nachgegangen. Meist schließen sie aus der heutigen Lagebeziehung zu Brandungssaum und Gezeiten auf denjenigen (den gleichen) zur Bildungszeit von Beachrock.

Zweifellos liegen Beobachtungen darüber vor, daß in Beachrock sehr junge Artefakte (Metallgegenstände, Glas, Flaschen, Hanfseile etc.) eingebacken sein können. Diese Beobachtungen (vgl. SCHMALZ, 1971; TAYLOR & ILLING, 1971; FRANKEL, 1968; RUSSEL, 1959, und zahlreiche des Verfassers) stammen jedoch ausschließlich von den Oberseiten von Beachrock. Der Gesamtbildung von Beachrock ein gleiches Verfestigungsalter wie den jungen Artefakten zuzuschreiben, ist zumindest sehr gewagt und steht meist im offenen Widerspruch zur gesamten Erscheinung bereits langfristiger Abtragung und Zerstörung. Bisher ist nirgendwo belegt, daß gegenwärtig unverfestigte Strände zementiert werden, Beachrockbildung s.s. also ein gegenwärtiger Vorgang ist. Die genauere Beobachtung ergibt nämlich, daß es sich bei den jungen Fundstücken um solche handelt, die innerhalb von destruktiven Hohlformen eines älteren Beachrock (zusammen mit geringem jungem Sedimenteintrag) angewachsen sind, man hier also von einer Art „superimposed Beachrock“ sprechen kann (s. Abb. 2).

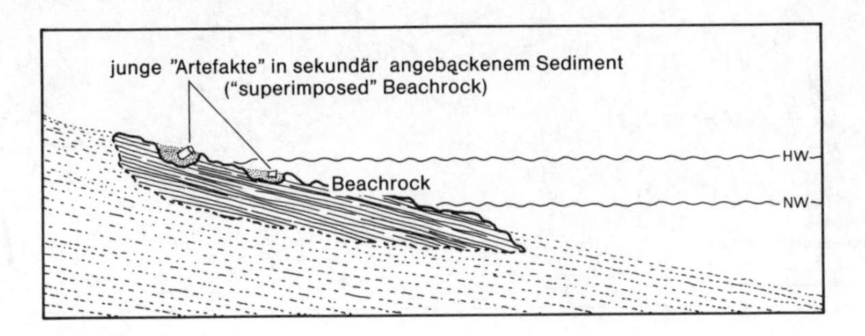

Abb. 2: Jung und sekundär auf Beachrock angebackene Artefakte

Selbst DALONGEVILLE & SANLAVILLE (1982), Anhänger der „water table“ Hypothese, konnten in einigen mediterranen Beachrockfunden den erst sekundär angebackenen Charakter von Artefakten erkennen. Die Erklärung, warum so etwas relativ häufig, die Verfestigung unverfestigter Strände dagegen gar nicht vorkommt, liegt darin begründet, daß auf allen karbonatischen Hartsubstraten Kristallkeime zum Weiterwachsen und zur Fixierung neuer Partikel bereitstehen. Nach dem gleichen Prinzip und aus demselben Grunde sind auch dann - und nur dann und dort - junge Lockermaterialstrände verfestigt, wenn z.B. Geschützstellungen aus Beton oder andere künstliche Hartsubstrate (wie auf Pazifikinseln im Verlaufe des 2. Weltkrieges) angelegt wurden. Von ihnen aus sind radial die zunächst lockeren Strandpartien allmählich verfestigt.

Als zusammenfassende Aussage ergibt sich damit: Nahezu alle Beachrockvorkommen sind nicht aktuelle, sondern ältere (holozäne) Bildungen im Zustand gegenwärtiger Zerstörung. Ihre Hauptbildungsphase liegt zwischen etwa 4000 und 1500 BP. Zu beantworten ist die Frage, warum damals die Bildungsbedingungen offenbar an tausenden von Stellen günstiger waren als heute. Die Antwort kann nicht in Klimaschwankungen liegen, sondern in anderen Milieuverhältnissen (s.u.).

An solchen Stellen, wo die Geschichte von Meeresspiegelschwankungen und Beachrock durch absolute Daten bzw. durch Einlagerung von Artefakten belegt ist, ergibt sich eine Aussage zur Bildungsgeschwindigkeit bzw. zum maximal benötigten Zeitraum für die Zementierung. Er liegt bei sicher einigen Jahrzehnten bis zu wenigen Jahrhunderten.

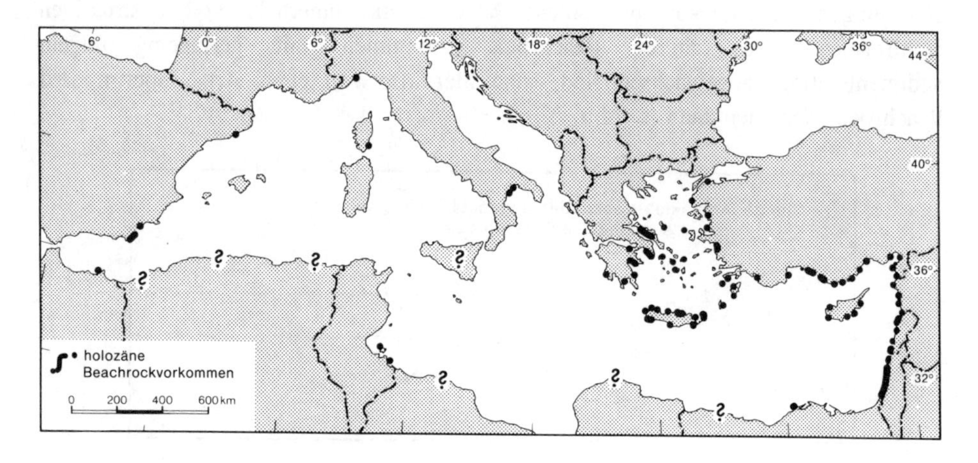

Abb. 3: Holozäne Beachrockvorkommen im Mittelmeergebiet. Die Informationen über die Verhältnisse an der nordafrikanischen Küste sind für eine Darstellung noch viel zu lückenhaft. Beachrock dürfte hier viel häufiger auftreten als bisher angenommen.

Ohne Zweifel ist Beachrock ein klimatisch beeinflußtes Phänomen. Das geht schon aus seiner Beschränkung und weltweiten Verbreitung in eher niederen geographischen Breiten hervor (s. Abb. 1). Gleichzeitig erweist er sich damit als ein zonal gebundenes Phänomen. Ihn jedoch als typisch tropisch und abhängig von hohen Temperaturen zu bezeichnen (GUILCHER 1961) oder gar bestimmte Minimaltemperaturen für das angeblich beteiligte gesättigte Grundwasser anzugeben (70°F oder 20°C wie bei RUSSEL, 1962, 1963, oder RUSSEL & McINTIRE, 1965), ist nicht haltbar, wie die Vorkommen am Rande des Mittelmeeres (Abb. 3), in Namibia oder Mitteljapan belegen (zumal bei etlichen Grundwasser völlig ausgeschlossen werden kann).

GOUDIE (1969, S. 13) stellt explizit fest: 'Beachrock is far from being a purely tropical phenomenon'. Beachrockbildung ist jedoch höchstwahrscheinlich insofern thermisch bestimmt, als eine hinreichende Häufigkeit, Andauer oder Intensität von Evaporationszuständen gegeben sein muß (s. u.). Das gleiche gilt für verfestigte Dünen, die Äolianite mit ihrer ebenfalls auf wärmere Erdregionen beschränkten Verbreitung, die allerdings über jene von Beachrock hinausgeht, weil andere und erheblich längere Zeitspannen (des Pleistozäns) dafür infrage kommen.

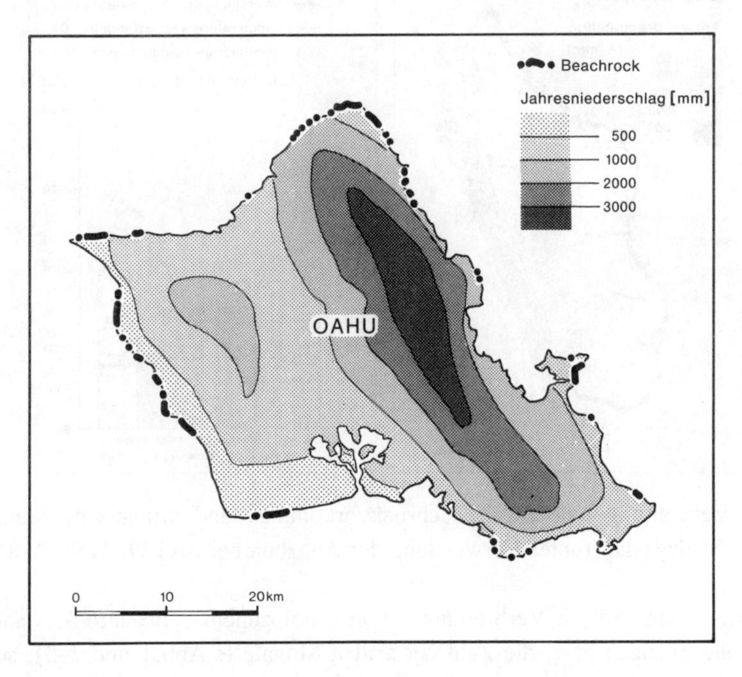

Abb. 4: Beachrockverbreitung und Jahresniederschläge auf Oahu, Hawaii-Inseln

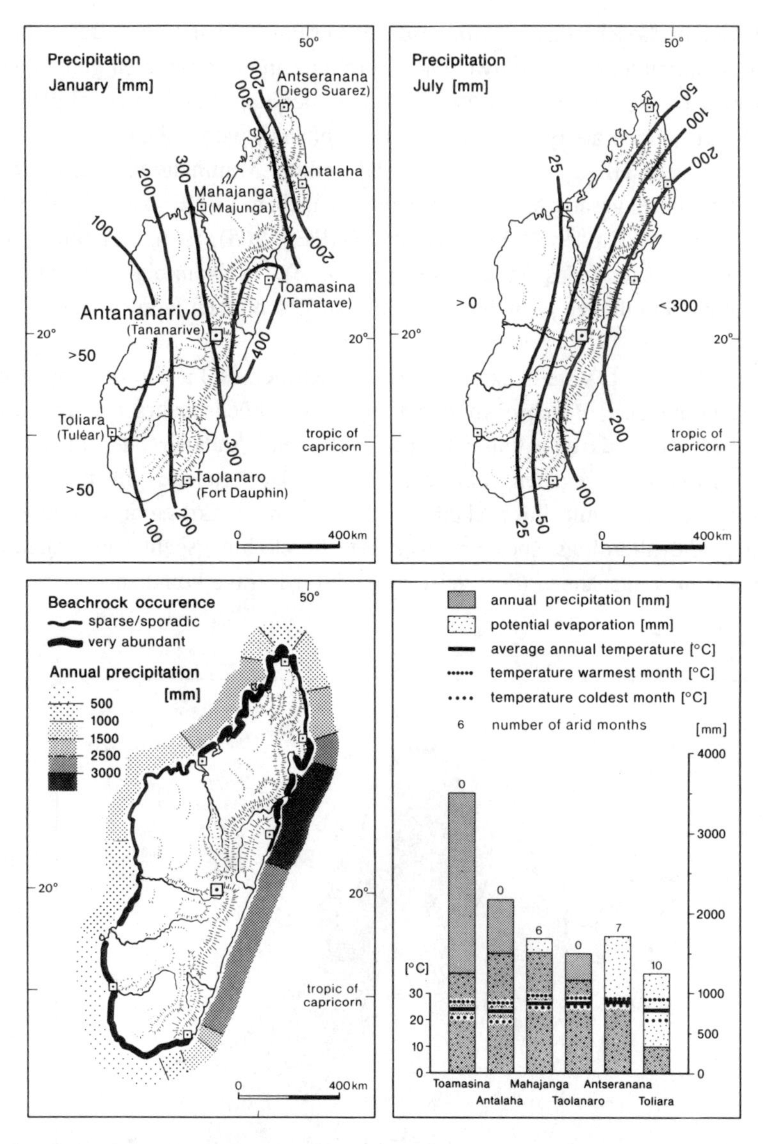

Abb. 5: Verbreitung holozäner Beachrockvorkommen und klimatische Situation in Madagaskar (unter Verwendung der Angaben bei BATTISTINI, 1984)

Vergleicht man die Verbreitung von holozänem Beachrock und die Niederschlagsmengen bzw. die Zahl der ariden Monate (s.Abb.1 und 3-5), so ergibt sich ein nur gradueller Hinweis auf die Bevorzugung von Gebieten mit ausgeprägter Trockenheit, da Beachrock auch noch dort auftritt, wo Jahresmengen von über 2000 mm (Sri Lanka), über 3000 mm (Madagaskar) oder gar über 3500 mm (Palau) fallen.

In Regionen mit 12 humiden Monaten sind sie allerdings seltener. Aber auch dort gibt es kürzere und längere Phasen mit einem deutlichen Überwiegen der Evaporation, allerdings nur in wärmeren Breitenlagen.

Unstreitig ist auch - z.B. im Mittelmeergebiet - daß an den polwärtigen Grenzen der Beachrockverbreitung nur wenige Vorkommen in den feuchteren und kühleren, gehäufte jedoch in den trockenen und heißeren Gegenden (z.B. Andalusien oder den Ostlagen Griechenlands, dem Süden der Türkei bzw. an der Levanteküste) liegen (vgl. auch Abb. 3 und 6). Nur eine Quelle (SCHMALZ, 1971) ließ sich finden, wonach die Verfestigung in der Regenzeit bei hohem Niederschlagsangebot liegen soll (am Beispiel des Eniwetok-Atolls).

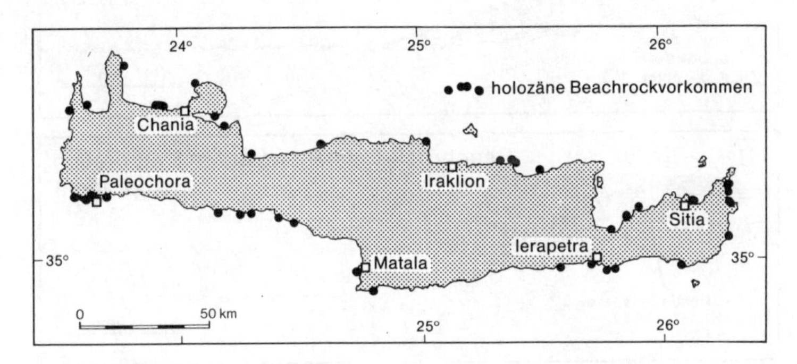

Abb. 6: Holozäne Beachrockvorkommen auf Kreta

Je nach Bevorzugung der einen oder anderen Enstehungshypothese („water table"-Modell gegen Evaporation, vgl. Abb.7) äußern die Autoren, daß die jüngeren Beachrockpartien landwärts anwachsen (DALONGEVILLE & SANLAVILLE, 1982 und 1984 oder RUSSEL, 1959) bzw. seewärts anbacken (MOORE & BILLINGS, 1971, und KELLETAT, 1979, u.a.).

Es muß schon einigermaßen verwundern, wenn von vielen Autoren bis in die jüngste Zeit Beachrockbildungen als Verfestigung am „water table" und damit innerhalb der Gezeitenstände postuliert wird - so noch von DALONGEVILLE & SANLAVILLE (1984, S. 161:'... réalisée au niveau de l'étage médiolittoral') oder HOPLEY (1986), selbst wenn sie ihre Untersuchungen - wie die erstgenannten - im Mittelmeergebiet durchgeführt haben, wo auf den ersten Blick die Diskrepanz zwischen relativ großer Beachrockmächtigkeit und sehr geringem Tidenhub auffällt. Betrachtet man nicht nur die Beachrockmächtigkeit, sondern die Vertikalspanne verfestigter Strandsedimente, die selbst im Mittelmeergebiet gewöhnlich 1,5 bis 2 m übersteigt, so werden die Widersprüche noch offensichtlicher. Zulässig wäre hier nur der Schluß auf eine Beachrockbildung über einen Zeitraum von Meeresspiegelschwankungen der erforderlichen Vertikalerstreckung, welche natürlich belegt werden müßten. Dieses ist aber in keinem Fall bisher versucht worden. Wenn man sich vergegenwärtigt, daß Beachrock gewöhnlich in den obersten und landwärtigen Partien sowie an den unteren Rändern, d.h. am Übergang zwischen unverfestigten und verfestigten Partien, besonders stark abrasiv angegriffen wird, so war seine ursprüngliche Vertikalerstreckung oft noch deutlich größer als die jetzt existierenden Reste anzeigen – mit entsprechend größeren Problemen für diese Art der genetischen Deutung.

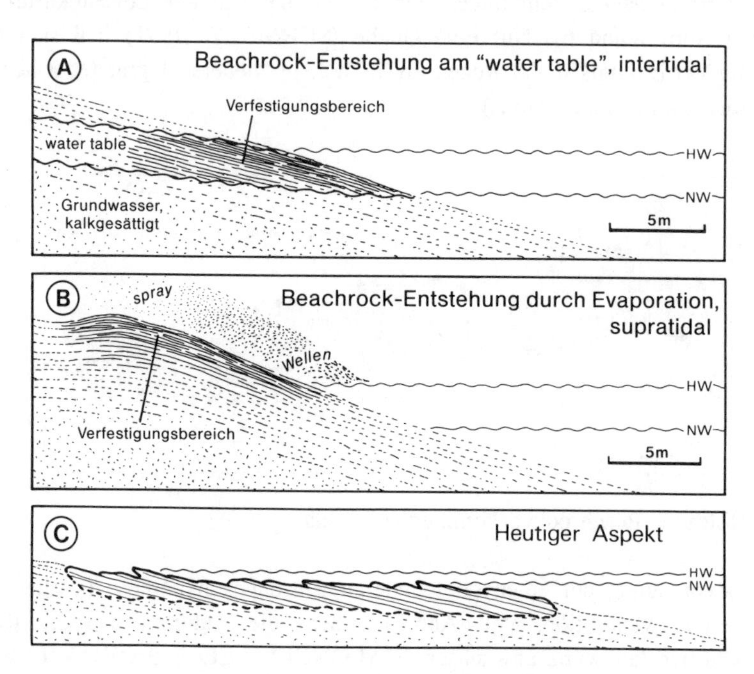

Abb. 7: Vorstellungen zum Verfestigungsmilieu des Beachrock

Die Frage ist insofern von Bedeutung, als Beachrock von den meisten Autoren – besonders explizit zuletzt von HOPLEY (1986) – als Indikator früherer Meerespiegelstände herangezogen wird (in diesem Falle: intertidaler Lage). Fehlschlüsse haben damit weitreichende Konsequenzen für eine Mißdeutung der gesamten geomorphologischen Befunde in einem fraglichen Küstenabschnitt. Es besteht jedoch gar kein zwingender Grund anzunehmen, daß Beachrock innerhalb der Gezeitenbewegungen an einem „water table“ verfestigt – zumal diese Art der Entstehung prozessual bisher nirgendwo exakt genug nachgewiesen wurde. Mit allen Befunden und Daten viel besser übereinstimmend ist eine Verfestigung im Supralitoral, d.h. gewöhnlich oberhalb der Hochwasserlinie, gelegentlich von dort noch ein wenig in den Gezeitenbereich hinabreichend (s. Abb.7), da Evaporation auch phasenweise bei Niedrigwasser vorkommen kann. Die Bereiche des oberen trockenen

Strandes werden von Wellenspritzern und Salzwasserspray ständig durch karbonatübersättigtes Meerwasser versorgt. Die Ausfällung dieser Karbonate infolge Verdunstung (makroklimatisch, mindestens aber infolge Windabtrocknung auch mikroklimatisch) ist als initiale Beachrockbildung an Küsten von Trockengebieten (z.B. Sinai) heute zu beobachten. Mit der Verfestigung im Supralitoral stimmen darüberhinaus eine Reihe weiterer Beobachtungsfakten zwanglos überein:

– Beachrock liegt ausschließlich als Sandstein oder Konglomerat vor, d.h. er besteht aus Materialien von Stränden, niemals aus Silten oder feineren Kornmischungen, wie sie - einen „water table“ in humiden Regionen enthaltend – vielfach an den Küsten der Erde vorkommen. Warum sind dort niemals entsprechende Verfestigungsspuren zu sehen?

– die vertikale Reichweite der Verfestigung ist dort stets besonders groß, wo infolge höherer Expositionsgrade auch die Strandentwicklung weiter landwärts und höher ausgreift (Abb. 8); auch GUILCHER (1984) fand an Inseln des Indischen Ozeans Beachrockstreifen gerade im Niveau der „storm surge levels“, und schon GINSBURG (1953) beobachtete, daß „storm beaches“ besonders gute Verfestigungsmöglichkeiten bieten, da sie lange unbeeinflußt oberhalb des Brandungsstreifens liegen.

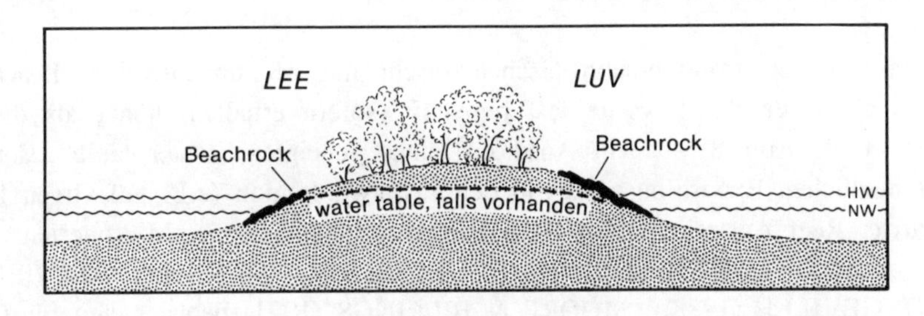

Abb. 8: Unterschiedlich hohe Lage des Beachrock an Luv- und Leeseiten kleiner Inseln in der Passatregion

– in geschützten Lagen ist Beachrock heute oft vollständig erhalten, weil die Brandungsenergie später für seine Zerstörung dort nicht ausreichte, obwohl er durch Meerespiegel- oder Landbewegungen jetzt in der Brandungszone liegt. Er zeigt nicht selten vollständig erhaltene Wallformen, wie sie nur als Strandwälle im Supratidal gebildet werden können (vgl. KELLETAT 1975a).

– Begräbnisse sind in früheren Zeiten selbstverständlich nicht im Gezeitenbereich, sondern allenfalls am oberen Strand mit ausreichend lockerem Material vorgenommen worden und – zunächst im Supralitoral verfestigt – heute als versteinerte Gräber im Brandungsbereich zu finden (vgl. LYELL (1853) für Guadeloupe (zit. nach SCHOLTEN, 1971) bzw. MARINOS & SYMEONIDIS (1973) für Tilos/Dodekanes);

- in etlichen Beachrockvorkommen finden sich nicht-gerundete Tonscherben bekannten (oft antiken) Alters. Abgelagert wurden sie als Schutt außerhalb der Brandungsreichweite, dann erfolgte die Verfestigung ohne Bewegung der Sedimente, heute liegt dieser Beachrock in der Brandungszone (z.B. bei Chersonisos in Kreta);

- die durch absolute Daten und archäologische sowie historische Beweise bezeugte Geschichte der Meeresspiegelschwankungen ergibt für große Regionen und die meisten Beachrockvorkommen zu ihrer Entstehungszeit einen deutlich tieferen Meeresspiegel als heute, d.h. eine jungholozäne Regressionsphase (vgl. u. a. KELLETAT 1975,a und b). Auch STRASSER u. a. (1989, zitiert nach COOPER 1991) beschreibt verschiedene Beachrockbildungen von Tunesien und Goa aus jüngerholozänen Regressionsphasen.

- gleichalter Beachrock liegt z.B. im östlichen Mittelmeergebiet in geschützten Lagen bis zu 2 m tiefer als in exponierten, was weder durch spätere neotektonische Dislozierung (die sich bekanntlich nicht nach dem Expositionsgrad richtet), noch durch geneigte „water tables" erklärt werden kann;

- an kleinen tropisch-subtropischen Inseln mit oft umlaufendem Beachrock liegen die Partien der Luvseite fast regelhaft (sofern erhalten) höher als die der Leeseite (vgl. Abb. 8) - nicht Ausdruck eines geneigten „water table", sondern unterschiedlichen Expositionsgrades in der Passatwindregion (z.B. auf Green Island im Barrier Reef Australiens, auf Neco Island der Palaugruppe, Mikronesien u. a., siehe auch DALONGEVILLE & SANLAVILLE (1982) und BERNIER & DALONGEVILLE (1988)). MOORE & BILLINGS (1971) beobachteten für Grand Cayman sogar, daß Beachrock an den Leeseiten gar nicht vorkommt.

- die Verfestigung von im Supratidal abgelagerten Sedimenten ist besonders dann gewährleistet, wenn eine Regressionsphase dortige Formen und Ablagerungen unverändert liegen läßt. Eine solche Regression ist für den Hauptzeitraum der Beachrockbildung vielfach belegt. Eine nachfolgende Transgression, oft bis heute anhaltend, hat den Beachrock dann in die Brandungszone gebracht, woraus sich die gewöhnlich deutlichen abrasiven und bioerosiven Zerstörungsspuren ableiten (s. Abb. 2). Beachrock, der jünger als jene Regressionsphase ist (d.h. der sehr seltene aus Zeiten nach ca. 1800 BP) findet sich nur an solchen Positionen, wo eine neotektonische Heraushebung erheblich rascher abläuft als die gegenwärtige Transgression (z.B. in Westkreta, vgl. KELLETAT, 1979).

- in Trockengebieten sind die zahlreichen Beachrockbildungen ebenfalls nur durch Evaporation im Supratidal zu erklären, weil „water tables“ nicht existieren (ebenso nicht vor geschlosssenen Felskliffen aus undurchlässigen Gesteinen, in sehr schmalen Tombolos, usw.)

- bisher beobachtete (aber noch nicht publizierte) Beachrockvorkommen an Binnenseen ohne Gezeiten (sowohl mit als auch - überwiegend - ohne Grundwassereinflüsse) sind nachweislich in römischen/poströmischen Phasen von Regressionen entstanden (und entstehen tw. noch heute), wie am extremen Salzwasser des Toten Meeres oder dem Süßwassersee Iznik Gölü in Nordwestanatolien.

Außer dem Verfasser (KELLETAT, 1975 a, b; 1979; 1988 u.a.) haben auch BRICKER (1971), TIETZ & MÜLLER (1971) sowie RUST & LEONTARIS (1980) Beachrockentstehung allein im Supratidal nachgewiesen, weitere Autoren halten diese Art der Genese wenigstens für wahrscheinlich (so BERNIER & DALONGEVILLE (1988), SCOFFIN & STODDART (1983), COOPER (1991)).

Will man demnach Beachrockbildungen als Meeresspiegelindikatoren benutzen, so lag der Meeresspiegel zur Ablagerungs- und noch zur Verfestigungszeit mit seinem Hochwasserniveau in der Nähe der untersten verfestigten Lagen, die obersten reichen soweit hinauf, wie der trockene Strand hinreichend häufig mit Salzwasserspray benetzt wurde. Die unteren Partien eignen sich daher - weil lagebeständiger an der Niedrigwasserlinie - eher zur Rekonstruktion alter Meeresspiegelstände als die oberen, welche von Ort zu Ort (allein schon infolge von Expositionsunterschieden) viel stärker differieren. Im Widerspruch dazu steht die Feststellung von HOPLEY (1986, S. 165): ‘only the uppermost level of the true beachrock is a reliable indicator of a paleo-tidal level’.

Ausblick

Die wissenschaftliche Beschäftigung mit Beachrock sollte dieses Phänomen immer als Ganzes, eingebettet in sein Milieu, Exposition, Tidenhub, zeitlichen Ablauf von Meerespiegelschwankungen, absolute Daten u. a. betrachten und nicht allein Schlüsse aus dem Charakter der Bindemittel ziehen. Der Erhaltungs- bzw. Zerstörungszustand und die Art der Zerstörung sind weitere Kriterien zum Alter oder zur Lage, auf mögliche Altersunterschiede zwischen Ablagerungs- und Verfestigungszeitraum im Beachrock ist besonders zu achten. Erklärungsversuche sollten Beachrock in allen Regionen (mit geringem und hohem Tidenhub, feuchte und trockene, warme und gemäßigte, geschützte und exponierte, aus grobem und feinerem Material etc.)

berücksichtigen, um die Schlußfolgerungen auf eine möglichst breite Basis zu stellen. Zu klären bleibt, ob es mehrere mögliche Entstehungsweisen gibt, ob die bisherigen Datierungen (unter Berücksichtigung des Reservoireffektes im Meerwasser) zuverlässig genug sind und insbesondere, warum an den gegenwärtigen Stränden keine Beachrockbildung (außer dem „superimposed"-Typ auf bereits verlandendem Hartsubstrat) stattfindet.

Insgesamt bieten die Beachrockvorkommen ein ausgezeichnetes Instrument zur Rekonstruktion früherer Strandlagen und Meeresspiegelstände und eignen sich darüber hinaus zur Abgrenzung einer ganz bestimmten (warmen bis warmgemäßigten) Küstenzone mit wenigstens zeitweiligem Verdunstungsüberschuß. Trotz seiner oft begrenzten vertikalen und horizontalen Erstreckung ist Beachrock von großer geomorphologischer Bedeutung, da bei seiner Bildung Lockersedimente aus der Verfügbarkeit der „longshore drift" herausgenommen werden und sich Lockermaterialküsten in „hardgrounds" verwandeln. Auf vielen Inseln aus Korallensand bilden Beachrockvorkommen die einzigen festen Teile oberhalb der Gezeitenstände und widerstehen dort als feste Kerne auch Wirbelstürmen, was allein die Persistenz dieser Inseln garantiert.

Literatur

ALEXANDERSSON, T. (1972): Mediterranean Beachrock Cementation: Marine Precipitation of MG-Calcite. - In: Stanley,M. (Ed.): The Mediterranean Sea. - Stroudsburg, Pennsylvania, S.203-223.

BATTISTINI, R. (1984): Beach-Rocks et arrécifes à Madagascar et dans les iles voisines: leur utilisation pour l'étude de l'évolution de la ligne de rivage.- in: Le Beach-Rock. Colloque Lyon 1983, Travaux de le Maison de l'Orient, No.8, S.11-18.

BERNIER, P. & DALONGEVILLE, R. (1988): Etude du Beach-Rock de Temae (Ile MOOREa-Polynésie Francaise), Significations géomorphologique et paléogeographique. - Abstracts Congr. Int. Géographie, Sydney, 1988.

BLANC, J.J. (1984): Reflexions sur les ciments carbonatées en milieux littoraux: exemple du Quaternaire littoral de la Tunisie: Tyrrhénien et formations associés. - in: le Beach-Rock, Colloque Lyon 1983, Travaux de la Maison de l'Orient, No. 8, S.19-24.

BRICKER, O. (1971): Introduction: Beachrock and Intertidal Cements. - in: BRICKER, O. (Ed.) Carbonate Cements. - The Johns Hopkins University, Studies in Geology, No. 19, S.1-3.

COOPER, J.A.G. (1991): Beachrock formation in low latitudes: implications for coastal evolutionary models. - Marine Geology, 98, No. 1, S.145-154.

DALONGEVILLE, R. & SANLAVILLE, P. (1982): Le Beach-Rock en Méditerranée. - Archéologie au Levant, Receuil R. Saidah, CMO 12, Arch. 9, Lyon, S.9-20.

DALONGEVILLE, R. & SANLAVILLE, P. (1984): Essai de Synthese sur le Beach-Rock. - Le Beach-Rock. Colloque Lyon 1983, Travaux de la Maison de l'Orient, No.8, S.161-167.

DAVAUD, E. & STRASSER, A. (1984): Cimentation et Structures sedimentaires des Beachrocks: genèse et critères d'identification. - in: Le Beach-Rock, Colloque Lyon 1983, Travaux de la Maison de l'Orient, No. 8, S.41-50.

EMERY, K.O. & FOX, D.C. (1956): Beachrock in the Hawaiian Islands. - Pacific Science, Vol. 10, Honolulu, S.382-402.

FRANKEL, E. (1968): Rate of Formation of Beach Rock. - Earth and Planetary Science Letters, 4, Amsterdam, S.439-440.

FRIEDMAN, G.M. & GAVISH, E. (1971): Mediterranean and Red Sea (Gulf of Aqaba) Beachrocks. - in: BRICKER, O. (Ed.): Carbonate Cements. The Johns Hopkins University, Studies in Geology, No. 19, S.13-16.

GINSBURG, R.N. (1953): Beachrock in South Florida. - Journ. of Sedim. Petrology, Vol. 23, No. 2, S.85-92.

GOUDIE, A. (1969): A Note on Mediterranean Beachrock: its History. - Atoll Research Bulletin, 126, S.11-14.

GUILCHER, A. (1961): Le „Beach-Rock" ou Grès de Plage. - Annales de Geographie, No. 376, LXXe année, S.113-125.

GUILCHER, A. (1984): Le Grès de Plage (Beach-Rock, Versteinert Strand) a-t-il une ou des significations morphogénetiques? - in: Le Beach-Rock, Colloque Lyon 1983, Travaux de la Maison de l'Orient, No. 8, S.67-76.

HOPLEY, D. (1986): Beachrock as sea-level indicator. - in: v.d. Plassche, O. (Ed.): Sea-Level research: a manual for the collection and evaluation of data. - Amsterdam, S.157-173.

HOPLEY, D. & MACKAY, M.G. (1978): An Investigation of Morphological Zonation of Beach Rock Erosional Features. - Earth Surface Processes, Vol. 3, S.363-377.

JOHNSON, D.L. (1970): Beach rock (water-table rock) in southern California (Abstract). Ass. Pacific Coast Geographers Yearbook, vol. 32, S.179.

KELLETAT, D. (1975 a): Beobachtungen an holozänen Beachrockvorkommen des Peloponnes, Griechenland. - Würzburger Geogr. Arbeiten, H. 43, S.44-54.

KELLETAT, D. (1975 b): Eine eustatische Kurve für das jüngere Holozän, konstruiert nach Zeugnissen früherer Meeresspiegelstände im östlichen Mittelmeergebiet. - Neues Jahrbuch für. Geol. und Paläontologie, Mh. 6, S.360-374.

KELLETAT, D. (1979): Geomorphologische Studien an den Küsten Kretas. - Abh. Akad. Wiss. Göttingen, Math.-Phys. Klasse, 3. Folge, Nr. 32, 105 S.

KELLETAT, D. (1983): Internationale Bibliographie zur regionalen und allgemeinen Küstenmorphologie (ab 1960). - Essener Geogr. Arbeiten, Bd. 7.

KELLETAT, D. (1985): Internationale Bibliographie zur regionalen und allgemeinen Küstenmorphologie (ab 1960). 1. Supplementband (1960-1985). - Essener Geogr. Arbeiten, Bd. 11.

KELLETAT, D. (1988): Zonality of Modern Coastal Processes and Sea-Level Indicators. - Paleogeography, Paleoclimatology, Paleoecology, 68, Amsterdam, S.219-230.

Le Beach-Rock (1984): Colloque, Lyon, Novembre 1983 (Travaux de la Maison de l'Orient, No. 8, Lyon, 197 S.)

MARINOS, G. & SYMEONIDIS, N. (1973): Beitrag zur Kenntnis von Beach Rocks des Ägäischen Meeres. Eine Ausbildung des Beachrocks mit menschlichen Resten der Antike auf der Insel Tilos (Dodekanes, Griechenland). - Annales Géologiques des Pays Helléniques, 1e Sér., T. XXIV, 1972, S.440-444.

MOORE, C. (1971): Beachrock cements, Grand Cayman Island, B.W.I.. - in: BRICKER, O. (Ed.): Carbonate Cements. The Johns Hopkins University, Studies in Geology, No. 19, S.9-12.

MOORE, C. & BILLINGS, G.K. (1971): Preliminary Model of Beachrock Cementation, Grand Cayman Island, B.W.I.. - in: BRICKER, O. (Ed.): Cabonate Cements. The Johns Hopkins University, Studies in Geology, No. 19, S.40-43.

MULTER, H.G. (1971): Holocene Cementation of Skeletal Grains into Beachrock, Dry Tortugas, Florida. - in: BRICKER, O. (Ed.): Carbonate Cements. The Johns Hopkins University, Studies in Geology, No. 19, S.25-26.

RUSSEL, R.J. (1959): Caribbean beachrock observations. - Zeitschr. f. Geomorphologie, NF 3, S.227-236.

RUSSEL, R.J. (1962): Origin of beach rock. - Zeitschr. f. Geomorphology, NF6, S.1-16.

RUSSEL, R.J. (1963): Beach rock. - Journ. Tropical Geography, 17, S.24-27.

RUSSEL, R.J. & McINTIRE, W.G. (1965): Southern Hemisphere Beach Rock. - Geogr. Review, S.17-52.

RUST, U. & LEONTARIS, S.N. (1980): Beach rock - Litorale Morphodynamik und Meeresspiegeländerungen nach Befunden auf Euböa (Griechenland). - Berliner Geogr. Studien, H. 6, S.115-135.

SCHMALZ, R.F. (1971): Formation of Beachrock at Eniwetok Atoll. - in: BRICKER, O. (Ed.): Carbonate Cements. The Johns Hopkins University, Studies in Geology, No. 19, S.17.24.

SCHOLTEN, J.J. (1971): Beach Rock. A Literature Study with Special Reference to the Recent Literature. - Zentralblatt f. Geologie und Paläontologie, Teil I, H. 9/10, S.655-672.

SCOFFIN, T.P. & STODDART, D.R. (1983): Beachrock and intertidal cements. - in: GOUDIE, A.S. & PYE, K. (Eds.): Chemical sediments and geomorphology: precipitates and residuae in the near-surface environment. Academic Press, S.401-425.

STODDART, D.R. & CANN, J.R. (1965): Nature and Origin of Beach Rock. - Journ. Sedim. Petrology, Vol. 35, No. 1, S.243-273.

STRASSER, A., DAVAUD, E. und JEDONI, Y. (1989): Carbonate cements in Holocene beachrock: example from Bahiret el Biban, southeastern Tunesia. - Sediment. Geology, vol. 62, S.89-100.

TAYLOR, J.C.M. und ILLING, L.V. (1971): Variation in Recent Beachrock Cements, Qatar, Persian Guef.- in: BRICKER, O. (Ed.): Carbonate Cements. The Johns Hopkins University, Studies in Geology, No. 19, S.32-33.

TIETZ, G. & MÜLLER, G. (1971): High-magnesiiuan calcite and aragonite in Recent beachrock, Fuerteventura, Canary Islands, Spain. - in: BRICKER, O. (Ed.): Carbonate Cements. The Johns Hopkins University, Studies in Geology, No. 19, S.4-8.

1998	Higelke, B. (Hg.): Beiträge zur Küsten- und Meeresgeographie	Kieler Geographische Schriften, Bd. 97	S. 225-246

Zur Landschaftsentwicklung und Landschaftsplanung des Riesewohld/Dithmarschen

Wolfgang Riedel

Vorbemerkung

Der Heinz Klug in Verbundenheit gewidmete Beitrag behandelt Landschaftsentwicklung und Landschaftsplanung des Riesewohld in Dithmarschen. Dieser Beitrag scheint zunächst sehr neben den Tätigkeitsfeldern und fachlichen Schwerpunkten des in diesem Band geehrten Kollegen zu liegen. Es gibt dennoch einen sehr konkreten Bezug zu seiner wissenschaftlichen Tätigkeit im Forschungs- und Technologiezentrum Westküste als zentraler Einrichtung der Christian-Albrechts-Universität zu Kiel. Die dort überwiegend auf Marineökologie und Küstenforschung gerichtete Tätigkeit wird mit diesem Beitrag ergänzt durch eine Darstellung der Landschaftsökologie, der bisherigen und zukünftigen Landschaftsentwicklung durch Landschaftsplanung im "Hinterland" Dithmarschens, zu dessen Territorium auch Büsum immer gehört hat.

Die Zusammenarbeit zwischen der Geographie in Kiel (in der Mathematisch-Naturwissenschaftlichen Fakultät) und der Landschaftsplanung und Landschaftsökologie in Rostock (in der Agrarwissenschaftlichen Fakultät, im Fachbereich Landeskultur und Umweltschutz) kam nicht zuletzt zum Ausdruck in Exkursionen von Heinz Klug in themenverwandte Bereiche im Rostocker Raum und wird auch in Zukunft durch konkrete Arbeitsvorhaben weitergeführt werden.

Der Kreis Dithmarschen beauftragte 1991 den Verfasser (damals als Leiter der Zentralstelle für Landeskunde in Eckernförde) mit der Erstellung eines umfangreichen Schutz-, Pflege- und Entwicklungskonzeptes für das größte Waldgebiet Dithmarschens, den Riesewohld. Die Ergebnisse des z. Zt. in Umsetzung befindlichen Gutachtens blieben bislang unveröffentlicht; für ausgezeichnete Zusammenarbeit habe ich zahlreichen Mitarbeitern der Zentralstelle für Landeskunde bzw. freien

Mitarbeitern zu danken, vor allem Frau Dipl.-Biol. Sabine Petersen (Projektleitung), Frau Dipl.-Biol. Kirsten Giese, Herrn Dipl.-Biol. Jörg Rassmus, Herrn Dipl.-Geogr. Kai-Uwe Grünberg, Herrn Dr.-Ing. agr. Klaus Hand und Frau Dipl.-Ing. Landschaftspflege Ingrid Lepack.

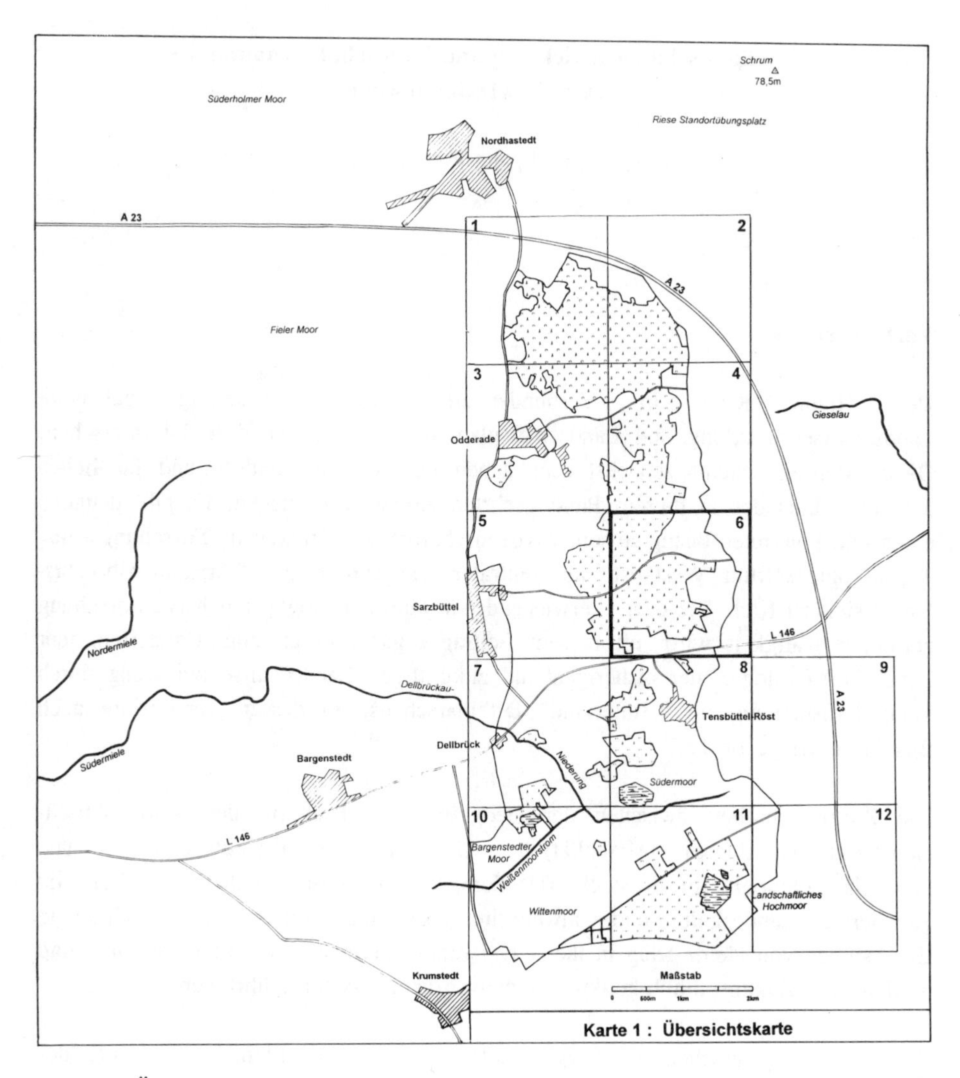

Karte 1: Übersichtskarte des Untersuchungsgebietes

1. Einleitung

Der Riesewohld ist Dithmarschens größtes Waldgebiet und von hoher landeskundlicher und ökologischer Bedeutung. Er liegt am Westabfall des Altmoränenbogens zwischen Heide und Meldorf. Das 2840 ha umfassende Untersuchungsgebiet (Karte 1) umfaßt Teile der Gemeinden Nordhastedt, Odderade, Sarzbüttel, Tensbüttel-Röst, Bargenstedt und Krumstedt.

Der nördliche Bereich besteht aus gestauchtem Moränenmaterial (Sande und Mergel) der Warthe-Eiszeit. Hier sind teilweise bei allgemein sehr hoher Reliefenergie Höhen von über 60m über NN vorhanden. Zum südlichen Teil des Gebietes fällt das Gelände ab, hier finden sich eiszeitliche Schmelzwassersande, die Niederungen sind anmoorig bis moorig.

Der Riesewohld ist den Steigungsregen der von der Nordsee kommenden Westwindwetterlage ausgesetzt. Die durchschnittlichen Jahresniederschläge, die schon in der Marsch mit 700-750 mm sehr hoch sind, werden hier am Geestrücken noch übertroffen: es fallen über 900 ml Regen pro Jahr. Folglich ist die Grundwasserneubildungsrate sehr hoch und an den Hängen im Norden des Gebietes gibt es viele Quellaustritte. Dieser Wasserreichtum prägt den Raum in besonderer Weise: Die aus zahlreichen Quellen gespeisten Bäche fließen - entsprechend der Wasserscheide im Riesewohld - sowohl in Richtung Westen in die Miele, wie auch gen Osten in die Gieselau. Vor dem Geestrand bildeten sich nach der Eiszeit Moor- und Marschgebiete (Miele-Niederung und Fieler Moor). Die durchschnittliche Jahrestemperatur von 8,2 °C ist bezeichnend für das milde, sehr humide Klima.

Der Riesewohld wird durch seine großen Laubwaldflächen, die auf einem Jahrhunderte alten Waldstandort stocken, zu einem wichtigen Bestandteil des Schutzgebiets- und Biotopverbundsystemes Schleswig-Holsteins. Sie decken ein weites Spektrum der geesttypischen Laubwälder ab.

Der Wald hat eine maximale Nord-Süd-Ausdehnung von 5,5 km und die breiteste Ost-West Ausdehnung beträgt 2,5 km, an schmalen Stellen ist er nur 300 m breit. Besonders der nördliche Teil des Waldes hat einen hohen Anteil an Nadelwaldaufforstungen mit Schmuckreisigkulturen im südlichen und südöstlichen Teil der zusammenhängenden Waldfläche dominieren verschiedene Laubwaldformen. Im Süden des Untersuchungsgebietes befinden sich noch weitere, aber meist kleinere und unzusammenhängende Waldflächen. Darüber hinaus finden sich im Riesewohld die unterschiedlichsten Böden vom Niedermoor bis zu ehemaligen Heidestandorten in enger Verzahnung.

Auf der Grundlage der Untersuchungskriterien "Wasserdurchlässigkeit", "Nutzbare Feldkapazität" und "Nährstoffbindevermögen" wurden Aussagen zur Wertigkeit der Standorte für die Acker- und Grünlandwirtschaft gemacht. Gute Ackerstandorte befinden sich demnach lediglich im Bereich westlich der Ortslage Röst. Auf Grund von zu niedrigem oder zu hohem Grundwasserspiegel und Nährstoffarmut sind die Böden in den sandigen Bereichen vorwiegend als Gründland- oder Waldstandorte zu bezeichnen.

2. Die Nutzungsgeschichte des Riesewohld-Gebietes

Ende des 16. Jahrhunderts waren weite Teile der schleswig-holsteinischen Geest mit Wald bedeckt. Holzungen und Ländereien gehörten dem König und wurden direkt von den Bauern gepachtet, es gab also keine Grundherren wie im östlichen Hügelland Schleswig-Holsteins. Waldhutungen, Gerbereien (hierfür wurden Eichen geschält), Köhlereien, Glashütten, der allgemeine Brennholzverbrauch und nicht zuletzt der Schiffsbau hatten eine starken Rückgang des Waldes zur Folge und es entstanden weitflächige Sandheiden. Kleinere Waldlichtungen wurden in Acker umgewandelt. Schon im 16. Jahrhundert gab es erste Holzrodungs-Beschränkungen zur Einhaltung des Raubbaus.

Alte Waldnutzungsformen im Riesewohld:

- Niederwaldnutzung: Zur Gewinnung von Brennholz wurden stockausschlagfähige Baumarten wie Hasel (*Corylus avelana*), Hainbuche (*Carpinus betulus*), Esche (*Fraxinus excelsior*), Eiche (*Quercus robur*) oder Erle (*Alnus glutinosa*) alle 12-15 Jahre auf den Stock gesetzt. Auch die Eichenschälung trug zur Bildung von Niederwäldern bei. Bei dieser Art der Nutzung wechseln Schatten- und Sonnenphasen sehr stark, es entsteht eine artenreiche Kraut- und Strauchschicht.

- Mittelwaldnutzung: Im Gegensatz zum Niederwald bleiben hier einige Stämme für die Bauholznutzung stehen. Demzufolge bleibt ein gewisser Altholzbestand erhalten, es entsteht eine ausgeprägte Schichtung im Wald mit vielerlei Lebensräumen.
- Plenternutzung: In diesem typischen Bauernwald werden lediglich einzelne Bäume oder kleine Baumgruppen statt größerer Flächen genutzt, hierdurch entsteht ein sehr stufiger Waldaufbau.

- Waldweide: Rinder, Schafe, Geflügel und Pferde wurden zur Beweidung in den Wald geführt und dort gehütet. Schweine wurden mit Eicheln und Bucheckern gemästet.

Mit dem Einsatz des Dampfpfluges und der Erfindung von Kunstdünger und der Mergelung wurde es Mitte des 19. Jahrhunderts möglich, den Ortstein der Geestböden zu brechen und die bisher nicht als Ackerland nutzbaren Sandheiden zu kultivieren. Parallel dazu wurden Moorflächen, die bis dahin weit verbreitet waren, zu Grünland bzw. zu Ackerland umgewandelt, Knicks z. T. entfernt und Waldbestände teilweise gerodet. Ende des 18. Jahrhunderts war die Südermoor-Dellbrückau-Niederung noch vollständig Moorbereich. 100 Jahre später waren durch den Bau von Gräben erste Entwässerungsmaßnahmen eingeleitet worden.

Zwischen den Norderdithmarschenern und den Süderdithmarschenern kam es immer wieder zu Streitereien um die Nutzungsrechte der Allmende und der anderen Ländereien, bis Mitte des 18. Jahrhunderts im Zuge der Verkopplung mit der Aufteilung der Flächen begonnen wurde. Zur Abgrenzung der Flächen wurden Knicks gepflanzt. Dabei wurde aus Lesesteinen und Grabenaushub, der gewöhnlich zu beiden Seiten des Knicks entnommen wurde, ein Wall errichtet, den man mit aus der Umgebung stammenden Sträuchern bepflanzte. Seitdem existierte ein engmaschiges Knicknetz. Die Knicks sind bis heute, wenn auch in sehr reduzierter Form, ein prägender Teil der Landschaft von Schleswig-Holstein.

Tab. 1: Flächennutzungswandel des Untersuchungsgebietes Riesewohld zwischen 1880 und 1991 (100 % = 2.840 ha):

Nutzung	1880	1921	1953	1981	1991
Acker (%)	41	39	49	41	20
Grünland (%)	10	11	12	18	38
Laubwald (%)	28	29	24	25	17
Nadelwald (%)	3,8	4,6	5,9	6	16
Moor (%)	11	11	2,3	0,9	0,7
Heide (%)	0,2	0,3	-	-	-
Tagebau (%)	0,05	0,1	0,1	0,1	0,1
Gewässer (%)	0,5	0,5	0,6	0,9	0,6
Infrastruktur (%)	5,1	5,1	5,3	6,1	6,3
Baumschulen (%)	-	-	-	-	0,4
Ruderalflächen, Brachen (%)	-	-	-	-	0,4

Auch der als Allmende bewirtschaftete Wald wurde aufgeteilt. Diese Besitzessplitterung hat zu einem von Parzelle zu Parzelle wechselnden Zustand der Waldflächen geführt. So sind heute neben seit langen Jahren ungenutzten Waldabschnitten (vor allem in bodenfeuchten, quelligen Bereichen, in denen früher nur einzelne Stämme genutzt wurden), niederwaldartige Restbestände, Laubforste und

Nadelforste vertreten.Große Teile der ehemaligen Moore wurden durch Grabenbau entwässert. Diese Flächen werden heute als mehr oder weniger intensives Grünland genutzt (siehe z.B. die Dellbrückau).

Nach der Gründung des Deutschen Reiches 1871 und der entsprechenden neuen Gesetzgebung wurden auf Grund des zunehmenden Holzmangels umfangreiche Wiederaufforstungen veranlaßt, dieses geschah in der Regel mit Nadelgehölzen und besonders auf den alten Heideflächen. Die Nahrungsmittelknappheit der Nachkriegsjahre, verschärft durch die Flüchtlingsströme in Richtung Norden, machten den Umbruch von Grünländereien und eine Reduzierung des Viehbesatzes zur Einsparung von Futtermitteln notwendig. In den 50er und 60er Jahren schließlich veränderten Meliorationsmaßnahmen (Entfernungen, Entwässerungen von Knicks) und Verkehrswegebau (Autobahn) das Landschaftsbild und den Landschaftshaushalt.

3. Die Landschaftsbestandteile des Untersuchungsgebietes

3.1. Wälder

Einen besonderen landschaftsökologischen Wert hat das Gebiet durch seinen relativ hohen Waldanteil - er beträgt 33 % (im schleswig-holsteinischen Durchschnitt sind es ca. 9 %). Im südlichen und südöstlichen Teil des zusammenhängenden Waldgebietes befinden sich zudem hohe Laubwaldanteile, insgesamt liegt der Laubwaldanteil bei 50%.

Wälder haben wegen ihrer Erholungsfunktion, ihrer Funktion als Luftfilter und Erosionsschutz, ihrer Wasserreinigung, als Rohstoffquelle und allem voran als Lebensraum für viele Tier- und Pflanzenarten eine sehr hohe Bedeutung. Im Landeswaldgesetz Schleswig-Holstein steht unter §1: *„Der Wald ist wegen seines wirtschaftlichen Nutzens und wegen seiner Bedeutung für die Umwelt, insbesondere für die dauerhafte Leistungsfähigkeit des Naturhaushaltes, das Klima, den Wasserhaushalt, die Reinhaltung der Luft, die Bodenfruchtbarkeit, das Landschaftsbild, die Agrar- und Infrarstruktur und die Erholung der Bevölkerung zu erhalten, zu mehren und seine ordnungsgemäße Bewirtschaftung ist nachhaltig zu sichern“.*

Die heutigen Waldnutzungsformen sind von den historischen (s. Kap. 2.) sehr verschieden. Allgemein findet man Hochwälder mit einer regelmäßigen Umtriebszeit von 80-120 Jahren vor. Die Strauch- und Krautschicht ist hier relativ gering ausgebildet und es gibt keine (kaum) Totholzanteile. Wenn Strauch- und Krautschicht fast gar nicht mehr vorhanden sind und die Bäume ungefähr gleichen Alters sind, spricht man vom Hallenwald. Die radikalste Form der Waldbewirtschaftung ist der Kahlschlag, bei dem alle 100-200 Jahre sämtliche Bäume gefällt werden, um den Bereich anschließend wieder aufzuforsten. Hier entstehen nur wenige ökologische Nischen.

Die im Untersuchungsgebiet angestrebte Bewirtschaftungsform (sofern die Waldparzellen nicht sich selbst überlassen bleiben sollen) ist der **Gemischte Altersklassenwald**. Er hat einen stufigen Bestandesaufbau und aktuell einen hohen Stieleichenanteil in der Baumschicht (besonders in den Niederungen, in denen die Buche von der Eiche verdrängt wird). Die vielgestaltige Strauchschicht eines gemischten Altersklassenwaldes besteht hier aus Rotbuche (*Fagus sylvatica*), Faulbaum (*Frangula alnus*), Vogelbeere (*Sorbus*) und z. T. Ilex, darunter wächst eine artenreiche Krautschicht. Diese Waldform ist oft aus alten Bauernwäldern (Niederwälder, Schäleichenwälder) hervorgegangen. Solche Waldformen befinden sich besonders nordöstlich von Odderade. Hier befindet sich auf relativ großer Fläche ein Hainbuchen-Eschenwald. Auch östlich von Sarzbüttel und nordwestlich von Röst finden sich wertvolle Waldgesellschaften in vielen, kleineren Flächen. Naturferne Nadelforste gibt es vor allem in äußersten Norden des Gebietes und im Süden mit der „Tannenkoppel".

3.1.1. Laubwälder

Durch das hohe Niederschlagsaufkommen und bedingt durch die Hanglage am Westrand der Geest sind die für das Gebiet typischen Waldgesellschaften die Eichenmischwälder bodensaurer Standorte, verschiedene Buchenwaldgesellschaften (*Fagus sylvatica*) und Waldgesellschaften feuchter Standorte. So befänden sich bei potentieller natürlicher Vegetation auf den Kuppen die bodensauren Eichen-Buchenwälder, in leichter Hanglage oder in den Ebenen der Waldmeister-Buchenwald, in frischer, nährstoffreicher Lage der Mäusegersten-Buchenwald und in den Bachläufen und feuchten Senken der Hainbuchen-Eschen-Wald oder der Erlen-Eschen-Wald mit Arten wie der Erle *(Alnus glutinosa)*, dem Faulbaum (*Frangula alnus*), der Birke *(Betula pubesceus)* und der Esche (*Fraxinus excelsior*). Lichtungen werden hier von der Moorbirke eingenommen, sie bildet das Vorwaldstadium der Buchen-Eichen-Wälder. Der Laubwaldanteil des Gesamtgebietes ist in den vergangenen Jahrzehnten auf 17 % der Gesamtfläche geschrumpft.

Waldaußenränder werden häufig von Knicks gebildet, deren Pflegezustand jedoch meist eher schlecht ist - sie sind zu Baumreihen durchgewachsen. So besteht keine Windschutzfunktion mehr, die natürliche Pufferzone eines Waldes zum Nachbarbiotop ist aufgehoben. **Waldinnenränder**, die normalerweise in Form einer breiten

Krautschicht die Waldwege säumen, sind im Riesewohld nur sehr spärlich ausgebildet. Lichtungen erfüllen eine ähnliche ökologische Funktion. Diese werden heute als Weide und teilweise als Wildacker genutzt. Sich selbst überlassen sind sie wichtige Biotope zur Ansiedlung von lichtbedürftigen Weichholzarten wie Birke oder Weide, die dann wiederum Lichtschutz geben für den Aufwuchs von Buchen und Eichen.

3.1.2. Nadelwälder

Große Teile des Waldes bestehen heute vollständig aus standortfremden Fichten oder Kiefern oder die Laubwälder sind von diesen Arten durchsetzt. Diese Tatsache wirkt sich nachteilig auf den aktuellen ökologischen Wert des Gebietes aus, insbesondere, wenn die Nadelgehölze an Bachrändern und in Bachtälern stehen. Auch wirken die Nadelholzbestände oft als Trennscheibe zwischen den Laubwaldbiotopen.

Bei hohem Wilddruck werden in Mischwäldern die Nadelgehölze oft von den Tieren verschmäht. Die ökologisch wertvollen Gehölze wie Eichen, Eschen, Ahorn und Buchen werden so durch Schälen und Verbiß der Knospen und des Jungwuchses beeinträchtigt.

3.2. Hochmoore

Im Süden des Untersuchungsgebietes befinden sich zwei Hochmoorreste, das **Wittenmoor,** östlich von Bargenstedt und **das Landschaftliche Hochmoor** westlich vom Telsenhof. Darüber hinaus gibt es noch vereinzelt kleinflächige Reste, doch diese sind stark anthropogen geprägt und besitzen die typische Bulten- und Schlenkenstruktur nicht mehr. Wegen ihrer Trittsteinfunktion sind sie jedoch dennoch als ökologisch wertvoll zu betrachten. Im Wittenmoor und im Landschaftlichen Hochmoor ist noch eine hochmoortypische Vegetation mit Arten wie Torfmoosen (*Sphagnum*), Sauergräsern, Heidelbeeren (*Vaccinium uliginosum*) und Blaubeeren (*Vaccinium myrtillus*) zu finden, jedoch breiten sich Arten wie die Moorbirke (*Betula pubescens*), das Pfeifengras (*Molinia caerulea*) und die Flatterbinse (*Juncus effusus*) immer mehr aus und verdrängen insbesondere die Torfmoose (*Sphagnum*) durch ihre Beschattung. Diese Entwicklung ist eine Folge der Entwässerung und des Nährstoffeintrages.

Im **Landschaftlichen Hochmoor** findet sich in Kernbereichen die Glockenheide-Bulten-Gesellschaft mit verschiedenen Heidekrautgewächsen wie der Glockenheide (*Erica tetralix*) und der Rosmarinheide (*Andromeda polifolia*), der Gemeinen Moosbeere (*Oxycoccus palustris*) und der Krähenbeere (*Empetrum nigrum*). Diese

Gesellschaft gilt in Schleswig-Holstein als stark gefährdet. Auch der Rundblättrige Sonnentau (*Drosera rotundifolia*), Wollgras (*Eriophorum bzw. Vaginatum augustifolium*), Weißes Schnabelried (*Rhynchospora alba*) und Feuchtheiden sind hier noch zu finden. Das Pfeifengras (*Molinia caerulea*) und die Drahtschmiele (*Deschampsia flexuosa*) drohen hier jedoch die Moorheide-Gesellschaften zu verdrängen.

Besonders im Osten des Moores haben in den letzten Jahrzehnten Aufforstungen und Umwandlungen in Ackerflächen stattgefunden. Die verbliebene Moorfläche grenzt im Norden, Westen und Süden an Nadelforste und Laubwaldaufforstungen. Der bis vor kurzem durch das Moor führende Entwässerungsgraben wurde inzwischen zugeschüttet.

Im **Wittenmoor** deutet das Einwandern der Flatterbinse (*Juncus effusus*) auf eine Eutrophierung hin. Hier gibt es ansonsten viele Gagelstrauch-Gebüsche (*Myrica gale*), in den feuchten Bereichen Torfmoose (*Sphagnum*) und in den trockneren Randbereichen Moor-Birkenwälder mit weiteren Arten wie Faulbaum (*Frangula alnus*), Vogelbeere (*Sorbus*), Stieleiche (*Quercus robur*), Pfeifengras (*Molinia caerulea*) und Drahtschmiele (*Deschampsia flexuosa*).

Im südlichen Bereich des Moores befindet sich heute eine künstlich bewässerte Heidelbeerplantage. Gleichzeitig werden die angrenzenden Moorflächen durch Gräben entwässert. Im Norden grenzt das Moor an einen Fichtenforst. Auch im Umkreis dieses Moores liegen einige kleinflächige, in der Regel langgestreckte Moor-Birkenwälder innerhalb von Grünländereien.

3.3. Grünland

Typische Feuchtgrünlandstandorte sind Fluß- und Bachniederungen, Verlandungsbereiche von Seen oder quellige Hanglagen. Obwohl es viele dieser Standorte im Riesewohld gibt, gibt es nur noch wenige Feuchtgrünlandflächen. Kleine Reste sehr nassen Grünlandes befinden sich östlich von Odderade (1ha), bei Dellbrück (2,5 ha) und am nördlichen Rand des Untersuchungsgebietes an der A 23. Auf diesen Flächen dominiert die Flatterbinse (*Juncus effusus*), weitere Arten sind der Knickfuchsschwanz (*Alopecurus geniculatus*), das Flechtstraußgras (*Agrostis stolonifera*) und der Kriechende Hahnenfuß (*Ranunculus repens*). Lokal ist das Breitblättrige Knabenkraut (*Dactylorhiza majalis*) vorzufinden. Charakterarten wie die Sumpfdotterblume (*Caltha palustris*) , das Pfeifengras (*Molinia caerulea*) oder die Kohldistel (*Cirsium oleraceum*) fehlen. Die übrigen Feuchtgrünlandflächen sind z. T. degradiert, vor allem durch Viehtritt. Der größte Teil der Grünländereien wird durch

Milchviehhaltung genutzt. An der Dellbrückau wird das Grünland durch Grüppen entwässert, hier finden sich typische Feuchtgrünlandarten in den Grüppen.

3.4. Trockenrasen

Die Entwicklung der weitgehend gehölzfreien Trockenrasen ist primär durch abiotische Faktoren wie Nährstoffarmut und Trockenheit der sowie Lage und Hangneigung der Flächen zur Sonne hin bedingt. In kleinerem Umfang findet man sie an Wegrändern oder Bahndämmen. Sie sind der Lebensraum für wärmebedürftige Wildbienen, Grab- und Wegwespen und gehören zu den seltensten Biotoptypen in Schleswig-Holstein. Im südlichen Teil des Untersuchungsgebietes befinden sich drei, im äußersten Nordosten des Gebietes ein Trockenrasen. Sie sind teilweise durch Müllablagerungen beeinträchtigt. Aufgrund ihrer Kleinflächigkeit und der vorhandenen Störungen sind alle Flächen sicherungsbedürftig.

3.5. Brachen und Ruderalflächen

Brachen und Ruderalflächen sind erst in den letzten Jahren als neue Flächenentwicklung hinzugekommen (siehe Tab.1). Dies ist auf Naturschutzmaßnahmen in den Flurbereinigungsverfahren aber auch auf veränderte agrarpolitische Rahmenbedingungen (z. B. obligatorische Ackerflächen-Stillegungen) zurückzuführen.

Ackerbrachen befinden sich ausschließlich im nördlichen Untersuchungsgebiet zwischen Sarzbüttel und Röst. Sie werden von annuellen Arten der Segetalflora wie z. B. dem Windhalm (*Apera spica-venti*) dominiert. Grünlandbrachen haben im Untersuchungsraum eine größere ökologische Bedeutung. Sie sind in den Flurbereinigungsverfahren in der Dellbrückau- und Miele-Niederung durch Ausweisung 10 m breiter Randstreifen entlang der Bäche entstanden. Ihre Vegetation besteht in den ersten Entwicklungsjahren vorwiegend aus Brennesseln (*Urtica dioica*), Ackerkratzdistel (*Cirsium arvense*) und Stumpfblättrigem Ampfer (*Rumex obtusifolius*), was auf eine Eutrophierung der Standorte hinweist. Später dominiert vielfach das Rohrglanzgras (*Phalaris arundinacea*). Neben ihrer Biotopverbundfunktion haben diese Randstreifen auch eine wichtige Pufferfunktion für die Gewässer.

Eine größere Ruderalfläche befindet sich am nördlichen Rand des Gebietes, an der Autobahn A 23. Hier sind beim Autobahnbau Erdaufschüttungen entstanden, die von einer typischen Ruderalvegetation wie der Quecke (*Elytrigia repens*), Rotem

Straußgras (*Agrostis capillaris*), Weichem Honiggras (*Holcus mollis*), dem Windhalm (*Apera spica-venti*), Hasenklee (*Trifolium arvense*) u.a. besiedelt wurden. Gehölze haben sich bisher nicht etabliert.

Die Brach- und Ruderalstandorte haben in erster Linie eine Trittsteinfunktion, besonders die Grünlandbrachen entlang der Gewässer üben darüberhinaus eine wichtige Pufferfunktion im Sinne einer Reduzierung von Nährstoffeinträgen aus.

3.6. Knicks

Einen Eindruck der bedeutenden Landschaftsbauprägung durch Knicks gibt Karte 2 als repräsentativer Teilraum des Untersuchungsgebietes (2 x 2 km großes Planquadrat 6 des Untersuchungsgebietes, siehe auch Karte 1).

Knicks oder Wallhecken bieten sowohl Arten des Waldes als auch der Feldflur einen Lebensraum. Im waldarmen Schleswig-Holstein haben sie daher oft eine Waldersatzfunktion. Zudem bieten sie einen wirksamen Schutz vor Wind- und Bodenerosion. Häufig stellen sie das verbindende Element zwischen Freiraum und Siedlung dar. Je nach Standort ist die Artenzusammensetzung der Knicks verschieden, auch im Untersuchungsgebiet. An den feuchteren Standorten dominieren Schwarzerlen (*Alnus glutionosa*), Weiden (*Salix*), Faulbaum (*Frangula alnus*) und Traubenkirsche (*Padus*), auf den bodensauren Flächen Stieleiche (*Quercus robur*), Brombeere (*Rubus padus*), Eberesche (*Sorbus aucuparia*) und an den trockenen Hasel (*Corylus avelana*) und Schlehen (*Prunus spinosa*). Die **Waldrandknicks** (hier besteht maximal ein Weg zwischen dem Wald und dem Knick) sind in ihrer Artenzusammensetzung dem jeweiligen Wald sehr ähnlich. Vereinzelt findet man neben den typischen Knickarten standortfremde Arten wie den Flieder (*Syringa vulgaris*), die Kartoffelrose (*Rosa rugosa*) oder die Roteiche (*Quercus rubra*). Viele Knicks im Gebiet sind stark gestört oder schlecht gepflegt. Sie müßten alle 10 Jahre bis auf ein paar restliche Überhälter „auf den Stock gesetzt werden“, ansonsten wachsen sie zur Baumreihe durch. Das ist desöfteren geschehen. Werden die Knicks nicht weit genug vom Weidevieh ausgezäunt, droht Verbiß und Vertritt. An Ackerrändern werden sie oft angepflügt. Darüberhinaus dienen sie häufig als Müllablageplatz. Das Knicknetz in den Gemeinden Sarzbüttel und Odderade ist mit 170 m/ha auf der Geest außerhalb des Waldbereiches des Riesewohld sehr ausgeprägt und in überwiegend sehr gutem Zustand. In der Gemeinde Krumstedt verlaufen die Knicks überwiegend in Nord-Süd-Richtung, es fehlen die Querverbindungen. Im Süden des Untersuchungsgebietes gibt es viele spärlich mit Gehölzen bewachsene oder gehölzlose Wälle und ausgewachsene Baumreihen. Im Gebiet um Röst sind viele Knicks neu angelegt worden. Die Waldrandknicks sind allgemein sehr schlecht gepflegt und zu Baumreihen ausgewachsen. Einzelne Bäume und Baumgruppen in der Landschaft üben eine wichtige Verbindungsfunktion für andere Landschaftsbestandteile wie die Knicks oder die Wälder aus.

3.7. Stillgewässer

Stehende Gewässer im Grünland sind hauptsächlich alte Mergelgruben der vergangenen Jahrhunderte oder künstlich angelegte Viehtränken. In den Wäldern wurden manche Fließgewässer gestaut, um eine Fischteichnutzung zu ermöglichen und in den (ehemaligen) Mooren sind durch den Torfstich Kleingewässer entstanden. Die natürliche Abfolge eines Standgewässers (See - Ufer - Verlandungszone - Bruchwald) ist durch Eutrophierung, Entwässerung, Uferbefestigung oder Vertritt oft gestört. Die Kleingewässer sind für Amphibien wichtige Lebensräume, besonders die flachen Kleingewässer in den Grünländereien, weil sie hier keine natürlichen Fraßfeinde (Fische) haben. Die Viehtränken werden heute oft nicht ausgezäunt und ihre Ufer sind somit zertreten. Die Ufervegetation besteht aus Grünlandarten, der Flatterbinse, Brennesseln und dem flutenden Schwaden. Von den alten Mergelkuhlen sind viele dicht mit Gehölzen umstanden (Weiden und Schwarzerlen), sie werden dadurch stark beschattet und eine entsprechende krautige Ufervegetation fehlt. Die meisten Kleingewässer liegen im Nordwesten und in der Mitte des Untersuchungsgebietes zwischen Westerwohld und Sarzbüttel. Der Kleingewässerreichtum ist insbesondere in Sarzbüttel offenkundig: Hier sind auf der Geest mindestens eine Mergelkuhle etc. je 10 ha Feldflur ermittelt worden.

Im nördlichen Waldgebiet befinden sich mehrere Karpfenteiche. Einige von ihnen werden im Winter abgelassen (sog. „Produktionsteiche"), die tieferen führen ganzjährig Wasser. Solche, die nicht mehr zur Fischproduktion genutzt werden, haben sich zu wertvollen Stillgewässern entwickelt.

3.8. Fließgewässer

Besonders im südwestlichen Bereich des Untersuchungsgebietes (östlich Dellbrück) besteht durch das dichte Grabennetz und die Dellbrückau ein ausgeprägtes Fließgewässernetz. Auch im Riesewohld selber sind Fließgewässer zu finden, hier sind sie noch weitgehend naturnah und beeindrucken durch ihre sehr zahlreichen Mäander. Im nordwestlichen Waldgebiet befinden sich Fischteiche, die aufgrund ihrer Verbundfunktion eine hohe ökologische Bedeutung haben. Die Entwässerung des Gebietes findet zur westlich gelegenen Miele und nach Osten zur Gieselau hin statt.
Der allgemeine Begriff **Fließgewässer** umschreibt Lebensräume verschiedenster Natur. Die Tiefe, die Strömungsgeschwindigkeit, die Temperatur und der damit zusammenhängende Sauerstoffgehalt bestimmen die Vegetation und auch die Tierwelt des jeweiligen Gewässers. Im Untersuchungsgebiet wurden drei Typen von Fließgewässern gefunden:

- **Gräben**, an die die landwirtschaftliche Nutzfläche (Grünland) direkt anschließt. Die Ufervegetation besteht aus Grünlandarten.

- **Gräben mit Pufferzone** zur landwirtschaftlichen Nutzfläche. Diese Pufferzonen (Grünlandbrachen) bestehen häufig aus Nitrophyten, sie sind in ihrer Funktion als Trittsteine sehr wichtig. Die Uferform ist meist steil. Diese Gräben stellen den häufigsten Fließgewässertyp in der Region dar.

- **Waldbäche mit der typischen Bachvegetation** wie Bachehrenpreis (*Veronica becca-bunga*), Rohrglanzgras (*Phalaris arundinacea*), Schilf (*Phragmites australis*) und Wasserminze (*Mentha aquatica*). Sie üben eine wichtige Biotopverbundfunktion aus und bedingen ein spezifisches, feuchtes Mikroklima im Wald, welches besonderen Pflanzenarten wie dem Buchenfarn das Wachstum ermöglicht.

Die Gräben befinden sich hauptsächlich im Süden des Gebietes im Bereich der Dellbrückau und im Entwässerungsgebiet des Wittenmoores bei Bargenstedt (Weissenmoorstrom). Herausragende Biotopverbundfunktion haben die Bellbrückau und insbesondere der im Riesewohld entspringende Grenzgraben zwischen Odderade und Sarzbüttel, der auch im Grünlandbereich der Geest landschaftsästhetisch außerordentlich reizvoll ist.

4. Entwicklungsperspektiven für den Riesewohld

Die Untere Landschaftspflegebehörde in Heide gab im Mai 1991 eine landschaftsökologische und floristische Bestandsaufnahme für den Riesewohld in Auftrag, um ein Pflege- und Entwicklungskonzept zu entwerfen (ZENTRALSTELLE FÜR LANDESKUNDE, 1992). Hierin sollte ein Verbundsystem ökologisch hochwertiger Flächen und ein Ausweisung von Vorrangflächen für den Natur- und Landschaftsschutz erarbeitet werden. Die Entwicklung des ganzen Raumes und nicht die der einzelnen Biotope standen dabei im Vordergrund. Karte 3 bringt wiederum für den Teilraum des Planquadrates 6 eine ausdrucksstarke Darstellung der durch die Landschaftsanalyse der Untersuchung festgestellten **Ökologischen Vorrangflächen**.

Ziel für den Riesewohld ist demnach die eigenständige Entwicklung der Waldformationen mit fließenden, strukturreichen Übergängen zu Offenlandschaften, von gebüschreichen Waldrändern über Staudenfluren, Quellbereiche, Niederungen bis hin zu landwirtschaftlich extensiv genutzten Flächen.

Im Untersuchungsgebiet gab es 1991 keine Naturschutzgebiete, nur zwei Landschaftsschutzgebiete, das LSG „Landschaftliches Hochmoor“ und die „Schanze“ bei Dellbrück. Desweiteren existieren vier Naturdenkmale: Die „Fünffingerlinde“ in Odderade, die Marienburg (Reste alter Wallanlagen) bei Dellbrück, der „Harkestein“ (ein sehr großer Findling) bei Röst und ein Hügelgrab bei Dellbrück.

In der Folge sollen Entwicklungsszenarien für das Gebiet angedacht werden:

4.1. Entwicklungsperspektiven der Wälder

- Vorhandene Naturwaldparzellen sollten erweitert und über Auflassung und Renaturierung angrenzender Waldgebiete miteinander verbunden werden. Sie haben Naturschutz-Status, es erfolgen also keinerlei Pflegeeingriffe. Bei der Auswahl von Waldparzellen zur Ausweisung jener Naturwaldparzellen, zu denen oft alte Bauernwälder gehören, werden folgende Kriterien herangezogen:

* Die Repräsentativität (für den Standort typische Pflanzengesellschaften)
* Die Naturnähe (Auswirkungen anthropogener Eingriffe sollen möglichst gering sein)
* Die Unversehrtheit (Beeinträchtigungen haben nur geringe Ausmaße)
* Die Flächengröße (mindestens 5 ha, besser 15-25 ha)
* Das Bestandesalter (möglichst alter Bestand mit hohem Totholzanteil)
* Die Vielfalt (innerhalb der Parzelle unterschiedliche Nährstoff- und Feuchtigkeitsstufen)
* Gefährdung und Seltenheit
* Vorhandene Pufferzonen (der optimale Standort ist mitten im Wald, die nächste landwirtschaftliche Nutzfläche sollte mindestens 200 m entfernt sein)

- Nadelhölzer sollten ersetzt werden durch heimische Laubbäume. Es sollten keine Kahlschläge mehr erfolgen und Monokulturen durch Mischbestände ersetzt werden. Hallenwälder werden in gemischte Altersklassenwälder umgewandelt.

- In den Wäldern erfolgt keine künstliche Düngung, Kalkung oder Einsatz von Pflanzenschutzmitteln, die Schädlingsbekämpfung wird biologisch durchgeführt. Bei forstlichen Maßnahmen werden Maschinen schonend eingesetzt, in empfindlichen Bereichen durch Pferde ersetzt.

- Die Waldränder werden ausgeformt und erhalten durch entsprechende Waldrandpflege ihre eigentliche Funktion zurück (Übergang Wald/Offenland,

Windbremsung). Auch die Waldinnenränder und die Lichtungen werden entweder einer natürlichen Sukzession überlassen oder offen gehalten, jedoch nicht als Wildacker benutzt. Waldinnensäume sollten eine Mindestbreite von 20 m haben, um die typische Kraut- und Strauchschicht hier zu fördern. Relativ frei stehende Altbäume sollen gefördert werden.

- Innerhalb des zukünftigen Naturschutzgebietes ist einzelfallbezogen ein Rückbau des Wegenetzes zu prüfen.

Die heutige Waldnutzung im Riesewohld wird vorwiegend von der Holznutzung geprägt. Bei einer Extensivierung würde eine Verlagerung in Richtung Erholungsnutzung stattfinden.

Die aktive Neuwaldbildung gehört zu den wichtigsten Zielen der schleswig-holsteinischen Forstpolitik, jährlich werden 1000 ha Neuwald gefördert. Ein hoher Privatwaldanteil und die Besitzessplitterung erschweren die Entwicklungsmöglichkeiten der Wälder. Um dem zu begegnen, wurden forstliche Zusammenschlüsse zwischen privaten und körperschaftlichen Forstbetrieben gegründet. Im Riesewohld ist das die Forstgemeinschaft Dithmarschen mit Sitz in Wennbüttel.

Die Neuwaldbildung erfolgt derzeit überwiegend durch Pflanzung. Auf Flächen, die dem Naturschutz gewidmet werden, würde sie durch die natürliche Sukzession abgelöst werden.

Für das Untersuchungsgebiet wird vorgeschlagen, im Zuge der Waldmehrung keine isoliert liegenden neuen Waldparzellen entstehen zu lassen, sondern vielmehr vorhandene Waldlücken zur Verbindung wiederzubewalden bzw. Waldgebiete an ihren Rändern zu ergänzen. Buchtig verlaufende Waldränder werden nicht geschlossen. Die im Konzept vorgeschlagenen zu schützenden Naturwaldparzellen im Riesewohld finden sich nordöstlich und östlich Odderade, zwei kleinere Flächen östlich von Sarzbüttel. Die vier Gebiete erfüllen die obigen Auswahlkriterien.

4.2. Entwicklungsperspektiven der Grünländereien und der Moore

Durch eine teilweise Wiedervernässung und eine einhergehende Beweidungs-Extensivierung in der Dellbrückau und der Weissenmoorstromniederung sollen die Feuchtgrünlandflächen ausgedehnt werden. Hierdurch könnten Lebensräume für Wiesenbrüter wie den Großen Brachvogel, die Bekassine oder die Uferschnepfe geschaffen werden. Die Pufferzonen der übrigen Grünländer zu den Gräben (Grünlandbrachen) sollten erweitert werden.

In den Grünflächen im Randbereich des Wittenmoores sollte das Wasser angestaut und die Beweidung eingestellt werden, um eine Moorregeneration bzw. -renaturierung zu ermöglichen. Hierfür müssen die Entwässerungsgräben geschlossen werden. Die Heidelbeerplantage sollte umgenutzt werden.

Der Birkenaufwuchs im Wittenmoor und im Landschaftlichen Hochmoor soll entfernt werden, ebenso die dortigen Nadelbaumparzellen, um die Beschattung und die damit einhergehende Einschränkung des Wachstums der Torfmoose (*Sphagnum*) zu verhindern.

4.3. Entwicklungsperspektiven der Gewässer

Bei den Fließgewässern, besonders der Dellbrückau und ihrer Gräben, sollte eine Mäanderbildung gefördert werden. Hierzu gehört auch eine vielfältige Uferstruktur mit Steil- und Flachufern, Schilfgürteln und einem vielgestaltigem Gewässerprofil. Die Pufferstreifen zu den Grünländereien würden erweitert. Erlenwaldsäume müssen geschützt und ausgeweitet, Viehtritt und Eutrophierung durch Einzäunung vermieden werden. Dieses gilt auch für die Kleingewässer innerhalb der Grünlandflächen.

5. Entwicklung eines Verbundsystemes im Untersuchungsgebiet

Neben den Entwicklungen innerhalb der eben genannten einzelnen Landschaftsbestandteile muß ein übergeordnetes Verbundsystem über lineare Landschaftselemente wie Knicks und Fließgewässer und über Trittsteinbiotope wie Brachen, Trockenrasen, Baumgruppen und Kleingewässer hergestellt werden. Diese einzelnen Elemente müssen hierfür gepflegt und entwickelt und vor allem in Gebieten, in denen sie unterrepräsentiert sind, ergänzt werden. Bereiche besonderer Schutzwürdigkeit aus dem Verbund-Aspekt heraus sollten zu Naturschutzvorangflächen erklärt werden. Eine besondere Rolle spielen hierbei die Brachen und Ruderalflächen, da sie kurzfristig entwickelt werden können.

Allgemein gilt für den nördlichen, waldreichen Teil des Untersuchungsgebietes (nördlich der L 146):
- Verbreiterung des Waldkomplexes an schmalen Stellen
- Gewässer-Pufferzonen und Mäander einrichten, Uferzonen gestalten
- Knicks pflegen und standortfremde Arten durch heimische Arten ersetzen.

Für den südlichen Teil des Untersuchungsgebietes (südlich der L 146) gilt:
- Teilweise Wiedervernässung der Niederungen, Extensivierung der Grünlandnutzung
- Isolierte Waldlagen in ein Waldverbundsystem einbinden (Waldergänzungen oder Knicks als Verbindungselemente), Umnutzungen der Wälder von Nadel- in Laubwälder
- Anlage von Kleingewässern in Zonen geringer Trittsteindichte
- Verdichtung des Knicknetzes, Bepflanzen der gehölzfreien Wälle (soweit nicht als Trockenrasen oder Heiden entwickelt).

Für den größten Teil des Untersuchungsgebietes wird die Ausweisung eines Landschaftsschutzgebietes vorgeschlagen, um den Waldanteil an sich und die wertvollen Waldparzellen im besonderen zu schützen, ebenso das Knick- und Fließgewässernetz.

6. Einbindung des Riesewohlds und der Niederungen im Untersuchungsgebiet in das Umland

Mit Hilfe der Schutzgebiets- und Biotopverbundplanung soll auf der gesamten Landesfläche Schleswig-Holsteins auf landesweiter, regionaler und lokaler Ebene ein effektiver Naturschutz erreicht werden. In Dithmarschen ist der Aufbau kleinräumiger Verbundstrukturen durch Knicks, Fließgewässer und Flächen geringer Nutzungsintensität als Ergänzung des landesweiten Verbundsystems besonders im Bereich der Marschen und der großen Niederungen vordringlich. Schwerpunktachsen sind hier die Wälder und die Niederungen des Riesewohlds, die Miele-Niederung, das Naturschutzgebiet "Fieler Moor" im Westen des Gebietes und der Standortübungsplatz Riese im Norden. Im Einzugsgebiet der Miele liegt darüber hinaus noch die Windberger Niederung bei Meldorf.

6.1. Fieler Moor

Die Miele-Niederung besitzt mit 252 km^2 das größte Einzugsgebiet unter den Fließgewässern Dithmarschens. Aus der Geest abfließende Bäche gelangen in ursprünglich von Nehrungshaken abgeriegelte, weiträumig vermoorte Gebiete, die sich meist nur wenige Dezimeter über dem Meeresspiegel befinden bzw. Teilweise bis zu 1 m unter NN liegen.

In der Fieler Niederung wird fast ausschließlich Grünlandwirtschaft betrieben. In den tieferen Senken befinden sich weitgehend verlandete Seen, an deren Stellen

Schilfröhrichte, Weiden- und Erlengebüsche auftreten, die in der ebenen Landschaft weithin sichtbar sind. Ausgeprägte Torfsackungen sind Folge langjähriger Entwässerungen. Zur Wiederherstellung einer komplex aufgebauten Niedermoorlandschaft mit offenen bis halboffenen Biotopen im Umfeld der ehemaligen Seen und noch vorhandenen Moore ist eine teilweise Anhebung der Wasserstände notwendig. Die Niederung ist potentiell ein wertvoller Lebensraum für Röhricht- und Wiesenbewohner und Fischotter.

Das Fieler Moor ist in einer Größe von rd. 255 ha als Naturschutzgebiet ausgewiesen. Für das Sarzbütteler Moor ist die Ausweisung einer Landschaftsschutzgebietes geplant. Nach Osten (und auch nach Norden zum Süderholmer Moor) können wichtige Biotopachsen zur Dellbrückau, zur Niederung des Weissenmoorstroms, zum Landschaftlichen Hochmoor und zum Bargenstedter Moor geschaffen werden.

6.2. Standortübungsplatz Riese

Nördlich des Riesewohlds liegt der Standortübungsplatz Riese. Hier kommen relativ viele unterschiedliche Vegetationseinheiten vor. Einen großen Anteil besitzen die offenen Flächen, die von einer mageren Grünlandvegetation eingenommen werden. Besonders im Norden und Süden liegen Waldstücke, die u.a. Feuchtbereiche mit Erlen und Birken enthalten. Daneben sind Nadelforst-Parzellen häufig. Im Süden, außerhalb des militärischen Sperrgebietes, befindet sich ein im wesentlichen aus Buchen und Eichen zusammengesetzter Hallenwald. Der Übungsplatz Riese bietet ein Lebensraumpotential einer Komplexlandschaft aus Heide- und Magerrasenvegetation mit trockenen Waldformationen und kleinflächigeren Feuchtwäldern. Auf dem Gelände befindet sich im „Wald bei Schrum“ die mit 75 m höchste Erhebung Dithmarschens, die „Höhe bei Schrum“.

Wegen der Vielzahl der vergleichsweise störungsunempfindlichen halbnatürlichen Lebensräume ist dieses Gebiet, so wie z. T. die Wälder des Riesewohlds, besonders zur Erschließung als Naherholungsgebiet geeignet. Der Standortübungsplatz ist über eine quellenreiche Region an die nördlichste aus dem Riesewohldgebiet in die Fieler Niederung verlaufende Achse angeschlossen.

7. Zusammenfassung

Der Riesewohld ist das größte zusammenhängende Waldgebiet Dithmarschens und von herausragender landesgeschichtlicher und landschaftsökologischer Bedeutung. Alte Nutzungsformen wie die Eichenschälung, die Waldweide oder die Niederwaldnutzung haben die Pflanzengesellschaften hier bis heute geprägt und wertvolle Laubwaldformationen hervorgebracht. Auf kleinstem Raum wechseln hier die verschiedensten Biotoptypen, leider auch standortfremde Nadelwaldgesellschaften.

Südlich und südwestlich des Waldgebietes befinden sich zum Teil hochinteressante und wertvolle Feuchtgrünlandgesellschaften und Hochmoorreste. Sie sind durch die abfließenden Gewässer in die Miele-Niederung einerseits und das hohe Niederschlagsaufkommen im Gebiet andererseits entstanden. Die Fließgewässer hier und im Wald stellen mit ihrer Begleitvegetation eine wichtige Verbindung von Feuchtbiotopen auch in der weiteren Umgebung dar.

Eine ähnliche Funktion, die Verbindung von Wäldern und Feldgehölzen, üben die im Gebiet zahlreich vorhandenen Knicks aus. Sie sind im 18. Jahrhundert zur Abgrenzung der Ländereien angelegt worden und prägen heute weite Landschaften in ganz Schleswig-Holstein.

Auf Grund seiner Strukturvielfalt, seines Reichtums an verschiedensten Landschaftsbestandteilen auf engem Raum und als wichtiges Verbindungsglied zu umliegenden Biotopen und Schutzgebieten sollte der Riesewohld komplett als Landschaftsschutzgebiet, einige Parzellen darin als Naturschutzgebiet ausgewiesen werden. Die Umsetzung der Naturschutzplanung durch das Instrument der "Flurbereinigung" bei Finanzierung durch das Umweltministerium wird auf der Grundlage der vorgenommenen Erhebungen und Bewertungen zur Zeit durchgeführt. Detailplanung und Umsetzung wird an anderer Stelle (RIEDEL und KRUSE, im Druck) ausführlich dargestellt.

8. Literatur

DIERSCHKE, H. (1989): Artenreiche Buchenwald-Gesellschaften Nordwest-Deutschlands. Berichte der Reinhard Tüxen-Gesellschaft, Heft 1.

DIERSSEN, K. et al. (1988): Rote Liste der Pflanzengesellschaften Schleswig-Holsteins. Schriftenreihe des Landesamtes für Naturschutz und Landschaftspflege Schleswig-Holstein, Heft 6.

EIGNER, J. (1978): Ökologische Knickbewertung in Schleswig-Holstein. In: Die Heimat, Zeitschrift des Vereins zurPflege der Natur- und Landeskunde in Schleswig-Holstein und Hamburg, Heft 10/11, S. 241 - 249.

ELLENBERG, H. (1979): Zeigerwerte der Gefäßpflanzen Mitteleuropas. In: Scripta Geobotanica IX, 2. Auflage.

HÄRDTLE, W. (1989): Potentielle natürliche Vegetation. Ein Beitrag zur Kartierungsmethode am Beispiel der Topographischen Karte 1623 Owschlag. Mitt. AG Geobot. Schleswig-Holstein/Hamburg, Heft 40.

HÄRDTLE, W. (1990): Naturwaldreservate - ein notwendiger Beitrag zum Waldschutz in Schleswig-Holstein. Aus: Landesnaturschutzverband Schleswig-Holstein, Grüne Mappe 1990.

HASE, W. (1983): Abriß der Wald- und Forstgeschichte Schleswig-Holsteins im letzten Jahrtausend. Schr. Naturwiss. Ver. Schleswig-Holsteins, Bd. 53.

KAULE, G. (1991): Arten- und Biotopschutz. 2. Auflage, Verlag Eugen Ulmer, Stuttgart.

LANDESAMT FÜR NATURSCHUTZ UND LANDSCHAFTSPFLEGE SCHLESWIG-HOLSTEIN (LN, Hrsg.) (1989): Knicks in Schleswig-Holstein - Beudeutung, Pflege, Erhaltung. Merkblatt Nr. 6, 7. Auflage.

LANDESAMT FÜR NATURSCHUTZ UND LANDSCHAFTSPFLEGE SCHLESWIG-HOLSTEIN (LN, Hrsg.) Das Feuchtgrünland - ein wenig betrachteter, bedrohter Lebensraum. Merkblatt, ohne Jahr.

MEIER, O. G. (1968): Kleine Landschaftskunde Dithmarschens. Westholsteinische Verlagsanstalt Boysen & C., Heide.

POTT, R. (1995): Die Pflanzengemeinschaften Deutschlands. 2. Aufl., Stuttgart.

SIEBENBAUM (1963): 10 Jahre Waldbildung im Programm Nord, aus: Dithmarschen, Zeitschrift für Landeskunde und Heimatpflege; Waldbildung und Windschutz in Dithmarschen; Zum besonderen Nutzen unserer Aufgaben im Programm Nord, im Küstenplan und in der Vorwaldzone. Heft 3, Neue Folge.

SUCCOW, M. & L. JESCHKE (1990): Moore in der Landschaft. Urania Verlag Leipzig, 2. Auflage.

THIESSEN, H. (1988): Die ungestörte Entwicklung der Natur als eine Zielsetzung im Naturschutz. Die Heimat, Zeitschrift des Vereins zur Pflege der Natur- und Landeskunde in Schleswig-Holstein und Hamburg, Jg. 95, Heft 5, S. 117 - 124.

WEBER, H. E. (1967): Über die Vegetation der Knicks in Schleswig-Holstein, in: Mitteilungen der Arbeitsgemeinschaft für Floristik in Schleswig-Holstein und Hamburg, Heft 15.

ZENTRALSTELLE FÜR LANDESKUNDE (1992): Schutz, Pflege- und Entwicklungskonzept Riesewohld. Auftrag der Unteren Landschaftspflegebehörde des Kreises Dithmarschen, Eckernförde (unveröffentlicht).

1998	Higelke, B. (Hg.): Beiträge zur Küsten- und Meeresgeographie	Kieler Geographische Schriften, Bd. 97	S. 247-264

Trends in der Entwicklung der Seeschiffahrt und den von ihr ausgehenden Gefährdungspotentialen

Götz v. Rohr

1. Trends in der Entwicklung der Seeschiffahrt

1.1 Die Flottenbestände - Umfang, Schiffsgrößen und Alter

Für alle Sektoren des Gütertransports gilt dieselbe Grundaussage: Das Transportvolumen unterliegt weltweit einer seit langem anhaltenden Zunahme, ob im Verkehr zu Lande, zu Wasser oder in der Luft, ob in Binnen-, Küsten- oder Seeschiffahrt. Sämtliche Prognosen gehen davon aus, daß diese Entwicklung weiter anhält (vgl. z. B. Bundesverkehrswegeplan 1992). Im Hintergrund steht die weltweit zunehmende Arbeitsteiligkeit in der Güterproduktion bei insgesamt im Weltdurchschnitt deutlichem Wirtschaftswachstum.

Tab. 1: Welttankerflotte 1984-96

Tankertyp	Zahl der Einheiten		Tonnage (Mio tdw)	
	1.1.1984	1.1.1996	1.1.1984	1.1.1996
Öltanker	6.496	6.611	270,8	274,0
Chemikalientanker	1.278	1.283	8,0	8,1
Flüssiggastanker	918	952	13,9	14,6
Flotte insgesamt	8.692	8.846	292,7	296,7

Quelle: ISL-Report "World Tanker Fleet" Bremen 1996

Tabelle 1 zeigt die Entwicklung der Tankerflotte im letzten Jahrzehnt nach der Zahl der Einheiten und ihrer Gesamttonnage. Eine in der zweiten Hälfte der 80er Jahre rückläufige Entwicklung wurde in den 90er Jahren wieder überkompensiert. Eine ähnlich moderate Entwicklung war bei Bulkcarriern (Transport trockenen Massengutes) sowie bei

Kühlschiffen und Mehrzweckfrachtern (General Cargo) festzustellen. Abbildung 1 zeigt die demgegenüber deutlich stärkere Zunahme der Containerschiffe (Boxcarrier). Was das Volumen der insgesamt transportierten Container betrifft, gehen die Prognosen einhellig von einer Zunahme in Höhe von 50 bis 100 % bis zum Jahre 2010 aus (vgl. DVZ 26.03.96, 10.12.96).

Tab. 2: Schiffsgrößenentwicklung im Seeverkehr nach dem Zweiten Weltkrieg

ungefähre	Tanker		Sonstige Massengutfrachter		Containerschiffe	
Jahresangabe	Tragfähigkeit (tdw)	Maße in m (L,B,T)[1]	Tragfähigkeit (tdw)	Maße in m (L,B,T)[1]	Tragfähigkeit (tdw)	Maße in m (L,B,T)[1]
1945	16.500	160, 24, 10	20.000	165, 22, 10		
1950	28.000	190, 24, 10	40.000	180, 29, 10		
1960	70.000	250, 34, 14	80.000	250, 32, 14		
1965	120.000	270, 42, 16	150.000	270, 43, 17	15.000	180, 27, 9
1970	200.000[2]	325, 50, 19	200.000	285, 50, 18	30.000	220, 31, 11
1980	470.000[3]	350, 60, 28	270.000	320, 55, 21	50.000	280, 32, 12
1990					60.000	290, 39,12

[1] L = Länge, B = Breite, T = Tiefgang

[2] Very Large Crude Carriers VLCC

[3] Ultra Large Crude Carriers ULCC

Quelle: NUHN 1994, S. 282

Parallel ist die Zunahme der Schiffsgrößen zu beachten. Tabelle 2 stellt die technischen Rahmenbedingungen für einzelne Schiffsgrößen zusammen. Noch in den 70er Jahren war die extreme Zunahme der Tankergrößen (VLCC und ULCC - Very Large Crude Carrier und Ultra Large Crude Carrier) am auffallendsten. Diese stoppte allerdings im Jahre 1979. Alle 24 weltweit existierenden ULCC-Tanker (über 400.000 tdw) wurden in den Jahren 1976-79 gebaut. Seitdem steht das Wachstum der Containerschiffsgrößen im Mittelpunkt der Aufmerksamkeit, gemessen in TEU (Twenty foot Equivalent Unit). Im August 1996 ging der erste Boxcarrier mit einer Ladefähigkeit von mehr als 5.000 TEU in Betrieb. Geordert sind bereits Einheiten mit einer Ladefähigkeit von mehr als 6.000 TEU. Technisch sind 8.000 TEU-Einheiten möglich. Zu beachten ist dabei:

- Die Vergrößerung der Containerladefähigkeit ist primär mit einer größeren Länge und Breite der Boxcarrier verbunden, kaum mit einem größeren Tiefgang. Bremerhaven und Hamburg sind - nach Durchführung der beschlossenen Fahrwasservertiefungen - nach wie vor anlaufbar. Allerdings wird die Panamax-Größe überschritten. Sogenannte

"Post-Panamax-Carrier" überschreiten die für die Kanaldurchfahrt maximal mögliche Breite.

- Die neuen Boxcarrier sind jeweils auch deutlich schneller als die der Vorgängergeneration.

- Die Entwicklung immer größerer Boxcarrier-Generationen ist nicht unbedingt mit einem Anstieg der durchschnittlichen Größe aller seegängigen Containerschiffe verbunden. Abbildung 1 zeigt, daß dieser Wert teilweise sogar rückläufig war. Wie noch zu zeigen sein wird, ist der Einsatz größter Boxcarrier damit verbunden, daß auch eine immer größere Zahl von Feederschiffen für die Weiterverteilung der Container benötigt wird. Auch diese Feederschiffe wachsen im übrigen in ihrer durchschnittlichen Größe. Viele in der Nord- und Ostsee, im Mittelmeer oder innerhalb Ostasiens eingesetzte Feeder wären von ihrer Technik her ohne weiteres auch für die Nordatlantik- oder Pazifikfahrt verwendbar.

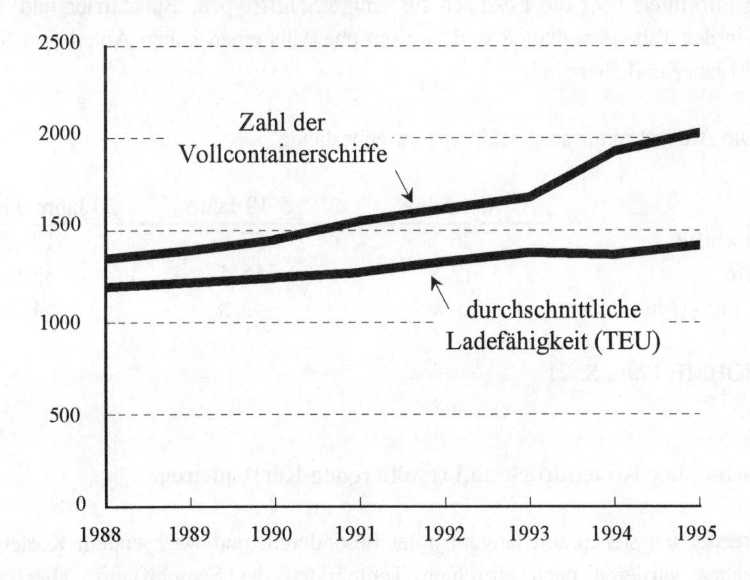

Abb.1: Zahl und Größe seegängiger Containerschiffe 1988-95 (nur Vollcontainerschiffe)
Quelle: DVZ 10.12.1996

Es gibt einige Argumente, die dafür sprechen, daß ähnlich wie bei den ULCC-Tankern auch bei den Boxcarriern eine Größenobergrenze erreicht werden wird, voraussichtlich in der Größenordnung 7-8.000 TEU, so hoch auch die allein aus der Sicht der Schiffstechnik zu beobachtenden Economies of Scale (vgl. NUHN 1994, S. 282) zu berechnen sein mögen:

1. Die Versicherungsprämien steigen exponentiell. Dies war auch bei der ULCC-Tankergeneration Hauptgrund für das Ende des Größenwachstums.

2. Die Flexibilität des Einsatzes sinkt mit der Größe. Nur sehr wenige Häfen sind in der Lage, ihre Umschlaganlagen auf Schiffe mit mehr als 6.000 TEU auszurichten.

3. Die Infrastrukturanforderungen im Zusammenhang mit der landseitigen Bewältigung des Containerumschlags wachsen exponentiell, dies nicht nur bezüglich Aufstellung und Handling im Hafen, sondern auch bezüglich Anlieferung bzw. umgekehrt Weitertransport auf Straße, Schiene und Binnenwasserstraße.

Seegängige Schiffe werden in der Regel mit einem Abschreibungszeitraum von 25 Jahren kalkuliert. Die Altersstruktur der Flotten ist je nach Kategorie extrem gegensätzlich. Tabelle 3 informiert über die Eckdaten für einige Schiffstypen. Bulkcarrier und Tanker, die nicht in der Tabelle enthalten sind, weisen ebenfalls einen hohen Anteil von Schiffen auf, die 20 Jahre und älter sind.

Tab. 3: Die Altersstruktur ausgewählter Flottenbestände

	0-4 Jahre	5-19 Jahre	20 Jahre und älter
Containerschiffe	26 %	57 %	17 %
Kühlschiffe	12 %	55 %	33 %
General Cargo (Multideck)	3 %	43 %	54 %

Quelle: BÖHME 1996, S. 21

1.2 Wachsender Kostendruck und resultierende Konsequenzen

Seeschiffreedereien stehen seit langem unter besonderem und wachsendem Kostendruck. Die Ursachen variieren nach einzelnen Teilmärkten der Seeschiffahrt. Hier sei nur hingewiesen auf

- die sich tendenziell immer wieder kumulierenden Tonnage-Überkapazitäten, angefacht durch staatliche Subventionierung des Schiffbaus;

- der sich daraus ergebende Druck auf die Frachtraten;

- massiv steigende Versicherungskosten (PFEIFF 1993, S. 73: "Geradezu explodierende Prämienerhöhungen");

- steigende Hafengebühren (zumindest im weltweiten Durchschnitt);

- steigende Ausrüstungskosten, z. B. durch internationale Vorgabe höherer Sicherheitsstandards (vgl. HORMANN 1993, S. 93).

Den Reedereien stehen zwei grundsätzliche Möglichkeiten der Reaktion auf diesen Kostendruck zur Verfügung:

1. Sie rationalisieren Transport- und Umschlagvorgänge:
   - Es werden größere Schiffe gebaut.
   - Die Schiffe werden schneller und manövrierfähiger.
   - Die Routen werden optimiert (z. B. Anlaufen von weniger Häfen in Liniendiensten).
   - Umschlagtechniken und -organisation werden im Detail laufend weiterentwickelt, was auch auf der Seite der Häfen und des Hinterlandtransports erhebliche Investitionen mit sich bringt.
   - Die Hafenliegezeiten werden - in Relation zum Umschlagvolumen - verkürzt.
   - Die Transportketten zwischen Versender und Empfänger werden optimiert, was u. a. auch zur immer stärkeren Entwicklung intermodaler Transportunternehmen führt.

2. Sie sparen Kosten bei
   - Betriebsmitteln: Seit jeher werden Schiffsmotoren im Vergleich zu beispielsweise Kfz-Motoren mit niedrigwertigeren Treibstoffen betrieben (Bunker-C-Öl). Es fallen laufend erhebliche Rückstände (Ölschlämme, "sludge") an. Je billiger der Treibstoff, desto schlechter sind die Qualität und desto größer die Rückstände, aber auch die Rußemissionen.
   - Entsorgung: Die über das MARPOL-Abkommen international vereinbarte Entsorgung von Abfällen und Rückständen aller Art, z. B. auch die bei der Reinigung abgeladener Tanker anfallenden Stoffe, hat in den Häfen zu erfolgen und verursacht nicht unerhebliche Kosten. Diese kann man sich sparen, wenn die

Entsorgung illegal in internationalen Gewässern erfolgt.

- Personal: Es kann an der Ausbildung von Nachwuchs gespart werden sowie niedrig qualifiziertes Personal aus Billiglohn-Ländern eingesetzt werden.

- Billigflaggen: Es können erhebliche Kosten durch das Ausweichen auf preiswerte Schiffsregister gespart werden. Nicht nur die Kosten der Registrierung sind niedriger, sondern vor allem auch die durch niedrigere Personalanforderungen und Zulassungsstandards erzielbaren Einsparungen sind attraktiv (s. auch folgende Punkte)

- Wartung und Reparatur: Wartungs- und Reparaturarbeiten können zeitlich verschoben werden oder an besonders preiswerte Werften gegeben werden mit dem Risiko, daß die Qualität der ausgeführten Arbeiten geringer ausfällt. In der Tat sind wachsende Wartungsmängel zu beobachten (DVZ v. 20.8.1996).

- Verlängerung der Nutzungsdauer: Schiffe können länger genutzt werden, so daß das Risiko unvorhergesehener Materialermüdungen aller Art steigt. So sind die weltweiten Seeversicherer über das zunehmende Alter der Welthandelsflotte sehr besorgt (DVZ v. 5.12.96).

- Sicherheitskontrolle: Die regelmäßige technische Überprüfung der Schiffe (neuerdings alle fünf Jahre) durch von den Flaggenstaaten zugelassene Klassifizierungsgesellschaften kann durch die Auswahl "preiswerter" Gesellschaften zu weniger Beanstandungen und damit zu geringeren Kontroll- und Reparaturkosten führen. "Seriöse" Flaggen bieten diese Möglichkeit jedoch nicht.

- Versicherungen: Letztlich kann hier nur gespart werden, wenn bewußt eine Unterversicherung in Kauf genommen oder illegalerweise gar keine Versicherung in Anspruch genommen wird (zur Organisation des Schiffsversicherungswesens: vgl. BÖHME 1995, S. 7 ff.).

Mit welcher Strategie auf den wachsenden Kostendruck reagiert wird, ist von Reederei zu Reederei und von Register zu Register verschieden. Einige Ansatzpunkte schließen sich gegenseitig aus - z. B. laufende Rationalisierung und Modernisierung versus Verlängerung der Nutzungsdauer -, andere ergänzen sich. So ist insbesondere das Ausweichen auf Billigflaggen auch bei seriösen Großreedereien zu beobachten. Generell beklagen Versicherungen bei immer mehr Schiffseignern "einen gefährlichen Sparkurs" (DVZ v. 20. 8. 1996).

1.3 Die Main-port-Tendenz

Nicht nur die Schiffe selbst ändern sich, sondern auch die Routen. Bei den Spezialhäfen (z. B. Fährhäfen, Ölhäfen wie Wilhelmshaven, auf die Belange örtlicher Großbetriebe zugeschnittene Häfen etc.) sind allerdings in dieser Hinsicht keine übergreifenden systematischen Trends zu beschreiben. Anders ist es bei den Universalhäfen und hier insbesondere im Containerverkehr.

Die letzten zwei Jahrzehnte waren damit verbunden, daß sich der Containerumschlag der großen Überseedienste immer konsequenter auf wenige Großhäfen konzentrierte. Was speziell den Nordseebereich betrifft, kam es zur Ausbildung der sogenannten "Hamburg-Antwerpen-Range" mit den Häfen Hamburg, Bremische Häfen, Rotterdam und Antwerpen. In diesen Häfen enden alle Überseecontainerliniendienste. Transporte nach und von Mittel-, Nord- und Osteuropa werden über Zubringerdienste zu Wasser, auf der Straße und auf der Schiene über diese Häfen abgewickelt. Dabei ist zu beachten:

- Der Nord- und Ostseeraum wird zu wesentlichen Teilen über Feederdienste bedient, also mit kleineren Containerschiffen, die die Ladung in den Häfen der Hamburg-Antwerpen-Range übernehmen bzw. sie dorthin bringen.

- Rotterdam und Antwerpen sind in besonderem Maße auf die Anbindung ihrer Hinterlandgebiete über Binnenschiffsverkehr spezialisiert.

- Hamburg und Bremerhaven sind sog. "Eisenbahnhäfen", bedienen ihr Hinterland also zu einem großen Teil über die Schiene, dabei zunehmend mit einer Vielzahl von fahrplanmäßig verkehrenden Containerganzzügen.

- Alle vier Häfen beweisen zudem erhebliche Umschlagsanteile von der bzw. auf die Straße auf.

Die Hinterlandbereiche der vier Häfen überschneiden sich nach Maßgabe dieser Spezialisierungen sehr stark. Dies ist eine Voraussetzung dafür, daß innerhalb der vier Häfen im letzten Jahrzehnt eine deutliche Paarbildung zu beobachten war (vgl. v. ROHR 1996, S. 71). Als Paare haben sich dabei insbesondere Rotterdam und Antwerpen einerseits und Hamburg sowie die Bremischen Häfen andererseits herausgebildet. Die Reedereien bemühen sich, ihre Schiffe nach Möglichkeit jeweils nur einen der Häfen eines Paares anlaufen zu lassen, da sich dadurch Liegezeiten und Revierfahrtzeiten ganz erheblich senken lassen. Eine andere Situation würde sich allerdings ergeben, wenn die derzeit intensiv diskutierte Bildung sog. "main ports" tatsächlich realisiert würde. Vor allem Rotterdam versucht, in dieser Richtung voranzukommen. Ziel ist, den Containerumschlag möglichst vieler Reedereien auf nur einen einzigen Hafen der Hamburg-Antwerpen-Range zu konzentrieren. Es ist allerdings sehr fraglich, ob sich diese Main-port-Tendenz durchsetzen läßt (vgl. v. ROHR 1996, S. 72). Sie wäre damit verbunden, daß das Volumen an hinterlandanbindenden Lkw-, Schienen- und Feederverkehren in einem Außmaß steigen würde, daß die ohnehin nur teilweise bestehenden Kapazitätsreserven auf den Transportwegen wesentlich schneller ausgeschöpft werden müßten, als neue geschaffen werden könnten. Aus denselben Gründen bestünde kaum die Gefahr, daß Rotterdam überproportional profitieren würde. Auch andere Häfen würden anteilig als main port gezählt werden müssen. Hinzu kommt, daß die großen Containerschiffreedereien ein Interesse daran haben, die einzelnen Häfen bei Verhandlungen über Liegegebühren, Umschlagfazilitäten etc. gegeneinander ausspielen zu können. Allein dies garantiert schon, daß sich die Umschlagaktivitäten nicht zu stark reedereiübergreifend auf einen einzigen Hafen konzentrieren.

Im Rahmen dieses Beitrags bleibt schließlich als besonders wichtig festzuhalten:

- Auch die Feederschiffe werden immer größer und schneller. In Kapitel 1.1 wurde schon darauf hingewiesen, daß sie, obwohl sie nur auf Feederrouten eingesetzt werden, durchaus atlantikgängig sind.

- Die Zahl der Feederschiffe und ihre Konzentration auf bestimmte Termine in den Fahrplänen der Überseeliniendienste werden größer.

- Allgemein existiert eine an Intensität zunehmende Diskussion über das Thema "from road to sea". Auslösend ist die wachsende Belastung des Straßensystems, insbesondere auch in Mittel- und Nord-/Nordosteuropa, da die Straßenverkehrsmengen stärker als die Straßenverkehrskapazitäten zunehmen. Diese Divergenz wird sich in Anbetracht der vorliegenden Prognosen auch auf längere Sicht nicht auflösen. Z. Zt. läuft sowohl für die Küstenschiffahrt als auch für die Nordsee- und Ostseeschiffahrt ("short-sea-Verkehre") eine ganze Reihe an organisatorischen und auch technischen Neuentwicklungen. Per Saldo wären sie im Falle der Realisierung durchgängig mit einem wachsenden Schiffsverkehr verbunden.

2. Trends in den Gefährdungspotentialen für Meere und Küsten

2.1 Unfälle

Konkrete Zahlen liegen nur über Unfälle vor, in deren Verlauf - ggf. auch erst nach der

Feststellung, daß sich eine Reparatur nicht lohnt - Totalverluste von Schiffen zu registrieren sind. Abbildung 2 zeigt die Entwicklung der Totalverluste der Welthandelsflotte in den Jahren 1982-93. Die insgesamt abnehmende Tendenz ist unverkennbar, auch wenn beachtet werden muß, daß die Zahlen gelegentlich von Jahr zu Jahr sehr stark springen. Auch bei einer Relativierung der Totalverluste am Gesamtumfang der Welthandelsflotte - im Beobachtungszeitraum nahm die Weltgesamttonnage um 7,3 % zu - und bei Glättung des Kurvenverlaufs kommt dasselbe Ergebnis zustande (Abbildung 3). Das Jahr 1996 wird voraussichtlich in der Zahl der Totalverluste noch niedriger als das Jahr 1993 liegen. In der ersten Jahreshälfte wurden 53 Totalverluste gezählt (DVZ vom 5.12.1996).

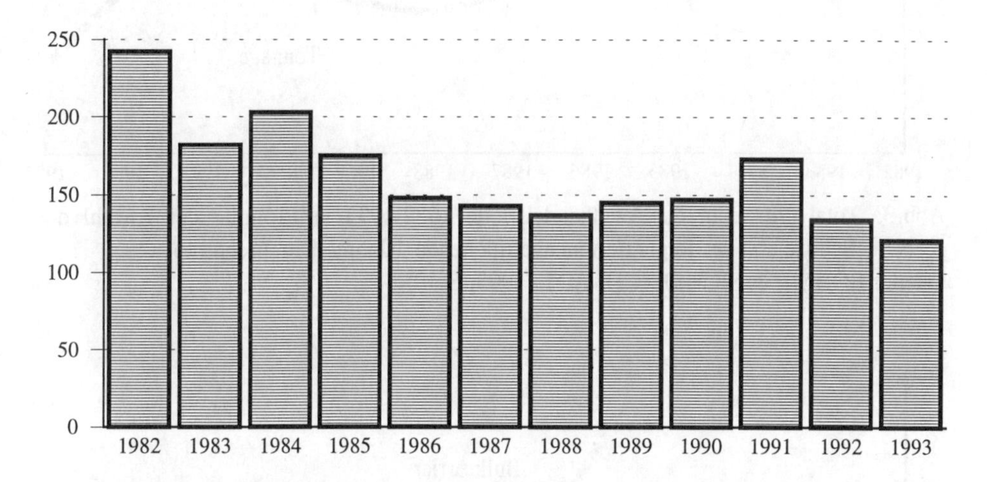

Abb.2: Totalverluste von Schiffen (größer als 500 BRT/BRZ) der Welthandelsflotte 1982-1993.
Quelle: BÖHME & SICHELSCHMIDT (1995, S.40)

Differenziert man nach Schiffstypen, wird das Bild aufgrund der deutlich geringeren absoluten Zahlen uneinheitlicher. Abbildung 4 enthält Angaben zur Tanker- bzw. Bulkcarrierflotte. Auffallend ist zum einen das niedrige Niveau der Verlustrate bei Tankern, auch in Relation zum Gesamtdurchschnitt der Abbildung 3. Hier zeigt sich, daß das besonders hohe Gefährdungspotential, das Tanker in sich bergen, zu überproportionalen Sicherheitsanstrengungen sowohl in der Konstruktion als auch in der Kontrolle geführt hat. Zum anderen ist aber auch in Abbildung 4 eine generelle Abnahmetendenz unübersehbar. Was die Tanker betrifft, ist das Jahr 1996 allerdings auf dem besten Wege, ein Außreißer nach oben zu werden. In der ersten Jahreshälfte waren bereits 11 Totalverluste zu verzeichnen, während in den vergangenen 10 Jahren die jährlichen Verluste zwischen 10 und 18 Tankern schwankten (DVZ vom 5.12.1996).

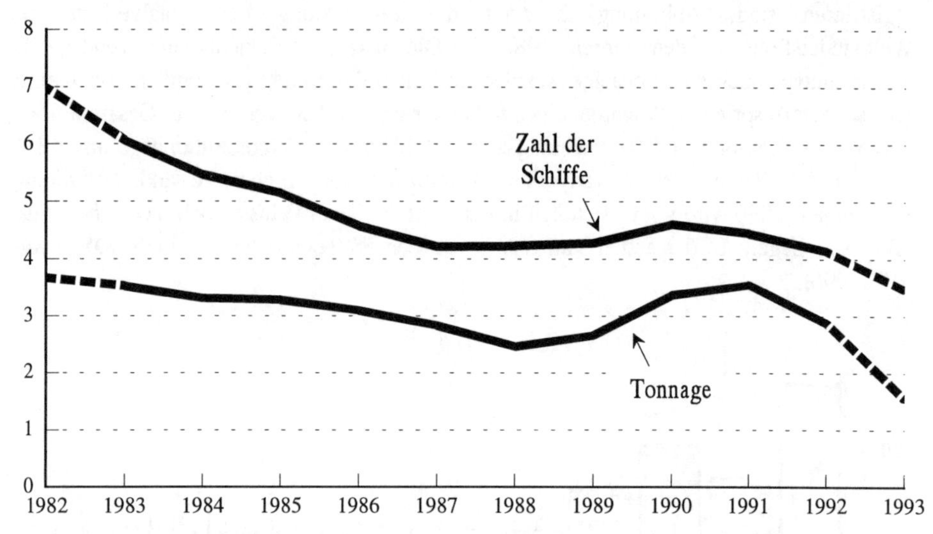

Abb.3: Totalverluste in der Welthandelsflotte 1982-1993 in Promille der Anzahl der Schiffe und der Registriertonnage (gleitende 3-Jahres-Durchschnitte)
Quelle: BÖHME & SICHELSCHMIDT (1995, S.40)

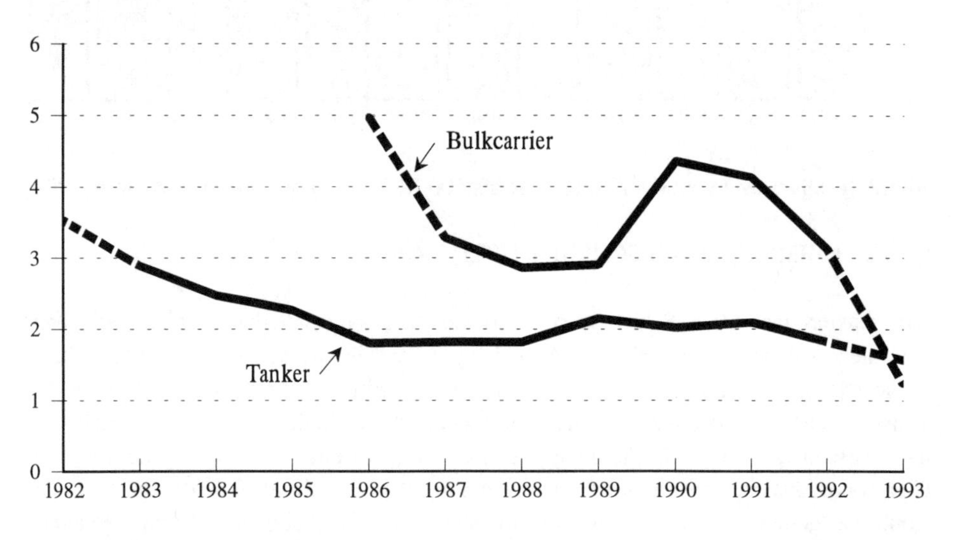

Abb.4: Totalverluste in der Welttanker- und Weltbulkcarrierflotte 1982-1993 in Promille der Gesamtzahl der Tanker bzw. Bulkcarrier (gleitende 3-Jahres-Durchschnitte)
Quelle: BÖHME & SICHELSCHMIDT (1995, S.40)

Sehr eindeutig ist der Zusammenhang, daß die Verlustraten mit zunehmendem Alter der Schiffe ansteigen. Abbildung 5 zeigt dies zwar nur für Tanker und Bulkcarrier. Die Aussage gilt jedoch auch allgemein (vgl. BÖHME 1995, S. 5). Interessant ist, daß bei Schiffen, die 25 Jahre und älter sind, die Unfallhäufigkeit deutlich niedriger als 20-24 Jahre alten Schiffen liegt. Dies ist darauf zurückzuführen, daß es sich bei solchen Schiffen, die die durchschnittliche Lebensdauer von Handelsschiffen schon erheblich überschritten haben, in der Regel um überdurchschnittlich gut gewartete Carrier handelt. Anderenfalls würden sie dies Alter überhaupt nicht mehr erreichen, sondern abgewrackt werden, da selbst weniger seriöse Klassifizierungsgesellschaften (vgl. Kapitel 1.2) einen Weiterbetrieb nicht mehr ermöglichen.

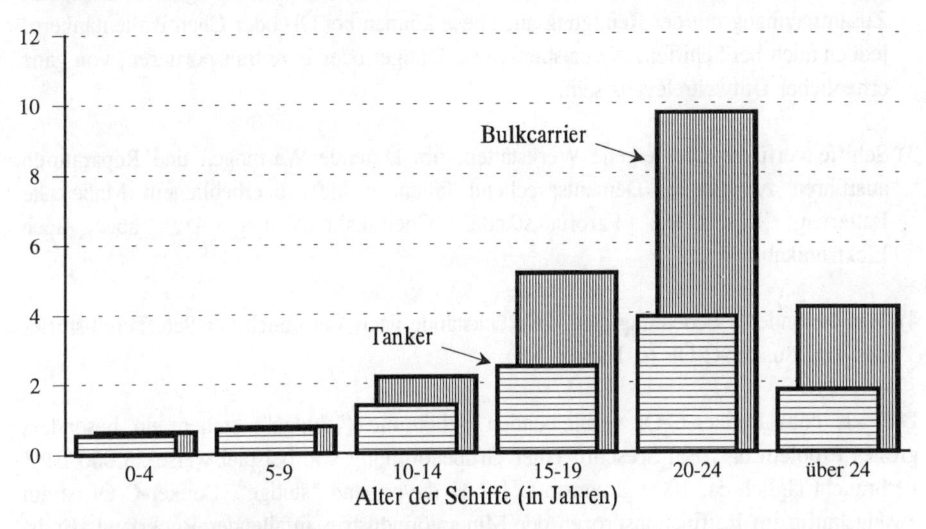

Abb.5: Altersspezifische Verlustraten (in Promille) bei Tankern und Bulkcarriern im Zeitraum 1986-1993
Quelle: BÖHME & SICHELSCHMIDT (1995, S.5)

Totalverluste stellen jedoch nur eine Kategorie von Unfällen dar. Sie sind bezüglich der Belastung der Meere und Küsten allerdings die gefährlichsten. Aus den übrigen Unfallkategorien gilt eine besondere Gefährlichkeit vor allem für den Verlust von Ladung, entweder durch Austreten durch beschädigte Bordwandbereiche oder dadurch, daß Ladung über Bord geht. Dazu liegen keine Statistiken vor. Besonders zu beachten ist der Verlust von Containern und zwar insbesondere solcher, die Gefahrgut enthalten. Die resultierenden Gefahren sind besonders schwer kalkulierbar, auch deshalb, weil der Transport von Gefahrgutcontainern, der in seinem Umfang insgesamt zunimmt, keineswegs immer auf gesonderten Schiffen erfolgt.

2.2 Schiffsentsorgung

In Kapitel 1.2 wurde schon im Zusammenhang mit den Möglichkeiten, Kosten zu sparen, auf die Entsorgungsproblematik hingewiesen. Insgesamt sind vier unterschiedliche Abwasser- bzw. Abfallquellen zu unterscheiden:

1) Auch auf Schiffen fallen "normale" Abfälle und Abwässer an, da die Besatzung hier nicht nur arbeitet sondern auch wohnt.

2) Nach Entladung der Tanks fallen nicht unerhebliche Ladungsrückstände im Zusammenhang mit der Reinigung an. Diese können bei Öl- oder Chemikalientankern, jedoch auch bei Schiffen, die beispielsweise Dünger oder Erze transportieren, von ganz erheblicher Umweltrelevanz sein.

3) Schiffe verfügen über eigene Werkstätten, um laufende Wartungen und Reparaturen ausführen zu können. Dementsprechend fallen in nicht unerheblichem Maße alte Batterien, Lösemittel, Farbrückstände, Chemikalien aller Art, aber auch Elektronikabfälle an.

4) Von besonderer Bedeutung sind die Rückstände nach Verbrauch der Schiffstreibstoffe, des sog. Bunker-C-Öls (s. Kapitel 1.2).

Die aus dem Bunker-C-Öl verbleibenden Schlämme ("sludge") stellen ein besonders großes Problem dar. Ein Seeschiff einer Größenordnung von beispielsweise 55.000 BRZ verbraucht täglich ca. 100 t Brennstoff. 1-2 % davon sind "sludge". Bunker-C-Öl ist ein zwangsläufig im Raffinationsprozeß der Mineralölindustrie anfallender Rückstand. Er ist als Treibstoff für die Schiffsdieselaggregate geeignet und somit sehr preiswert erhältlich. Das Bunker-C-Öl ist extrem schwefelhaltig und hoch viskos und wäre anderweitig nicht verwendbar. Der Verkauf als Schiffsdieseltreibstoff ist somit für die Mineralölindustrie ein äußerst kostengünstiger und bequemer Weg der Entsorgung eines in großen Mengen anfallenden Problemstoffes. Die Folgen sind in doppelter Hinsicht zu beachten:

- Zum einen ergeben sich erhebliche Rußemissionen in die Luft, die sich zum größten Teil im Wasser absetzen.

- Zum anderen wird der "sludge" sehr häufig auf hoher See illegal entsorgt, was weltweit eher die Regel als die Ausnahme ist.

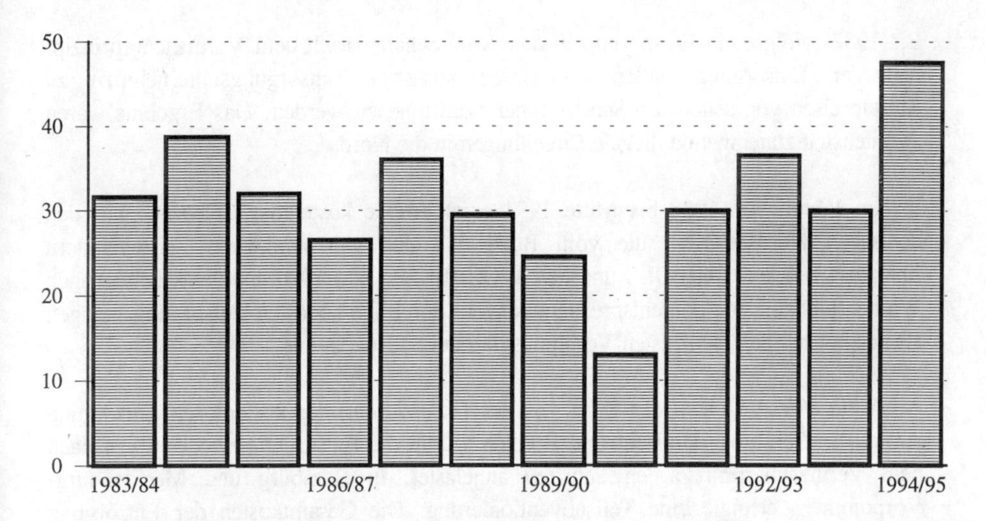

Abb. 6: Verölungsrate (in Prozent) bei Seevögeln 1983-1995 (Rate bezogen auf die Gesamtzahl der toten Vögel, die auf den vom Staatlichen Amt für Insel- und Küstenschutz betreuten Kontrollflächen in den Winterhalbjahren 1983/84 bis 1994/95 gefunden wurden)

Quelle: Staatliches Amt für Insel- und Küstenschutz

Die IMO (International Maritime Organisation) hatte in den vergangenen Jahrzehnten das MARPOL-Abkommen (MAR-ine POL-lution, International Convention for the Prevention of Pollution from Ships) geschaffen und verfeinert. Es enthält fünf sogenannte "Anlagen", die sich auf unterschiedliche Entsorgungsprobleme beziehen:

MARPOL I - Ölhaltige Gemische und Bestände
MARPOL II - Waschwässer aus Chemikalientankern
MARPOL III - Verpackung von Schadstoffen
MARPOL IV - Schiffsabwässer
MARPOL V - Schiffsabfälle.

Das Beispiel der Nordsee zeigt allerdings, daß Ziele und Wirklichkeit weit auseinander klaffen. Die Nordsee ist eines der am stärksten verschmutzten Randmeere der Welt. Abbildung 6 zeigt als ein Beispiel die Verölungrate bei Seevögeln in den Jahren 1983-1995. Bei Einzelarten liegt die Verölungsrate zum Teil noch wesentlich höher, bei Trottellummen beispielsweise in einigen Jahren bei über 80 %. Daß ein sehr direkter Zusammenhang zur illegalen Schiffsentsorgung auf hoher See besteht, zeigt Abbildung 7. Die Erklärung für die auffallend gegenläufige Entwicklung ist:

- Bis 1987 erfolgte die Entsorgung in den Nordseehäfen nach dem Verursacherprinzip. Mit der Entsorgung hatten im Hafen ansässige Entsorgungsunternehmen zu Marktpreisen von seiten der Schiffseigner beauftragt zu werden. Das Ergebnis waren an Intensität zunehmende illegale Einleitungen in die Nordsee.

- In den Jahren von 1988 bis Mitte 1991 erfolgte eine kostenlose Entsorgung in den deutschen Nordseehäfen, die vom Bund und den vier damaligen Küstenländern finanziert wurde (MARPOL I und MARPOL II). Das Jahr 1990 und der anschließende Winter zeichnen sich dementsprechend sowohl durch die höchsten Entsorgungsmengen als auch durch den niedrigsten Verölungsgrad bei Seevögeln aus.

- Ab Mitte 1991 zog sich der Bund aus der Finanzierung der kostenlosen Entsorgung zurück. In Schleswig-Holstein und Bremen wurde die Entsorgung wieder allein nach dem Verursacherprinzip den Schiffen angelastet. In Hamburg und Mecklenburg-Vorpommern erfolgte eine Teilsubventionierung. Die Gesamtkosten der Entsorgung belaufen sich allein in Hamburg auf jährlich bis zu 10 Mio. DM, je nachdem, ein wie großer Teil der den Hafen anlaufenden Schiffe tatsächlich dort auch entsorgt.

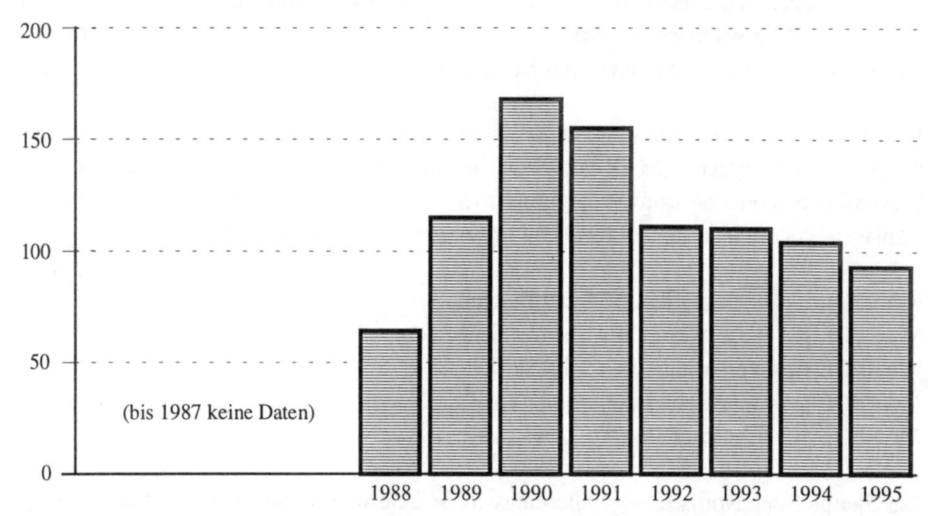

Abb. 7: Entsorgung ölhaltiger Gemische und Rückstände nach MARPOL I in den deutschen Nordseehäfen 1988 bis 1995 in 1000 cbm (keine Daten bis 1987)
Quelle: Staatliches Amt für Insel- und Küstenschutz

Um zu einer Lösung der Problematik zu kommen, ist zum einen wichtig, daß auf Sicht das Verursacherprinzip greift, und zum anderen, daß die Regelungen europaweit harmonisiert sind. Eine vollständige Subventionierung der Schiffsentsorgung ist unmöglich durchzuhalten. Eine den Schiffseignern überlassene Entsorgung führt jedoch nicht zur Problemlösung, da die illegale Entsorgung zu attraktiv ist. Schweden erhebt anteilige Entsorgungsgebühren gemeinsam mit den Hafengebühren, so daß für Schiffe, die dort die Häfen anlaufen, mit der illegalen Entsorgung kein Kostenvorteil verbunden ist. Ein entsprechendes Modell wäre auch für die Nordsee zu favorisieren. Es setzt jedoch voraus, daß alle Nordseehäfen sich beteiligen. Dies ist bisher nicht der Fall. Rotterdam setzt bisher auf die "marktwirtschaftliche Lösung", um seine Hafengebühren nicht durch zusätzliche Kostenbestandteile zu belasten.

Insgesamt ist davon auszugehen, daß die Problemlösung letztlich von zwei Seiten her erfolgen muß. Erfolgversprechend scheint eine Kombination von

- Integration der Entsorgungskosten in die Hafengebühren und
- konsequenterer Flugüberwachung über der Nordsee

zu sein. Zwar hat die Flugüberwachung nur in relativ seltenen Fällen dazu geführt, daß illegale Einleitungen tatsächlich geahndet wurden. Eine Verstärkung der Überwachungsflüge hat jedoch nachweisbar einen Präventionseffekt (vgl. Bundestagsdrucksache 13/5669 vom 1.10.1996, S. 6).

2.3 Ökologische Risiken

Zusammengefaßt kann zum einen festgestellt werden, daß die Risiken durch Havarien und/oder Ladungsverluste unkalkulierbar und tendenziell wachsend sind. Dies zeigt sich zwar nicht in den vorliegenden Daten für die letzten 15 Jahre, die gegenüber dem vorherigen Zeitraum im übrigen mit einer Absenkung der Unfallziffern verbunden waren, was die Totalverluste betrifft. Beachtet werden muß jedoch das weltweit zunehmende Ladungsaufkommen insbesondere im Containerverkehr. Durch die wachsenden Schiffsgrößen im Überseelinienverkehr kommt es zu einer überproportionalen Zunahme der Feederschiffe und damit zu einer voraussichtlich erheblich stärkeren Frequentierung von schon heute stark benutzten Wasserstraßen. Dies ist zwangsläufig mit einem erhöhten Unfallrisiko verbunden, auch wenn versucht wird, die Manövrierfähigkeit der Schiffe sowie die Leit- und Überwachungstechnik laufend zu verbessern.

Zum anderen muß jedoch mit Nachdruck darauf hingewiesen werden, daß die Belastungen und daraus resultierenden Risiken durch den laufenden Betrieb der Schiffe erheblich größer sind. Die im vorigen Kapitel erläuterten Zusammenhänge führen nicht nur zu direkten Einleitungen flüssiger und fester Stoffe ins Meer, sondern auch durch die Emissionen der Bunker-C-Öl-Verbrennungsrückstände zu massiven und sehr schädlichen Luftbelastungen. Auch diese gelangen durch Niederschläge und direktes Absetzen im wesentlichen ins Meer.

Nicht übersehen werden darf schließlich, daß die wachsenden Schiffsgrößen insbesondere in der Containerfahrt zu Fahrwasservertiefungen - gerade aktuell bei Elbe und Außenweser - und in Verbindung mit dem starken Umschlagzuwachs zur laufenden Erschließung und Herrichtung neuer Hafenareale mit extremem Flächenverbrauch führen, der zudem naturgegeben besonders häufig empfindliche Feuchtbiotope betrifft. An dieser Stelle sei die resultierende Debatte über eine alternative "Hafenerweiterung nach innen" nicht referiert. Drei Punkte dürfen jedoch nicht übersehen werden:

1) Die Schiffsgrößenzunahme im Containerverkehr ist nicht von Deutschland und auch nicht von der europäischen Union aus beeinflußbar. Sie hängt unmittelbar mit dem starken Zuwachs im Containertransportaufkommen gerade auch in der Zukunft zusammen.

2) Ein Abkoppeln einzelner Häfen aus der Entwicklung würde nicht zu einem Stoppen der Containerverkehrszunahme führen, sondern nur dazu, daß diese sich entweder auf andere Häfen oder aber auf andere Verkehrsträger mit noch höherer Umweltproblematik verlagern würde, nämlich auf die Straße bzw. in die Luft (Sea-Air-Verkehre). Die Schiene als anderer relativ umweltfreundlicher Verkehrsträger ist auf längere Sicht nur mühsam in der Lage, ihren Marktanteil bei absolut stark wachsendem Marktvolumen auch nur zu halten.

3) Die Nutzung des Verkehrsträgers "Schiff" sollte in verkehrsträgerübergreifender Sicht gerade aus umweltpolitischer Argumentation heraus nicht behindert werden. Dies vorausgesetzt wird der Containerumschlag in einem solchen Maße zunehmen (vgl. Kapitel 1.1), daß es aller Häfen der Hamburg-Antwerpen-Range bedarf, um die wachsenden Umschlagvolumina abzuwickeln (vgl. v. ROHR 1996, S. 70). Dabei wird es erforderlich sein, sowohl laufende Hafenerweiterungspläne als auch Konzepte zur Restrukturierung der älteren Hafenbereiche zu realisieren. Ein "entweder-oder" wird die Gefahr von erheblichen Kapazitätsengpässen heraufbeschwören.

Eine Umweltpolitik, die kompromißlos auf das Verhindern größerer Fahrwassertiefen und neuer Hafenerweiterungen zielt, stünde somit teilweise zu sich selbst im Widerspruch. Ihre Zielsetzung muß deshalb primär darin liegen, erforderliche Maßnahmen, so einschneidend sie in vielen Fällen sind, mit dem Instrumentarium der Minimierung ökologischer Folgeschäden bzw. der Leistung von Ersatzmaßnahmen konstruktiv zu begleiten.

Hauptzielsetzung muß jedoch sein, die Problematik der Schiffsentsorgung einer international tragfähigen Lösung zuzuführen. Hier liegt der zentrale Handlungsbereich zur Verminderung ökologischer Risiken für Meer und Küsten. Die Konferenz Norddeutschland auf der Ebene der Ministerpräsidenten hat in ihrer Zusammenkunft am 31. Mai 1996 schnelles Handeln insbesondere der EU-Kommission in dieser Richtung angemahnt. Auch die Bundesregierung setzt sich in dieser Richtung ein (vgl. Bundestagsdrucksache 13/5669 v. 1.10.1996, S. 8).

3. Literatur

BÖHME, H. (1996): Weltseeverkehr: Märkte zwischen Boom und Baisse. Institut für Weltwirtschaft Kiel, Kieler Diskussionsbeiträge Nr. 275, 57 Seiten.

BÖHME, H. & H. SICHELSCHMIDT (1995): Sicherheit auf See. Institut für Weltwirtschaft Kiel, Kieler Diskussionsbeiträge Nr. 243, 55 Seiten.

BUNDESMINISTER FÜR VERKEHR (1993): Bundesverkehrswegeplan 1992. Bonn.

DEUTSCHE VERKEHRSWISSENSCHAFTLICHE GESELLSCHAFT e.V. (1994): 4. Kieler Seminar zu aktuellen Fragen der See- und Küstenschiffahrt. Schriftenreihe der Deutschen Verkehrswissenschaftlichen Gesellschaft, Bd. 165, 125 Seiten.

HORMANN, H. (1994): Schiffssicherheit am Beispiel der Tankschiffahrt. In: Schriftenreihe der Deutschen verkehrswissenschaftlichen Gesellschaft B 165, S. 95-102.

INSTITUT FÜR SEEVERKEHR UND LOGISTIK (ISL, 1996): ISL-Report "World Tanker Fleet". Bremen.

NUHN, H. (1994): Strukturwandlungen in Seeverkehr und ihre Auswirkungen auf die Europäischen Häfen. In: Geographische Rundschau Jg. 46, S. 282-289.

NUHN, H. (1996): Die Häfen zwischen Hamburg und Le Havre. In: Geographische Rundschau Jg. 48, S. 420-428.

PFEIFF, L.H. (1994): Risikoentwicklung in der internationalen Handelsschiffahrt. In: Schriftenreihe der Deutschen verkehrswissenschaftlichen Gesellschaft, B 165, S. 73-94.

v. ROHR, G. (1996): Die Arbeitsteilung zwischen den Häfen der Nord-Range - Konsequenzen für die Verkehrsinfrastrukturanbindung des Hinterlands. In: Akademie für Raumforschung und Landesplanung, Arbeitsmaterial Nr. 228, S. 65-77.

1998	Higelke, B. (Hg.): Beiträge zur Küsten- und Meeresgeographie	Kieler Geographische Schriften, Bd. 97	S. 265-276

Der Tourismus auf Spitzbergen

Dietbert Thannheiser und Sonja Köntges

1. Einleitung

In der Arktis ist Spitzbergen das touristisch am intensivsten genutzte Gebiet. Die grandiose Bergwelt entlang der Küsten mit den kalbenden Gletschern lockt die Touristen, die für den speziellen Reiz der arktischen Landschaft empfänglich sind. Die unberührte Natur außerhalb der Siedlungen und die Möglichkeit, wilde Tiere in der freien Wildbahn beobachten zu können, machen Spitzbergen so attraktiv. Ferner ist Spitzbergen die einzige hocharktische Inselgruppe, die leicht zu erreichen ist. Es hat sich eingebürgert, daß die Hauptinsel (West-Spitzbergen) als Spitzbergen bezeichnet wird. Die Norweger verstehen unter der Sammelbezeichnung Svalbard die große Inselgruppe und eine Anzahl kleinerer Inseln von 74° - 81° nördl. Breite einschließlich der Bäreninsel. Nachteilig ist allerdings das Jahreszeitenklima, da es die touristische Saison zeitlich eng begrenzt. Durch Rücksichtnahme auf die störungsempfindlichen Ökosysteme ist die touristische Erschließung jedoch nur teilweise möglich (THANNHEISER 1996).

Ein weiterer zügiger Ausbau des Tourismus zur Intensivierung dieses Wirtschaftszweiges ist durch ökologische Bedenken auch schwierig aufgrund der logistisch aufwendigen und teuren Infrastruktur für Versorgung und Transportmöglichkeiten. Trotzdem ist der Ausbau des Tourismus der einzig mögliche zukünftige Wirtschaftszweig, bei dem auch die ökologische Belastung der Umwelt vergleichsweise am geringsten ausfällt.

Die Unterschiede zwischen Touristen und Bevölkerung sind auf Spitzbergen relativ gering, da auch die Einwohner nicht mit der Insel auf Lebenszeit verbunden sind. 1990 kamen bereits 25.000 Reisende, 1994 wuchs die Zahl auf 35.000 Touristen an. Über die Hälfte aller Flughafenpassagiere sind Touristen (Abb. 1).

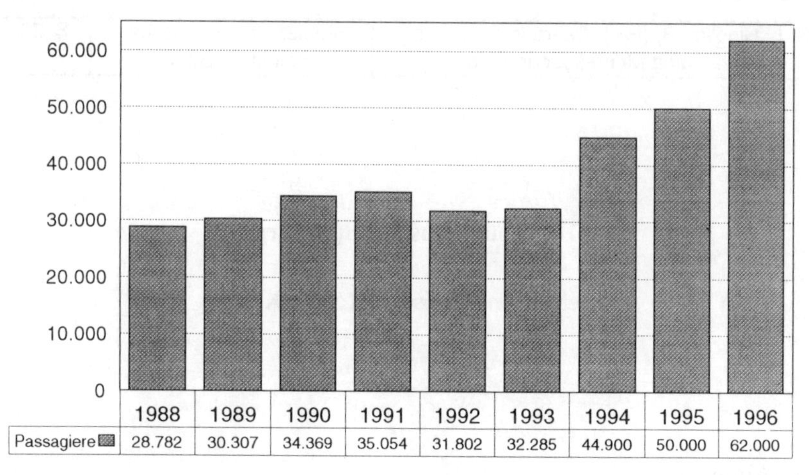

Abb. 1: Passagieraufkommen auf dem Flughafen Longyearbyen

2. Formen des Tourismus

2.1. Kreuzfahrttourismus

Die meisten der Spitzbergentouristen sind Kreuzfahrtpassagiere (Abb. 2). Mit einigen Schwankungen hat sich ihre Zahl von 1975 bis 1995 von 5.000 auf ca. 22.000 mehr als vervierfacht, die Zahl der Schiffe hat sich hingegen nur verdreifacht (Abb. 3). 1996 kamen 27 Kreuzfahrtschiffe nach Spitzbergen, dazu kommen die lokalen Küstenschiffe.

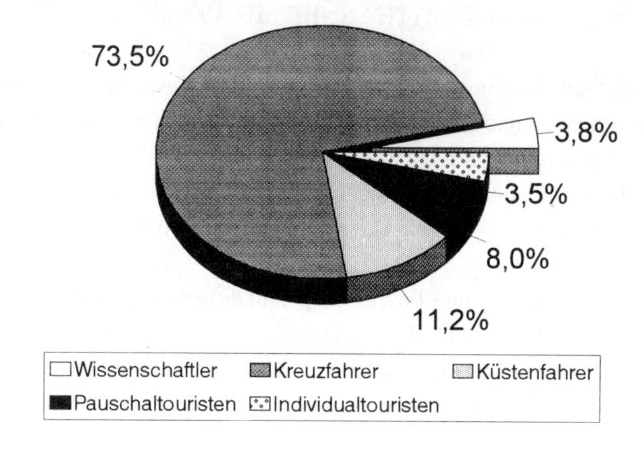

Abb. 2: Reiseformen auf Spitzbergen 1994

Die Saison für die Kreuzfahrtschiffe dauert nur zweieinhalb Monate, von ca. Juni bis Mitte August. Die Schiffe, die oft zwei- oder dreimal pro Jahr Spitzbergen anlaufen, befördern durchschnittlich 620 Passagiere, angefangen mit der kleinen MS Bremen (184 Passagiere) bis zur großen MS Costa Allegra (1.000 Fahrgäste). Die Anzahl der Besatzungsmitglieder beträgt ungefähr die Hälfte der Fahrgastzahl. Die Landgänge finden meist am Magdalenenfjord, in Longyearbyen und Ny Ålesund statt - auf jeden Fall aber an der Westküste. Bei Besuchen der Siedlungen muß eine Hafengebühr bezahlt werden; in Ny Ålesund beträgt sie pro Passagier etwa 2,50 DM (SVALBARD SAMFUNNSDRIFT 1995).

Im Jahr 1994 wurden 32 Kreuzfahrten angeboten. Dies bedeutet für die Insel über 100 Landgänge mit fast 50.000 Personen. Dementsprechend ist die Vegetation am beliebtesten Landepunkt des Magdalenenfjordes zertreten, obwohl es ein Gebiet im Nationalpark ist. Im selben Jahr wurde im Zuge der Hafensanierung in Longyearbyen auch eine neue Kaianlage am Adventfjord eingeweiht, deren Baukosten auf 7 Mio. DM geschätzt werden. Man hofft damit auf eine Zunahme der Kreuzfahrtschiffe, da nun mehrere Schiffe gleichzeitig anlegen können und das umständliche Ein- und Ausbooten entfällt. Während des meist drei- bis vierstündigen Aufenthalts können die Touristen eine Stadtrundfahrt machen, das Museum besuchen oder einkaufen. Insgesamt 70 % aller Kreuzfahrtpassagiere sind Deutsche.

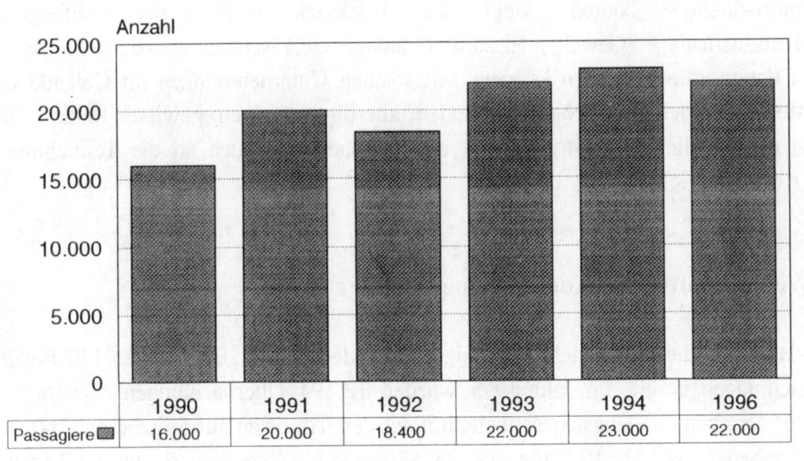

Abb. 3: Kreuzfahrtpassagiere auf Spitzbergen

2.2. Geländetourismus

Der Geländetourismus setzt sich aus Individualisten und geführten Gruppen zusammen, die meist im Sommer kommen. Es handelt sich um Aufenthalte außerhalb der Siedlungsbereiche. Diese Art des Tourismus stagniert seit längerem. 1993 wurden 2.230 Touristen beim Sysselmann (Gouverneur) registriert; die meisten kommen im Sommer. Allerdings ist der Anteil der Individualisten unter ihnen mit ca. 1.000 Personen ungefähr konstant bis leicht rückläufig. Die Individualisten im Gelände, unter ihnen vor allem die Paddler, verursachen die meisten Rettungsaktionen, weshalb diese Reiseart auch nicht gefördert wird. Gegen eine Gebühr von 245,- DM werden Individualtouristen für solche Unternehmungen Notpeilsender ausgeliehen. Seit 1996 wurde für die Individualtouristen die Verpflichtung aufgehoben, sich beim Sysselmann anzumelden. Für den Fall einer Rettungsaktion müssen die Individualisten zu Beginn eine Versicherung abschließen oder anderweitig garantieren, daß die Kosten gedeckt werden.

Der Versicherungsschutz für geführte Gruppen wird vom Reiseveranstalter übernommen, welcher für die Sicherheit und das Verhalten ihrer Kunden verantwortlich ist. Die Reiseveranstalter sind dazu angehalten, ihre saisonalen Reiseangebote bekanntzugeben. Bei Touren durch ortsansässige Veranstalter sind Ausrüstung und Ortskenntnisse der Teilnehmer besser zu kontrollieren und zu beeinflussen; sie erfordern seitens des Veranstalters auch erhebliche Vorbereitungen, u.a. durch das Anlegen von Depots für Vorräte etc. Trotzdem beträgt das Rucksackgewicht bei organisierten Touren ca. 25 kg; bei individuellen Touren wiegt der Rucksack wegen der umfangreichen Sicherheitsausrüstung (Gewehr, Eisbäralarmanlage etc.) schnell soviel, daß nur kurze Touren unternommen werden können. Mit solchen Unternehmungen im Gelände ist ein sehr intensives Erleben der Natur verbunden, allerdings auch ein gewisses Risiko. Es sind Touren ohne jegliche Infrastruktur mit einem hohen Anspruch an die Teilnehmer und deren Ausrüstung.

2.3. Wissenschafts- und Konferenztourismus

Die Wissenschaftler halten sich vorrangig in Ny Ålesund auf. Dort stehen 140 Betten für Übernachtungen bereit, im Jahr 1995 wurden 12.194 Übernachtungen registriert. Die Forscher verleben den längsten Aufenthalt unter den Touristen auf Spitzbergen. 60 % von ihnen bleiben länger als 10 Tage und 25 % immerhin zwischen 6 und 10 Tagen. Sie kommen meistens allein oder mit ihrem Lebenspartner. Unter den Forschern sind 60 % zum ersten Mal, 17 % zum zweiten Mal und 23 % schon wiederholt auf Spitzbergen gewesen. Sie machen im Sommer 3 % und im Winter 2 % aller Touristen aus, womit sie im Trend der allgemeinen Saisonalität liegen. Die Konferenztouristen und Geschäftsleute kommen meistens mit ihren Kollegen und machen nur eine Kurzreise nach Longyearbyen.

Die Konferenztouristen verbringen zu 87 % und die Geschäftsleute zu 64 % weniger als 6 Nächte im Hotel. Die Geschäftsleute sind die treuesten Spitzbergenfahrer. Von ihnen waren 38 % wiederholt auf Spitzbergen, 9 % zum zweiten Mal und 53 % zum ersten Mal. Von den Konferenztouristen kommen 84 % zum ersten Mal auf die Insel (LYNNGÅRD & EVJEN 1995).

3. Longyearbyen - Das Zentrum der Tourismusaktivitäten

Longyearbyen ist der Ankunftsort aller Touristen, die mit dem Flugzeug kommen. Im Ort werden vielfältige Aktivitäten angeboten, es existieren 20 touristische Betriebe mit mehreren verschiedenen touristischen Leistungen. Besonders das Svalbardmuseum mit seiner heimatkundlichen Ausstellung wird viel besucht, wie die Zahl von 13.828 Besuchern (1996) beweist (Abb. 4). Außerdem kann die Galerie oder das Schaubergwerk (ehemalige Grube 3, die Ende 1996 geschlossen wurde) besucht werden (SVALBARPOSTEN Okt. 1996). Als Transportmittel stehen Autos, Fahrräder, Pferde, Flugzeuge und Helikopter bereit; im Winter ist es zusätzlich möglich, Motorschlitten zu mieten. Die Anzahl der Ausleihtage der Scooter sind um 7,5 % gestiegen. Großer Beliebtheit erfreuen sich auch die Bootsfahrten, 1994 fanden 477 Touren mit ca. 4.500 Touristen statt (SVALBARD NÆRINGSUTVIKLING 1994). Über die Hälfte der Touren waren Tagesunternehmungen, es gibt jedoch auch Küstenschiffahrten, die länger als eine Woche dauern (Tab. 1). Manchmal wird die Hauptinsel von Spitzbergen (West-Spitzbergen) umrundet, auf jeden Fall können die Schiffe wegen ihres geringen Tiefgangs die Fjorde bis weit ins Landesinnere befahren. Die Touren werden oft als "ecotourism" vermarktet. Alle Küstenschiffahrten starten von Longyearbyen und dauern zwischen 3 und 14 Tagen, sie sind aber in der Regel frühzeitig komplett ausgebucht. 1992 fuhren 5 Schiffe mit 25 - 45 Plätzen, 1994 absolvierten bereits 7 Schiffe 45 Fahrten. Das Wachstum dieses Sektors in den letzten Jahren wird auf 5 - 10 % geschätzt. Von 1985 bis 1988 wurden auch Schlauchboottouren angeboten. Sie warem umstritten und wurden vom Sysselmann verboten, weil sie Natur und Teilnehmer gefährdeten. So gab es stundenlange Fahrten über offenes Wasser ohne Überlebensanzüge. Heute dürfen die Schlauchboote nur im nahen Küstenbereich eingesetzt werden.

Auf Spitzbergen wurden die ersten Hotels erst Ende der 80er Jahre gebaut. 1994 standen bereits 258 Zimmer mit 403 Betten für Touristen zur Verfügung. Die Übernachtungskapazität wurde von 1994 auf 1995 mit Neueröffnung und Erweiterung verdoppelt, womit das Wachstum der Übernachtungszahlen kontinuierlich fortgesetzt werden konnte (Abb. 5). Das "Svalbard Polar Hotel" (ehemal. Olympia-Hotel aus Lillehammer) eröffnete beispielsweise im März 1995 mit 60 Doppel- und 12 Einzelzimmern, Konferenzräumen auf 2.010 qm und angeschlossenem Restaurant. Die Kosten betrugen etwa 4,5 Mio. DM, wovon nur 1/6 privat finanziert wurde. Heute gibt es in Longyearbyen 3 Hotels und 1 Gästehaus, in Barentsburg, Pyramiden und Ny Ålesund jeweils 1 Hotel. Neuerdings werden auch in Sveagruva 40 Übernachtungsmöglichkeiten offeriert. Die Preise in den Hotels in Longyearbyen liegen zwischen 180,- und 280,- DM für ein Doppelzimmer, für eine Suite muß man 425,- DM bezahlen. Eine Übernachtung im Doppelzimmer des Wanderheims kostet 60 DM; auf dem Campingplatz (am Flugplatz) müssen die Touristen 17,- DM pro Person zahlen. Die Gebühren decken kaum die Kosten der Unterhaltung. Außerdem ist die Zahl der Gäste rückläufig (INFO-SVALBARD 1997).

Tab. 1: Tagesausflugsangebot im Sommer 1994 (norwegischer Lokal-Veranstalter SPITRA)

Aktivität	Preis (in DM)
Bootstours Isfjord	210,-
Kajaktour	100,-
Nachtfahrt Kajak	390,-
Bergbesteigung	80,-
Wildnis-Barbecue	70,-
Sightseeing mit Museum	60,-
geologische Wanderung	110,-
Gletscherwanderung	100,-

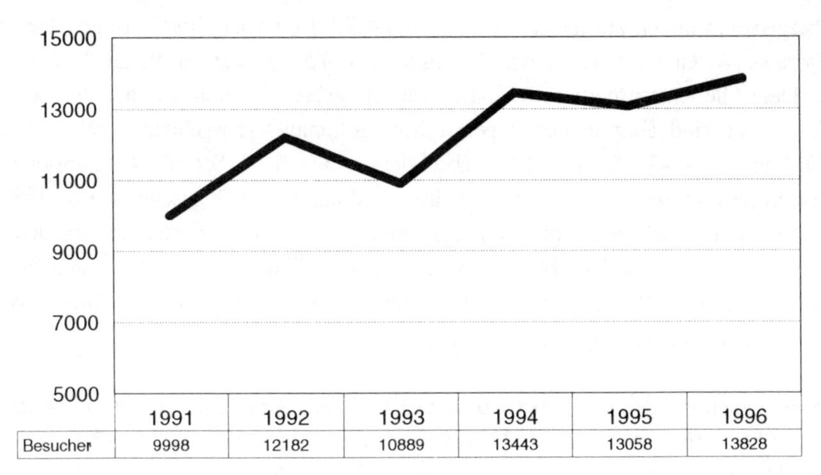

Abb. 4: Museumsbesuch in Longyearbyen

Abgesehen von den Übernachtungseinrichtungen wurden 9 verschiedene Transportdienste angeboten, dazu kommen vier Reiseführerunternehmen mit zahlreichen wechselnden sportlichen Aktivitätsprogrammen. Es gibt sieben Verleihorganisationen und vier Gastronomieeinrichtungen. Hierzu gehört Info-Svalbard, die für Marktforschung, Organisation und Touristeninformation zuständig ist. Das größte Unternehmen ist die 1988 gegründete 'Spitzbergen Travel' (SPITRA), zu dem das Hotel Funken mit Konferenzstandard und das Gästehaus in Nybyen gehört, ferner Reisebüro und Reiseveranstalter und ein Verleih von Autos, Fahrrädern und Scootern. Der größte Reiseveranstalter ist 'Svalbard Polar Travel' (SPOT), der auch das 'Svalbard Polar Hotel' betreibt. Daneben gibt es mehrere kleine und spezialisierte Familienbetriebe, beispielsweise bietet 'Arctic Wilderness' Touren für maximal 5 Teilnehmer mit Hunden an (im Winter als Hundeschlittentour, im Sommer als Fußwanderungen und Hundeschlittentouren auf den Gletschern). Saisonal werden Jagdreisen angeboten (z. B. auf Ringelrobben). Auswärtige Betriebe haben offensichtlich Schwierigkeiten. In den 80er Jahren gab es englische, französische, holländische und deutsche Reiseveranstalter, die überwiegend aufgegeben haben. Geblieben ist Andreas Umbreit von 'Spitsbergen Tours', der bisher jedoch nur eine saisonale Niederlassung auf Spitzbergen hat. Er bietet hauptsächlich Wander- und Trekkingtouren an, die von ca. 150 Touristen mit steigender Tendenz im Jahr wahrgenommen werden (UMBREIT 1994). Insgesamt betreuen die lokalen Unternehmer jährlich zwischen 1.500 bis 2.000 Touristen im Gelände.

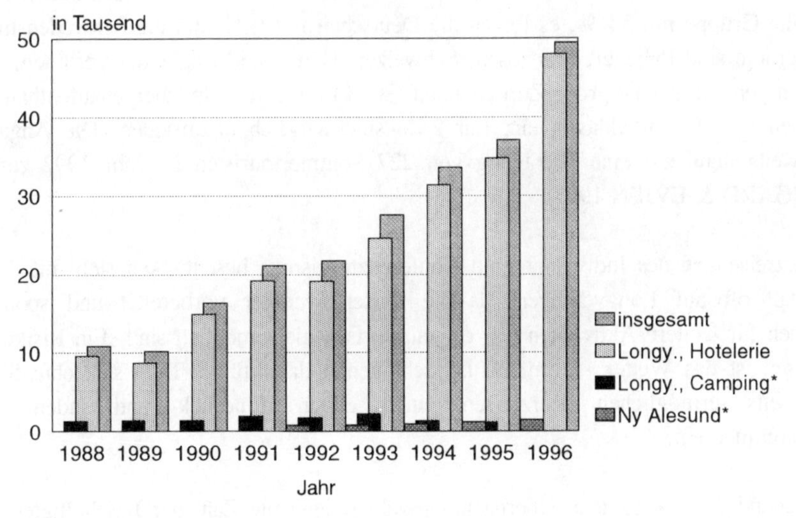

Abb. 5: Übernachtungen auf Spitzbergen

4. Die heutige Entwicklung des Tourismus

Mit dem starken Besucheranstieg in Longyearbyen im Jahr 1996 ist ein deutlicher Zuwachs von Übernachtungen verbunden (Abb. 5). Die Hauptursache lag am verbilligten Jubiläumsflugpreis der Fluggesellschaft Braathen SAFE, der von den norwegischen Reisenden genutzt wurde. Für 1996 wurden 12.000 Spitzbergenbesucher geschätzt, zuzüglich 22.000 Touristen, die das Archipel per Kreuzfahrt aufsuchten. Von den 12.000 Touristen waren 60% Urlauber, 27% waren Geschäftsreisende und 12% waren Kurs- und Konferenzreisende.

Abgesehen von den sommerlichen Kreuzfahrtpassagieren sind unter den übrigen Touristen strukturelle Unterschiede nach Saison festzustellen: Die Winterreisenden sind zu 90 % Norweger und machen meist eine Kurzreise mit weniger als 6 Übernachtungen. Die Hälfte der Wintertouristen sind Geschäfts- und Konferenzreisende (23 bzw. 31 %), die Urlauber machen ein Drittel der Reisenden aus. Der verbleibende Anteil setzt sich im wesentlichen aus Wissenschaftlern, Auszubildenden und Familienbesuchern zusammen.

Die meisten Sommertouristen sind Urlauber (76 %), nur 13 % sind Geschäfts- und Konferenzreisende. Die Kurzreisenden machen im Sommer 45 % aus, 30 % bleiben länger als 10 Tage, und 28 % übernachten zwischen 6- und 10mal auf Spitzbergen.Auch die Nationalitätenzusammensetzung differiert nach Saison: die Norweger sind immer noch die größte Gruppe mit 54 %, es folgen die Deutschen mit 9 % und die Schweden mit 6 %, außerdem sind Italiener, Franzosen, Schweizer, Dänen und Engländer vertreten. Den Touristen gemein ist eine große Zufriedenheit (80 %) mit ihrem Spitzbergenaufenthalt. 18 % ordnen ihn als mittelklassig ein, nur 2 % sind wirklich unzufrieden. Die Angaben gehen weitgehend auf eine Befragung von 227 Sommertouristen im Jahr 1992 zurück (LYNNGÅRD & EVJEN 1995).

Die Kurzreisenden des Individual- und Konferenztourismus beschränken sich mit ihrem Aufenthalt oft auf Longyearbyen, da die Reisen weniger vorbereitet und spontane Planungen für weitere Aktivitäten oft organisatorisch nicht möglich sind. Ein Risiko bei Kurzreisen ist das Wetter - eventuell herrscht genau dann für 3 Tage schlechte Sicht. Andererseits ermöglichen Kurzreisen einen ersten Eindruck und laden zum Wiederkommen ein.

Entsprechend der wachsenden Übernachtungszahl steigen die Zahl der Beschäftigten und der Wertzuwachs der Tourismusindustrie. 1991 waren ca. 50 Arbeitsplätze vom Tourismus in irgendeiner Weise abhängig, 1993 60 und 1994 fanden ungefähr 100 Personen Beschäftigung in dieser Branche.

Der Wertzuwachs von 1991 bis 1993 betrug 20 % und belief sich insgesamt auf 4,2 Mio. DM. Der größte Anteil entfällt auf die Hotellerie (1,5 Mio. DM), es folgen die Reisebüros und Touristenführer, das Transportwesen und die Anbieter von Freizeitaktivitäten. Die Gastronomie verzeichnete den geringsten Wertzuwachs mit 0,7 Mio. DM. Allein die SPITRA erwirtschaftete zwischen 1990 und 1992 einen jährlichen Gewinn bis zu 364.000,- DM und ist damit der drittgrößte Arbeitgeber in Longyearbyen.

Die Unterkunftskategorien der Pauschal- und Individualtouristen werden während eines Aufenthaltes häufig gewechselt. Auf Spitzbergen spielen Hütten keine Rolle, da sie normalerweise im Privatbesitz sind, auch die Hotellerie ist vergleichsweise untergeordnet. Für den Aufenthalt stehen somit Zelt und Schiffskabine als Unterkunft im Vordergrund.

Die einzelnen Touristengruppen sind je nach ihrer kategoriespezifischen Nutzung der Infrastruktur unterschiedlich profitabel. Mit den Konferenztouristen sind die größten Einnahmen pro Kopf verbunden, weshalb diese Kategorie umworben wird. Sie erfordert allerdings auch die höchsten Investitionen. Daneben spielen die Kursteilnehmer der UNIS (Univercity Svalbard) eine immer stärkere Rolle. Zur Zeit belegen 80 Studierende die Fächer Biologie, Geophysik, Geologie und Technologie (SVALBARDPOSTEN Jan.1997). Tagesausflügler und Kreuzfahrtpassagiere beleben die touristische Infrastruktur zusätzlich, wenn auch die gewinnträchtigen Übernachtungen wegfallen. Neben den Tagesausflügen der ortsansässigen Bevölkerung nehmen die Flüge der ausländischen Touristen zu, die nur drei bis vier Stunden nachts Longyearbyen besuchen. Im Jahr 1996 konnten ca. 500 Touristen beobachtet werden, die aus Tromsö einen solchen Kurzbesuch nach Longyearbyen gebucht haben.

5. Das Modell eines ökologisch-orientierten Tourismus-Managements

Die heutige touristische Planung auf Spitzbergen gilt als Modell für die Arktis. Zwar lautete 1975 der politische Wille Norwegens noch, daß Spitzbergen kein Touristenziel werden sollte, aber zehn Jahre später bahnte sich eine Veränderung an. Das Fremdenverkehrspotential auf Spitzbergen sollte verantwortlich ausgebaut werden unter der Voraussetzung, die intakte Wildnis Spitzbergens mit ihrem unberührten Charakter zu erhalten.

Der neue "Management Plan for Tourism and Outdoor Recreation in Svalbard" ist die Rahmenplanung für den Zeitraum 1995 - 1999. Sie enthält langfristige Richtlinien, die zukunftsweisend sind und durch einen Detailplan des Sysselmanns ergänzt werden soll. Der Managementplan gilt nur für Touristen und Ortsansässige, die Freizeitaktivitäten ausüben; andere Nutzungen unterliegen nicht diesen Richtlinien. Er baut auf die bisherige zufriedenstellende Entwicklung des Tourismus auf, sieht eine Tourismusförderung vor und will dazu eine ökologisch und kulturell verträgliche Managementstrategie entwerfen. Dementsprechend wurden Schutzgebiete errichtet, die sich nach der Steuerungsintensität, der Erreichbarkeit, der Nutzung, der touristischen Infrastruktur und dem zugelassenen Verkehr unterscheiden (KALTENBORN & HINDRUM 1996).

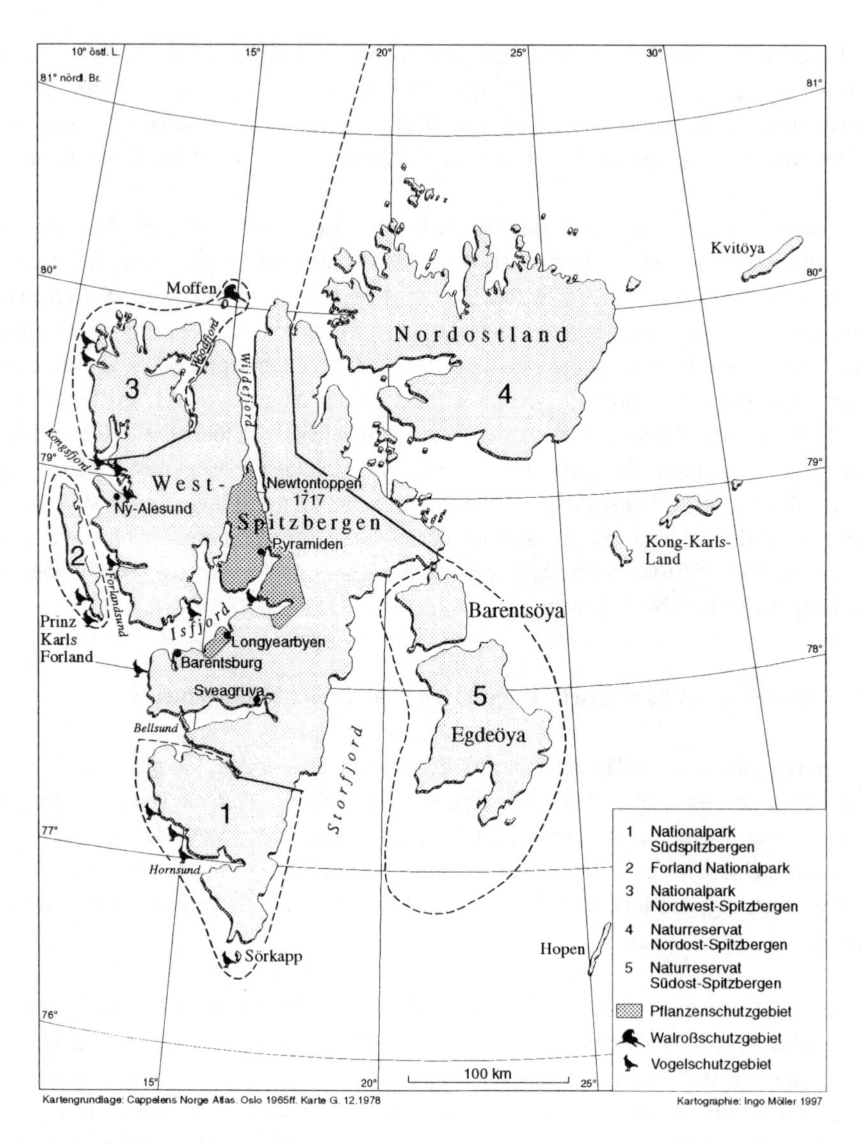

Abb. 6: Schutzgebiete Spitzbergens

Das wichtigste Gebiet Spitzbergens ist das Ausflugsgebiet, welches den Isfjord und das anschließende südliche Gelände bis Sveagruva einschließt. Da bis auf Ny Ålesund alle Siedlungen im Ausflugsgebiet liegen und somit hier die touristische Infrastruktur am besten ausgebaut ist, wird dieses Gebiet am intensivsten genutzt (Abb. 6). Es gibt regelmäßigen Flug- und Schiffsverkehr, 2 Jagdstationen und 185 private Hütten. Informationen für Touristen über Wege und Attraktionen werden herausgegeben. Im Winter ist es möglich, Wege zu markieren - sogar über einen Motorschlitten-Trail wird nachgedacht.

Für die Ausflugsgebiete gibt es Überlegungen, wie die Freizeit- und Touristenaktivitäten in bestimmte Teile des Gebietes kanalisiert werden könnten.

Der Management-Plan soll alle vier Jahre erneuert und durch den Sysselmann für das laufende Jahr festgelegt werden. Die Planung soll mit direkten und indirekten Maßnahmen überwacht und kontrolliert werden. Indirekte Maßnahmen wie die Bereitstellung von Karten oder die Ausbildung von Reiseleitern sind bei den Touristen beliebter als direkte Verbote, aber auch Verbotsüberschreitungen werden nur selten entdeckt. Im Jahr 1992 gab es das erste Seminar für Reiseleiter, 1994 wurde die erste Geländepatrouille eingesetzt. Sie bestand aus zwei Personen, die per Boot zwei Monate im Gelände unterwegs waren. Ihr Einsatz galt als erfolgreich und soll in Zukunft ausgebaut werden. Die Überwachung erfolgt hauptsächlich durch die statistische Erfassung der Touristen und ihrer Aktivitäten in den einzelnen Gebieten, angefangen bei den Ausleihtagen der Scooter bis zur Erfassung der Kreuzfahrtschiffe, ihrer Passagiere und der Landgänge oder dem Umstand, daß Verkehrsunternehmen, die Touristen befördern, aufgefordert werden können, die Absatzpunkte der Touristen anzugeben, wenn sie es nicht von selbst tun. Außerdem gibt es das Vorhaben, ein Informationscenter einzurichten. Hier soll die Natur- und Kulturgeschichte den Touristen präsentiert werden, um sie auf Svalbard vorzubereiten und ihnen ein Bewußtsein für erforderlichen Schutz und entsprechendes Verhalten zu vermitteln.

6. Prognosen für die Zukunft

Heute leben auf Svalbard 1.630 norwegische Bürger und 1.480 Personen aus den GUS-Staaten. Die wirtschaftliche Bedeutung der Kohleförderung nahm in den letzten Jahren stetig ab. Auf norwegischer Seite sind inzwischen weniger als 200 Menschen in Zusammenhang mit der Kohleförderung (hauptsächlich in Sveagruva) beschäftigt.

Die Norweger erhoffen sich mit Tourismus und Forschung eine zukunftsträchtigere Perspektive. Die damit verbundenen Arbeitsplätze sorgen für die Lebensfähigkeit der

Siedlungen Ny Ålesund und Longyearbyen, wodurch die norwegische Souveränität auf Spitzbergen aufrechterhalten werden kann.

Für Longyearbyen hat der Ausflugs- und Tagestourismus eine große Bedeutung, welcher hauptsächlich auf die Kreuzfahrtschiffe zurückzuführen ist. Um den Gewinn aus diesem quantitativ größten Touristensegment zu steigern, werden vermehrt Geschäfte und Souvenirläden ausgebaut. Die quantitativ kleine, aber gewinnintensivste Gruppe der Kurs- und Konferenzreisenden wird in Zukunft zunehmen, während der Individualtourismus begrenzt bleiben wird. Das Erstarken der Norwegischen Krone verteuert die Arktisreisen, so daß die ausländischen Spitzbergenbesucher inklusive des Kreuzfahrttourismus abnehmen wird. Davon sind viele touristische Dienstleistungen betroffen, besonders die der Betreuung durch die ortsansässigen Reiseveranstalter. Hingegen nimmt die Reisetätigkeit der norwegischen Bevölkerung zu und verschiebt sich auch in das Winterhalbjahr, wodurch die saisonalen Schwankungen egalisiert werden.

7. Literatur

INFO - Svalbard (1992-1997): Verschiedene Statistiken über die Bewohner und die Besucher. - Longyearbyen.

KALTENBORN, B.P. & R. HINDRUM (1996): Opportunities and problems associated with the development of arctic tourism - a case study from Svalbard. - Direktorate for Nature Management, Oslo.

LYNNGARD, A.L. & Å.M. EVJEN (1995): Gjesteundersökelse Svalbard, våren/sommeren '95. - Reiselivsutvikling AS, Bergen.

Svalbard Næringsutvikling A/S (1994): Reiseelivsplan for Svalbard. - Longyearbyen.

Svalbardposten (1991-1997): Wöchentliche Zeitung in norwegischer Sprache. - Longyearbyen.

Svalbard Samfunnsdrift A/S (1995): Årsrapport 1994. - Longyearbyen.

THANNHEISER, D. (1996): Spitzbergen - Ressourcen und Erschließung einer hocharktischen Inselgruppe. - Geographische Rdschau 48(5):268-274.

UMBREIT, A.(1994): Spitzbergen-Handbuch. - Kiel.

1998	Higelke, B. (Hg.): Beiträge zur Küsten- und Meeresgeographie	Kieler Geographische Schriften, Bd. 97	S. 277-290

Die submarine Geomorphologie der Philippinen

Frithjof Voss

1. Einleitung

Der philippinische Archipel umfaßt 7.107 Inseln, davon tragen nur 2.773 einen Namen. Innerhalb der Territorialgewässer von 2,64 Mill qkm beträgt die Festlandsfläche 299.400 qkm, von denen 94 % auf die 11 größten Inseln entfallen. Nur 357 Inseln sind größer als 2,5 qkm. Die archipelagische Struktur der Philippinen ist ein Teil ähnlicher, zirkumpazifischer Inselbogenlandschaften, die alle an Phänomene wie ozeanische Kruste, Tiefseegräben, Erdbebentätigkeit und Vulkanismus gebunden sind. Jedoch gehören die Philippinen zu den kompliziertesten Inselbogenlandschaften der Erde.

Die prätertiäre Entwicklung der Philippinen ist kaum bekannt, es gibt nur Indizien auf eine präjurassische Anlage und auf zwei Orogenesen, die zeitlich der variskischen und alpidischen Phase zuzuordnen sind. So betrachtet ist das jetzige Relief die Gipfelregion untermeerischer Aufragungen, die die Topographie mit ihren starken Kammerungen von Gebirgen (65%) und Ebenen (35%) seit dem Tertiär maßgeblich prägten. Außergewöhnlich aktive, schnelle, gegenläufige Vertikalverschiebungen auf oft engsten Räumen prägen sich in äußerst variabel reagierenden Küstenformengemeinschaften aus, die im Archipel eine Gesamterstreckung von mehr als 40.000 km erreichen. Manche küstenmorphologische Formen haben Verlängerungen im submarinen Bereich und umgekehrt.

Mehrjährige Aufenthalte auf den Philippinen gaben Anlaß zur Beschäftigung mit der vorliegende Thematik. Mit freundlicher Unterstüzung des Coast and Geodetic Survey des Landes konnten über mehrere Jahre, vor allem durch Lotungsauswertungen, Informationen über die submarine Morphologie und über Lage, Ausdehnung, Tiefe und Alter von Korallenriffen gewonnen werden.

Die Gesamtsumme aller bisherigen Resultate hat Eingang gefunden in den ersten Entwurf einer Übersichtskarte der submarinen Morphologie der Philippinen (Farbkarte). Details bleiben weiteren Publikationen vorbehalten. Abgesehen von der reinen Faktendarstellung und ihrer Bewertung, ist vor allem der Versuch ihrer Einbeziehung in plattentektonische Konzepte aufschlußreich, da sie zu erheblichen Konflikten mit den bisher geltenden Auffassungen führt.

2. Die submarine Geomorphologie

Alle zur Verfügung stehenden hydrographischen Karten des Philippine Coast and Geodetic Survey, insgesamt 365 Blätter, wurden einer intensiven Auswertung unterzogen.

Die an der Zahl häufigsten Maßstabsgruppen waren 1:100.000 = 58 Karten; 1:40.000 = 23 Karten; 1:30.000 = 43 Karten; 1:20.000 = 93 Karten und 1:10.000 = 58 Karten. Hinzu kam die Auswertung der Originalaufzeichnungen, die im wesentlichen Auskunft über die entnommenen Seegrundproben liefern, die zu großen Teilen auch in den Karten selbst verzeichnet sind.

2.1. Die Tiefeseegräben

Die umfangreichen Auswertungen hydrographischer Karten und Lotungen aus den Beständen des Philippine Coast and Geodetic Survey führten in Erweiterung bisheriger Kenntnisse zu einem sehr diversifizierten Bild untermeerischer Tiefseegräben (Abb. 1). Diese neuen Gegebenheiten lassen sich in verschiedene Lagetypen untergliedern.

2.1.1. Die Tiefseegräben der pazifischen Küstenregion

Die östlichen Philippinen

Philippine Trench

Seit Jahrzehnten bekannt war der den Osten des Archipels begrenzende Philippine Trench, vor allem durch seine extremen, beinahe 11 km erreichenden Maximaltiefen. Während der Südbereich bei 5 Grad N lineamentartig im pazifischen Meeresboden ausläuft, wurde bei etwa 14 Grad N eine vierarmige Aufteilung des Grabens entdeckt. Eine nordöstliche Gabelung läuft im Meeresboden des Pazifiks aus, wohingegen drei

Arme auf das Festland gerichtet sind (Abb. 1).

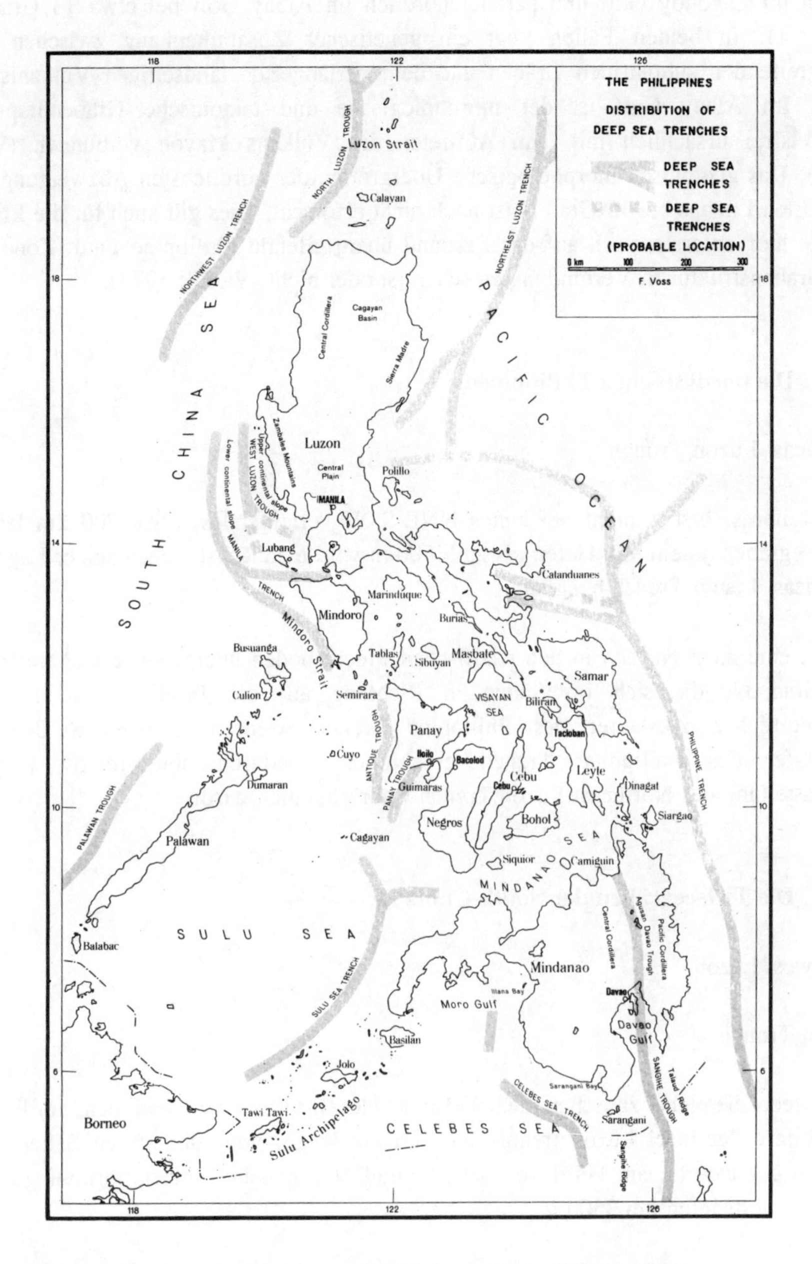

Abb. 1: Die Philippinen, Verbreitung der Tiefseegräben (VOSS 1974)

Deren südlicher Zweig erreicht die Südostspitze der größten philippinischen Insel Luzon im Lagonoy Golf und parallel nördlich im Albay Golf bei etwa 13 Grad N (Abb. 1). In beiden Fällen liegt ein genetischer Zusammenhang zwischen den übergreifenden submarinen Gräben und dem verlängerten landseitigen Vulkanismus nahe. Im Albay Gulf ist der morphologische und tektonische Grabenursprung zweifelsfrei ursächlich mit dem Auftreten des Vulkans Mayon verbunden (Voss 1974). Das geologisch morphologische Übergreifen der nördlichsten Abzweigung auf den Osten Luzons bei 15 Grad N ist noch nicht erforscht. Dies gilt auch für die Frage, ob die hier untermeerisch auf das Festland übergreifende Philippine Fault Zone mit der Grabenstruktur in Verbindung zu sehen ist oder nicht (VOSS, 1974).

2.1.2. Die nordöstlichen Philippinen

Northeast Luzon Trough

Ein weiteres, bisher nicht bekanntes NNE-SSW verlaufendes, etwa 700 km langes Tiefseegrabensystem mit Tiefen bis zu 5.500 m wurde zunächst wegen seiner Lage als Northeast Luzon Trench benannt.

Es hat eine nach Norden in den pazifischen Meeresboden übergehende Gabelung bei 17 Grad N, die sich im Süden in Richtung auf die Insel Luzon und den nordwestlichen Ausläufer des Philippine Trench wiederholt. Hier werden die Ausläufer des Philippine Trench geschnitten, wodurch eine relativ jüngere Altersstellung des Northeast Luzon Trench wahrscheinlich wird.

2.1.3. Die Tiefseegräben der South China Sea

Nordwest Luzon

Luzon Trough

Die Meeresbereiche zwischen der Südspitze der Insel Taiwan und den nördlichen Ausläufern der Insel Luzon trennt eine 300 km lange, von submarinen Sätteln und Senken gegliederte, am Nordende bei 21 Grad N gegabelte Grabenmorphologie mit Durchschnittstiefen um 3500 m.

Diese NE - SW streichende Struktur bezeichnete Irving (1951) als North Luzon Trough, Gervasio (1966) nannte sie Bashi Lineament. Unterhalb der Grabensohle wurden bei 18 Grad 15'N und 120 Grad E bis zu 1000 m mächtige Sedimentschichten unter der Grabensohle festgestellt (LUDWIG et al. 1967).

Northwest Luzon Trench

Sowohl im zirkumpazifischen als auch im weltweiten Vergleich außergewöhnlich ist das Auftreten einer südwestlich parallel zum North Luzon Trough versetzten, anschließenden Grabenmorphologie, im folgenden Northwest Luzon Trench genannt (Voss 1974).

Diese ebenfalls NE - SW verlaufende, etwa 300 km lange Struktur weist Tiefen von mehr als 4000 m auf. Eine weitere, bemerkenswerte Wiederholung zum North Luzon Trough liegt in der Entdeckung von 1500 m mächtigen Sedimenten bei 17 Grad 40' N / 118 Grad 55' E, die den den Südteil des Grabens unterhalb von 4000 m Wassertiefe bedecken (LUDWIG et al. 1967). Schwierigkeiten bereitet die Entstehungserklärung der Aufeinanderfolge des North Luzon Trough und des Northwest Luzon Trench. Dieses Phänomen wiederholt sich allerdings auf ähnliche Weise im südlich anschließenden West- und Südwest Luzon.

West und Südwest Luzon

Manila Trench

Durch Lotungen in den Jahren 1964 - 66 wurde 150 km vor West Luzon zwischen 14 Grad N und 16 Grad 30' N, innerhalb der 4000 m Isobathe, ein bis damals nicht bekannter Tiefseegraben entdeckt, dem LUDWIG et al. (1967) die Bezeichnung Manila Trench gaben.

Über diese Befunde hinaus ergaben die eigenen Lotungsauswertungen eine sich südlich von 14 Grad N gabelnde Verlängerung der Grabenmorpholgie, die die Insel Mindoro beidseitig umschließt (Abb. 1). AGOCS (1958) belegte durch aeromagnetische Untersuchungen tektonische Grabenbildung als Ursachen für den Manila Trench. In seinem Nordbereich wiesen LUDWIG et al. (1967) Sedimentmächtigkeiten bis zu 2000 m nach und erschlossen rezente Mobilität an Verwerfungen der Westflanke des Grabens sowie Senkungen entlang seines Achsenverlaufs. Die östliche Grabenseite wird in ihrer gesamten Länge von einem als Lower Continental Slope bezeichneten Rücken gebildet.

West Luzon Trough

Der Lower Continental Slope trennt den Manila Trench vom gleichfalls neu entdeckten West Luzon Trough (Abb. 1). Diese 220 km lange Großform war bisher wegen der sie vollständig bedeckenden, mindestens 1000-1500 m mächtigen Sedimente kaum morphologisch ausgeprägt und daher nicht bekannt. Östlich anschließend zwischen 2200 und 100 m Tiefe folgt in Richtung auf das Festland hin der Upper Continental Slope (LUDWIG et al. 1967). Im Süden wiederholt sich wie bei dem Manila Trench eine Gabelung des West Luzon Trough, die die Insel Lubang beidseitig umgibt und im nördlichen Zweig wahrscheinlich in die Manila Bay hinein verläuft. Die durch Sedimentmächtigkeiten fast ausgeglichene Grabenmorphologie weist im Vergleich zum Manila Trench mit seinen rezenten Krustenbewegungen auf eine Entwicklungsunterbrechung, vielleicht sogar auf ein vergleichsweise höheres Alter hin.

2.1.4. Südwestliche Philippinen

Palawan Trough

In der südwestlichen South China Sea ist der prägnanteste Tiefseegraben der erstmals von IRVING (1951) beschriebene Palawan Trough. Diese Großform erstreckt sich SW - NE verlaufend von der Mitte Nord Borneos über 600 km Länge und 50 km Breite zwischen den 500 m Isobathen bis fast zur Nordspitze der Insel Palawan.Trotz offensichtlich mächtiger Sedimente unter der 2000-2500 m tiefen Grabensohle ist eine steil abfallende Nordwestflanke gegenüber einem allmählichen Absinken auf der Südostseite erkennbar.

AGOCS (1958) leitete aus aeromagnetischen Profilen eine unter Meeressedimenten abtauchende, nordöstliche Verlängerung des Palawan Trough ab. Offen bleibt dabei, ob diese vermeintliche Fortsetzung westlich der Insel Mindoro von der rezenten, aktiven Grabenbildung des Manila Trench geschnitten wird oder nicht (Abb. 1).

2.1.5. Die Tiefseegräben der Sulu Sea

Antique Trough

Die nordöstliche Sulu Sea wird in eine flache, nordwestliche und eine tiefere, südöstliche Hälfte durch einen tektonisch verursachten Steilabfall gegliedert, dessen Ansatz zwischen den Inseln Panay und Negros liegt (Abb. 1). Parallel zur Westküste der Insel Panay zeigen die Isobathenverläufe den von IRVING (1951) entdeckten, 150 km langen, knapp 25 km breiten und 1500 m Tiefe erreichenden Antique Trough, dessen Osthälfte über Verwerfungstektonik die parallele Inselküste beeinflußt (VOSS 1974).

Panay Trough

Die Auswertungen der Lotungen ergaben, daß aus 4000 m Tiefe der östlichen Sulu Sea Hälfte ein Tiefseegraben in landwärtiger Richtung in die Küstenebene von Panay übergreift. Diese im folgenden als Panay Trough benannte Großform schneidet hängetalartig den nordwärts verlaufenden Antique Trough (Abb. 1).

Sulu Sea Trench

Der Sulu Archipel, die Verbindung zwischen den Philippinen und Borneo, wird im Nordwesten durch den 400 km langen Sulu Sea Trench begrenzt (VOSS 1974). Seine südwestlichen Ausläufer deuten sich vor der Nordostspitze Borneos durch die 1000 und 2000 m Tiefenlinien an. Maximaltiefen von mehr als 5000 m werden westlich der Insel Mindanao erreicht. Aus diesem Becken heraus erfolgt dann eine Gabelung innerhalb der 4500 Isobathe nach Osten in Richtung auf die Meerenge zwischen den Inseln Negros und Mindanao und nach Nordwesten in eine 50 km lange, entgegengesetzte untermeerische Fortsetzung. Detaillierte Untersuchungen über die Relationen zur Inselwelt des Sulu Archipels deuten einige Verbindungen mit dem Sulu Sea Trench an (VOSS 1974).

2.1.6. Die Tiefseegräben der Celebes Sea

Süd Mindanao

Celebes Sea Trench

Neue Lotungen in der Celebes Sea erfaßten 80 km südlich von Mindanao eine bisher unbekannte Grabenmorphologie innerhalb der 5000 und 5500 m Isobathen. Die nachfolgend Celebes Sea Trench genannte Großform hat möglicherweise eine Fortsetzung in Richtung auf die Landenge Südwest Mindanaos (Abb.1).

Südost Mindanao

Sangihe Trough

Der bei 126 Grad E mehr als 100 km in die Insel Mindanao hineinreichende Davao Gulf ist das Nordende einer bereits von IRVING (1951) erwähnten, von KRAUSE (1966) als Sangihe Trough bezeichneten, flachen Grabenmorphologie, für die beide Autoren tektonischen Ursprung annehmen. RANNEFT et al. (1960) betrachten die an den Davao Gulf anschließenden, Mindanao auf 40 km Breite durchziehenden

Flachlandgebiete als nordwärtige Verlängerung der submarinen Grabenmorphologie und bezeichneten sie als Agusan Davao Trough (Abb. 1).

3. Untertauchende Küstenformen

Im Rahmen der vorliegenden Untersuchung wurden in einigen Kartenausgaben definitive Küstenformen bestimmt, die eine rezente, negative Relativbewegung zwischen Land und Meer belegen. Da die gesamte Küstenlänge des philippinischen Archipels auf mehr als 40.000 km geschätzt wird, reichen die bisherigen Kenntnisse bei weitem nicht aus, um in Erklärungsversuche einbezogen werden zu können. Hier sind flächenhafte, landseitige Auswertungen erforderlich, um überregionale Trends abschätzen zu können.

3.1. Die untermeerischen Schelfgebiete

Die Übersichtsfarbkarte umreißt die Schelfgebiete im wesentlichen durch die 100 m und die 500 m Tiefenlinien. Setzt man bei aller vorläufigen Vorsicht einen um rund 100-140 m abgesenkten pleistozänen Meeresspiegelstand an, so wären große Teile des Archipels einstiges Festland und übermeerisch bis hin zur Insel Borneo miteinander verbunden gewesen. Die Schelfgebiete selbst weisen eine Reihe weiterer Formengemeinschaften auf, die in den nächstfolgenden Abschnitten umrissen werden sollen.

3.2. Submarine scarps

Bezeichnenderweise ist der Übergang des Schelfrandes zu größeren Meerestiefen vielfach von Formen begrenzt, die zunächst mangels besserer Definitionsmöglichkeiten als submarine scarps, untermeerische Steilabfälle, bezeichnet werden. Im Rahmen des vorliegenden Maßstabs ist weder ihre Bathymetrie noch Geomorphologie genauer bestimmbar. Als genetische Deutungsversuche bieten sich beim gegenwärtigen Kenntnisstand tektonische Ursprünge an, bei denen Verwerfungen am wahrscheinlichsten zu sein scheinen.

3.3. Submarine canyons

Auf der Basis der vorliegenden Daten konnte eine ganze Reihe von submarinen Canyons vor der Westküste der Hauptinsel Luzon entdeckt und kartiert werden. Fast alle haben keine übermeerischen Anfänge in hydrographischen Netzen. Sie reichen alle in größere Meerestiefen hinab und übertreffen daher pleistozäne Meeresspiegeltiefststände. Aus Analogieschlüssen zu entsprechend gut erforschten Vergleichsformen in anderen Gebieten der Erde bietet sich momentan nur ein tektonischer Deutungsversuch an.

3.4. Seamounts

Vor allem in den Maßstabsgruppen von 1:40.000 bis 1:10.000 konnte eine beträchtliche Zahl von seamounts entdeckt und kartiert werden, die eine konische Topographie mit meist abgeflachter Oberfläche aufweisen. Ihr Verteilungsmuster ist sowohl an den Schelf als auch an größere Wassertiefen gebunden. Auffällig größere Häufungen liegen im Südwesten der Insel Mindoro zwischen 12 und 13 Grad N, ohne daß sich daraus übergreifende Erklärungen ergeben. Das gleiche gilt für ihr Auftreten im südwestlichen Schelf der Sulu Sea vor Borneo. Im Rahmen dieses zusammenfassenden Überblicks läßt sich augenblicklich für die seamounts keine allgemein gültige Genese postulieren. Sie sind jedoch entweder vulkanischen Ursprungs oder atollähnliche Formen, beziehungsweise Kombinationen dieser beiden Möglichkeiten.

3.5. Subsiding coral reef

In einer ganzen Reihe von hydrographischen Karten wurden Korallenriffe entdeckt, deren Oberfläche Meerestiefen von -50 m weit unterschreiten. Ihrer räumlichen Verbreitung innerhalb des Archipels liegt keine erkennbare Regelhaftigkeit zugrunde. Natürlicherweise variiert die Zahl dieser Lokalitäten mit der Breite der Schelfgebiete. Alle Riffe wurden nach Möglichkeit flächenhaft formgetreu wiedergegeben, da ihre Lage unterhalb des heutigen Wasserspiegels als Zeugnis für relative Absinkbewegungen des Meeresbodens gedeutet werden.

3.6. Drowned coral reef

In ähnlicher Weise wie im voraufgegangenen Kapitel erfolgte die Erkundung all derjenigen Korallenriffe, die auf Grund ihrer Tiefenlage zum heutigen Meeresspiegel definitiv als "ertrunken" angesprochen werden können. Der wesentliche Unterschied besteht jedoch in der Bewertung von Lotungen mit gleichzeitigen Erhebungen von Gesteinsproben anstehender Korallen am Meeresboden.

Mit wenigen Ausnahmen sind die Lokalitäten auf die Schelfgebiete beschränkt. Das Bezugsniveau zu NN ließ sich aus den Detailkarten bestimmen. Wo immer möglich sind die Angaben in Metern in der Farbkarte angegeben. Das räumliche Verbreitungsmuster der Befunde ist offensichtlich im wesentlichen durch die hydrographische Arbeitsweise bestimmt. Auch sind ihre Flächenausmaße kleiner, was jedoch mit geringeren Lotungsdichten zusammenhängt. Es ist anzunehmen, daß die Dichtekonzentration abgesunkener Korallenriffe weitaus höher ist. Genetische Vorläufer sind zweifelsfrei alle Formen der subsiding coral reefs.

3.7. Bottom sample coral

In erstaunlich intensiver und weit verbreiteter Weise wurden in den letzten Jahrzehnten auch Gesteinsproben vom Meeresgrund als Greiferproben entnommen und bewertet. Im Rahmen des vorliegenden Zusammenhangs wurden ausschließlich bottom samples corals evaluiert und in die Gesamtkartierung aufgenommen. Eine ähnliche Methode wurde auch von KRAUSE (1966) im Bereich des Sulu Archipels eingesetzt, die die vorliegenden Auswertungen ergänzen. In allen definierten Tiefen mit eingetragener Meterangabe handelt es sich um Einzelproben und Bestimmungen von Korallenmaterial.

3.8. Drowned coral reefs and bottom sample coral

Aus der Summe der Befunde im gesamten Archipel ließen sich Tiefenlinien konstruieren, die über weite untermeerische Bereiche die Intensitäten der Absinkraten in Metern zum heutigen Meeresspiegel belegen. Ausgehend von den küstennahen Bereichen und in Relation zu publizierten Ergebnissen ergibt sich eine Post Pleistozäne Datierung der vertikalen Abwärtsbewegungen. Für die größeren Tiefen sind auch pleistozäne Altersstellungen zu erwarten. Alle übrigen submarinen Formengemeinschaften der Kapitel 2 und 3 ordnen sich gut in diese Auswertung ein. Folgende Regelhaftigkeiten lassen sich aus den dargestellten Resultaten ableiten:

1. Mit wenigen Ausnahmen befinden sich fast alle küstennahen untermeerischen Gebiete in abwärtigen Bewegungen.
2. Besonders auffällig ist das Absinken der NW und SE zweigeteilten Sulu Sea, der Mindanao Sea und der Celebes Sea. Ähnliche Ansätze sind auch zwischen den Inseln Cebu, Bohol und Leyte zu beobachten.
3. Gleiches gilt für die abwärtigen Vertikalbewegungen im Bereich der Tiefseegräben, wie beispielsweise dem Palawan Trough im Westen. Noch deutlicher sind diese Phänomene dort erkennbar, wo die Tiefseegräben in die Inseln hineingreifen.

Beispiel dafür sind die drei landwärtigen Verlängerungen des Philippine Trench im Osten, der Sangihe Trough mit seinem in die Insel Mindanao übergreifenden Agusan Davao Trough im Süden und der Manila Trench im Westen des Archipels.

Für die allgemein vertikal absinkenden Untermeeresbereiche kommen nur tektonische Ursachen in Frage, auch wenn hier noch weitere Belege ergänzt werden müssen, um die genaue Bewegungsmechanik zu definieren.

4. Zusammenfassung

Die vorliegenden Ergebnisse sind ein erster Versuch, auf der Basis vorhandener hydrographischer Daten einen vorläufigen Überblick über die submarine Geomorphologie der Philippinen zu gewinnen. Wie bereits in der Einleitung hervorgehoben, wäre dazu eine Fortführung der bisherigen, im Literaturverzeichnis zitierten Arbeiten auf lokaler und regionaler Basis der wissenschaftlich fundiertere Weg. Gleichwohl kann auch die vorgelegte "Zwischenbilanz" weitere und neue Überlegungsansätze entwerfen, die wiederum zu zukünftigen analytischen regionalen Detailuntersuchungen zurückführen.

Aus der Gesamtheit der rein faktischen Gegebenheiten der submarinen Geomorphologie der Philippinen lassen sich im Kontext publizierter Ergebnisse folgende Thesen abschließend zusammenfassen:

1. Der philippinische Archipel liegt inmitten ozeanischer Kruste und gehört in seiner Vielgestaltigekiet zu den kompliziertesten Inselbogenlandschaften der Erde.
2. Für Inselbogenlandschaften einmalig ist seine allseitige Umrahmung mit Tiefseegräben unterschiedlichen Ausmaßes und ihr teilweises Übergreifen auf Festlandsgebiete mit dort verzahntem Vulkanismus in manchen Inseln.
3. Diese Gegebenheiten werden zusätzlich verkompliziert durch archipelinterne Tiefseegräben.
4. Weiterhin einmalig ist das Auftreten von doppelt vorhandenen Tiefseegräben vor West Luzon, sowie das Ineinandergreifen von Grabenstrukturen vor Ost Luzon.

Alle weltweit bekannten Inselbogenstrukturen bestehen überwiegend aus einer einfachen Sequenz, die über ozeanische Kruste, einem Tiefseegraben und dessen landseitigem Anstieg in die jeweiligen Inselbereiche führt. Immer wieder wird nach heutigem plattentektonischen Kenntnisstand diese Abfolge mit Mantelkonvektionsströmungen erklärt, die unter die Inselgebiete als Subduktionszone abtauchen. Dabei entstehen die Tiefseegräben und das von hier aus mit Erdbeben verbundene Absinken der subduzierten Kruste. In zwei Arbeiten (VOSS 1971 und 1974) wurden alle verfügbaren Erdbebendaten evaluiert und kartiert. Für den Bereich des philippinischen Archipels sind die mit Erdbeben verbundenen Subduktionszonen allesamt von den überall umgebenden ozeanischen Krusten unter die Inseln gerichtet. Nach den plattentektonischen Modellvorstellungen müßten dafür Konvektionsströmungen verantwortlich sein, deren vermeintliche Herkunft aus benachbarten mittelozeanischen Rücken um die Philippinen allerdings ausscheiden.

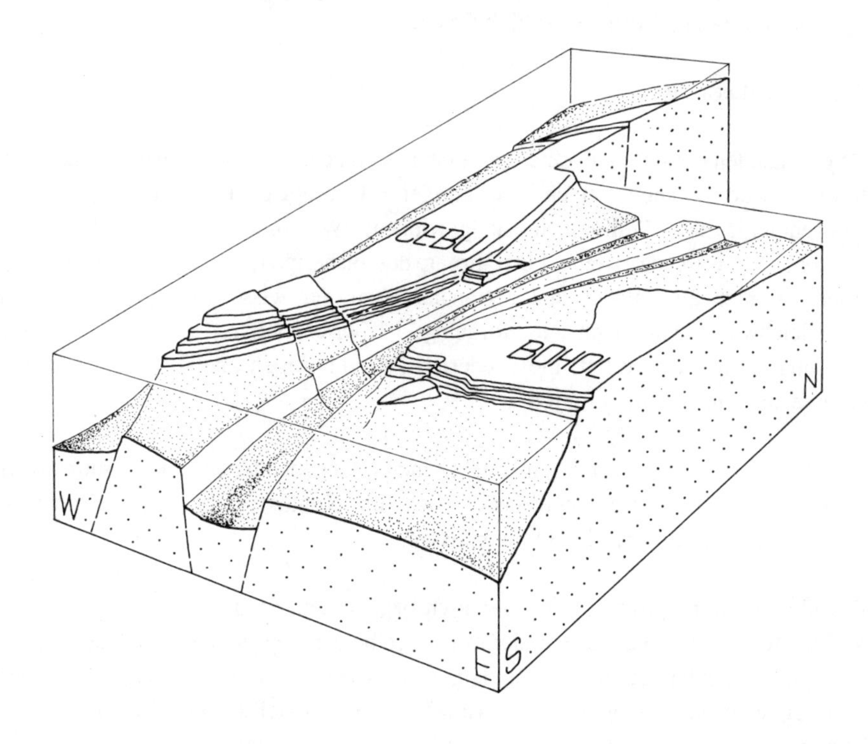

Abb. 2: Horst- und Pultschollencharakter sowie submarine Grabenstrukturen im Zentralbereich der Philippinen

Vielmehr scheint sich für den philippinischen Archipel eine ganz andere, ganzheitliche Genese anzudeuten:

1. Mit oder ohne Akzeptanz der plattentektonischen Hypothese ist die inmitten ozeanischer Kruste gelegenen komplexe philippinische Inselwelt eine Summe unterschiedlich vertikal aufwärts bewegter Schollenstrukturen. Beispielhaft dafür sind neben den aufgezeigten und zitierten Arbeiten die exemplarischen Befunde im Bereich der zentralen Visayas Region zwischen den Inseln Cebu und Bohol (VOSS & HILLMER 1987), (Abb.2). Ganz offensichtlich sind die Prätertiär bis Tertiär angelegten, tektonisch kontrollierten Einzelinseln bis heute anhaltende Aufragungen

eines äußerst komplizierten "mittelozeanischen Rückensystems". Im Rahmen dieser Genese spielen dehnungstektonische Einflüsse eine entscheidende Rolle für die aufwärtigen Hebungsprozesse. Zukünftige küstenmorphologische Untersuchungen werden dafür Bestätigungen bringen.

2. Für den submarinen Bereich wird die gegenläufige negative Vertikalverschiebung belegt, die sich aus den vorgelegten Auswertungen ergibt. Dazu gehören die grabentektonischen Ursprünge der landeinwärts greifenden Tiefseegräben, die auch in ihrer Gesamtheit nach bisherigen Kenntnissen durch Dehnungstektonik kontrolliert werden (FISHER & HESS 1963). Entsprechend tektonisch beeinflußt sind offensichtlich die sich stark absenkenden, archipelinternen Meeresbereiche der zweigeteilten Sulu Sea, sowie der östlich benachbarten Mindanao Sea und der südlich anschließenden Mindanao Sea. Abwärtige Vertikalbewegungen in hunderten von Metern seit dem Post Pleistozän sind die Regel. Prinzipiell gleiche Befunde ergeben sich beinahe ausnahmslos in den nahen und fernen untermeerischen, schelfähnlichen Umrahmungen der einzelnen philippinischen Inseln.

   Hunderte von Metern erreichende, post pleistozäne Krustenbewegungen unterstreichen gegenläufig die im ersten Teil identifizierten vertikal aufsteigenden Inselaufwölbungen und deren Deutung als "mittelozeanische Rücken".

3. In diesen Kontext einfügbar sind auch die intern und allseitig den Archipel umgebenden Subduktionszonen. Allerdings würden ihre aufwärtigen Bewegungen den bisherigen, gängigen Vorstellungen über das Absinken der ozeanischer Kruste stark widersprechen. Es ist offensichtlich, daß viele weitere Einzelarbeiten diese Annahmen stützen müssen.

5. Literatur

AGOCS, W.B. (1958): Structure and Basement Type from Aeromagnetics - Corregidor, Philippines to Labua, North Borneo. The Philippine Journal of Science. Vol. 87, S.179-186.

FISHER, R.L. u. HESS, H.H. in N.M. Hill (1963): The Sea. London, Vol 3, S.411-436.

GERVASIO, F.C.(1966): Study of the Tectonics of the Philippine Archipelago. Philippine Geologist. Vol 20. S.51-74.

IRVING, E.A. (1951): Submarine Morphology of the Philippine Archipelago and its Geological Significance. The Philippine Journal of Science. Vol. 80, S.55-88.

KRAUSE, D. (1966): Tectonics, Marine Geology and Bathymetry of the Celebes Sea Sulu Sea Region Geol. Soc. Amer. Bull. Vol. 77, S.813-832.

LUDWIG, W.J. et al. (1967): The Manila Trench and West Luzon Trough. I. Bathymetry and Sediment Distribution. Deep Sea Res. Vol. 14, S.533-544.

RANNEFT, T.S.M. et al. (1960): Reconnaissance Geology and Oil Possibilities of Mindanao. Bull. Ass. Petr. Geol. Vol. 44, S.529-568.

VOSS, F. (1970): Die quartäre Formenentwicklung der Insel Tawi Tawi und ihrer Nachbargebiete im Sulu Archipel der Philippinen. Petermanns Geographische Mitteilungen. 114 Jg., Heft 4, S.261-266.

VOSS, F. (1971): Die Erdbebentätigkeit auf den Philippinen in historischer Zeit. Gerlands Beitr. Geophysik 80, Nr. 1, S.47-60.

VOSS, F. (1971): Quartärer Vulkanismus und junge Hebungsbewegungen der Insel Jolo im Sulu Archipel der Philippinen. Zeitschrift für Geomorphologie N.F. 15. Heft 1, S.1-11.

VOSS, F. (1974): Geology and Geomorphology of the Sulu Archipelago. Zeitschaft für Geomorphologie N.F. 18, Heft 4, S.389-406.

VOSS, F. (1974): Morphologische und tektonische Beziehungen zwischen Philippinen Graben und Mayon Vulkan im Osten der Philippinen. Die Erde. 105 Jg. Heft 1, S.6-74.

VOSS, F. (1974): Die Erdbebentätigkeit der Philippinen 1907 - 1967 und ihre Beziehung zu den Großformen des Archipels. Gerlands Beiträge zur Geophysik 83 Jg. Heft 1, S.59-75.

VOSS, F. und HILLMER, G. (1987): Zur Geologie und Morphologie der Strandterrassen von Cebu und Bohol, Philippinen. Berliner geographische Studien, Bd. 25, S.363-376.

1998	Higelke, B. (Hg.): Beiträge zur Küsten- und Meeresgeographie	Kieler Geographische Schriften, Bd. 97	S. 291-310

Die Fischerei in Schleswig-Holstein: Einige Anmerkungen zur Entwicklung und zu den Perspektiven eines landestypischen Wirtschaftszweiges

Dietrich Wiebe

In der Sitzung am 26. Januar 1996 verabschiedete der Landtag von Schleswig-Holstein ein neues Fischereigesetz, das mit Wirkung vom 10. Februar 1996 in Kraft trat und damit das Vorgängergesetz von 1916 ablöste[1]. Mit diesem neuen Gesetz wurde den Wandlungen in der Fischereiwirtschaft Rechnung getragen, die besonders nach dem Zweiten Weltkrieg stattgefunden haben. In der Präambel wird der veränderten Situation mit den folgenden Formulierungen Rechnung getragen:

> „Die Fischerei in den Küsten- und Binnengewässern Schleswig-Holsteins bildet einen wichtige wirtschaftlichen und soziokulturellen Bestandteil der schleswig-holsteinischen Gesellschaft. Ihre Erhaltung ist notwendig. Die Küsten- und Binnengewässer und die in ihnen lebenden Tiere und Pflanzen sind bedeutende Bestandteile des Naturhaushaltes. Schutz, Erhaltung und Entwicklung dieser Lebensräume mit ihrer vielfältigen Tier- und Pflanzenwelt und eine gute Wasserqualität sind Voraussetzung für eine Nutzung der in ihnen lebenden Fischbestände in ihrer natürlichen Artenvielfalt und ihrer nachhaltigen Nutzungsmöglichkeiten ist Ziel dieses Gesetzes."

In insgesamt 49 Paragraphen wird die Fischerei in den Küsten- und Binnengewässern ebenso geregelt wie die Fischerzeugung in besonderen Anlagen. Da das alte Gesetz vom 11. Mai 1916 sich auf den gesamten preußischen Staat erstreckte, blieben viele regionale und soziokulturelle Besonderheiten der schleswig-holsteinischen Fischerei unberücksichtigt. Neben der einstmals dominierenden Berufsfischerei sind in den letzten Jahren die Angel-, Hobby-, und Nebenerwerbsfischerei in den Vordergrund getreten, die zunehmend für den Fremdenverkehr von Bedeutung sind. In und an den

[1] Meinem langjährigem Landtagskollegen Gerhard Poppendiecker aus Heiligenhafen danke ich für viele Hinweise auf die Probleme der schleswig-holsteinischen Fischerei.

Gewässern finden negative ökologische Veränderungen statt, die zur Bedrohung einzelner Arten oder ganzer Lebensgemeinschaften geworden sind. Aber auch veränderte Fischereimethoden und -techniken haben immer stärkere Auswirkungen auf maritime Ökosysteme, deren Schäden z.T. irreparabel sind und nur durch gesetzliche Auflagen abgemildert werden können. Deshalb wurden verschiedene Neuerungen (DS 13/2725, S. 3 und 4) aufgenommen, wie:

- Hegepflicht

  Da nach heutigem Verständnis der Fischerei dem ökologischen Umfeld der Gewässer eine große Bedeutung einzuräumen ist, reicht das bisherige mit dem Fischereirecht verbundene Recht zur Hege nicht mehr aus. Die Verpflichtung zur Hege soll die vielfältigen, intensiven Bemühungen zur Verbesserung der ökologischen Gewässersituation unterstützen.

- Qualifikation der Erwerbsfischerinnen und -fischer

  Auf Grund der Anforderungen durch zunehmende rechtliche Reglementierungen in Küstengewässern ist allein der Erwerb eines Fischereischeines für eine Ordnungsgemäße Ausübung der Erwerbsfischerei nicht mehr ausreichend. Daher war eine klare Zugangsregelung zu diesem Erwerbszweig notwendig. Wer die Fischerei in Küstengewässern erwerbsmäßig (Haupt- und Nebenerwerb) ausüben will, muß sich zukünftig entsprechend qualifizieren. Für Bestehende Betriebe ohne entsprechende Berufsqualifikation der betreibenden Person ist eine Bestandsschutz vorgesehen.

- Fischereibuch

  Zur Hege in offenen Binnengewässern sind die fischereiberechtigten oder fischereiausübungsberechtigten Personen verpflichtet. Diese müssen für jeden Gewässerteil zweifelsfrei feststellbar sein. Dieses gilt auch für selbständige Fischereirechte, die in das Fischereibuch eingetragen sind. Um eindeutige Verhältnisse zu schaffen, soll ein neues Fischereibuch angelegt werden, in das für Binnengewässer nur zweifelsfreie Rechte eingetragen werden.

- Fischereibezirke und Fischereigenossenschaften

  Für das neue Gesetz erhalten diese Instrumente eine völlig neue Bedeutung. Der Zersplitterung der Fischereirechte soll entgegengewirkt werden. Zusammenhängende Gewässersysteme sollen zu Fischereibezirken abgegrenzt und eingerichtet werden. Die Hegepflicht kann in den Bezirken gemeinschaftlich durchgeführt werden. Zur Vereinfachung dieser Aufgabe können sich innerhalb eines Fischereibezirkes mehrere Hegepflichtige zu Fischhegebezirken zusammenschließen und gemeinschaftlich Hegepläne erstellen. Zur Organisation dieser Fischhegebezirke können sie Fischereigenossenschaften bilden.

- Hegepläne

  Zur Umsetzung der Hegepflicht bedarf es, wie in anderen Bundesländern schon eingeführt, eines neuen Instruments, das die Hegemaßnahmen an die ökologischen Erfordernisse des jeweiligen Gewässersystems anpaßt. Dieses neue Instrument sind die Hegepläne.

- Tierschutz

  Auf das Verbot des Wettfischens, die Verwendung lebender Köderfische, die Lebendhälterung von Fischen und das Aussetzen von fangfähigen Fischen zum Zwecke des alsbaldigen Wiederfanges nach den tierschutzrechtlichen Vorschriften wird hingewiesen, Gemeinschaftsfischen mit einer vernünftigen Verwendung der gefangenen Fische ist erlaubt.

Mit diesem Katalog soll erreicht werden, daß nicht nur den Belangen des Natur- und Umweltschutzes Rechnung getragen wird, sondern daß auch langfristig die Fischerei in Schleswig-Holstein erhalten bleiben wird und so ihren Beitrag zur Landesentwicklung leisten kann.

In der Begründung zum Gesetz (DS 13/2725, S. 43) wird noch einmal auf die Ausgangslage und die geänderten Rahmenbedingungen mit folgenden Worten eingegangen:

> „Schleswig-Holstein ist ein gewässerreiches Land. Allein mindestens 400 Seen und zahllose Teiche, Weiher und Tümpel bedecken eine Fläche von etwa 25.000 ha, das sind 1,6% der gesamten Festlandsfläche. Diese stehenden Gewässer werden von ca. 21.500 km Fließgewässern gespeist. Im Gegensatz zu den Wasserläufen überwiegen bei den Seen die großen Gewässer. Die 70 größten Seen mit über 50ha haben eine Gesamtfläche von über 20.000ha, das

sind nahezu 80% der Gesamtseenfläche. Bei den Fließgewässern können nur knapp 10% zu den größeren Gewässern gezählt werden (rd. 2.100km).

Das Ökosystem Fließgewässer als Lebensraum für Fische wurde bis in die 60er Jahre hinein bei Ausbau- und Unterhaltungsmaßnahmen der Wasserwirtschaft und bei Abwassereinleitungen kaum berücksichtigt. Dabei standen die Nutzungsziele der Entwässerung, Schmutzwasserableitung, Regelung des Grundwasserstandes oder Schutz vor Hochwassern im Vordergrund. Heute sind Belange des Schutzes von Vögeln, Pflanzen- und Wirbellosen hinzugetreten.

Ein Großteil der durch die Fließgewässer transportierten Nähr- und Schadstoffe gelangt in unsere Küstengewässer und trägt dort mit regionalen Schwerpunkten zur allgemeinen Belastung der Ost- und Nordsee bei.

Durch die Summe der o.g. Eingriffe und Einflüsse sind von den ursprünglich 48 in schleswig-holsteinischen Binnengewässern heimischen Rundmäulern und Süßwasserfischarten fünf ausgestorben; weitere vier sind vom Aussterben bedroht. Wanderfischarten und Fischarten mit besonders hohen ökologischen Ansprüchen an ihren Lebensraum sind besonders gefährdet.

Anders ist die Situation in den Küstengewässern, wo nur die Wanderfischarten Lachs und Stör in den schleswig-holsteinischen Gewässern kaum mehr angetroffen werden; der Lachs wird mittlerweile durch künstlichen Besatz wieder eingebürgert. Erhebliche Bestandseinbrüche bei einigen Meeresfischarten müssen jedoch auch hier zu einem Umdenkungsprozeß führen.

Die Gesamtheit unserer Küsten- und Binnengewässer und die in ihnen lebenden Tiere und Pflanzen sind ein bedeutender Bestandteil des Naturhaushaltes. Diese sind so zu schützen, daß ihr Fortbestand als Gesamtheit garantiert wird. Die Fische nehmen hierbei eine wichtige Doppelfunktion ein. Sie spielen eine wichtige Rolle im Artengefüge der Gewässer und sind am Ende der Nahrungskette besonders gefährdet. Daher sind sie als natürlicher Bioindikator ein herausragender Anzeiger für den Zustand unserer Gewässer. Die Fischbestände dürfen daher zum Wohle der Allgemeinheit nur so befischt werden, wie es ihre Regenerationsfähigkeit zuläßt. Gerade wegen dieser wichtige Funktionen darf die Pflege und Hege der Fischbestände nicht dem Zufall überlassen bleiben. Die Verpflichtungen zur Hege und die Erstellung und Überwachung von Hegeplänen erhalten daher eine zentrale Bedeutung."

In diesem Spannungsfeld zwischen Naturschutz und einer umweltverträglichen ökonomischen Nutzung steht heute die Fischerei.

Nach Art der Fischfanggewässer gliedert sich die Fischwirtschaft in drei Zweige: 1. Die Hochseefischerei, 2. die Kleine Hochsee- und Küstenfischerei und 3. die Binnenfischerei und die Teichwirtschaft. Die Hochseefischerei hat sich erst nach dem

Zweiten Weltkrieg entwickelt. Die 1949 gegründete „Hochseefischerei Kiel GmbH" begann mit vier Fischdampfern. Zwischen 1952 und 1961 wurden von 16 Fischdampfern auf dem Kieler Seefischmarkt jährlich 20-30.000t Fisch angelandet. Trotz der Indienststellung eines modernen Vollfrosters setzte bereits 1965 der Rückgang der schleswig-holsteinischen Hochseefischerei ein. Die letzte Ladung eines Kieler Fischdampfers wurde im April 1971 am Seefischmarkt gelöscht. Die große Heringsfischerei, auch Loggerfischerei genannt, erlitt 1978 mit der Stillegung des letzten Heringsloggers das gleiche Schicksal. Bei den jährlich stattfindenden Matjestagen in Glückstadt lebt die Erinnerung an diesen Fischereizweig weiter.

Die Kleine Hochsee- und Küstenfischerei, auch Kutter- und Küstenfischerei genannt, wird in der Nordsee und Ostsee von etwa 250 Kuttern betrieben, die Frischfisch fangen. Daneben gibt es ca. 130 Krabbenkutter und ca. 15 Muschelkutter (s. Tab. 1).

Tab. 1: Fischkutter in Schleswig-Holstein

	Zahl	davon: Fischfisch	Krabben	Muscheln
1979	406	260	133	13
1980	385	245	127	13
1981	398	251	124	14
1982	387	235	138	14
1983	404	253	137	14
1984	406	260	132	14
1985	400	260	129	11
1986	399	255	132	12
1987	396	251	131	14
1988	386	245	127	14

Das Gros der Kutterflotte ist in der Ostsee beheimatet, nur 10 Kutter gehen von Büsum aus dem Fang nach. In der Ostsee hat es nach 1945 durch vertriebene Fischer aus Ostpreußen, Westpreußen und Pommern einen neuen Aufschwung gegeben, durch die während des Weltkrieges hergestellten Kriegsfischkutter (KFK) von denen 39 an die schleswig-holsteinische Ostseeküste kamen. Sie wurden von den Flüchtlingsfischern für den Lachsfang in der östlichen Ostsee eingesetzt und später für die Industriefischerei (Gammelfischerei).

Die Entwicklung in den einzelnen Bereichen der Fischwirtschaft ist in den letzten Jahren recht unterschiedlich verlaufen. Die Seefischerei war vom Rückgang der Nutzfischbestände betroffen, wie Dorsch/Kabeljau, Seelachs, Scholle und Aal. Hinzu kommen seit 1992 sinkende Erlöse, z.T. bedingt durch Dumping-Preise der ehemaligen RGW-Ostseeanrainer. Der Abbau der Fischereiflotte setzt sich weiter fort, so verringerte sich die Zahl schleswig-holsteinischer Kutter von 399 (1.1.1987) auf 346 (1.1.1992). Weniger stark war der Rückgang in der Krabbenfischerei von 131 auf 120. Viele Krabbenfischer üben daneben auch den Plattfischfang aus, besonders Seezungen werden gefangen.

Die Kutterflotte in der Ostsee ist überaltert (s. Tab. 2). Von 200 Fahrzeugen sind 70 älter als 30 Jahre und spiegeln den technischen Stand der 50er und 60er Jahre wieder. Günstiger ist die Situation in der Krabben- und Muschelfischerei. Die älteren Fahrzeuge werden in der Regel gut gepflegt und durch kleinere Investitionen immer wieder modernisiert.

Tab. 2: „Alterszusammensetzung" der schleswig-holsteinischen Kutterflotte

Stand: 01.01.1992 Alter in Jahren	Fischkutter Nordsee	Krabben-kutter Nordsee	Muschel-kutter Nordsee	Gesamt Nordsee	Fischkutter Ostsee
bis 5	6	13	3	22	12
6 bis 10	1	7	3	11	50
11 bis 15	-	20	1	21	30
16 bis 20	3	16	1	20	15
21 bis 25	2	24	1	27	15
26 bis 30	-	2	-	22	10
31 bis 35	-	10	-	10	9
36 bis 40	-	-	-	-	10
41 bis 45	1	6	-	7	21
46 bis 50	-	1	-	1	13
51 bis 55	-	-	1	2	9
56 bis 60	-	-	-	-	2
61 bis 65	-	-	-	-	2
66 bis 70	-	-	1	1	-
71 bis 75	-	-	-	-	1
76 bis 80	-	-	1	1	-
Alter unbekannt	-	1	-	1	1

Quelle: DS 13/1063

Öffentliche Mittel ermöglichen Neubauten, Ankäufe und Modernisierungen (s. Tab. 3). Die Tabelle 4 zeigt wie stark die Kutterflotte von Abgängen betroffen ist, deren Quote durch Neubauten nicht ersetzt wird.

Tab. 3: Zahl der geförderten Investitionsfälle

		Fischkutter Nordsee	Krabbenkutter	Muschel-kutter	Ostsee-kutter
1988	Neubauten	2	-	-	1
	Ankäufe	1	3	-	8
	Modernisierungen usw.	3	20	1	14
1989	Neubauten	-	-	-	-
	Ankäufe	-	5	-	-
	Modernisierungen usw.	1	15	-	24
1990	Neubauten	1	2	-	4
	Ankäufe	-	5	-	4
	Modernisierungen usw.	2	12	-	16
1991	Neubauten	5	1	-	2
	Ankäufe	1	9	-	4
	Modernisierungen usw.	12	15	1	21
1992	Neubauten	1	1	1	1
	Ankäufe	-	6	-	7
	Modernisierungen usw.	2	20	1	10

Quelle: DS 13/1063

Tab. 4: Entwicklung der Anzahl der Kutter und Boote der Haupterwerbsfischer

		Kutter Nordsee	Kutter Ostsee	Boote
31.12.1987		157	239	244
1988	Abgänge	9	13	16
	Zugänge	7	5	-
31.12.1988		155	231	228
1989	Abgänge	14	30	19
	Zugänge	6	7	2
31.12.1989		147	208	211
1990	Abgänge	6	6	8
	Zugänge	6	7	-
31.12.1990		147	209	203
	Abgänge	11	14	1
	Zugänge	10	5	3
31.12.1991		146	200	205
	Abgänge	10	29	26
	Zugänge	4	6	14
31.12.1992		140	177	193

Quelle: DS 13/1063

Im Bericht über die Lage der Fischerei (DS 13/1063, S. 28) heißt es dazu:

> „Die Zahl der Neubauten wird nicht durch eine Quote bestimmt, die etwa von der EG auf die Mitgliedstaaten oder die Bundesländer aufgeteilt wäre, sie ergibt sich vielmehr aus der Zahl der Interessenten und aus der Erfüllung der von der EG festgelegten Voraussetzungen. Die EG hat in der jüngeren Vergangenheit nur Neubauten genehmigt, wenn der Antragsteller selbst ein entsprechendes Fahrzug außer Dienst gestellt hat. Erstmalig im Jahre 1992 hat sie Fahrzeuge wegen fehlender Finanzmittel nicht gefördert. Diese Neubauten können dann aber durchgeführt werden und mit Mitteln des Bundes und des Landes gefördert werden."

Die Entwicklung der Beschäftigtenzahlen ist in der Fischerei seit 1979 sowohl im Haupt- als auch im Nebenerwerb rückläufig (s. Tab. 5).

Tab. 5: Entwicklung der Zahl der Arbeitskräfte in der Fischerei 1979-1988

	Haupterwerb Fischer gesamt	Haupterwerb Ostsee	Haupterwerb Nordsee	Nebenerwerb Fischer gesamt
1979	1192	727	465	169
1980	1141	704	437	817
1981	1057	627	430	1389
1982	1047	620	427	1506
1983	1056	621	435	637
1984	1037	610	427	559
1985	987	576	411	597
1986	965	546	419	579
1987	968	549	419	577
1988	944	531	413	568

Neben der wirtschaftlichen Situation spielt auch die ungünstige Altersstruktur der Fischer eine große Rolle. Die Zahl der Auszubildenden (s. Tab. 6) ist in den vergangenen Jahren ebenfalls rückläufig.

Die Ausbildungszeit beträgt drei Jahre und erfolgt in den Fischereibetrieben. Schwerpunkte sind dabei Binnenfischerei, Fischzucht und Seefischerei. Der Berufsschulunterricht findet an der Fischereischule in Eckernförde in drei Unterrichtsblöcken statt. In Eckernförde werden auch Schüler aus Hamburg, Bremen und Niedersachsen unterrichtet. Schwierige Berufsperspektiven lassen für viele den

Beruf als unattraktiv erscheinen, so daß nicht alle Ausbildungsplätze besetzt werden können.

Tab. 6: Entwicklung der Zahl der Auszubildenden in der Fischerei

1985	133
1986	118
1987	136
1988	119
1989	121
1990	116
1991	91
1992	53

Tab. 7: Beschäftige in der Fischwirtschaft 1992

Bereich	Arbeitskräfte
Seefischerei Haupterwerb	800
Seefischerei Nebenerwerb	600
Binnenfischerei und Teichwirtschaft einschließlich Teilzeitarbeitskräfte	600
Fischverarbeitung, Betriebe ab 20 Beschäftigte	2.000
Fischverarbeitungsbetriebe unter 20 Beschäftigte	200
Fischgroß- und Einzelhandel	600
Insgesamt	4.900

Quelle: DS 13/1063

In der schleswig-holsteinischen Fischwirtschaft sind ca. 5.000 Menschen beschäftigt (s. Tab. 7). Die Zahl der 2.000 in der Fischindustrie beschäftigten Arbeitskräfte hat sich seit 1979 stabilisiert (s. Tab. 8).

Tab. 8: Beschäftigte in der Fischindustrie (Betriebe ab 20 Beschäftigte)

1979	2.059
1984	1.716
1989	1.781
1991	2.099
April 1992	2.044

Typisch für die Beschäftigungsstrukturen ist eine enge Vernetzung zwischen den verschiedenen Zweigen der gesamten Fischerei und Fischwirtschaft. Ebenso sind regionale Schwerpunkte an den Küsten und im Binnenland erkennbar. Neben der ökonomischen Bedeutung hat dieser Wirtschaftszweig quasi auch eine „immaterielle" Bedeutung für das Land, wie es in der Antwort auf die Große Anfrage u.a. heißt (DS 13/1063, S. 2):

> „Die Fischerei ist im Bewußtsein der Bevölkerung und nach Auffassung der Landesregierung ein wesentlicher Bestandteil des schleswig-holsteinischen Lebens und der Identität dieses Landes. Die Bereitschaft, sich für die Fischerei einzusetzen, kann daher nicht nur an ökonomischen Maßstäben gemessen werden. Außerdem hat die Fischwirtschaft darüber hinaus unmittelbare Wirkungen, die sich auch ökonomisch niederschlagen, ohne exakt meßbar zu sein. So spielt für den Fremdenverkehr der Ruf Schleswig-Holsteins als Fischereiland eine erhebliche Rolle. Der Feriengast erwartet an unseren Küsten fischereiliche Aktivitäten, an den Binnenseen Angebote aus der Binnenfischerei und an den Gewässern die Möglichkeit, dem Angelsport nachzugehen."

Die Anlandungen von Frischfisch stammen zu 85% aus der Ostsee und nur zu ca. 15% aus der Nordsee (s. Tab. 9).

Tab. 9: Die Entwicklung der Fänge an Ost- und Nordsee

	Ostsee Frischfisch		Nordsee Frischfisch		Krabben		Muscheln	
	t	TDM	t	TDM	t	TDM	t	TDM
1984	29.675	40.547	3.077	7.359	4.693	16.451	36.356	5.796
1985	23.367	32.619	2.584	4.405	6.544	20.158	15.709	4.664
1986	21.881	33.800	2.493	3.552	5.855	18.634	23.997	7.381
1987	18.537	30.720	1.962	5.176	6.322	23.629	20.357	6.014
1988	18.015	31.269	3.323	9.665	6.246	24.937	20.206	10.401

Tab. 10: Fischfang in der Ostsee

	1985: 1.000t	Mio. DM	1991: 1.000t	Mio. DM
Dorsch	7,7	16,1	3,5	11,6
Hering	7,1	3,8	5,1	2,6
Sprott	0,6	0,7	0,6	1,1
Aal	0,05	0,8	0,08	1,5
Plattfisch	0,44	0,8	0,52	1,5
Wittling, Seelachs	0,024	0,029	0,33	0,5

Quelle: DS 13/1063, S. 8

Bei der Nordseefischerei dominieren Miesmuscheln und Krabben. Der sogenannte „Brotfisch" der Ostseefischer ist immer noch der Dorsch, auch wenn die Bestände und Fangmengen rückläufig sind (s. Tab. 10).

Anders ist die Situation bei den Heringen, bei denen größere Bestände größere Fangmengen erlauben, die aber wegen zu niedriger Verkaufspreise nicht voll ausgeschöpft werden (s. Tab. 11 und Tab. 12).

Tab. 11: Anlandungen schleswig-holsteinischer Ostseekutter1982-1992 (in t)

	Anlandungen an der schleswig-holsteinischen Ostseeküste							Anlandungen in deutschen Häfen außerhalb S-H	Anlandungen in DK
	Hering	Sprott	Dorsch	Aal	Lachse/ Meer-forellen	Sonst. Konsum-fisch	Nicht für Konsum-zwecke		
1982	7.755	173	7.834	98	14	631	1.167	1.747	4.506
1983	7.711	245	9.684	83	18	848	1.244	1.294	3.882
1984	6.256	606	13.207	51	25	727	1.011	1.904	5.889
1985	7.061	613	7.745	50	29	537	1.341	2.103	3.888
1986	7.325	378	6.604	66	46	519	1.444	2.306	3.194
1987	4.993	369	6.396	57	30	591	916	1.640	2.626
1988	4.814	244	7.603	70	48	585	573	1.075	2.178
1989	4.272	553	6.024	87	55	602	712	1.568	3.569
1990	4.248	870	3.563	82	46	685	607	1.218	1.057
1991	5.053	648	3.517	83	38	921	468	706	925
1992	3.974	516	3.039	79	38	1.383	263	1.032	?

Während der Aal langfristig wohl in der Menge abnehmen wird, haben sich die Plattfischbestände in den letzten Jahren wieder etwas erholt. Um die Fischressourcen langfristig besser nutzen zu können, haben die Anliegerstaaten der Ostsee eine „Ostseefischereikomission" gegründet, die alljährlich Fangquoten für verschiedene Fischarten festlegt.. Sie konnte den Artenrückgang nur bedingt vermindern. Die Quote für Dorsch betrug 1993 40.000t von denen 4.220t auf Deutschland entfielen. Diese Menge ist für eine dauerhafte Existenzsicherung der schleswig-holsteinischen Ostseefischer nicht ausreichend. Sie weichen deshalb auf anderen Fisch aus, bzw. Fischen zeitweilig auch in der Nordsee. Hilfen des Landes, die über die EU hinausgehen, wie z.B. Vergrößerung der Fanggebiete oder eine Erhöhung der Quoten sind rechtlich nicht möglich. Dagegen wurde der Kapitaldienst für Landesfischereidarlehen für ein Jahr ausgesetzt, d.h. die Tilgungsleistungen für die Restdarlehen wurden um ein Jahr hinausgeschoben.

Tab. 12: Preise je kg für die Anlandungen schleswig-holsteinischer Ostseefischer 1982-1992

	Hering	Sprott	Dorsch	Aal	Lachse/ Meer-forellen	sonst. Konsum-fisch	nicht für Konsum-zwecke	Anlandungen in dt. Häfen außerhalb S-H	Anlan-dungen in DK
1982	0,56	1,20	1,58	14,49	15,43	1,71	0,10	1,39	0,98
1983	0,63	1,58	1,51	15,05	15,06	1,52	0,10	1,76	1,20
1984	0,55	1,24	1,64	16,16	14,48	1,62	0,085	1,51	1,59
1985	0,54	1,22	2,07	16,14	15,14	1,79	0,08	1,76	1,55
1986	0,57	1,52	2,42	16,77	12,72	2,24	0,09	1,79	1,87
1987	0,61	1,60	2,19	16,46	13,13	2,22	0,09	1,77	2,01
1988	0,53	1,73	2,21	16,54	13,81	2,43	0,06	1,94	1,79
1989	0,59	1,46	2,34	16,93	12,87	2,46	0,06	2,66	1,67
1990	0,53	1,70	30,5	17,73	10,67	2,52	0,08	3,31	2,50
1991	0,51	1,69	3,31	18,28	12,13	2,38	0,07	2,58	2,70
1992	0,50	1,80	3,05	17,49	11,16	2,10	0,07	2,40	?

Die Produktionsmengen der schleswig-holsteinischen Fischindustrie - dabei sind nur Betriebe mit 10 und mehr Beschäftigten erfaßt - sind aus Tabelle 13 ersichtlich.

Tab. 13: Produktion der schleswig-holsteinischen Fischindustrie

Ausgewählte Erzeugnisse	Produktionsmenge (t)	Produktionswert (TDM)
Fisch und Fischerzeugnisse	62.420	404.414
Geräucherte Fische oder Fischfilets	842	10.144
Erzeugnisse aus gesalzenen Fischen in Öl u.ä., Marinaden, Fischdauerkonserven	45.301	263.152
Marinaden	13.259	60.641
Fischdauerkonserven	28.364	177.666
Erzeugnisse aus Krebs- und Weichtieren	6.652	49.313

Quelle: DS 13/1062, S.6

Die Auslastung der einzelnen Betriebe ist sehr unterschiedlich. Nach der deutschen Vereinigung stieg die Nachfrage sehr stark an, um in den letzten Jahren wieder abzusinken. Die Wettbewerbssituation hat dazu geführt, daß nicht alle Betriebe ihre Kapazitäten voll ausnutzen können.

Tab. 14: Anlandungen und Erlöse schleswig-holsteinischer Krabbenfischer von 1987-1992

	Krabbenfänge (t)	Erlöse (TDM)	DM/kg
1987	6.322	23.629	3,74
1988	6.246	24.937	3,99
1989	4.946	28.597	5,78
1990	2.286	17.572	7,69
1991	4.825	18.725	3,88
1992	4.518	19.495	4,31

Quelle: DS 13/1063, S. 14

Krabben- und Miesmuschelfang sind für die Fischwirtschaft an der schleswig-holsteinischen Nordseeküste von größerem Wert als der Frischfischfang (s. Tab. 9 und Tab. 14). Typisch für beide Zweige ist, daß sich der Fang ausschließlich auf küstennahe Gewässer erstreckt. Dagegen finden Verarbeitung und Vermarktung überwiegend außerhalb von Schleswig-Holstein statt, wie es in einem Bericht der Landesregierung heißt (DS 13/10/62, S. 29/30):

> „Die Krabbenfischerei in Schleswig-Holstein hat zwar einen bedeutenden Anteil m europäischen Gesamtaufkommen an Nordseekrabben. Gleichwohl gibt es auch hier keinen eigenen schleswig-holsteinischen Markt. Die Vermarktungsfirmen verkaufen die Ware, die sie nicht selbst verarbeiten oder an den Einzelhandel verkaufen, zum überwiegenden Teil in die Niederlande. Dort hat ein einzelnes Unternehmen eine marktbeherrschende Stellung. Dies hat Einfluß auf die Preisgestaltung in allen europäischen Häfen. Gleichwohl sind so viele Wettbewerber im Krabbengeschäft, daß sich die Preise letztenendes doch als Wettbewerbspreise bilden. Dabei spielt es auch eine erhebliche Rolle, daß Nordseekrabben und die verschiedenen Arten von Tiefseegarnelen bei vielen Verwendungszwecken gegeneinander substituierbar sind, daß also ein Mißbrauch der Marktmacht zum Nachteil der Fischer oder zum Nachteil der Verbraucher nicht möglich ist.
>
> Muscheln werden weitestgehend in die Niederlande verkauft. Der Preis für Miesmuscheln bildet sich auf den dort gesetzlich vorgeschriebenen Auktionen. Dieser Auktionspreis ist auch - unter Berücksichtigung der Transportkosten von Schleswig-Holstein nach Holland - Grundlage für die Preisgestaltung in Deutschland. Obgleich auch hier nur wenige Unternehmen als Abnehmer in Betracht kommen, ist die Gefahr einer „Störung" zum Nachteil deutscher Erzeuger nicht zu erkennen.

Bereits seit vielen Jahren hat sich in der Krabbenwirtschaft die geringe Kapazität an Krabbenschälerinnen als begrenzender Faktor erwiesen. Die Bereitschaft, Krabben in Heimarbeit zu schälen, hat in Schleswig-Holstein bereits seit den 70er Jahren ständig weiter nachgelassen, und zwar auch in Zeiten hoher Arbeitslosigkeit. Die vielen Versuche Krabbenschälmaschinen zu bauen und dadurch das Problem der Heimschälung zu lösen, haben bisher zu keinem wirklich durchschlagenden Erfolg geführt. Zwar sind mehrere Maschinen in der Praxis im Einsatz. Sie sind aber nicht wirtschaftlicher als eine gut organisierte Heimschälung und haben sich daher noch nicht durchgesetzt. Bereits seit den 70er Jahren wurden nennenswerte Mengen von Krabben nach Holland exportiert, dort geschält und als Krabbenfleisch reimportiert. Da in Holland inzwischen die Heimschälung aus hygienischen Gründen vollständig verboten ist, werden Krabben jetzt in größerem Umfang nach Polen gefahren. Dort werden sie in großen Krabbenschälzentren entschält und kommen dann als Krabbenfleisch zurück nach Schleswig-Holstein. Diese Krabbenschälzentren sind sehr modern eingerichtet, erfüllen höchste hygienische Anforderungen und sind gegenüber dem Einsatz von Krabbenschälmaschinen in Schleswig-Holstein voll konkurrenzfähig."

Die herausragende Stellung der Niederlande bei der Verarbeitung und der Vermarktung dieser Spezialitäten wird auch weiterhin bestehen bleiben, da die Fischwirtschaft an der Nordseeküste bisher nicht in der Lage war, ihre traditionellen Defizite zu beseitigen. Ähnliche Probleme bestehen auch in anderen Bereichen der Agrarwirtschaft (z.B. Milch- und Viehvermarktung). Die Veredelung der Rohprodukte findet nicht in Schleswig-Holstein statt, sondern im Ausland. Verschiedene Maßnahmen, die zu einer Veränderung dieser Situation führen sollten, blieben oft im Ansatz stecken, da viele der Beteiligten überfordert waren.

Der dritte Bereich der Fischerei ist die Binnenfischerei zu der die Seen- und Flußfischerei und die Teichwirtschaft gehören. Durch die Zunahme der Kormorane, sowohl der Brutbestände als auch der Durchzügler hat die Seen- und Flußfischerei seit Mitte der 80er Jahre Einbußen erlitten. Das Land hilft den betroffenen Betrieben mit Ausgleichszahlungen und erlaubt im begrenzten Umfang Vergrämungsabschüsse.

Es gab 1994 insgesamt 193 Fischereibetriebe, die sich in die folgenden Betriebszweige aufgliederten: 161 Betriebe mit Fischhaltung und Fischzucht einschl. Intensivhaltung, darunter 156 Betriebe mit Teichflächen und 16 Betriebe mit Intensivhaltungs-/Mastanlagen; 38 Betriebe mit Fluß-/Seenfischerei, darunter 30 Betriebe mit Seenfischerei und 9 Betriebe mit Flußfischerei; 5 Betriebe mit Netzgehegehaltung.

In 120 Betrieben wurde Karpfenzucht und in 42 Betrieben Forellenzucht durchgeführt; nur eine geringe Zahl befaßte sich mit Haltung/Zucht von Fischarten wie Schlei/Zander/Hecht oder mit Krebsen.

Die regional unterschiedlichen naturgeographischen Verhältnisse haben zu verschiedenen räumlichen Schwerpunkten geführt (s. Tab. 15).

Tab. 15: Regionale Verteilung der Binnenfischerei 1994

Naturraum	Betriebe mit Binnenfischerei Anzahl	%
Östliches Hügelland	110	57
Vorgeest	13	7
Hohe Geest	67	35
Marsch	3	2
Insgesamt	193	100

Die meisten Betriebe befinden sich im Östlichen Hügelland, gefolgt von der Hohen Geest und der Vorgeest und der fast bedeutungslosen Marsch. Während im Hügelland die Seefischerei vorherrscht, liegen in der Geest die meisten Teichwirtschaften Schleswig-Holsteins.

Tab. 16.: Betriebsflächenstruktur der Binnenfischer

Fluß-/Seenfläche, Teichfläche von ... bis ... ha	Betriebe Anzahl	%
	Fluß-/Seenfischer	
Unter 10	-	-
10 - 50	5	13
50 - 100	3	8
100 - 500	20	53
500 u. mehr	10	26
Insgesamt	38	100
	Teichwirtschaft	
Unter 5	94	60
5 - 10	22	14
10 - 20	13	8
20 - 50	17	11
50 u. mehr	10	6
Insgesamt	156	100

Eine Analyse der Betriebsflächen zeigt markante Unterschiede zwischen der Produktionsleistung von natürlichen Gewässern und angelegten Teichen. Seen- und Flußfischer haben überwiegend Flächen zwischen 100ha und 500ha (s. Tab. 16), bei den Teichwirten haben 60% aller Betriebe eine Größe von weniger als 5 ha.

In den Jahren zwischen 1962 und 1994 hat sich die Gesamtbetriebszahl von 186 auf 193 geringfügig erhöht (s. Tab. 17). Einem starken Rückgang der Seen- und Flußfischerei stand eine hohe Zunahme in der Teichwirtschaft gegenüber.

Tab. 17: Entwicklung der Betriebszahlen

Betriebsart	1962	1972	1982	1994
Insgesamt	(186)[1]	(203)[1]	265	193
darunter mit				
Fluß-/Seenfischerei	92	82	75	38
Teichwirtschaft/Fischzucht	94	121	201	161
Netzgehegehaltung	•	•	•	5

[1] Addition der Betriebszweige

Tab. 18: Erträge der Seen- und Flußfischerei

	Erhebungsjahr[1]			
Fischart	1962	1972	1982	1994
Weißfisch	1.811	1.788	1.450	771
Aal	1.457	1.001	1.238	554
Barsch	481	395	415	227
Hecht	440	378	266	202
Coregonen (Maränen)	467	443	1.111	181
Sonstige Fische	2.945	3.336	3.474	1.177
Insgesamt	7.601	7.441	8.369	3.112

[1] Fangergebnis aus vorhergehendem Jahr

Quelle: GRUNWALDT (1995, S. 85)

In den 193 Betreiben arbeiteten 404 Beschäftigte, dabei hat die Teichwirtschaft immer mehr an Bedeutung gewonnen, wie es einige Zahlen verdeutlichen mögen. Die Seen- und Flußfischerei fing 1962 noch 7.601t Fisch (Tab. 18), die Teichwirtschaft dagegen nur 1.628 t. Im Jahr 1994 lag die Teichwirtschaft mit 3.882 t (Tab. 19) vor der Seen- und Flußfischerei mit 3.112 t. Zunehmend an Bedeutung gewinnt die Intensivhaltung mit der Erzeugung von Karpfen und Regenbogenforellen, wenn auch ökologische

Probleme dem Wachstum solcher Anlagen Grenzen setzen. Die Schwierigkeiten bei den skandinavischen Lachszüchtern sind ein warnendes Beispiel.

Tab. 19: Erträge der Teichwirtschaft

	Erhebungsjahr			
	1962	1972	1982	1994
Karpfen	1.493	1.808	1.436	2.094
Regenbogenforellen	45	345	501	1.602
Übrige Speisefische	90	473	175	187
Insgesamt	1.628	2.672	2.112	3.882

Quelle: GRUNWALDT (1995, S. 88)

Einige Thesen zu den Perspektiven der schleswig-holsteinischen Fischerei

Ausgehend von der Entwicklung der schleswig-holsteinischen Fischerei sollen abschließend in Form von sieben Thesen die möglichen Perspektiven dieses Wirtschaftszweiges kurz erörtert werden.

These 1: Die Fischerei ist von den allgemeinen ökonomischen Wandlungen des primären Sektors stark betroffen.

In den Jahren seit dem Zweiten Weltkrieg hat der primäre Sektor die größten Bedeutungsverluste gegenüber allen anderen Wirtschaftssektoren erlitten. Besonders die landwirtschaftlich stark geprägten Regionen Deutschlands - zu ihnen gehörte ja auch Schleswig-Holstein - haben sich von diesem Verlust nicht wieder erholen können. Der Bedeutungsverlust war für die Fischer noch gravierender und ist bis heute nicht gestoppt worden. Alle Versuche, diesen Wirtschaftszweig zu stabilisieren haben nur einen begrenzten Erfolg gehabt. EU-einheitliche Regelungen haben regionale Disparitäten noch verstärkt und einen Schrumpfungs- und Konzentrationsprozeß eher noch beschleunigt. Nur Betrieben, die industrielle Produktions- und Vermarktungsformen entwickeln konnten, haben Chancen auch in Zukunft am Markt zu bleiben.

These 2: Der Strukturwandel in der Fischerei und in der Fischwirtschaft führt zu einem ständigen Bedeutungsverlust eines traditionellen, landestypischen Gewerbes.

Neben den in These 1 geschilderten Rahmenbedingungen des primären Sektors, hat der Wandel in diesem speziellen Zweig der Urproduktion noch größere Auswirkungen auf Betriebe und Betriebsformen gehabt. Einigen Daten mögen diese Trends näher verdeutlichen. Die Kutterflotte (s. Tab. 2) ist überaltet und stellt im Gros den technischen Stand der 50er und 60er Jahre dar. Die Zahl der Arbeitskräfte ging von 1192 Beschäftigten auf 944 zurück (s. Tab. 5). Die Zukunftschancen werden negativ bewertet, sank doch die Zahl der Auszubildenden innerhalb von 7 Jahren um 60% (s. Tab. 6). Anders ist die Situation in der Fischindustrie, hier hat es seit 1979 fast keinen Abbau an Arbeitsplätzen gegeben (s. Tab. 8).

These 3: Innerhalb der Fischerei bestehen regional differenzierte Strukturprobleme.

Bei den Frischfischanlandungen spielt die Nordsee mit 15% der Fangmengen nur einen unbedeutende Rolle, trotzdem erzielte die Nordseefischerei mit 45,0 Mio. DM im Vergleich zu 31.3 Mio. DM der Ostseefischerei einen höheren Umsatz (s. Tab. 9). Die Erträge aus der Krabben- und Muschelfischerei haben zu diesem Gesamtergebnis geführt. In der Binnenfischerei sind die regionalen Unterschiede noch größer (s. Tab. 15). Die naturgeographische Ausstattung des Landes hat dazu geführt, daß 57% aller Betriebe ihren Standort im Östlichen Hügelland haben.

These 4: Die überlieferten Organisationsstrukturen müssen gewandelten Rahmenbedingungen angepaßt werden.

Die großen Erfolge der niederländischen Fischerei und Fischwirtschaft, auch in Deutschland und in deutschen Gewässern beruhen zu einem erheblichen Teil auch auf effizienteren Betriebs- und Vermarktungsstrukturen. In der schleswig-holsteinischen Fischerei mit ihren meist an Familienbetrieben orientierten Genossenschaften sind diese überlieferten Formen nicht immer die optimale Lösung für die anstehenden Probleme.

These 5: Ökologische Belange gewinnen zunehmend an Bedeutung in der schleswig-holsteinischen Fischerei.

In der Begründung zum Fischereigesetz des Landes Schleswig-Holstein wird auf die Ökosysteme eingegangen, die für die Fischerei von großer Bedeutung sind (DS 13/2725, S, 43). Störungen dieser Systeme durch menschliche Eingriffe haben negative Auswirkungen auf die vorhandenen Naturpotentiale und auf deren Nutzung.

These 6: Die Fischerei ist in ein Tourismuskonzept des Landes einzubinden.

Bei der Weiterentwicklung des Sanften Tourismus sollte auch die Fischerei mit ihren gewachsenen Strukturen eingebunden werden, ohne zu einem musealen Relikt zu verkümmern.

These 7: Der Ausbau der Teichwirtschaft und die Entwicklung von Aquakulturen werden noch zu erheblichen Veränderungen in der Fischwirtschaft führen.

Die weltweit steigende Nachfrage nach Fisch und anderen Meeresprodukten führt zur Anlage von Aquakulturen in küstennahen Gewässern. Es entstehen viele neue Arbeitsplätze aber auch neue ökologische Probleme. Die Aquakulturen in Schleswig-Holstein nehmen zur Zeit noch überwiegend Forschungs- und Pilotfunktionen wahr. Erst langfristig dürften auch bei diesen Formen küstennaher Meeresnutzung neue Betriebszweige entstehen.

Literatur

GRUNDWALDT, H.-S.: Binnenfischereierhebung 1994, in: Statistische Monatshefte Schleswig-Holstein, 47. Jg. H.5., Kiel 1995, S.81-91.

LANGE, E.: Der Einfluß der Fischerei auf die Küstensiedlungen Ostholsteins, in: Beiträge zur Landeskunde von Schleswig-Holstein. Schriften des Geographischen Instituts der Universität Kiel, Sonderband, Kiel 1953, S.186-195.

Min. f. ländliche Räume, Landwirtschaft, Ernährung und Tourismus des Landes Schleswig-Holstein (Hrsg.): Informationen zur Fischerei in Schleswig-Holstein, Kiel 1996.

Pressestelle der Landesregierung Schleswig-Holstein (Hrsg.): Schleswig-Holstein, ein Lesebuch, Kiel 1992.

PAFFEN, K.H. und H.-G. WENK: Fischerei und Fischwirtschaft in: Schlenger-Paffen-Stewig (Hrsg.): Schleswig-Holstein. Ein geographisch-landeskundlicher Exkursionsführer, Kiel 1969, S.68-73.

QUEDENS, G.: Es gibt wieder Austern im Watt, in: Schleswig-Holstein, H.11, Husum 1996, S.17-18.

Schleswig-Holsteinischer Landtag: Fischereigesetz für das Land Schleswig-Holstein vom 10.02.1996 (GVOBl. S-H. S.211).

Schleswig-Holsteinischer Landtag: Große Anfrage der Fraktion der SPD und Antwort der Landesregierung: Lage der Fischerei in Nord- und Ostsee (DS 12/363), Kiel 1989.

Schleswig-Holsteinischer Landtag: Antwort der Landesregierung auf die große Anfrage der Fraktion der CDU: Wettbewerbsstellung der schleswig-holsteinischen Fischerei im Vergleich zu anderen Bundesländern und Staaten, Kiel 1993 (DS 13/1062).

Schleswig-Holsteinischer Landtag: Antwort der Landesregierung auf die große Anfrage der Fraktion der SPD: Lage der Fischerei in Nord- und Ostsee, der Binnenfischerei und der Teichwirtschaft, Kiel 1993 (DS 13/1063).

Schleswig-Holsteinischer Landtag: Bericht der Landesregierung: Hafenentwicklungskonzeption für Schleswig-Holstein, Kiel 1994 (DS 13/2153).

Schleswig-Holsteinischer Landtag: Gesetzentwurf der Landesregierung: Entwurf eines Fischereigesetzes für das Land Schleswig-Holstein, Kiel 1995 (DS 13/2725).

Statistisches Landesamt Schleswig-Holstein (Hrsg.): Statistisches Taschenbuch Schleswig-Holstein, Kiel 1996.

STEWIG, R.: Landeskunde von Schleswig-Holstein, Geocolleg 5, Berlin, Stuttgart, 1982.

Verzeichnis der Autorinnen und Autoren

Prof. Dr. Hermann Achenbach, Geographisches Institut der Universität Kiel, Ludewig-Meyn-Str. 14, D-24098 Kiel

Prof. Dr. Jürgen Bähr, Geographisches Institut der Universität Kiel, Ludewig-Meyn-Str. 14, D-24098 Kiel

Dipl.-Geogr. Sandra Böschen, Op´n Hesel 4 b, D-22397 Hamburg

Prof. Dr. Arnt Bronger, Geographisches Institut der Universität Kiel, Ludewig-Meyn-Str. 14, D-24098 Kiel

Prof. Dr. F. Reiner Ehrig, Institut für Geographie der Universität Regensburg, Universitätsstr. 31, D-93053 Regensburg

Walter M. Fietz, Kapitän F.S."Gauss", c/o Bundesamt für Seeschiffahrt und Hydrographie, Bernhard-Nocht-Str. 78, D-20359 Hamburg

Prof. Dr. Otto Fränzle, Geographisches Institut der Universität Kiel, Ludewig-Meyn-Str. 14, D-24098 Kiel

Ursula Fränzle, Moritz-Schreber-Str. 29, D-24211 Preetz

Dipl.-Geogr. Matthias Hamann, Geographisches Institut der Universität Kiel, Ludewig-Meyn-Str. 14, D-24098 Kiel

Dr. Bodo Higelke, Geographisches Institut der Universität Kiel, Ludewig-Meyn-Str. 14, D-24098 Kiel

Prof. Dr. Dieter Kelletat, Institut für Geographie, Universität Gesamthochschule Essen, Universitätsstr. 15, D-45117 Essen

Sonja Köntges, Margarethenstr. 9, D-24939 Flensburg

Prof. Dr. Gerhard Kortum, Institut für Meereskunde an der Universität Kiel, Düsternbrooker Weg 20, D-24105 Kiel

Prof. Dr. Wolfgang Riedel, Institut für Landschaftsplanung und Landschaftsökologie der Universität Rostock, Justus-von-Liebig-Weg 6, D-18051 Rostock

Prof. Dr. Götz v. Rohr, Geographisches Institut der Universität Kiel, Ludewig-Meyn-Str. 14, D-24098 Kiel

Dr. Sergej N. Sedov, Institut für Bodenkunde der Lomonossov-Universität Moskau, 119899 Moskau, Rußland

Prof. Dr. Dietbert Tannheiser, Institut für Geographie der Universität Hamburg, Bundesstr. 55, D-20141 Hamburg

Prof. Dr. Frithjof Voss, Institut für Geographie der TU Berlin, Budapester Str. 44 - 46, D-10787 Berlin

Dr. Rainer Wehrhahn, Geographisches Institut der Universität Kiel, Ludewig-Meyn-Str. 14, D-24098 Kiel

Prof. Dr. Dietrich Wiebe, Geographisches Institut der Universität Kiel, Ludewig-Meyn-Str. 14, D-24098 Kiel

Band IX

*Heft 1 S c o f i e l d, Edna: Landschaften am Kurischen Haff. 1938.

*Heft 2 F r o m m e, Karl: Die nordgermanische Kolonisation im atlantisch-polaren Raum. Studien zur Frage der nördlichen Siedlungsgrenze in Norwegen und Island. 1938.

*Heft 3 S c h i l l i n g, Elisabeth: Die schwimmenden Gärten von Xochimilco. Ein einzigartiges Beispiel altindianischer Landgewinnung in Mexiko. 1939.

*Heft 4 W e n z e l, Hermann: Landschaftsentwicklung im Spiegel der Flurnamen. Arbeitsergebnisse aus der mittelschleswiger Geest. 1939.

*Heft 5 R i e g e r, Georg: Auswirkungen der Gründerzeit im Landschaftsbild der norderdithmarscher Geest. 1939.

Band X

*Heft 1 W o l f, Albert: Kolonisation der Finnen an der Nordgrenze ihres Lebensraumes. 1939.

*Heft 2 G o o ß, Irmgard: Die Moorkolonien im Eidergebiet. Kulturelle Angleichung eines Ödlandes an die umgebende Geest. 1940.

*Heft 3 M a u, Lotte: Stockholm. Planung und Gestaltung der schwedischen Hauptstadt. 1940.

*Heft 4 R i e s e, Gertrud: Märkte und Stadtentwicklung am nordfriesischen Geestrand. 1940.

Band XI

*Heft 1 W i l h e l m y, Herbert: Die deutschen Siedlungen in Mittelparaguay. 1941.

*Heft 2 K o e p p e n, Dorothea: Der Agro Pontino-Romano. Eine moderne Kulturlandschaft. 1941.

*Heft 3 P r ü g e l, Heinrich: Die Sturmflutschäden an der schleswig-holsteinischen Westküste in ihrer meteorologischen und morphologischen Abhängigkeit. 1942.

*Heft 4 I s e r n h a g e n, Catharina: Totternhoe. Das Flurbild eines angelsächsischen Dorfes in der Grafschaft Bedfordshire in Mittelengland. 1942.

*Heft 5 B u s e, Karla: Stadt und Gemarkung Debrezin. Siedlungsraum von Bürgern, Bauern und Hirten im ungarischen Tiefland. 1942.

Band XII

*B a r t z, Fritz: Fischgründe und Fischereiwirtschaft an der Westküste Nordamerikas. Werdegang, Lebens- und Siedlungsformen eines jungen Wirtschaftsraumes. 1942.

Band XIII

*Heft 1 T o a s p e r n, Paul Adolf: Die Einwirkungen des Nord-Ostsee-Kanals auf die Siedlungen und Gemarkungen seines Zerschneidungsbereiches. 1950.

*Heft 2 V o i g t, Hans: Die Veränderung der Großstadt Kiel durch den Luftkrieg. Eine siedlungs- und wirtschaftsgeographische Untersuchung. 1950. (Gleichzeitig erschienen in der Schriftenreihe der Stadt Kiel, herausgegeben von der Stadtverwaltung).

*Heft 3 M a r q u a r d t, Günther: Die Schleswig-Holsteinische Knicklandschaft. 1950.

*Heft 4 S c h o t t, Carl: Die Westküste Schleswig-Holsteins. Probleme der Küstensenkung. 1950.

Band XIV

*Heft 1 K a n n e n b e r g, Ernst-Günter: Die Steilufer der Schleswig-Holsteinischen Ostseeküste. Probleme der marinen und klimatischen Abtragung. 1951.

*Heft 2 L e i s t e r, Ingeborg: Rittersitz und adliges Gut in Holstein und Schleswig. 1952. (Gleichzeitig erschienen als Band 64 der Forschungen zur deutschen Landeskunde).

Heft 3 R e h d e r s, Lenchen: Probsteierhagen, Fiefbergen und Gut Salzau: 1945 - 1950. Wandlungen dreier ländlicher Siedlungen in Schleswig-Holstein durch den Flüchtlingszustrom. 1953. X, 96 S., 29 Fig. im Text, 4 Abb. 5,—DM

*Heft 4 B r ü g g e m a n n, Günther: Die holsteinische Baumschulenlandschaft. 1953.

Sonderband

*S c h o t t, Carl (Hrsg.): Beiträge zur Landeskunde von Schleswig-Holstein. Oskar Schmieder zum 60. Geburtstag. 1953. (Erschienen im Verlag Ferdinand Hirt, Kiel).

Band XV

*Heft 1 L a u e r, Wilhelm: Formen des Feldbaus im semiariden Spanien. Dargestellt am Beispiel der Mancha. 1954.

*Heft 2 S c h o t t, Carl: Die kanadischen Marschen. 1955.

*Heft 3 J o h a n n e s, Egon: Entwicklung, Funktionswandel und Bedeutung städtischer Kleingärten. Dargestellt am Beispiel der Städte Kiel, Hamburg und Bremen. 1955.

*Heft 4 R u s t, Gerhard: Die Teichwirtschaft Schleswig-Holsteins. 1956.

Band XVI

*Heft 1 L a u e r, Wilhelm: Vegetation, Landnutzung und Agrarpotential in El Salvador (Zentralamerika). 1956.

*Heft 2 S i d d i q i, Mohamed Ismail: The Fishermen's Settlements of the Coast of West Pakistan. 1956.

*Heft 3 B l u m e, Helmut: Die Entwicklung der Kulturlandschaft des Mississippideltas in kolonialer Zeit. 1956.

Band XVII

*Heft 1 W i n t e r b e r g, Arnold: Das Bourtanger Moor. Die Entwicklung des gegenwärtigen Landschaftsbildes und die Ursachen seiner Verschiedenheit beiderseits der deutsch-holländischen Grenze. 1957.

*Heft 2 N e r n h e i m, Klaus: Der Eckernförder Wirtschaftsraum. Wirtschaftsgeographische Strukturwandlungen einer Kleinstadt und ihres Umlandes unter besonderer Berücksichtigung der Gegenwart. 1958.

*Heft 3 H a n n e s e n, Hans: Die Agrarlandschaft der schleswig-holsteinischen Geest und ihre neuzeitliche Entwicklung. 1959.

Band XVIII

Heft 1 H i l b i g, Günter: Die Entwicklung der Wirtschafts- und Sozialstruktur der Insel Oléron und ihr Einfluß auf das Landschaftsbild. 1959. 178 S., 32 Fig. im Text und 15 S. Bildanhang. 9,20 DM

Heft 2 S t e w i g, Reinhard: Dublin. Funktionen und Entwicklung. 1959. 254 S. und 40 Abb. 10,50 DM

Heft 3 D w a r s, Friedrich W.: Beiträge zur Glazial- und Postglazialgeschichte Südostrügens. 1960. 106 S., 12 Fig. im Text und 6 S. Bildanhang. 4,80 DM

Band XIX

Heft 1 H a n e f e l d, Horst: Die glaziale Umgestaltung der Schichtstufenlandschaft am Nordstrand der Alleghenies. 1960. 183 S., 31 Abb. und 6 Tab. 8,30 DM

*Heft 2 A l a l u f, David: Problemas de la propiedad agricola en Chile. 1961.

*Heft 3 S a n d n e r, Gerhard: Agrarkolonisation in Costa Rica. Siedlung, Wirtschaft und Sozialgefüge an der Pioniergrenze. 1961. (Erschienen bei Schmidt & Klaunig, Kiel, Buchdruckerei und Verlag).

Band XX

*L a u e r, Wilhelm (Hrsg.): Beiträge zur Geographie der Neuen Welt. Oskar Schmieder zum 70. Geburtstag. 1961.

Band XXI

*Heft 1 S t e i n i g e r, Alfred: Die Stadt Rendsburg und ihr Einzugbereich. 1962.

Heft 2 B r i l l, Dieter: Baton Rouge, La. Aufstieg, Funktionen und Gestalt einer jungen Großstadt des neuen Industriegebiets am unteren Mississippi. 1963. 288 S., 39 Karten, 40 Abb. im Anhang. 12.00 DM

*Heft 3 D i e k m a n n, Sibylle: Die Ferienhaussiedlungen Schleswig-Holsteins. Eine siedlungs- und sozialgeographische Studie. 1964.

Band XXII

*Heft 1 E r i k s e n, Wolfgang: Beiträge zum Stadtklima von Kiel. Witterungsklimatische Untersuchungen im Raum Kiel und Hinweise auf eine mögliche Anwendung in der Stadtplanung. 1964.

*Heft 2 S t e w i g, Reinhard: Byzanz - Konstantinopel - Istanbul. Ein Beitrag zum Weltstadtproblem. 1964.

*Heft 3 B o n s e n, Uwe: Die Entwicklung des Siedlungsbildes und der Agrarstruktur der Landschaft Schwansen vom Mittelalter bis zur Gegenwart. 1966.

Band XXIII

*S a n d n e r, Gerhard (Hrsg.): Kulturraumprobleme aus Ostmitteleuropa und Asien. Herbert Schlenger zum 60. Geburtstag. 1964.

Band XXIII

Heft 1 W e n k, Hans-Günther: Die Geschichte der Geographischen Landesforschung an der Universität Kiel von 1665 bis 1879. 1966. 252 S., mit 7 ganzstg. Abb. 14,00 DM

Heft 2 B r o n g e r, Arnt: Lösse, ihre Verbraunungszonen und fossilen Böden, ein Beitrag zur Stratigraphie des oberen Pleistozäns in Südbaden. 1966. 98 S., 4 Abb. und 37 Tab. im Text, 8 S. Bildanhang und 3 Faltkarten. 9,00 DM

*Heft 3 K l u g, Heinz: Morphologische Studien auf den Kanarischen Inseln. Beiträge zur Küstenentwicklung und Talbildung auf einem vulkanischen Archipel. 1968. (Erschienen bei Schmidt & Klaunig, Kiel, Buchdruckerei und Verlag).

Band XXV

*W e i g a n d, Karl: I. Stadt-Umlandverflechtungen und Einzugbereiche der Grenzstadt Flensburg und anderer zentraler Orte im nördlichen Landesteil Schleswig. II. Flensburg als zentraler Ort im grenzüberschreitenden Reiseverkehr. 1966.

Band XXVI

*Heft 1 B e s c h, Hans-Werner: Geographische Aspekte bei der Einführung von Dörfergemeinschaftsschulen in Schleswig-Holstein. 1966.

*Heft 2 K a u f m a n n, Gerhard: Probleme des Strukturwandels in ländlichen Siedlungen Schleswig-Holsteins, dargestellt an ausgewählten Beispielen aus Ostholstein und dem Programm-Nord-Gebiet. 1967.

Heft 3 O l b r ü c k, Günter: Untersuchung der Schauertätigkeit im Raume Schleswig-Holstein in Abhängigkeit von der Orographie mit Hilfe des Radargeräts. 1967. 172 S., 5 Aufn., 65 Karten, 18 Fig. und 10 Tab. im Text, 10 Tab. im Anhang. 12,00 DM

Band XXVII

Heft 1 B u c h h o f e r, Ekkehard: Die Bevölkerungsentwicklung in den polnisch verwalteten deutschen Ostgebieten von 1956-1965. 1967. 282 S., 22 Abb., 63 Tab. im Text, 3 Tab., 12 Karten und 1 Klappkarte im Anhang. 16.00 DM

Heft 2 R e t z l a f f, Christine: Kulturgeographische Wandlungen in der Maremma. Unter besonderer Berücksichtigung der italienischen Bodenreform nach dem Zweiten Weltkrieg. 1967. 204 S., 35 Fig. und 25 Tab. 15.00 DM

Heft 3 B a c h m a n n, Henning: Der Fährverkehr in Nordeuropa - eine verkehrsgeographische Untersuchung. 1968. 276 S., 129 Abb. im Text, 67 Abb. im Anhang. 25.00 DM

Band XXVIII

*Heft 1 W o l c k e, Irmtraud-Dietlinde: Die Entwicklung der Bochumer Innenstadt. 1968.

*Heft 2 W e n k, Ursula: Die zentralen Orte an der Westküste Schleswig-Holsteins unter besonderer Berücksichtigung der zentralen Orte niederen Grades. Neues Material über ein wichtiges Teilgebiet des Programm Nord. 1968.

*Heft 3 W i e b e, Dietrich: Industrieansiedlungen in ländlichen Gebieten, dargestellt am Beispiel der Gemeinden Wahlstedt und Trappenkamp im Kreis Segeberg. 1968.

Band XXIX

Heft 1 V o r n d r a n, Gerhard: Untersuchungen zur Aktivität der Gletscher, dargestellt an Beispielen aus der Silvrettagruppe. 1968. 134 S., 29 Abb. im Text, 16 Tab. und 4 Bilder im Anhang. 12.00 DM

Heft 2 H o r m a n n, Klaus: Rechenprogramme zur morphometrischen Kartenauswertung. 1968. 154 S., 11 Fig. im Text und 22 Tab. im Anhang. 12.00 DM

Heft 3 V o r n d r a n, Edda: Untersuchungen über Schuttentstehung und Ablagerungsformen in der Hochregion der Silvretta (Ostalpen). 1969. 137 S., 15 Abb. und 32 Tab. im Text, 3 Tab. und 3 Klappkarten im Anhang. 12.00 DM

Band 30

*S c h l e n g e r, Herbert, Karlheinz P f a f f e n, Reinhard S t e w i g (Hrsg.): Schleswig-Holstein, ein geographisch-landeskundlicher Exkursionsführer. 1969. Festschrift zum 33. Deutschen Geographentag Kiel 1969. (Erschienen im Verlag Ferdinand Hirt, Kiel; 2. Auflage, Kiel 1970).

Band 31

M o m s e n, Ingwer Ernst: Die Bevölkerung der Stadt Husum von 1769 bis 1860. Versuch einer historischen Sozialgeographie. 1969. 420 S., 33 Abb. und 78 Tab. im Text, 15 Tab. im Anhang 24,00 DM

Band 32

S t e w i g, Reinhard: Bursa, Nordwestanatolien. Strukturwandel einer orientalischen Stadt unter dem Einfluß der Industrialisierung. 1970. 177 S., 3 Tab., 39 Karten, 23 Diagramme und 30 Bilder im Anhang. 18.00 DM

Band 33

T r e t e r, Uwe: Untersuchungen zum Jahresgang der Bodenfeuchte in Abhängigkeit von Niederschlägen, topographischer Situation und Bodenbedeckung an ausgewählten Punkten in den Hüttener Bergen/Schleswig-Holstein. 1970. 144 S., 22 Abb., 3 Karten und 26 Tab. 15.00 DM

Band 34

*K i l l i s c h, Winfried F.: Die oldenburgisch-ostfriesischen Geestrandstädte. Entwicklung, Struktur, zentralörtliche Bereichsgliederung und innere Differenzierung. 1970.

Band 35

R i e d e l, Uwe: Der Fremdenverkehr auf den Kanarischen Inseln. Eine geographische Untersuchung. 1971. 314 S., 64 Tab., 58 Abb. im Text und 8 Bilder im Anhang. 24,00 DM

Band 36

H o r m a n n, Klaus: Morphometrie der Erdoberfläche. 1971. 189 S., 42 Fig., 14 Tab. im Text. 20,00 DM

Band 37

S t e w i g, Reinhard (Hrsg.): Beiträge zur geographischen Landeskunde und Regionalforschung in Schleswig-Holstein. 1971. Oskar Schmieder zum 80. Geburtstag. 338 S., 64 Abb., 48 Tab. und Tafeln. 28,00 DM

Band 38

S t e w i g, Reinhard und Horst-Günter W a g n e r (Hrsg.): Kulturgeographische Untersuchungen im islamischen Orient. 1973. 240 S., 45 Abb., 21 Tab. und 33 Photos. 29,50 DM

Band 39

K l u g, Heinz (Hrsg.): Beiträge zur Geographie der mittelatlantischen Inseln. 1973. 208 S., 26 Abb., 27 Tab. und 11 Karten. 32,00 DM

Band 40

S c h m i e d e r, Oskar: Lebenserinnerungen und Tagebuchblätter eines Geographen. 1972. 181 S., 24 Bilder, 3 Faksimiles und 3 Karten. 42,00 DM

Band 41

K i l l i s c h, Winfried F. und Harald T h o m s: Zum Gegenstand einer interdisziplinären Sozialraumbeziehungsforschung. 1973. 56 S., 1 Abb. 7,50 DM

Band 42

N e w i g, Jürgen: Die Entwicklung von Fremdenverkehr und Freizeitwohnwesen in ihren Auswirkungen auf Bad und Stadt Westerland auf Sylt. 1974. 222 S., 30 Tab., 14 Diagramme, 20 kartographische Darstellungen und 13 Photos. 31.00 DM

Band 43

*K i l l i s c h, Winfried F.: Stadtsanierung Kiel-Gaarden. Vorbereitende Untersuchung zur Durchführung von Erneuerungsmaßnahmen. 1975.

Kieler Geographische Schriften

Band 44, 1976 ff.

Band 44

K o r t u m, Gerhard: Die Marvdasht-Ebene in Fars. Grundlagen und Entwicklung einer alten iranischen Bewässerungslandschaft. 1976. XI, 297 S., 33 Tab., 20 Abb. 38,50 DM

Band 45

B r o n g e r, Arnt: Zur quartären Klima- und Landschaftsentwicklung des Karpatenbeckens auf (paläo-) pedologischer und bodengeographischer Grundlage. 1976. XIV, 268 S., 10 Tab., 13 Abb. und 24 Bilder. 45.00 DM

Band 46

B u c h h o f e r, Ekkehard: Strukturwandel des Oberschlesischen Industriereviers unter den Bedingungen einer sozialistischen Wirtschaftsordnung. 1976. X, 236 S., 21 Tab. und 6 Abb., 4 Tab. und 2 Karten im Anhang. 32,50 DM

Band 47

W e i g a n d, Karl: Chicano-Wanderarbeiter in Südtexas. Die gegenwärtige Situation der Spanisch sprechenden Bevölkerung dieses Raumes. 1977. IX, 100 S., 24 Tab. und 9 Abb., 4 Abb. im Anhang. 15.70 DM

Band 48

W i e b e, Dietrich: Stadtstruktur und kulturgeographischer Wandel in Kandahar und Südafghanistan. 1978. XIV, 326 S., 33 Tab., 25 Abb. und 16 Photos im Anhang. 36.50 DM

Band 49

K i l l i s c h, Winfried F.: Räumliche Mobilität - Grundlegung einer allgemeinen Theorie der räumlichen Mobilität und Analyse des Mobilitätsverhaltens der Bevölkerung in den Kieler Sanierungsgebieten. 1979. XII, 208 S., 30 Tab. und 39 Abb., 30 Tab. im Anhang. 24,60 DM

Band 50

P a f f e n, Karlheinz und Reinhard S t e w i g (Hrsg.): Die Geographie an der Christian-Albrechts-Universität 1879-1979. Festschrift aus Anlaß der Einrichtung des ersten Lehrstuhles für Geographie am 12. Juli 1879 an der Universität Kiel. 1979. VI, 510 S., 19 Tab. und 58 Abb. 38.00 DM

Band 51

S t e w i g, Reinhard, Erol T ü m e r t e k i n, Bedriye T o l u n, Ruhi T u r f a n, Dietrich W i e b e und Mitarbeiter: Bursa, Nordwestanatolien. Auswirkungen der Industrialisierung auf die Bevölkerungs- und Sozialstruktur einer Industriegroßstadt im Orient. Teil 1. 1980. XXVI, 335 S., 253 Tab. und 19 Abb. 32,00 DM

Band 52

B ä h r, Jürgen und Reinhard S t e w i g (Hrsg.): Beiträge zur Theorie und Methode der Länderkunde. Oskar Schmieder (27. Januar 1891 - 12. Februar 1980) zum Gedenken. 1981. VIII, 64 S., 4 Tab.und 3 Abb. 11,00 DM

Band 53

M ü l l e r, Heidulf E.: Vergleichende Untersuchungen zur hydrochemischen Dynamik von Seen im Schleswig-Holsteinischen Jungmoränengebiet. 1981. XI, 208 S., 16 Tab., 61 Abb. und 14 Karten im Anhang. 25,00 DM

Band 54

A c h e n b a c h, Hermann: Nationale und regionale Entwicklungsmerkmale des Bevölkerungsprozesses in Italien. 1981. IX, 114 S., 36 Fig. 16,00 DM

Band 55

D e g e, Eckart: Entwicklungsdisparitäten der Agrarregionen Südkoreas. 1982. XXVII, 332 S., 50 Tab., 44 Abb. und 8 Photos im Textband sowie 19 Kartenbeilagen in separater Mappe. 49.00 DM

Band 56

B o b r o w s k i, Ulrike: Pflanzengeographische Untersuchungen der Vegetation des Bornhöveder Seengebiets auf quantitativ-soziologischer Basis. 1982. XIV, 175 S., 65 Tab. und 19 Abb. 23,00 DM

Band 57

S t e w i g, Reinhard (Hrsg.): Untersuchungen über die Großstadt in Schleswig-Holstein. 1983. X, 194 S., 46 Tab., 38 Diagr. und 10 Abb. 24,00 DM

Band 58

B ä h r, Jürgen (Hrsg.): Kiel 1879 - 1979. Entwicklung von Stadt und Umland im Bild der Topographischen Karte. 1:25 000. Zum 32. Deutschen Kartographentag vom 11. - 14. Mai 1983. III, 192 S., 21 Tab., 38 Abb. mit 2 Kartenblättern in der Anlage. ISBN 3-923887-00-0 28.00 DM

Band 59

G a n s, Paul: Raumzeitliche Eigenschaften und Verflechtungen innerstädtischer Wanderungen in Ludwigshafen/Rhein zwischen 1971 und 1978. Eine empirische Analyse mit Hilfe des Entropiekonzeptes und der Informationsstatistik. 1983. XII, 226 S., 45 Tab., 41 Abb. ISBN 3-923887-01-9. 30,00 DM

Band 60

P a f f e n †, Karlheinz und K o r t u m, Gerhard: Die Geographie des Meeres. Disziplingeschichtliche Entwicklung seit 1650 und heutiger methodischer Stand. 1984. XIV, 293 S., 25 Abb. ISBN 3-923887-02-7. 36.00 DM

Band 61

*B a r t e l s †, Dietrich u. a.: Lebensraum Norddeutschland. 1984. IX, 139 S., 23 Tabellen und 21 Karten. ISBN 3-923887-03-5. 22.00 DM

Band 62

K l u g, Heinz (Hrsg.): Küste und Meeresboden. Neue Ergebnisse geomorphologischer Feldforschungen. 1985. V, 214 S., 66 Abb., 45 Fotos, 10 Tabellen. ISBN 3-923887-04-3 39.00 DM

Band 63

K o r t u m, Gerhard: Zückerrübenanbau und Entwicklung ländlicher Wirtschaftsräume in der Türkei. Ausbreitung und Auswirkung einer Industriepflanze unter besonderer Berücksichtigung des Bezirks Beypazari (Provinz Ankara). 1986. XVI, 392 S., 36 Tab., 47 Abb. und 8 Fotos im Anhang. ISBN 3-923887-05-1. 45.00 DM

Band 64

F r ä n z l e, Otto (Hrsg.): Geoökologische Umweltbewertung. Wissenschaftstheoretische und methodische Beiträge zur Analyse und Planung. 1986. VI, 130 S., 26 Tab., 30 Abb. ISBN 3-923887-06-X. 24,00 DM

Band 65

S t e w i g, Reinhard: Bursa, Nordwestanatolien. Auswirkungen der Industrialisierung auf die Bevölkerungs- und Sozialstruktur einer Industriegroßstadt im Orient. Teil 2. 1986. XVI, 222 S., 71 Tab., 7 Abb. und 20 Fotos. ISBN 3-923887-07-8. 37,00 DM

Band 66

S t e w i g, Reinhard (Hrsg.): Untersuchungen über die Kleinstadt in Schleswig-Holstein. 1987. VI, 370 S., 38 Tab., 11 Diagr. und 84 Karten. ISBN 3-923887-08-6. 48,00 DM

Band 67

A c h e n b a c h, Hermann: Historische Wirtschaftskarte des östlichen Schleswig-Holstein um 1850. 1988. XII, 277 S., 38 Tab., 34 Abb., Textband und Kartenmappe. ISBN 3-923887-09-4. 67,00 DM

Band 68

B ä h r, Jürgen (Hrsg.): Wohnen in lateinamerikanischen Städten - Housing in Latin American cities. 1988, IX, 299 S., 64 Tab., 71 Abb. und 21 Fotos.
ISBN 3-923887-10-8. 44,00 DM

Band 69

B a u d i s s i n - Z i n z e n d o r f, Ute Gräfin von: Freizeitverkehr an der Lübecker Bucht. Eine gruppen- und regionsspezifische Analyse der Nachfrageseite. 1988. XII, 350 S., 50 Tab., 40 Abb. und 4 Abb. im Anhang.
ISBN 3-923887-11-6. 32,00 DM

Band 70

H ä r t l i n g, Andrea: Regionalpolitische Maßnahmen in Schweden. Analyse und Bewertung ihrer Auswirkungen auf die strukturschwachen peripheren Landesteile. 1988. IV, 341 S., 50 Tab., 8 Abb. und 16 Karten. ISBN 3-923887-12-4.
30,60 DM

Band 71

P e z, Peter: Sonderkulturen im Umland von Hamburg. Eine standortanalytische Untersuchung. 1989. XII, 190 S., 27 Tab. und 35 Abb. ISBN 3-923887-13-2.
22,20 DM

Band 72

K r u s e, Elfriede: Die Holzveredelungsindustrie in Finnland. Struktur- und Standortmerkmale von 1850 bis zur Gegenwart. 1989. X, 123 S., 30 Tab., 26 Abb. und 9 Karten. ISBN 3-923887-14-0.
24,60 DM

Band 73

B ä h r, Jürgen, Christoph C o r v e s & Wolfram N o o d t (Hrsg.): Die Bedrohung tropischer Wälder: Ursachen, Auswirkungen, Schutzkonzepte. 1989. IV, 149 S., 9 Tab., 27 Abb. ISBN 3-923887-15-9.
25.90 DM

Band 74

B r u h n, Norbert: Substratgenese - Rumpfflächendynamik. Bodenbildung und Tiefenverwitterung in saprolitisch zersetzten granitischen Gneisen aus Südindien. 1990. IV, 191 S., 35 Tab., 31 Abb. und 28 Fotos. ISBN 3-923887-16-7.
22.70 DM

Band 75

P r i e b s, Axel: Dorfbezogene Politik und Planung in Dänemark unter sich wandelnden gesellschaftlichen Rahmenbedingungen. 1990. IX, 239 S., 5 Tab., 28 Abb.
ISBN 3-923887-17-5. 33.90 DM

Band 76

S t e w i g, Reinhard: Über das Verhältnis der Geographie zur Wirklichkeit und zu den Nachbarwissenschaften. Eine Einführung. 1990. IX, 131 S., 15 Abb.
ISBN 3-923887-18-3. 25.00 DM

Band 77

G a n s, Paul: Die Innenstädte von Buenos Aires und Montevideo. Dynamik der Nutzungsstruktur, Wohnbedingungen und informeller Sektor. 1990. XVIII, 252 S., 64 Tab., 36 Abb. und 30 Karten in separatem Kartenband. ISBN 3-923887-19-1.
88,00 DM

Band 78

B ä h r, Jürgen & Paul G a n s (eds): The Geographical Approach to Fertility. 1991. XII, 452 S., 84 Tab. und 167 Fig. ISBN 3-923887-20-5.
43,80 DM

Band 79

R e i c h e, Ernst-Walter: Entwicklung, Validierung und Anwendung eines Modellsystems zur Beschreibung und flächenhaften Bilanzierung der Wasser- und Stickstoffdynamik in Böden. 1991. XIII, 150 S., 27 Tab. und 57 Abb. ISBN 3-923887-21-3.
19,00 DM

Band 80

A c h e n b a c h, Hermann (Hrsg.): Beiträge zur regionalen Geographie von Schleswig-Holstein. Festschrift Reinhard Stewig. 1991. X, 386 S., 54 Tab. und 73 Abb. ISBN 3-923887-22-1. 37,40 DM

Band 81

S t e w i g, Reinhard (Hrsg.): Endogener Tourismus. 1991. V, 193 S., 53 Tab. und 44 Abb. ISBN 3-923887-23-X. 32,80 DM

Band 82

J ü r g e n s, Ulrich: Gemischtrassige Wohngebiete in südafrikanischen Städten. 1991. XVII, 299 S., 58 Tab. und 28 Abb. ISBN 3-923887-24-8. 27,00 DM

Band 83

E c k e r t, Markus: Industrialisierung und Entindustrialisierung in Schleswig-Holstein. 1992. XVII, 350 S., 31 Tab. und 42 Abb. ISBN 3-923887-25-6. 24,90 DM

Band 84

N e u m e y e r, Michael: Heimat. Zu Geschichte und Begriff eines Phänomens. 1992. V, 150 S. ISBN 3-923887-26-4. 17,60 DM

Band 85

K u h n t, Gerald und Z ö l i t z - M ö l l e r, Reinhard (Hrsg.): Beiträge zur Geoökologie aus Forschung, Praxis und Lehre. Otto Fränzle zum 60. Geburtstag. 1992. VIII, 376 S., 34 Tab. und 88 Abb. ISBN 3-923887-27-2. 37,20 DM

Band 86

R e i m e r s, Thomas: Bewirtschaftungsintensität und Extensivierung in der Landwirtschaft. Eine Untersuchung zum raum-, agrar- und betriebsstrukturellen Umfeld am Beispiel Schleswig-Holsteins. 1993. XII, 232 S., 44 Tab., 46 Abb. und 12 Klappkarten im Anhang. ISBN 3-923887-28-0. 23,80 DM

Band 87

S t e w i g, Reinhard (Hrsg.): Stadtteiluntersuchungen in Kiel. Baugeschichte, Sozialstruktur, Lebensqualität, Heimatgefühl. 1993. VIII, 337 S., 159 Tab., 10 Abb., 33 Karten und 77 Graphiken. ISBN 3-923887-29-9. 24,00 DM

Band 88

W i c h m a n n, Peter: Jungquartäre randtropische Verwitterung. Ein bodengeographischer Beitrag zur Landschaftsentwicklung von Südwest-Nepal. 1993. X, 125 S., 18 Tab. und 17 Abb. ISBN 3-923887-30-2. 19,70 DM

Band 89

W e h r h a h n, Rainer: Konflikte zwischen Naturschutz und Entwicklung im Bereich des Atlantischen Regenwaldes im Bundesstaat São Paulo, Brasilien. Untersuchungen zur Wahrnehmung von Umweltproblemen und zur Umsetzung von Schutzkonzepten. 1994. XIV, 293 S., 72 Tab., 41 Abb. und 20 Fotos. ISBN 3-923887-31-0. 34,20 DM

Band 90

S t e w i g, Reinhard: Entstehung und Entwicklung der Industriegesellschaft auf den Britischen Inseln. 1995. XII, 367 S., 20 Tab., 54 Abb. und 5 Graphiken. ISBN 3-923887-32-2. 32,50 DM

Band 91

B o c k, Steffen: Ein Ansatz zur polygonbasierten Klassifikation von Luft- und Satellitenbildern mittels künstlicher neuronaler Netze. 1995. XI, 152 S., 4 Tab. und 48 Abb. ISBN 3-923887-33-7 16,80 DM

Band 92

M a t u s c h e w s k i, Anke: Stadtentwicklung durch Public-Private-Partnership in Schweden. Kooperationsansätze der achtziger und neunziger Jahre im Vergleich. 1996. XI, 246 S., 34 Abb., 16 Tab. und 20 Fotos. ISBN 3-923887-34-5. 23,90 DM

Band 93

Ulrich, Johannes und Kortum, Gerhard: Otto Krümmel (1854 - 1912). Geograph und Wegbereiter der modernen Ozeanographie. 1997. VIII, 310 S., 84 Abb. und 8 Karten.
ISBN 3-923887-35-3. 46,90 DM

Band 94

Schenck, Freya S.: Strukturveränderungen spanisch-amerikanischer Mittelstädte untersucht am Beispiel der Stadt Cuenca, Ecuador. 1997. XVIII, 259 S., 58 Tab. und 55 Abb.
ISBN 3-923887-36-1. 25,90 DM

Band 95

Pez, Peter : Verkehrsmittelwahl im Stadtbereich und ihre Beeinflußbarkeit. Eine verkehrsgeographische Analyse am Beispiel von Kiel und Lüneburg. 1998. XVIII, 396 S., 52 Tab. und 86 Abb.
ISBN 3-923887-37-X. 33,90 DM

Band 96

Stewig, Reinhard: Entstehung der Industriegesellschaft in der Türkei. Teil 1: Entwicklung bis 1950. 1998. XV, 349 S., 35 Abb., 4 Graph., 5 Tab. und 4 Listen.
ISBN 3-923887-38-8. 30,10 DM

Band 97

Higelke, Bodo (Hrsg.): Beiträge zur Küsten - und Meeresgeographie. Heinz Klug zum 65. Geburtstag gewidmet von Schülern, Freunden und Kollegen. 1998. XXII, 338 S., 29 Tab., 3 Fotos und 3 Klappkarten.
ISBN 3-923887 39-6. 35,90 DM